TRAITÉ ÉLÉMENTAIRE

DE

GÉOMÉTRIE ANALYTIQUE

A DEUX ET A TROIS DIMENSIONS.

PARIS. — IMPRIMERIE DE FAIN ET THUNOT,
IMPRIMEURS DE L'UNIVERSITÉ ROYALE DE FRANCE,
Rue Racine, 28, près de l'Odéon.

TRAITÉ ÉLÉMENTAIRE

DE

GÉOMÉTRIE ANALYTIQUE

A DEUX ET A TROIS DIMENSIONS,

CONTENANT

TOUTES LES THÉORIES GÉNÉRALES DE GÉOMÉTRIE ACCESSIBLES
A L'ANALYSE ORDINAIRE.

PAR M. AUGUSTE COMTE,

ancien élève de l'École polytechnique, répétiteur d'analyse transcendante et de mécanique
rationnelle à cette École, et examinateur des candidats qui s'y destinent.

auteur du *Système de Philosophie positive*.

PARIS.

CARILIAN-GŒURY ET Vᵒʳ DALMONT, ÉDITEURS,
LIBRAIRES DES CORPS ROYAUX DES PONTS ET CHAUSSÉES ET DES MINES,
Quai des Augustins, nᵒˢ 39 et 41.

MARS 1843.

AVERTISSEMENT DE L'AUTEUR.

L'ensemble de ce traité n'exige strictement d'autres connaissances préalables que celles qu'on peut aisément acquérir en une première année d'études mathématiques convenablement dirigées, comprenant successivement : 1° quinze leçons environ sur l'arithmétique proprement dite; 2° trente leçons sur la partie vraiment usuelle de l'algèbre, composée de l'examen complet des deux premiers degrés, de la formule du binome, du calcul des radicaux, de la théorie des deux progressions les plus simples, et de la théorie des logarithmes, complétée par la résolution des équations exponentielles correspondantes; 3° trente leçons sur la géométrie élémentaire, judicieusement assistée du calcul algébrique dans les cas qui le réclament naturellement; 4° quinze leçons sur la trigonométrie complète, sans excepter la résolution des triangles sphériques; 5° dix leçons sur les éléments de la géométrie descriptive; 6° enfin, vingt leçons sur la statique élémentaire. Ces deux dernières parties ne sont même ici qu'accessoirement supposées : l'une, soit pour certaines formules de langage qui m'ont paru propres à éclaircir le discours, soit, surtout, par l'aptitude qu'elle développe à spéculer nettement dans l'espace; l'autre, envers quelques notions accessoires, encore moins indispensables. Une très-active pratique journalière de l'ensemble de l'enseignement mathématique, individuel ou collectif, continuée sans interruption depuis l'année 1816, m'autorise à prononcer qu'un tel préambule suffit pleinement à une étude satisfaisante de la géométrie analytique, quand on s'y borne aux théories vraiment accessibles à l'analyse ordinaire. Chaque nouvelle année d'expérience me confirme davantage dans la conviction qu'il y a beaucoup plus d'utilité didactique à retirer d'une lumineuse application de cette étude géométrique à celle de l'algèbre supérieure , que de la réaction secondaire de celle-ci sur certaines parties de la première, réaction qui doit d'ailleurs finalement résulter d'une judicieuse révision générale, dont aucun mode d'enseignement ne saurait dispenser. Non-seulement, les intelligences ordinaires n'ont pas, à mes yeux, besoin d'une préparation plus étendue que celle ci-dessus définie , afin de suivre avec fruit les leçons des professeurs qui me feraient l'honneur de prendre ce traité pour guide ; mais j'ose même assurer que cette initiation suffirait aussi aux esprits heureusement organisés qui voudraient isolément étudier ici la géométrie analytique , sans aucun secours étranger.

Ce petit ouvrage résulte d'une sorte de loisir très-passager dû à l'intermittence philosophique qui devait naturellement avoir lieu chez moi entre la récente terminaison de mon système fondamental de philosophie positive et le prochain début des grands travaux dont j'y ai posé les bases. Tous ceux qui savent combien je me suis activement occupé , pendant un quart de siècle, à régénérer l'ensemble de l'enseignement mathématique , en connexité spontanée avec l'élaboration générale à laquelle j'ai consacré ma vie, m'avaient depuis longtemps sollicité de publier au moins la partie de mes leçons qui se rapporte aux éléments de la géométrie analytique , comme relative au degré le plus important , le plus difficile, et le plus imparfait de l'initiation mathématique , où l'on peut dire, en effet , sans aucune exagération , que , après deux siècles entiers, l'admirable conception de Descartes n'a pas encore suffisamment pénétré , puisqu'il semble toujours destiné essentiellement à l'étude spéciale des sections coniques. Mais , quelque honorable que dût me sembler un tel vœu , les exigences supérieures de ma grande entreprise philosophique m'avaient constamment interdit jusqu'ici la possibilité d'y satisfaire. Je viens de profiter , à cet effet, d'un premier intervalle disponible, qui peut-être ne se reproduira jamais, pour écrire ce traité élémentaire pendant les trois mois que dure annuellement mon cours oral de géométrie analytique dans l'un des principaux établissements destinés à la préparation polytechnique, l'institution spéciale fondée à Paris par M. Laville.

Outre d'inévitables communications partielles, spontanées ou provoquées, qui, depuis plusieurs années, ont fait indirectement pénétrer, dans l'enseignement ordinaire de la géométrie analytique, quelques-unes de mes innovations, et indépendamment des indications formelles que contient, à ce sujet, le tome premier de ma Philosophie positive, publié en 1830, le plan et même l'esprit de mon système didactique ont été directement caractérisés, en 1836, par un programme spécial de l'ensemble de mes leçons annuelles, alors lithographié pour l'usage journalier de mes élèves, et dont j'ai toujours facilité la propagation extérieure. La première moitié de ce programme est naturellement devenue, avec quelques améliorations secondaires, la table raisonnée des matières de ce traité, où elle peut utilement diriger une rapide révision générale, puisque la filiation de toutes les idées s'y trouve suffisamment indiquée, ainsi que l'objet propre de chacun des 168 paragraphes dont ce volume est composé. J'ai pensé qu'il ne serait point inutile, même pour ceux qui ne connaissent pas mon enseignement oral, de joindre à cette table la seconde moitié d'un tel programme, relative à des leçons que je n'aurai peut-être jamais la faculté de publier. Cette indication caractéristique peut surtout acquérir une véritable importance envers l'enseignement du calcul différentiel, qui constitue certainement, après la géométrie analytique, la partie la plus décisive et jusqu'ici la plus imparfaite de l'initiation mathématique : le plan et l'esprit des leçons que je fis, sur ce sujet, à l'École polytechnique, en 1836, se trouvent ainsi suffisamment appréciables. On peut, en un mot, regarder l'ensemble de ce programme comme donnant une juste idée générale de la destination propre à chacune des cent vingt leçons que je fais annuellement, du 1er novembre au 1er mai, dans l'établissement ci-dessus désigné.

La publication actuelle comportera, j'espère, une certaine efficacité individuelle, soit pour offrir une direction systématique à la tendance instinctive de quelques jeunes intelligences à se dégager suffisamment d'une désastreuse routine scolastique, soit aussi pour seconder les efforts spontanés de quelques judicieux professeurs qui sentent dignement la nécessité de régénérer un ordre d'études où, malgré tous ses inconvénients naturels et ses vices accidentels, il faut certainement voir, sous le double aspect logique et scientifique, le premier degré indispensable de toute initiation graduelle à une saine philosophie générale. Mais, à cela près, mon appréciation approfondie de notre situation intellectuelle ne me permet aucunement de penser que cette tentative partielle et isolée puisse aujourd'hui suffire à neutraliser les déplorables influences didactiques inhérentes à tout notre régime scientifique, dont les dangers se trouvent naturellement plus prononcés en mathématique que partout ailleurs, en vertu de l'indépendance plus complète qui caractérise ces spéculations préliminaires, où l'empirisme dispersif et l'aversion des vues d'ensemble devaient, en ce siècle, plus spécialement prévaloir, comme je l'ai pleinement établi dans mon grand ouvrage. Quelque nécessaire que soit donc devenue déjà, aux yeux d'un grand nombre de bons esprits, surtout en France, la rénovation radicale de cette phase initiale de l'éducation positive, qui réalise si rarement jusqu'ici son éminente aptitude logique, je connais mieux que personne l'intime solidarité qui rattache désormais une telle régénération à tous les autres besoins essentiels de la raison humaine, de manière à ne pouvoir être suffisamment accomplie que sous l'ascendant ultérieur d'une nouvelle philosophie générale, émanée enfin de la science elle-même, conformément au but invariable de tous mes travaux quelconques. C'est seulement ainsi que pourra graduellement prévaloir le véritable esprit d'ensemble, sans lequel aucun enseignement ne saurait être convenablement dirigé.

Fautes essentielles à corriger.

Page 22, ligne 22, *au lieu de* : très-aigu, *lisez* : très-obtus.

Page 412, ligne 10, *au lieu de* : trois intersections, *lisez* : une seule intersection.

GÉOMÉTRIE ANALYTIQUE

A DEUX DIMENSIONS.

PREMIÈRE PARTIE.

INTRODUCTION GÉNÉRALE.

CHAPITRE PREMIER.

Notions fondamentales.

1. *La géométrie analytique*, telle que Descartes l'a fondée, est essentiellement destinée à généraliser le plus possible les diverses théories géométriques, d'après leur intime subordination à des conceptions analytiques, en soumettant les différentes questions à autant de méthodes uniformes, nécessairement applicables à toutes les figures convenablement définies ; soit qu'on se borne à la géométrie plane, qui doit ici constituer notre première et principale étude, soit que l'on considère, comme nous le ferons ensuite, des surfaces quelconques. Pour mieux apprécier cette destination caractéristique, il faut d'abord reconnaître que la plupart des recherches géométriques, et surtout les plus importantes, quoique le plus souvent limitées primitivement à certaines figures, conviennent également, par leur nature, à toutes les formes imaginables de ligne ou de surface. Telle est évidemment, par exemple, la détermination des tangentes, pareillement essentielle envers toutes les courbes, comme servant de base à leur comparaison avec un système convenable de droites. Il en est certainement de même à l'égard des questions directement relatives à la mesure de l'étendue, et qui constituent l'objet final des spéculations géométriques ; soit qu'il s'agisse d'estimer la longueur d'une courbe, ou l'aire qu'elle termine, ou le volume qu'engendre sa rotation, etc., il n'y a pas de forme qui ne doive donner lieu à une semblable recherche. Les questions vraiment limitées à certaines figures, et qui ne comportent pas de généralisation réelle, n'offrent presque jamais qu'un intérêt très-secondaire, à moins qu'elles ne constituent, comme il arrive souvent, de simples modifications particulières d'une considération pleinement générale (*). Cette généralité spontanée des principales recherches géométriques étant ainsi nettement reconnue, elle doit naturellement faire désirer une équivalente généralité dans les méthodes correspondantes. Or, telle est surtout l'immense supériorité de la géométrie moderne, constituée à l'état analytique par la conception fondamentale de Descartes. Avant cette rénovation décisive, les questions géométriques ne comportaient, en effet, que des solutions spéciales, où le même problème devait être résolu de nouveau dans tous les cas connus, sans qu'on pût utiliser en aucune manière, faute d'une appréciation directe et abstraite, ce qui leur était nécessairement commun. Par exemple, les moyens qu'employait la géométrie ancienne pour mener les tangentes aux sections coniques

---

(*) Dans l'état présent de la géométrie, cette remarque ne rencontre peut-être d'exception importante qu'envers la seule théorie des foyers, que nous reconnaîtrons être vraiment bornée aux sections coniques, sans admettre, à l'égard de toute autre courbe, aucun équivalent effectif. Mais, même en ce cas, malgré la spécialité naturelle d'un tel sujet, son extension directe à trois courbes d'ailleurs fort distinctes y doit faire attacher presque autant de prix à une convenable généralité de méthode, que si cette recherche pouvait s'étendre à des lignes quelconques.

ne servaient nullement, si ce n'est comme exercice logique, à faciliter cette recherche envers la cissoïde, la spirale, la cycloïde, etc., dont chacune a ultérieurement exigé, à cet égard, de nouveaux efforts toujours particuliers, jusqu'à ce que l'analyse cartésienne ait enfin élevé le système des spéculations géométriques à son véritable état philosophique, en y instituant une harmonie durable entre l'étendue des méthodes et celle des questions.

Cette grande conception ayant jusqu'ici trop peu pénétré dans l'enseignement ordinaire, la géométrie analytique n'y est communément appréciée que comme propre à présenter l'étude des sections coniques sous une nouvelle forme, dont la supériorité effective, si on devait se borner à un tel cas, serait assurément très-contestable. Mais, quelque vicieuse que soit une exposition où les méthodes géométriques adhèrent trop étroitement aux cas particuliers qu'on y a eus trop exclusivement en vue, elle ne saurait altérer l'entière généralité qui caractérise spontanément les théories analytiques, et que je m'efforcerai ici de faire directement ressortir, comme constituant leur principale valeur, à la fois scientifique et logique. Dans l'ancienne géométrie, aucune question ne pouvait jamais être vraiment épuisée, puisqu'il restait toujours à y traiter une infinité de nouveaux cas, exigeant souvent d'aussi grands efforts que pour l'institution d'un nouvel ordre de recherches. La géométrie cartésienne, au contraire, instituant une meilleure économie de nos forces spéculatives, ne regarde comme vraiment importante que la création de nouvelles méthodes générales, applicables à des sujets encore intacts, et dont la spécialisation envers certaines formes ne peut plus offrir que des difficultés secondaires.

2. Suivant une telle appréciation, ce système final de la science géométrique devrait être rationnellement désigné par la dénomination de géométrie *générale*, comme je l'ai proposé,

depuis longtemps, dans le tome premier de mon *Système de philosophie positive*. Mais, vu la haute importance qu'on doit toujours attacher, surtout pour l'enseignement élémentaire, à conserver, autant que possible, les expressions consacrées, à moins qu'elles ne soient radicalement impropres, je crois devoir ici employer habituellement la qualification ordinaire de géométrie *analytique*, en écartant toutefois avec soin le titre trop imparfait, et malheureusement encore plus usité, d'*application de l'algèbre à la géométrie*. En expliquant convenablement cette dénomination d'*analytique*, on y peut voir, en effet, le résumé de l'ensemble des attributs qui caractérisent la nouvelle géométrie, quoique une telle désignation ne se rapporte spontanément qu'à la nature des moyens employés, sans rappeler suffisamment l'appréciation du but, qui n'est ainsi indiqué que d'une manière indirecte, d'après son harmonie intime et nécessaire avec la marche annoncée. L'espèce d'équivoque qui s'attache naturellement au mot *analyse* et à ses divers dérivés, suivant qu'on l'envisage dans sa spéciale acception mathématique ou dans son universelle signification logique, ne saurait même empêcher une semblable destination ; car il est aisé de reconnaître, en principe, comme le développement de la science nous le fera de plus en plus sentir, que les méthodes propres à cette généralisation finale des théories géométriques doivent être éminemment *analytiques*, selon les deux sens de ce terme.

En considérant d'abord le sens spécial, qui s'étend à l'ensemble de la mathématique abstraite, il est certain que les théories géométriques ne peuvent être convenablement généralisées que d'après des conceptions analytiques, puisque la partie abstraite de chaque question est, au fond, la seule qui soit susceptible, à l'aide d'un judicieux isolement, d'une solution vraiment uniforme, en tant que seule réellement commune à toutes les figures imaginables. Soit qu'on envisage la détermination des tangentes ou celle des quadratures, etc., on reconnaît aisément que, les résultats devant nécessairement différer dans les diverses courbes, aucune autre voie que celle de l'analyse ne pourrait suffisamment séparer et convenablement traiter ce que le sujet offre d'essentiellement uniforme au milieu d'une inévitable diversité. Cette aptitude naturelle des conceptions analytiques peut même s'étendre jusqu'à indiquer de précieux rapprochements entre des questions générales vraiment distinctes ; ce qui constitue assurément la plus haute généralisation possible, que nulle autre marche ne saurait permettre. Les géomètres ont ainsi découvert, par exemple, dès l'origine de la géométrie analytique, comme je l'expliquerai en son lieu, l'identité fondamentale des diverses recherches relatives à la mesure de l'étendue, et qui peuvent désormais se transformer les unes dans les autres, soit qu'il s'agisse de rectifications ou de quadratures, ou même de cubatures ; c'est d'après une commune appréciation analytique que pouvaient seulement être saisies des relations aussi remarquables, très-propres au perfectionnement mutuel de ces différentes études. Sous ce premier aspect fondamental, la géométrie générale est donc très-justement qualifiée d'analytique.

Mais il ne faut pas que, suivant une tendance trop commune, cet usage pleinement légitime conduise, en prenant la forme pour le fond, à incorporer vicieusement à la vraie géométrie analytique des spéculations qui ne sauraient lui appartenir, parce qu'elles n'offrent point la généralité qui seule la caractérise essentiellement, quelque étendu et même indispensable que puisse y être d'ailleurs l'emploi du calcul algébrique. C'est ainsi que tant de géomètres ont si vainement contesté à Descartes l'originalité de sa grande rénovation, sous prétexte que, longtemps avant lui, l'algèbre avait déjà fourni certaines solutions géométriques. On voit aussi, d'après la même méprise, annexer trop souvent encore à la géométrie analytique la simple trigonométrie, malgré le judicieux exemple de Legendre, qui, suivant une irrécusable indication historique, l'avait laissée à la suite de la géométrie élémentaire, dont elle constitue évidemment l'inséparable complément, en tant que pareillement relative à un problème purement spécial, quoique d'ailleurs d'une importance capitale. Une telle confusion, qui semble dogmatiquement consacrée encore d'après une vicieuse division scolastique entre les problèmes déterminés et les problèmes indéterminés (comme si toutes les questions géométriques n'étaient pas, chacune selon son genre, nécessairement déterminées, soit qu'on y cherche un point, une ligne ou même une surface), s'oppose radicalement à toute saine appréciation du véritable esprit de la géométrie analytique. Il serait même impossible de la distinguer ainsi de l'ancienne géométrie, où l'on emploie aussi, presque dès les premiers pas, le calcul algébrique, quoique son office y soit ordinairement moins étendu, et qu'il y soit surtout appliqué sous des formes beaucoup moins convenables, d'après la théorie des proportions, qui y constitue, comme procédé logique, l'équivalent très-imparfait de notre algèbre actuelle. Nous aurons fréquemment occasion de reconnaître, contrairement à cette grossière opinion, que des théories géométriques peuvent être éminemment analytiques malgré que le calcul y intervienne fort peu, tandis que d'autres spéculations, où il a beaucoup de part, ne méritent nullement une telle qualification.

Si l'on passe maintenant à la seconde acception scientifique du mot *analyse* et de ses dérivés, conformément à l'usage universel et à l'explication étymologique, une appréciation encore trop méconnue peut faire aisément sentir que, à ce nouveau titre, la géométrie générale doit être éminemment analytique, c'est-à-dire procéder par décomposition. Car les questions n'y étant presque jamais composées que d'un très-petit nombre d'éléments uniformes, dont les diverses combinaisons effectives sont, au contraire, extrêmement multipliées, la généralité des solutions ne peut y être obtenue que d'après la séparation abstraite des différentes conditions élémentaires, seules susceptibles d'être traitées, chacune à part, sous un point de vue général. Au contraire, l'esprit de la géométrie ancienne était toujours essentiellement synthétique, et par suite spécial, puisque les diverses conditions de chaque problème y restaient envisagées surtout dans leur ensemble, malgré l'usage accessoire de ce qu'on avait nommé l'*analyse géométrique*, qui toutefois doit être historiquement envisagée comme un premier acheminement logique vers le système moderne, quoique l'absence des conceptions algébriques, qui seules permettent de fixer une telle séparation et d'en poursuivre les conséquences, dût priver cette marche, plus prônée que pratiquée chez les géomètres grecs, de sa principale efficacité.

Cette double appréciation conduit à sentir que la nouvelle méthode géométrique instituée par Descartes a pour caractère essentiel, en isolant chaque condition d'un problème, de l'assujettir à une solution pleinement générale, d'après une convenable réduction du concret à l'abstrait. Là qualification d'*analytique* a surtout le mérite de rappeler, à ceux du moins qui s'en forment une juste idée, un tel esprit fondamental, que je ferai soigneusement ressortir en toute occasion opportune.

3. D'après les indications précédentes, la révolution radicale opérée dans le système des études géométriques par l'avénement de la géométrie analytique doit être regardée comme l'époque la plus décisive pour le développement total de cette science, dont la constitution philosophique était jusqu'alors si insuffisante et si précaire, malgré d'admirables découvertes spéciales. Mais, en outre, il y faut même reconnaître le pas le plus décisif que pût jamais faire l'ensemble des spéculations mathé-

matiques, aussi bien abstraites que concrètes. Car, suivant une réaction nécessaire, ce rapprochement fondamental entre les notions géométriques et les conceptions algébriques, quoique n'ayant été d'abord institué qu'en vue de perfectionner la géométrie, qui a fait ainsi, depuis deux siècles, plus de progrès réels que pendant la longue suite de tous les siècles antérieurs, a été peut-être encore plus favorable au perfectionnement de l'analyse mathématique, dont les plus puissantes créations sont, en effet, dues à cette heureuse influence logique. Non-seulement les recherches analytiques ont ainsi trouvé spontanément à la fois une alimentation inépuisable et une intéressante destination, sans lesquelles la répugnance naturelle de l'esprit humain pour les abstractions trop indéterminées en eût rendu le progrès extrêmement lent et d'ailleurs presque stérile ; mais, de plus, suivant une influence plus spéciale et plus profonde, l'intervention des considérations géométriques parmi les spéculations analytiques y a souvent suggéré directement d'heureuses inspirations fondamentales, comme l'ensemble des saines études mathématiques le constate si hautement aujourd'hui. Une telle réaction scientifique est essentiellement propre à la géométrie, qui, à ce titre, ne cessera jamais de constituer la principale partie de la science mathématique. La mécanique rationnelle, quoique aussi éminemment analytique que la géométrie, est d'une nature trop compliquée pour comporter une semblable influence. Elle a, sans doute, pareillement fourni à l'analyse un nouveau champ et une nouvelle destination, mais non pas de nouvelles lumières. Bien que les équations abstraites puissent être conçues, sans doute, comme représentées par des mouvemens tout autant que par des figures, cette interprétation trop pénible ne saurait devenir la source d'aucune véritable indication analytique.

Conformément à la similitude nécessaire qui, pour l'esprit

humain, doit évidemment exister, en tous genres, entre la marche essentielle de l'éducation individuelle et celle de l'évolution collective, l'étude de la géométrie analytique doit aussi constituer naturellement la phase la plus décisive, et par suite la plus difficile, de chaque initiation mathématique. Les notions élémentaires de la géométrie et les conceptions rudimentaires de l'algèbre, qui jusqu'alors avaient dû sembler tout à fait indépendantes les unes des autres, et même radicalement hétérogènes, malgré quelques relations spéciales, contractent, dès ce moment, une alliance intime et indissoluble, première base de leur commune extension, et qui tend de plus en plus à faire concevoir l'ensemble, autrement incohérent, des spéculations mathématiques comme susceptible d'une véritable unité. Aucune autre partie de l'enseignement mathématique ne saurait donc mériter autant la sollicitude rationnelle des professeurs et l'active attention des élèves.

4. Pour procéder convenablement à l'exposition directe de la conception fondamentale d'après laquelle Descartes a constitué la géométrie analytique, il faut d'abord expliquer une méthode préliminaire, où ce grand philosophe n'a eu essentiellement qu'à systématiser les inspirations spontanées de la raison commune, et sans laquelle la transformation radicale des considérations géométriques en considérations analytiques n'eût jamais été possible.

L'analyse mathématique ne peut spéculer que sur des idées de grandeur ; cependant il existe, en outre, dans la géométrie, deux autres catégories logiques, non moins naturelles que la première, l'une relative à la forme, l'autre à la position : il est donc préalablement indispensable, en géométrie analytique, de ramener les pensées de forme et de situation à de simples notions de grandeur, seules immédiatement susceptibles de devenir numériques. Or, la solution générale de cette difficulté préliminaire exige d'abord qu'on la réduise autant que possible, en ne s'y occupant que des idées de situation, dans lesquelles on peut évidemment faire toujours rentrer les idées de forme; puisque la forme d'un corps quelconque, pouvant résulter constamment de la disposition mutuelle de ses parties, sera nécessairement définie d'après la situation de tous ses points. C'est ainsi que, dans notre système de géométrie analytique, la position est seule immédiatement formulée par nos équations, d'où la forme peut ensuite ressortir indirectement, à l'aide des combinaisons convenables. Une telle marche doit, sans doute, offrir, comme nous le reconnaîtrons bientôt, quelques véritables inconvénients, puisque la forme d'un objet est, en elle-même, indépendante de sa situation ; mais cette manière de procéder n'en est pas moins inévitable en géométrie analytique, sous l'indispensable réserve des moyens généraux destinés à permettre, suivant nos explications ultérieures, de dégager les diverses indications relatives à la forme des circonstances étrangères propres à la seule situation.

Toutes les idées élémentaires de situation étant naturellement réductibles à la simple position d'un point, il suffit donc d'expliquer, à ce sujet, comment ce dernier cas peut être ramené à de pures considérations de grandeur. On y parvient aisément, sous beaucoup de modes divers, d'après ce qu'on appelle des *systèmes de coordonnées*, c'est-à-dire à l'aide des deux grandeurs géométriques, soit linéaires, soit angulaires, etc., qui, sur un plan, déterminent, par leur combinaison, le point correspondant, relativement à certains repères fixes et communs.

Afin de mieux apprécier cet indispensable artifice élémentaire, il y faut voir la simple généralisation philosophique du procédé spontanément suggéré à tout bon esprit par la nécessité de définir la situation d'un point sans pouvoir le montrer, nécessité qui conduit toujours à l'inévitable emploi des rensei-gnements numériques. Si le point proposé doit appartenir à une ligne connue d'avance des deux intelligences entre les-quelles s'opère une telle communication, un seul de ces ren-seignements suffit évidemment à remplir cette indication, par exemple en assignant la distance plus ou moins grande du point variable à un point fixe de la même ligne. Ce cas est nécessairement le plus simple de tous ceux que peut offrir la réduction des idées de position aux idées de grandeur : mais il importe de le concevoir distinctement; car il est la base de tous les autres plus compliqués. Quand le point cherché doit seulement faire partie d'une surface donnée, ce qui arrive toujours en géométrie plane, la combinaison de deux rensei-gnements de ce genre devient alors indispensable, l'un pour indiquer la ligne qui doit le contenir, et l'autre pour l'y distin-guer de tout le reste de sa circonférence : la dénomination de *coordonnées* rappelle heureusement l'insuffisance isolée de cha-cun des deux éléments de détermination, qui ne deviennent efficaces que par leur concours. Enfin, dans le cas le plus étendu et le plus difficile, lorsque le point peut indifféremment appartenir à toutes les régions de l'espace, sa situation ne peut être ainsi caractérisée qu'en combinant trois de ces conditions de grandeur, comme nous le reconnaîtrons spécialement en géométrie à trois dimensions.

Les couples de coordonnées employés, à cet effet, pour la géométrie plane, peuvent être tirés d'une foule de construc-tions différentes, dont il importe ici de concevoir nettement les principales. Celle de toutes qui, sans être, sous divers aspects, la plus naturelle, mérite certainement, à tous égards, la pré-férence universelle qu'elle a empiriquement obtenue dès l'ori-gine de la géométrie analytique, consiste à déterminer la position d'un point par ses distances à deux droites fixes, le plus souvent rectangulaires. Si le point M (*fig.* 1) doit être sur un plan, à des distances données *a* et *b* des deux axes OX, OY, il sera évidemment placé à l'unique rencontre des deux parallèles menées à ces axes selon ces distances respectives, et dont chacune le contiendrait indifféremment d'après la considération isolée de la condition correspondante. L'une de ces *coordonnées*, MP, qu'on peut utilement supposer verticale, porte habituellement le nom d'*ordonnée*, tandis que l'autre, MQ, qu'on se figurerait alors horizontale, est communément qualifiée d'*abscisse*, sans que cette diversité soit d'ailleurs aucunement motivée entre des éléments homogènes. On facilitera beaucoup la comparaison de ces distances variables selon les diverses positions du point, en comptant chacune, en OQ ou OP, sur l'axe correspondant, toujours à partir de l'intersection fixe O, ainsi justement nommée l'*origine* commune des deux coordonnées. Enfin, quant au discours algébrique, un usage très-convenable fait désigner constamment chacune d'elles par la petite lettre analogue à la grande qui marque l'extrémité de son axe, lequel réciproquement prend souvent, à ce titre, le nom familier d'axe des x ou des y, selon la coordonnée variable qui s'y rapporte. Si, comme il arrive quelquefois, les deux droites fixes n'étaient pas rectangulaires, les deux distances resteraient toujours mesurées, pour chaque axe, parallèlement à l'autre, et dès lors sous une obliquité égale à leur inclinaison mutuelle, sans que l'opération subît d'ailleurs aucune autre modification.

A la vérité, d'après ce premier système de coordonnées, les idées de grandeur semblent d'abord ne pouvoir pas suffire entièrement à remplacer les idées de situation. Car, si le point proposé peut se trouver, suivant le cas le plus ordinaire, indifféremment placé, sur le plan, dans les quatre régions que séparent les deux axes, il pourra certainement, avec les mêmes coordonnées, occuper, outre la position primitive M, les trois autres positions symétriques M′, M″, ou M‴, que rien ne paraît pouvoir numériquement en distinguer. Mais, comme l'une ou l'autre de ces coordonnées se trouve alors comptée, sur son axe, à l'inverse du sens primordial, cette difficulté préalable, qui eût radicalement entravé l'essor de la géométrie analytique, en obligeant, pour éviter une inextricable confusion, à y renoncer au système le plus favorable, a été complétement surmontée, par l'incomparable fondateur de la nouvelle constitution géométrique, d'après un heureux usage général de sa grande découverte en philosophie mathématique sur la représentation spontanée de l'opposition de sens par l'opposition des signes $+$ et $-$ dans toute relation de l'abstrait au concret, pour chaque grandeur qui, comptée suivant une direction fixe, comporte une inversion nettement caractérisée. J'aurai ci-dessous l'occasion d'indiquer expressément le véritable esprit de cette notion fondamentale, presque toujours vicieusement enseignée. En se bornant ici à l'appliquer convenablement, elle fait aussitôt disparaître notre ambiguïté élémentaire : pourvu qu'on ait toujours égard au signe $+$ ou $-$ de chaque coordonnée aussi bien qu'à sa valeur, il n'y aura jamais la moindre incertitude sur la région correspondante au point proposé ; elle sera dès lors distinguée des trois autres par une combinaison propre des deux signes simultanés.

Le seul système de coordonnées qui soit quelquefois usité, à défaut du précédent, en géométrie analytique, est peut-être, quoique beaucoup moins convenable que celui-ci, le plus naturel de tous, comme offrant la plus simple combinaison des deux idées primordiales de longueur et de direction. C'est celui que l'on qualifie habituellement de *polaire*, par contraste au premier, communément appelé *rectiligne*, en spécifiant ainsi désormais deux dénominations trop vagues en elles-mêmes. Il consiste à déterminer la position d'un point sur un plan d'après sa distance à un point fixe et l'angle qu'elle y forme avec une droite fixe : la coordonnée linéaire porte ordinairement, suivant l'usage astronomique, le nom de *rayon vecteur* ; la coordonnée angulaire n'a pas reçu de titre spécial. Emprunté à la géométrie céleste, ce système émane primitivement d'une tendance universelle, dans les plus simples considérations géographiques, à comparer spontanément les divers lieux terrestres d'après la combinaison de leurs distances avec leurs directions. Un point M (*fig.* 2) y est déterminé par l'intersection d'un cercle variable, ayant pour centre fixe le *pôle* O, et d'une droite mobile autour de ce pôle : les coordonnées correspondantes, que nous noterons habituellement u et φ, déterminent, pour chaque position, l'une le rayon de ce cercle, l'autre l'inclinaison de cette droite sur l'axe O ϕ. On doit remarquer que la seule grandeur des deux coordonnées suffit ici à l'entière détermination du point, sans qu'il faille leur attribuer aucun signe, même pour distinguer suffisamment la position M de son opposée M', où l'angle φ, toujours compté en pareil sens, comme en trigonométrie, a certainement changé de valeur, par un accroissement de 180°. Mais nous reconnaîtrons bientôt que, loin de constituer un motif de préférence, cette propriété du système polaire devient au contraire très-défavorable à sa destination analytique.

Outre ces deux systèmes, seuls usités, il en existe évidemment une infinité d'autres, mais dont l'office est purement provisoire ou accidentel. Leur considération n'a d'importance logique qu'afin d'éviter de trop restreindre, suivant la tendance scolastique, cette première notion fondamentale. C'est ainsi que, par exemple, on déterminerait la position d'un point sur un plan d'après ses distances à deux points fixes, par l'intersection de deux cercles à centres fixes, dont les rayons variables constitueraient les coordonnées correspondantes. De même, on y pourrait employer les directions combinées des droites qui, de deux points fixes, aboutiraient au point cherché, alors résulté d'une intersection rectiligne, suivant deux coordonnées angulaires, mesurant les angles de chacune de ces lignes mobiles avec l'axe qui joint les deux pôles. En un mot, il n'y a presque aucune construction plane qui, convenablement envisagée, ne puisse donner lieu à quelque système de coordonnées, et souvent à plusieurs, en y considérant les divers éléments linéaires, angulaires, ou même superficiels, qu'elle peut rattacher à la position d'un point, et dont toute combinaison binaire serait réciproquement susceptible de le déterminer.

Dans un système quelconque, le point mobile est toujours nécessairement placé à la rencontre de deux lignes, droites ou courbes, dont toutes les conditions déterminantes sont fixes, excepté une seule qui, en variant, indique la coordonnée correspondante. Ainsi, les divers systèmes doivent d'abord être distingués entre eux par la nature des lignes qu'ils emploient. Mais cette appréciation ne saurait suffire, puisque des systèmes très-différents peuvent souvent introduire des lignes pareilles : il y aurait, par exemple, une infinité de systèmes méritant d'être appelés *rectilignes*, si l'on donnait ce nom à tous ceux où un point résulte de l'intersection de deux droites ; comme l'indique, entre autres, outre le système rectiligne ordinaire, décrit en premier lieu, le système, doublement angulaire, qui a terminé notre énumération sommaire. On doit donc, en outre, soigneusement considérer le mode de variation de chacune des deux lignes élémentaires, et ne regarder comme vraiment identiques que les systèmes coordonnées qui, employant les mêmes lignes, les font aussi varier suivant la même loi, en sorte que toutes les conditions fixes de détermination soient exactement communes aux deux cas comparés.

5. Cet indispensable préambule, sans lequel les idées géomé-

triques ne sauraient devenir réductibles à des idées numériques, nous permet de procéder maintenant à l'exposition directe de la conception fondamentale d'après laquelle Descartes a constitué la géométrie analytique, en établissant une intime harmonie mutuelle entre les lignes et les équations.

Quand un point se déplace arbitrairement sur un plan, ses deux coordonnées changent indépendamment l'une de l'autre. Mais si, dans son mouvement, il suit un trajet rigoureusement déterminé, de forme d'ailleurs quelconque, ces deux variables ne sauraient plus être envisagées comme indépendantes entre elles. L'une d'elles, en effet, suffit alors pour déterminer le point, à l'égard duquel la ligne proposée tient lieu de celle qui correspondrait à l'autre cordonnée. Celle-ci ne peut donc prendre, en ce cas, que des valeurs subordonnées à celles de la première, dont elle devient ainsi analytiquement, suivant le langage des géomètres, une véritable *fonction*, d'ailleurs assignable ou inassignable, caractérisée par une *équation* convenable entre ces deux variables. Or, comme cette équation traduit exactement la condition d'un tel trajet, elle est justement nommée *équation de la ligne* correspondante, puisqu'elle en constitue une rigoureuse définition analytique, qui ne saurait convenir à aucune autre figure, où, la même valeur de l'abscisse devant procurer une valeur différente à l'ordonnée, leur relation doit nécessairement changer aussi. Cette inévitable correspondance entre la ligne et l'équation est même, à certains égards, trop intime, en tant qu'affectée par la situatiom comme par la forme : car, d'après ce principe, l'équation doit évidemment subir un changement quelconque quand la ligne ne fait que se déplacer sans changer de forme ni de grandeur ; d'où résulte la nécessité de règles analytiques expressément destinées ci-dessous à dissiper une telle confusion, d'ailleurs nécessairement résultée de ce que les idées de position sont seules immédiatement susceptibles d'expression algébrique. Ainsi, l'équation d'une ligne, en tout système, n'est autre chose que la relation constante qui existe nécessairement entre les coordonnées variables du point décrivant, par cela seul que la ligne est rigoureusement définie d'après une propriété commune à tous ses points.

Le principe général d'une telle correspondance ne saurait être convenablement apprécié, si on n'envisage les idées d'*équation* ou de *fonction* de la manière la plus étendue, et si on n'évite soigneusement de confondre la conception, toujours possible, de chaque équation avec sa formation effective, souvent très-difficile, et quelquefois inaccessible. Il existe, sous ce dernier aspect, une très-grande différence entre les diverses définitions dont une même ligne est susceptible. Par exemple, la définition élémentaire du cercle, comme lieu des points équidistants d'un point fixe, se traduit aussitôt, d'après le simple théorème de Pythagore, en l'équation $y^2 + x^2 = r^2$, entre les coordonnées rectilignes de l'un quelconque de ses points, relativement à deux axes rectangulaires menés de son centre. Au contraire, la définition transcendante de cette même courbe, comme étant celle qui, sous le même contour, renferme la plus grande aire, exige l'intervention de la plus haute analyse pour faire obtenir l'équation. L'ensemble de la géométrie présente, même aujourd'hui, beaucoup d'exemples de courbes dont l'équation proprement dite n'a pu encore être formée, et à l'égard desquelles on peut, en outre, quelquefois assurer que cette formation exigerait nécessairement l'introduction de nouvelles fonctions analytiques.

Il importe de remarquer déjà que cette correspondance fondamentale entre les lignes et les équations ne saurait, par sa nature, offrir aucun caractère absolu, qui affectât exclusivement, dans tous les cas, certaines relations analytiques à certaines formes géométriques. Car, une telle harmonie est évidemment subordonnée au système de coordonnées que l'on a choisi. Si donc une habitude invétérée conduit, par exemple, à lier intimement entre elles les idés de ligne droite et d'équation du premier degré ou de section conique et d'équation du second degré, cela tient uniquement à l'emploi trop exclusif du système rectiligne, auquel se rapportent ces liaisons. Dans d'autres systèmes, ces mêmes lignes prendraient évidemment de nouvelles équations, dont la composition analytique semblerait souvent dépourvue de toute analogie avec les premières, quoiqu'il dût pourtant exister entre elles, malgré toutes les variations possibles, une certaine affinité algébrique plus ou moins difficile à discerner, d'après leur commune source géométrique.

Nous devons enfin soigneusement signaler ici, en principe, comme propriété essentielle de cette correspondance de l'équation à la ligne, pour chaque système de coordonnées, son indépendance nécessaire de la diversité des définitions propres à une même figure. Quoique l'équation résulte inévitablement de la définition, elle n'est cependant pas susceptible de varier avec elle, si la ligne n'éprouve aucun changement réel ; puisque les mêmes abscisses devront toujours correspondre aux mêmes ordonnées, tant que la succession des points n'aura pas effectivement changé, sous quelque nouvel aspect qu'elle puisse être envisagée. Rien n'est plus propre que ce remarquable privilége à faire dignement ressortir combien l'équation caractérise profondément la vraie nature invariable de la ligne correspondante, au milieu de la variété presque indéfinie de ses attributs géométriques. En même temps, cette identité nécessaire de l'équation, de quelque définition qu'elle provienne, doit présenter, en géométrie analytique, une importante destination habituelle, en y permettant de reconnaître ainsi, d'une manière sûre et uniforme, l'équivalence effective des définitions qui auront conduit à la même équation, et qui, sans cet heureux intermédiaire, auraient souvent offert beaucoup d'obstacles à un rapprochement décisif.

6. Après avoir ainsi caractérisé, en sens direct, la conception fondamentale de la géométrie analytique, il faut maintenant, pour achever de s'en faire une juste idée générale, l'apprécier aussi en sens inverse, quant à la représentation des équations à deux variables par les lignes planes correspondantes.

Cette peinture des équations résulte de la construction facultative de chacune de leurs solutions. Que, dans une équation quelconque, résolue ou non résolue, $y = \varphi(x)$ ou $f(x,y) = 0$, on considère chaque couple capable d'y satisfaire $\left\{ \begin{array}{c} x = a \\ y = b \end{array} \right\}$, $\left\{ \begin{array}{c} x = a' \\ y = b' \end{array} \right\}$, $\left\{ \begin{array}{c} x = a'' \\ y = b'' \end{array} \right\}$, etc., comme exprimant les coordonnées d'un point dans un système quelconque, par exemple rectiligne : ces diverses solutions pourront dès lors être géométriquement représentées par autant de points M, M', M'', etc. (*fig.* 3), dont la succession resterait arbitraire si ces couples n'avaient aucun caractère commun, mais qui, au contraire, formeront une ligne nettement déterminée en vertu de leur uniforme propriété de convenir à une même équation, qui constituera spontanément la définition algébrique de cette ligne, de manière à la distinguer rigoureusement d'avec toute autre. Envisagée quant à l'équation d'où elle provient, une telle ligne en constituera ce qu'on nomme le *lieu géométrique*, dont l'étude ultérieure fera nécessairement découvrir d'autres propriétés spéciales, susceptibles de lui fournir divers modes de génération, plus ou moins éloignés de cette source analytique. La plupart des courbes aujourd'hui considérées n'ont pas effectivement d'autre origine : aussi sont-elles habituellement nommées par leurs équations mêmes, sauf le très-petit nombre de celles que divers motifs ont conduit à désigner sous des dénominations particulières. On conçoit, en effet, avec quelle extrême facilité on a pu dès lors imaginer une infinité de courbes nouvelles, assujetties à des définitions rigoureuses, tandis que l'ancien régime géométrique ne comportait, à cet égard, que des ressources fort limitées, même pour la plus féconde imagination.

Sous ce second aspect général, encore plus évidemment que sous le premier, la correspondance fondamentale des lignes aux équations est nécessairement relative à la nature du système de coordonnées adopté. De la même équation, on pourrait certainement tirer une infinité de lignes différentes, en se bornant à changer convenablement ce système. Ainsi, par exemple, l'équation $y = ax$, qui, en coordonnées rectilignes, représente une ligne droite, produirait, au contraire, en coordonnées polaires, une spirale composée d'une infinité de circonvolutions croissantes, comme le lecteur peut le constater aisément. Toutefois, quelque variées que puissent être de telles peintures, il faut sans doute que ces diverses figures conservent entre elles une certaine analogie intime, jusqu'ici peu appréciée, d'après leur commune origine algébrique.

Quant à l'indépendance, ci-dessus signalée, de chaque équation relativement à la diversité des définitions propres à la ligne correspondante, elle est ici remplacée, en quelque sorte, par l'indépendance équivalente de chaque lieu géométrique envers les différentes formes, souvent très-distinctes et fort multipliées, que comporte son équation. Cette seconde propriété générale, quoique moins sentie que la première, n'a pas, au fond, moins d'importance. Elle devient surtout la base essentielle de la haute destination logique dont la géométrie analytique est susceptible pour le perfectionnement des spéculations algébriques. La courbe d'une équation présente, en effet, l'inestimable avantage de constituer spontanément un résumé très-expressif de l'ensemble des comparaisons auxquelles peut donner lieu la marche générale des solutions de cette équation : or, cette marche, qui caractérise essentiellement l'équation correspondante, au milieu des innombrables transformations dont elle est susceptible, ne saurait être indiquée par aucun signe analytique, et se trouverait même, sans cette lumineuse peinture, profondément dissimulée sous les détails algébriques que rappelle directement la composition de l'équation. Telle est la source élémentaire des indications fondamentales d'après lesquelles l'heureux emploi des considérations géométriques a tant concouru, depuis deux siècles, à perfectionner les conceptions analytiques.

7. Cette double explication générale de l'intime harmonie naturelle que la grande conception de Descartes a définitivement organisée entre les idées de ligne et les idées d'équation, caractérise déjà le véritable esprit et la principale difficulté de la géométrie analytique. Toutes les lignes qui peuvent être le sujet des recherches de la géométrie plane étant ainsi représentées, dans un système convenable, par autant d'équations, chaque phénomène géométrique qui s'y rapporte devient dès lors susceptible d'expression analytique, soit qu'il concerne les affections isolées de chacune des lignes proposées ou leurs relations mutuelles. Sous ce premier aspect, il s'agit surtout, en géométrie analytique, de découvrir l'équivalent analytique de chaque considération géométrique. Réciproquement, toute équation abstraite, du moins à deux variables, étant aussi représentée de la même manière par une courbe correspondante, il n'y a pas de modification algébrique qui ne doive comporter une certaine interprétation géométrique, dont la découverte constituera habituellement, sous ce second aspect, la difficulté essentielle de la géométrie analytique. On voit donc que tous

les efforts y doivent principalement consister à développer et à perfectionner sans cesse cette double relation alternative entre l'abstrait et le concret, dont la pensée cartésienne constitue le principe fondamental.

8. Quels que soient les éminents avantages, à la fois logiques et scientifiques, propres à cette admirable conception, dont ce traité fera de plus en plus ressortir la puissance et la fécondité, il importe maintenant, pour en avoir pleinement ébauché l'appréciation générale, de signaler ici sommairement ses imperfections essentielles, mais sans nous occuper d'y remédier, en évitant toutefois de les concevoir comme nécessairement irréparables.

Sous le premier des deux aspects fondamentaux ci-dessus expliqués, la représentation analytique des lignes est actuellement imparfaite, en ce sens que l'équation, excédant quelquefois la stricte définition, convient à tout l'ensemble de chaque ligne, lors même que la génération proposée est restreinte à une portion déterminée. En cherchant, par exemple, l'équation rectiligne ou polaire du lieu du sommet d'un angle invariable dont chaque côté passe en un point fixe, elle se trouvera vicieusement convenir à la totalité du cercle correspondant, quoique la définition ne convienne cependant qu'à un arc limité, qui pourra même être fort petit, si l'angle est très-aigu : la plupart des solutions de l'équation ne se rapporteraient point alors à l'angle proposé, mais à son supplément. De même, pour citer un cas encore plus sensible, en considérant le lieu du sommet d'un triangle rectangle dont l'hypoténuse glisse entre deux axes rectangulaires, l'équation indiquera deux droites indéfiniment prolongées, tandis que cette génération ne saurait évidemment s'appliquer qu'à une portion déterminée de chacune d'elles. Cette altération par excès est, sans doute, beaucoup moins vicieuse que ne le serait une altération par défaut, laquelle est nécessairement impossible ici ; mais elle n'en constitue pas moins un grave inconvénient de notre système actuel de géométrie analytique, puisque certaines définitions géométriques n'y sont pas algébriquement traduites avec une scrupuleuse fidélité, faute de savoir prendre en considération analytique les restrictions qui leur sont inhérentes. C'est surtout dans l'application de l'analyse aux phénomènes thermologiques que cette imperfection a dû se faire sentir, en y entravant l'étude spéciale des lois de l'échauffement et du refroidissement pour les cas linéaires où, comme il arrive très-souvent, on ne doit considérer qu'une partie limitée de chaque ligne. Aussi est-ce à l'immortel fondateur de cette nouvelle théorie, principale création mathématique propre au siècle actuel, que la géométrie doit la solution effective de cette difficulté fondamentale, qu'on avait jusqu'alors jugée insurmontable. Mais, quoique Fourier ait ainsi introduit des équations qui ne représentent réellement que des parties assignables de chaque ligne, cette importante modification a exigé des complications analytiques qui doivent empêcher jusqu'ici, et peut-être toujours, de la rendre vraiment usuelle et surtout élémentaire. Nous devons donc nous résigner finalement à l'acceptation actuelle d'une telle imperfection, sans nous enquérir ici du remède, sauf les précautions spéciales qui, en chaque cas opportun, pourront nous garantir des fausses indications qu'elle susciterait.

Une de ses conséquences générales consiste à ne savoir pas non plus représenter analytiquement un contour discontinu, par exemple, le périmètre d'un triangle ou d'un autre polygone. En géométrie analytique, la composition des lieux se traduit naturellement par la multiplication de leurs équations, pourvu qu'on ait d'abord pris la précaution indispensable d'y tout réunir en un seul membre, sous la forme usitée $f(x,y)=0$: car un produit étant nul par cela même qu'un de ses facteurs l'est, à moins que l'autre ne devînt accidentellement infini, et ne pouvant d'ailleurs être autrement annulé, il est évident que le lieu géométrique de l'équation $f(x, y) \times \varphi(x, y) = 0$ consiste dans l'assemblage des deux lignes séparément issues des équations $f(x, y) = 0$, $\varphi(x, y) = 0$. D'après cela, si des équations représentaient des portions de ligne, on pourrait, par leur produit, représenter le contour discontinu qui résulterait de leur juxtaposition. Mais, dans le système actuel, on ne pourrait, au contraire, en multipliant ensemble, par exemple, les équations des trois côtés d'un triangle, nullement former une équation qui fût restreinte à son périmètre ; elle conviendrait aussi à tous les points situés sur les prolongements indéfinis des divers côtés. Ainsi la lacune de notre géométrie analytique, relativement aux parties de ligne, s'aggrave beaucoup d'après ses suites nécessaires envers les contours composés, dont la considération doit naturellement s'offrir en divers cas importants, surtout en thermologie mathématique. La conception analytique de Fourier a remédié au second inconvénient de la même manière qu'au premier, et d'ailleurs indépendamment du principe de la multiplication, mais toujours par des procédés trop pénibles pour être admis dans l'enseignement élémentaire de la géométrie générale, que nous continuerons à concevoir grevée de cette double imperfection naturelle.

Sous le second aspect fondamental, la représentation des équations par les lignes correspondantes doit être jugée habituellement imparfaite, en ce sens qu'on n'y tient compte que des seules solutions réelles, sans aucun égard aux solutions imaginaires, qui néanmoins en restent abstraitement inséparables, et qui souvent sont bien plus nombreuses, au point de constituer quelquefois l'unique réponse que comporte l'équation, même en n'attribuant que des valeurs réelles à la variable indépendante, suivant un usage d'ailleurs déjà contraire à l'entière généralité analytique. Il ne faut pas croire cependant que l'imaginarité de ces solutions doive, en principe, leur interdire nécessairement toute interprétation géométrique, puisqu'elles ont entre elles des relations très-appréciables, aussi bien géométriquement qu'algébriquement ; sauf la précaution très-facile de tracer différemment la partie du tableau total qui les concerne, par exemple en la ponctuant. C'est ainsi que l'équation $x^2 + y^2 = 1$ qui, dans le mode ordinaire, n'est représentée qu'entre $x = -1$ et $x = +1$, par le cercle O A (*fig. 4*), produirait, en outre, l'hyperbole BC B′ C′, si l'on convenait de construire, abstraction faite du facteur commun $\sqrt{-1}$, les ordonnées imaginaires qui correspondent à toutes les autres abscisses réelles. Mais une semblable peinture des solutions imaginaires ne saurait convenir jusqu'ici qu'à un petit nombre de cas suffisamment simples, en dehors desquels l'imperfection nécessaire de l'analyse mathématique empêchera probablement toujours de compléter convenablement la représentation géométrique des équations (*). Nous regarderons donc aussi cette seconde lacune générale comme inhérente à notre système actuel de géométrie analytique, et nous en subirons les conséquences naturelles, sans nous occuper ici du remède.

Celle de ces conséquences qu'il importe le plus de prévoir déjà consiste dans l'altération que reçoit ainsi, en certain cas, le principe fondamental posé ci-dessus sur la représentation nécessaire de toute équation par une ligne. En effet, si l'équation n'admet qu'une seule solution réelle, comme par exemple, $x^2 + y^2 = 0$, qui n'est satisfaite que par $x = 0$, $y = 0$, ou si elle

---

(*) Un jeune géomètre, M. Marie, ancien élève de l'École polytechnique, vient de concevoir cette peinture des solutions imaginaires d'une manière plus profonde et plus générale que dans aucune des tentatives antérieures, de façon à obtenir quelquefois d'heureux rapprochements inattendus, et sans se faire d'ailleurs aucune grave illusion sur la réalisation usuelle d'un tel perfectionnement.

n'en comporte qu'un nombre limité, elle ne produira géométriquement qu'un pareil nombre de points, qui pourraient même provenir aussi d'une infinité d'autres équations, en sorte que la figure sera loin dès lors de caractériser effectivement l'équation correspondante. Quand l'équation ne comportera aucune solution réelle, elle n'aura plus aucune sorte de lieu géométrique, et cette commune fin de non-recevoir, relative non à la nécessité mais à notre impuissance, enveloppera confusément une foule d'équations qui, analytiquement, sont très-distinctes entre elles, comme $x^2+y^2+1=0$, $x^3+y^3+1=0$, $x^4+y^4+1=0$, $y^2+e^x=0$, etc. D'après une telle lacune, certaines modifications analytiques ne comporteront aucune interprétation géométrique; c'est ainsi qu'on ne changerait nullement le lieu d'une équation en la multipliant par l'une quelconque des précédentes, quoiqu'elle fût alors algébriquement dénaturée.

9. Pour achever d'éclaircir autant que possible cette exposition élémentaire de la conception fondamentale propre à l'ensemble de la géométrie analytique, il reste maintenant à indiquer une importante considération générale, trop méconnue jusqu'ici, qui mettra dans un plus grand jour la correspondance nécessaire entre les idées de lignes et les idées d'équation, en faisant sentir que non-seulement chaque définition rigoureuse d'une courbe doit pouvoir donner lieu à une équation correspondante entre telles coordonnées qu'on voudra, mais qu'elle-même constitue déjà une première équation de la courbe, relativement à un certain système de coordonnées, en harmonie convenable avec cette définition. Toutefois, afin d'éviter, à cet égard, toute confusion et toute exagération, il faut d'abord restreindre une telle remarque aux seules définitions qui indiquent une génération de la ligne proposée, de manière à fournir aussitôt une description par points ou par un mouvement continu, restriction qui n'altère point la géné-

ralité intrinsèque d'une telle observation, puisqu'une courbe quelconque comporte nécessairement de semblables définitions, lors même qu'elle ne serait d'abord définie que d'après une propriété caractéristique qui ne serait point explicative, comme, par exemple, la propriété isopérimètre du cercle, ci-dessus rappelée. Sauf cette unique réserve, il est aisé de comprendre qu'on ne peut spécifier la génération d'une courbe que suivant quelque relation immédiate, ordinairement très-simple, entre certaines coordonnées naturelles qui s'y rapportent : les difficultés qu'on éprouverait d'abord à sentir cette évidente nécessité ne pourraient tenir essentiellement qu'à une manière trop étroite d'envisager la notion générale des systèmes de coordonnées, et cesseraient dès qu'on attribuerait communément à cette conception préliminaire toute l'extension philosophique que nous lui avons donnée précédemment. Par exemple, la définition élémentaire du cercle constitue spontanément l'équation polaire de cette courbe $u = r$, en prenant le pôle au centre ; sa définition comme lieu du sommet d'un angle invariable v dont chaque côté passe par un point fixe, se traduit immédiatement par l'équation $\varphi - \psi = v$, entre les coordonnées angulaires qui mesurent les inclinaisons variables des côtés mobiles sur l'axe fixe ; la définition de l'ellipse ou de l'hyperbole comme lieux d'un point dont la somme ou la différence des distances à deux points fixes demeure constante, donne aussitôt l'équation $u \pm t = c$, dans le système de coordonnées qui détermine la position d'un point d'après ses distances aux deux points fixes proposés ; la génération commune des trois sections coniques par le mouvement d'un point dont les distances à un point fixe et à une droite fixe sont constamment proportionnelles, fournit sur-le-champ l'équation $u = mt$, dans le système, moitié rectiligne, moitié polaire, qui correspond à cette définition : il en est de même envers les courbes transcendantes, ainsi que nous aurons lieu de le constater spécialement sur la définition ordinaire de la cycloïde, et en plusieurs autres cas. Il serait maintenant superflu de multiplier davantage de telles vérifications, que j'aurai soin de signaler ensuite en chaque cas opportun. On conçoit aisément, en principe, que la génération d'une ligne ne saurait être définie qu'en spécifiant la loi du mouvement du point décrivant : or, cette loi ne comporte de définition précise que d'après une certaine relation entre les deux mouvements quelconques, soit de translation, soit de rotation, dans lesquels on décompose le mouvement proposé ; cette relation, envisagée sous un autre aspect, constituera donc l'équation naturelle de la ligne considérée, par rapport au système de coordonnées correspondant, qui variera avec la ligne, et surtout avec la définition. Cette considération générale, inconnue avant moi, rend plus évidente l'harmonie fondamentale entre les lignes et les équations, en dégageant spontanément sa notion philosophique de toute difficulté relative à la formation effective de chaque équation cherchée : car, si, d'après ce principe, toute courbe a directement une équation en un certain système de coordonnées, on ne saurait plus douter qu'elle ne doive également en comporter d'équivalentes en tous les autres systèmes, sauf les obstacles que pourra présenter l'accomplissement de la transition.

En même temps, on apprécie ainsi en quoi consiste essentiellement l'embarras qu'offre souvent l'établissement des équations. Il ne pourrait jamais susciter aucune grave difficulté, si l'on avait toujours le choix du système de coordonnées, puisque l'équation s'obtiendrait aussitôt en adoptant celui qui conviendrait à la définition proposée. Mais, par des motifs qui vont être ci-dessous indiqués, on doit communément s'astreindre à un système uniforme prescrit d'avance, et surtout au système rectiligne proprement dit, qui n'est pas constamment, ni même habituellement, le mieux adapté à la formation des équations. On voit donc que la principale difficulté qui soit propre à cette formation doit consister, en général, dans le passage du système primitif et naturel à ce système définitif et artificiel. Cette appréciation comporte une grande utilité pratique dans toute la géométrie analytique, en fournissant l'unique conseil efficace que puisse admettre cet inévitable préambule, qui, de sa nature, ne saurait être assujetti à aucune méthode systématique. Il faut, en effet, d'après cela, toujours partir de cette équation spontanée inhérente à chaque définition, et diriger ensuite tous les efforts spéciaux vers l'élimination de ces coordonnées primitives, à l'aide des deux relations que l'on découvrira entre elles et les coordonnées définitives ; en employant d'ailleurs quelquefois, à titre d'auxiliaire, suivant l'esprit ordinaire des recherches mathématiques, un système intermédiaire, ou même plusieurs, n'ayant alors d'autre destination que de faciliter cette indispensable transition. Une judicieuse application de ce conseil général, sans dissiper la difficulté, souvent très-grande, que présente la formation des équations, tendra du moins à prévenir la vicieuse déperdition de forces qui résulte si fréquemment, à cet égard, de tentatives empiriques et désordonnées, dont le succès serait presque impossible.

10. La considération précédente nous conduit naturellement à compléter enfin notre exposition fondamentale, par l'appréciation générale des motifs qui ont mérité, en géométrie analytique, au système rectiligne proprement dit, la préférence universelle que lui a justement accordée jusqu'ici un usage essentiellement spontané, mais qui doit désormais résulter d'une comparaison rationnelle.

Pour que cette discussion soit lumineuse et décisive, il importe d'y séparer d'abord les deux aspects élémentaires dont la nouvelle géométrie présente la combinaison permanente ; car le choix proposé doit être fort différent selon qu'on envisage la représentation analytique des lignes ou la peinture géométrique des équations.

Sous le premier aspect, provisoirement isolé, aucun système de coordonnées ne saurait, évidemment, mériter une préférence invariable, soit quant à la facilité de former l'équation de chaque ligne, soit quant à la simplicité de l'équation obtenue : puisque, d'après le numéro précédent, c'est tantôt dans un système et tantôt dans un autre que chaque définition fournit aussitôt une équation très-simple. L'usage prépondérant du système rectiligne ne saurait donc résulter nullement de ce premier ordre de motifs, qui conduirait à choisir successivement chacun des autres systèmes imaginables, pour les cas auxquels leur nature les adapterait.

Mais il n'en est plus ainsi sous le second aspect, qui manifeste clairement une supériorité constante et nécessaire de ce système envers tout autre, en ce qui concerne la représentation géométrique des équations, quant à la facilité et à la netteté d'une telle peinture, et, par suite, quant à sa principale efficacité logique. Cet avantage résulte d'abord de la nature des lignes employées, puisque les points y sont évidemment déterminés par l'intersection des plus simples lignes possibles. Toutefois, cette première explication serait insuffisante ; car il existe, comme nous l'avons déjà reconnu, une infinité d'autres systèmes de coordonnées où l'on n'introduit également que des lignes droites. Il faut donc, pour préciser convenablement une telle discussion, avoir aussi égard au mode de variation de ces lignes ; ce qui achève de mettre en évidence cette supériorité générale du système ordinaire : en effet, le déplacement d'une droite, par une pure translation, parallèlement à un axe fixe, constitue certainement la plus grande simplicité possible dans une image géométrique qui, par sa destination, doit toujours contenir quelque élément variable. On peut donc regarder ce système comme étant nécessairement celui où l'on se représente le mieux la correspondance élémentaire entre le mouvement du point et la variation numérique de ses coordonnées ; d'où l'on doit conclure son aptitude supérieure à l'interprétation géométrique de toutes les considérations analytiques.

En prolongeant davantage cette appréciation, on peut même expliquer la préférence habituellement accordée, dans l'usage du système rectiligne, à l'emploi d'axes rectangulaires. Ce choix ne tient point essentiellement à la notion plus familière d'une telle inclinaison, ni d'ailleurs aux simplifications analytiques qu'elle comporte souvent, mais qui, en certains cas, appartiendraient, au contraire, à d'autres angles. Suivant un motif à la fois plus constant et plus profond, cette disposition des axes doit être envisagée comme la plus convenable à la représentation géométrique, qui ne pourrait autrement s'accomplir ordinairement d'une manière aussi fidèle. En effet, des axes rectangulaires partagent le plan en quatre régions exactement identiques, entre lesquelles le lieu géométrique, qui presque toujours en occupe plusieurs, ne pourra présenter de diversités graphiques que celles qui proviendront des solutions correspondantes de l'équation proposée. Au contraire, avec des axes obliques, chacune de ces régions n'est égale qu'à son opposée et diffère de son adjacente, où la peinture de l'équation sera altérée par l'emploi d'une nouvelle obliquité, indépendamment de toute source analytique. Si l'on considère, par exemple, une équation où le changement de signe de l'abscisse n'influe point sur l'ordonnée, comme $x^2 + y^2 = 1$, $x^4 + y^4 = 1$, etc., la courbe, alors étendue dans les quatre régions, devrait naturellement, pour peindre fidèlement l'équation, y offrir quatre parties symétriques, susceptibles d'une parfaite coïncidence : or, cette condition, spontanément remplie avec des axes rectangulaires, ne saurait l'être suffisamment avec des axes obliques, qui, n'égalant ces quatre portions que deux à deux, indiqueront une vicieuse diversité là où l'équation prescrit une entière identité; un tel tableau serait alors peu propre à faciliter les spéculations analytiques, suivant sa principale destination logique, puisqu'on ne pourrait l'employer qu'en s'y tenant sans cesse en garde contre une semblable discordance.

L'ensemble de l'appréciation précédente explique suffisamment l'usage qui s'est conservé, depuis l'origine de la géométrie analytique, de préférer habituellement, à tout autre système de coordonnées, le système rectiligne et rectangulaire, le seul dans lequel seront ici construites nos diverses théories générales. Mais on conçoit aussi que, malgré sa supériorité constante pour la discussion géométrique des équations, il doive être quelquefois abandonné envers certaines courbes, afin d'éviter la trop grande complication des équations correspondantes. Dans les applications concrètes de la géométrie abstraite, on peut d'ailleurs employer spécialement d'autres coordonnées sans avoir même en vue la simplification des équations, et uniquement comme susceptibles d'une meilleure interprétation physique : c'est ainsi que les astronomes ont été conduits à préférer habituellement les équations polaires, à l'égard de courbes dont les équations rectilignes seraient pourtant plus simples.

11. Le système polaire étant jusqu'ici le seul réellement usité quand on renonce au système rectiligne, il importe de spécifier envers lui la comparaison générale que nous venons d'établir, en faisant ressortir les imperfections élémentaires qui le rendent très-peu propre à une convenable peinture des

équations, outre la moindre facilité, et par suite la moindre netteté que présente, à cet égard, sa nature opposée à celle de l'autre système, d'après les motifs ci-dessus indiqués. On doit reconnaître, en effet, que, sous deux aspects essentiels, il ne comporte pas même une entière fidélité, en ce sens que des solutions analytiquement distinctes y sont quelquefois représentées par un même point, sans que le tableau géométrique puisse alors tenir aucun compte de leurs différences numériques. Cette confusion élémentaire a d'abord lieu quand une même valeur de l'ordonnée linéaire correspond à deux valeurs de l'ordonnée angulaire qui diffèrent entre elles de quatre angles droits, ou de tout multiple entier de 360°, ce qui peut souvent survenir, et, par exemple, toutes les fois que l'équation proposée contient seulement des fonctions trigonométriques de l'angle : en de tels cas, la nature du système polaire empêche certainement la représentation géométrique de ces diversités numériques ; ce qui ne peut jamais exister avec des coordonnées rectilignes, ni même d'après beaucoup d'autres systèmes. Aussi le système polaire est-il justement réservé, d'ordinaire, pour les équations qui contiennent l'angle algébriquement, comme celles des spirales, et doit-il être spécialement évité envers celles qui n'en renferment que des fonctions périodiques. Mais une semblable confusion se manifeste, d'une manière encore plus grave, sous un autre aspect plus universel, d'après l'impuissance nécessaire du système polaire pour représenter géométriquement les différences de signe $+$ ou $-$, quand elles n'affectent que le rayon vecteur. Le besoin, propre au système rectiligne, d'attribuer des signes aux coordonnées, afin d'y compléter les déterminations élémentaires, a été heureusement converti, par Descartes, en une précieuse aptitude à peindre géométriquement ce genre important de diversités analytiques. Au contraire, l'indépendance même d'une telle obligation, qui semble d'abord devoir constituer un avantage du système polaire, y est réciproquement devenue la source nécessaire d'une imperfection capitale, en y empéchant essentiellement une telle représentation. Toutefois, la vraie nature de cette grande loi de Descartes y permet encore la peinture du signe envers celle des deux variables que l'angle représente, puisqu'il suffit alors de compter l'angle en sens contraire de celui qu'on a affecté à ses valeurs positives. Mais si le changement de signe se rapporte au rayon vecteur, la construction polaire n'en pourra certainement tenir aucun compte, une telle longueur, dont la direction change continuellement, n'étant pas susceptible d'une véritable opposition de sens. C'est à tort que l'on croit quelquefois l'avoir représenté, en portant les valeurs négatives de chaque rayon vecteur à l'opposé de la direction qu'on leur eût attribuée, d'après l'angle correspondant, si elles eussent été positives, comme OM′ comparé à OM (*fig.* 2). Il est clair, en effet, que OM′ ne correspond pas réellement à l'angle φ, mais à la valeur 180° $+ \varphi$, qui, suivant ce mode, ne pourrait plus trouver, sur la figure, aucune place distincte. Une telle erreur provient sans doute de l'habitude trop exclusive d'équations polaires où cette opposition de valeurs n'est point assez marquée, à cause de fonctions purement trigonométriques de φ. Mais il suffirait de considérer, par exemple, les équations des spirales $u = a\varphi$, $u^2 = a\varphi$, $u\varphi = a$, $u = a^{\varphi}$, etc., pour sentir aussitôt l'inconvenance générale d'une telle interprétation.

Comme cette dernière explication, quelque rationnelle qu'elle soit spontanément, se trouve néanmoins directement contraire à un usage scolastique devenu très-commun, il importe de rappeler incidemment, à ce sujet, le véritable esprit, aujourd'hui trop méconnu, de la grande loi découverte par Descartes sur la destination concrète du signe $+$ ou $-$ dans les relations analytiques. Il faut d'abord reconnaître que cette proposition capitale de philosophie mathématique n'est réellemen démontrée encore que d'après de simples vérifications spéciales, sans aucune appréciation directe et générale : seulement ces vérifications sont maintenant beaucoup plus multipliées, et surtout plus variées, qu'elles ne pouvaient l'être pour Descartes, dont le génie analogique fit surgir cette admirable induction de l'heureux rapprochement d'un très-petit nombre de cas. Les géomètres actuels se montrent même quelquefois, il faut l'avouer, moins avancés, à certains égards, sous ce rapport, que ceux du dix-septième siècle ; en ce que, répugnant trop à une logique purement inductive, ils prennent souvent, à ce sujet, des vérifications très-bornées pour de vraies démonstrations. Peut-être faut-il penser d'ailleurs qu'une telle proposition ne comporte pas d'explication à priori, et doit toujours rester fondée sur de pures inductions, sans que sa certitude en soit toutefois affectée : du moins l'impuissance radicale des efforts tentés, à cette fin, depuis deux siècles, et quelquefois par des esprits supérieurs, autorise beaucoup une semblable opinion. Quoique la science mathématique soit celle de toutes où l'extrême simplicité du sujet comporte le plus l'emploi prépondérant des déductions, il n'y saurait pourtant être tout à fait exclusif, et quelques notions capitales y doivent sans doute demeurer, comme celle-ci, purement inductives. En acceptant, du moins quant à présent, cette irrécusable nécessité, il faut s'attacher surtout à bien reconnaître le vrai sens général, ordinairement très-confus, de cette grande loi cartésienne, qui consiste en ce que toute véritable inversion, dans les grandeurs concrètes qui en sont susceptibles, se traduit analytiquement par le changement de signe des valeurs abstraites correspondantes : c'est à dire que, l'équation d'un phénomène quelconque ayant été formée pour un seul état de ces diverses grandeurs, toutes les autres dispositions, souvent très-multipliées (selon la puissance de 2 qu'indique leur nombre), qui pourront résulter de leurs inversions combinées, se trouveront exactement correspondre à des équations déduites de la première d'après les seuls changements de signe convenables, en sorte que l'une d'elles, suffisamment interprétée, pourra condenser toutes les autres. Sans insister ici sur les avantages, aussi évidents qu'éminents, de cette découverte fondamentale, surtout entièrement indispensable à l'existence de la géométrie analytique, on doit sentir que cette loi interdit l'interprétation concrète du signe envers les grandeurs qui, comptées suivant des directions variables, ne sauraient comporter une véritable opposition de sens; car, dès que le changement de signe est reconnu exprimer l'inversion, il ne peut plus comporter aucune autre attribution, sous peine de n'avoir qu'une destination vague et même arbitraire. Que signifie, par exemple, la prétendue différence de signe entre les rayons vecteurs OM, OM′, appliquée à l'ensemble des directions? Elle revient évidemment à supposer positifs les rayons au-dessus de l'axe $O\varphi$, et négatifs ceux au-dessous : or, la distinction ainsi établie entre ces deux classes est factice et illusoire, comme ne tenant qu'à l'interposition de cet axe; concevons supprimée cette vaine séparation, et il n'y aura certainement pas plus de différence réelle entre OM et ON, qu'on affecte alors de signes contraires, qu'entre OM et OK, auxquels on donne pourtant le même signe; ce qui fait aussitôt ressortir combien un tel usage est radicalement contraire à toute judicieuse interprétation de la loi du signe concret.

12. Après avoir entièrement exposé la conception fondamentale propre à l'ensemble de la géométrie analytique, il reste à compléter ce chapitre préliminaire par deux explications indispensables, d'ailleurs spontanément corelatives, d'abord sur la vraie théorie de l'homogénéité géométrique, et ensuite

sur la construction élémentaire des formules algébriques.

La grande loi de l'homogénéité, la plus étendue de toutes celles que comporte jusqu'ici la philosophie mathématique, puisqu'elle s'applique nécessairement à toute relation quelconque de l'abstrait au concret, reste encore très-mal conçue ordinairement, quoique j'en aie suffisamment établi, il y a treize ans, dans le tome premier de ma *Philosophie positive*, le véritable esprit général. Pour expliquer ce fait remarquable que toute équation ayant un sens géométrique, et spécialement linéaire, est constamment *homogène*, c'est-à-dire, dans le cas le plus usuel, que tous les termes y sont naturellement du même *degré* algébrique, on se borne presque toujours à remarquer cette circonstance évidente envers les relations initiales que l'on regarde avec raison comme la source, plus ou moins éloignée, de toutes les relations possibles entre lignes, et qui sont essentiellement réductibles au théorème de Pythagore sur le triangle rectangle et à celui de Thalès sur la proportionnalité des côtés entre deux triangles équiangles, proposition qui, d'ailleurs, comprend logiquement l'autre. D'après cette remarque incontestable sur l'homogénéité des équations primitives, et en admettant que ni les transformations ultérieures de chacune d'elles ni leurs combinaisons mutuelles ne peuvent jamais altérer un tel caractère, on aurait suffisamment démontré qu'il doit s'étendre aussi aux déductions les plus lointaines. Mais cette supposition très-gratuite est certainement vicieuse, sinon quant aux transformations, du moins quant à certaines combinaisons ; par exemple, lorsqu'on ajoute deux équations homogènes de degrés différents, leur somme ne constitue nullement une équation homogène. Il resterait donc à expliquer pourquoi les déductions géométriques ne conduisent jamais à de tels assemblages ; ce qui serait assurément plus difficile que d'établir directement la loi générale de l'homogénéité. Ceux qui ont senti ce vice radical de l'explication la plus usitée, mais sans remonter pourtant jusqu'au vrai principe philosophique de toute cette théorie, ont été conduits à altérer essentiellement la loi elle-même, pour l'adapter à l'insuffisance de leur démonstration, en y introduisant une alternative qui, au fond, détruirait radicalement le sens effectif de la proposition. On fait ainsi consister maintenant le théorème de l'homogénéité en ce que toute équation géométrique est nécessairement homogène, *ou*, du moins, la somme de plusieurs équations homogènes. Avec un pareil énoncé, la proposition devient évidemment insignifiante : car, quelle est l'équation, écrite au hasard par un algébriste, qui ne puisse être conçue décomposée en équations homogènes, d'après la seule précaution d'y grouper convenablement les termes ? Il est certainement impossible que ceux qui entendent ainsi la loi de l'homogénéité fassent aucun usage réel des précieux moyens de vérification continue qu'elle est surtout destinée à fournir spontanément dans toutes les applications possibles de l'analyse mathématique.

13. Sans nous arrêter davantage à cette vicieuse doctrine, procédons directement à la véritable explication. Elle repose tout entière sur cet unique principe, aussi général qu'évident : l'exactitude de toute relation concrète, soit géométrique, soit même mécanique, ou physique, etc., étant nécessairement indépendante de la grandeur de l'unité ou des unités qu'on a introduites pour l'évaluation numérique, l'équation correspondante doit rester inaltérable quand on y fait subir, à chacune des quantités élémentaires, la variation résultée du changement d'unité, et qui consiste à les multiplier toutes par un même facteur arbitraire. Afin de mieux apprécier les conséquences analytiques d'une telle propriété envers les équations algébriques proprement dites, où il faut surtout la spécifier, il importe de

distinguer deux cas généraux, selon que la relation ne contient que des grandeurs d'une seule espèce, ou qu'elle en renferme à la fois de plusieurs sortes distinctes.

Dans le premier cas, le plus commun en géométrie analytique, en supposant, pour fixer les idées, qu'il s'agisse, par exemple, d'une relation entre lignes, tout se réduit à bien apprécier l'effet isolé du changement proposé sur chaque terme de l'équation. Or, en rendant m fois plus grands tous les facteurs qui expriment les lignes considérées, il est aisé de reconnaître d'abord que tout terme du premier degré se trouvera aussi multiplié par m, quelle que soit sa forme algébrique, non-seulement quand il est rationnel et entier, comme $3a$, $\frac{2}{3}a$, na, etc., mais aussi lorsqu'il est fractionnaire, comme $\dfrac{ab}{c}$, $\dfrac{abcd}{efg}$, etc., ou même irrationnel, comme

$$\sqrt{ab},\quad \sqrt{\frac{abcde}{fgh}},\quad \sqrt[3]{\frac{abcd}{e}},\quad \sqrt[5]{abcde},\ \text{etc.}$$

en estimant toujours le degré suivant les règles ordinaires de l'algèbre ; sauf l'indispensable précaution de n'y jamais compter que les facteurs vraiment linéaires, sans aucune participation de ceux qui, à divers titres, ne sont pas altérables par le changement d'unité. Cela posé, chacun des termes de degré supérieur deviendra ainsi, avec une forme quelconque, m^2, m^3, m^4, etc., fois plus grand, selon qu'il sera du 2me, 3me, 4me, etc. degré, en tant que produit d'un pareil nombre de facteurs du premier degré. En résumé, tous les termes d'un même degré, quelle que soit leur dissemblance algébrique, varieront alors en même raison, et tous ceux de degrés différents, quelque similitude que puisse offrir leur composition, se trouveront inégalement multipliés. On voit par là que l'équation ne pourra supporter sans altération la modification proposée, que d'après une exacte parité de degré entre tous ses termes : ce qui constitue la partie la plus usuelle de la loi d'homogénéité, en ce qui concerne les équations algébriques proprement dites. Quant aux équations dites transcendantes, c'est-à-dire exponentielles, logarithmiques, etc., le même principe fondamental y fournirait d'équivalentes conditions analytiques, sous des formes variables avec la nature des fonctions, et qu'il serait superflu, surtout en ce traité, de spécifier d'avance.

En considérant maintenant le second cas général, il peut offrir deux modes très-distincts, selon que les diverses unités hétérogènes sont indépendantes entre elles ou subordonnées l'une à l'autre. Si elles n'ont aucune liaison nécessaire, comme il arrive, en géométrie, pour les relations à la fois linéaires et angulaires, la loi d'homogénéité conservera évidemment le même sens fondamental, mais avec une plus grande variété de prescriptions que dans le premier cas, puisque tous les termes devront alors présenter le même degré, soit qu'on y compte uniquement les facteurs linéaires, ou seulement les facteurs angulaires, ou simultanément les deux sortes, en vertu du changement correspondant de chacune ou de plusieurs de ces unités indépendantes. Mais quand, au contraire, les unités doivent, quoique hétérogènes, conserver une subordination déterminée, la loi se trouve nécessairement modifiée, en ce que l'on n'y peut plus estimer le degré de chaque terme, suivant l'usage purement algébrique, d'après la simple énumération uniforme des facteurs convenables : il faut alors apprécier ces divers facteurs, selon leurs sources respectives, en leur appliquant une certaine pondération analytique, dérivée de la liaison primitive des unités. Pour formuler cette pondération dans les équations géométriques, où peuvent coexister des longueurs, des aires, et des volumes, il suffit de reconnaître que l'enchaînement des trois unités s'y trouve nécessairement tel que, la première devenant m fois plus petite, la seconde le devient m^2

fois, et l'autre m^3 fois. D'après cela, l'homogénéité doit alors existe en comptant chaque facteur superficiel comme deux, et chaque facteur solide comme trois, facteurs linéaires. Quoique ce mode diffère essentiellement du précédent, sa nature également déterminée le rend tout aussi propre à fournir spontanément, en géométrie, d'utiles vérifications algébriques.

Dans le cas le plus usuel, celui des relations entre lignes, il reste à comprendre comment l'homogénéité peut quelquefois cesser effectivement, ainsi que les formules trigonométriques en offrent beaucoup d'exemples. Or, cette cessation ne provient jamais, comme en trigonométrie, que d'avoir choisi pour unité l'une même des lignes à considérer, qui, dès lors exprimée par le nombre 1, ne compte plus parmi les facteurs qui participent à l'estimation du degré, d'après l'usage naturel de négliger toujours numériquement le facteur 1, soit en multiplicateur, soit en diviseur. Le degré de chaque terme qui renferme cette ligne se trouvant ainsi altéré, tandis que celui des termes où elle n'entre pas n'a point changé, on conçoit que l'homogénéité algébrique n'existera plus. Elle continuerait à subsister, si on tenait compte convenablement du facteur 1 ; mais alors on perdrait évidemment tout l'avantage analytique que comporte un tel choix de l'unité, toujours destiné à simplifier les formules, et il serait préférable d'adopter une unité nettement distincte des lignes en relation.

Suivant une telle appréciation, il est aisé de sentir, réciproquement, que si, en partant d'une équation ainsi altérée, on désire la rétablir dans son état primitif, il suffit, d'après la loi d'homogénéité, d'user du droit numérique d'introduire à volonté le multiplicateur ou le diviseur 1, de manière à ramener tous les termes, en comptant ces facteurs 1, à tel degré commun qu'on voudra : en y remplaçant ensuite, pour plus de clarté, ce signe 1 par une lettre indéterminée, l'équation sera nécessairement revenue à la forme qu'elle aurait eue d'abord, relativement à une unité indépendante des lignes considérées. L'usage ordinaire équivaut, sans doute, à la règle précédente, mais surchargée d'un circuit très-superflu et souvent pénible, tenant à la notion trop imparfaite qu'on se forme communément de la loi d'homogénéité. En général, je ne crains pas d'assurer que toute difficulté relative, soit à la conception de cette loi, soit à son application, sera spontanément dissipée, par tout lecteur intelligent, en remontant convenablement jusqu'au principe fondamental qui domine l'ensemble de cette théorie, sans qu'il faille ici insister davantage sur de semblables explications.

14. Après avoir suffisamment établi la loi d'homogénéité, il faut terminer enfin cet indispensable préambule général, en indiquant sommairement les règles élémentaires de la *construction* des formules algébriques, rendues préalablement homogènes, suivant le mode précédent.

La *construction* d'une formule consiste à remplacer les opérations numériques qu'elle prescrit, pour l'évaluation de l'inconnue correspondante, par un système équivalent d'opérations graphiques, qui, en assemblant convenablement les lignes proportionnelles aux nombres donnés, fasse sortir de cette figure une ligne proportionnelle au nombre cherché. Il importe, dès ce moment, d'éviter de confondre cette construction des *formules* avec la construction des *équations*, qui constitue une question beaucoup plus difficile et plus importante, laquelle serait actuellement prématurée, et se trouvera soigneusement traitée à la fin de notre étude. Dans la construction des équations, il s'agirait, en effet, de substituer des équivalents graphiques, non-seulement aux évaluations numériques, mais aussi et surtout aux transformations algébriques, souvent impossibles, qu'exigerait la résolution analytique des équations correspondantes : tandis que nous regardons ici toutes les équations possibles comme résolues, et ne laissant plus à accomplir qu'une simple détermination arithmétique, que nous voulons remplacer par une détermination géométrique. Une telle substitution, quand elle n'exige pas des figures trop com-pliquées, doit être, sans doute, très-convenable, en géométrie analytique, pour y faciliter et y perfectionner l'interprétation finale des résultats algébriques. Mais, envers les formules un peu composées, elle exigerait un tel assemblage de lignes que la solution s'en trouverait plutôt obscurcie qu'éclaircie : aussi se dispense-t-on souvent d'exécuter ces constructions, même quand elles seraient strictement possibles, et se borne-t-on à concevoir, en général, la ligne cherchée d'après l'évaluation numérique, accomplie ou même seulement projetée, de la for-mule correspondante. Néanmoins, il est indispensable de con-naître les règles, d'ailleurs très-simples, de cette opération élémentaire, sauf à en diriger toujours l'usage d'après une judicieuse appréciation des convenances de chaque cas.

15. Si, dans ces figures artificielles, on pouvait admettre indifféremment toutes les lignes, il ne saurait exister aucune formule qui ne fût évidemment susceptible d'une construction quelconque, soit avec les lignes déjà usitées, soit à l'aide de lignes nouvelles, expressément imaginées à cette seule fin, comme les anciens l'ont souvent fait. Mais, suivant un antique usage, qui mérite d'être soigneusement respecté, on ne juge, d'ordinaire, pleinement satisfaisantes que les constructions où entrent seulement des lignes droites et des cercles; aucune autre courbe n'étant, en effet, assez facile à décrire pour y devenir vraiment usuelle, excepté en quelques occasions spé-ciales, dont la plupart appartiennent même davantage à la construction des équations qu'à celle des formules proprement dites, suivant nos explications ultérieures. Or, ainsi conçue, la construction des formules est nécessairement restreinte, par

cette obligation géométrique, à des cas peu variés, tous relatifs aux fonctions purement algébriques, qui même, quand elles sont irrationnelles, ne doivent pas contenir de radicaux autres que ceux du second degré ou leurs dérivés. Le point de vue général où nous place la géométrie analytique explique aussitôt une telle nécessité, dont les anciens avaient péniblement senti le poids naturel, sans pouvoir en comprendre la source rationnelle. Elle résulte, en effet, de ce que, par la nature des équations propres à la ligne droite et au cercle, comme on le verra ci-après, la combinaison de ces deux sortes de lignes ne peut jamais correspondre à d'autres fonctions que celles-là.

Conformément à une telle condition générale, examinons maintenant les modes élémentaires de construction propres aux divers cas algébriques de cette dernière espèce, et d'abord en ce qui concerne les formules rationnelles.

Quand elles sont entières, et, par conséquent, du premier degré, leurs termes étant de la forme $2a$, $5a$, $\frac{3}{4}a$, na, $\frac{p}{q}a$, etc., peuvent être aisément construits, soit immédiatement, soit par répétition, soit d'après le théorème des lignes proportionnelles : ensuite leur addition et leur soustraction se transformeront facilement en juxtaposition et superposition des longueurs correspondantes.

S'il s'agit de formules fractionnaires, et que le numérateur comme le dénominateur en soient d'abord monomes, la construction élémentaire d'une quatrième proportionnelle suffira spontanément pour le cas le plus simple, $x = \dfrac{ab}{c}$, où l'assemblage convenable des lignes c, a, b, suivant la règle connue, déterminera aussitôt la ligne x (*fig* 5). Or, toute autre fraction de ce genre est réductible à celle-là, à l'aide de quantités auxiliaires, susceptibles chacune d'une semblable construction. Car si $x = \dfrac{abcd}{efg}$, on pourra poser $x = \dfrac{ab}{c} \times \dfrac{cd}{fg}$; dès lors, une quatrième proportionnelle permettant de substituer au premier facteur $\dfrac{ab}{c}$ une ligne auxiliaire e', la formule deviendra $x = \dfrac{e'cd}{fg}$, avec diminution d'une unité dans le nombre des facteurs, de part et d'autre. Dès lors, la répétition convenable de cette réduction produira un nouvel abaissement de degré, et ainsi de suite, jusqu'à ce que le dénominateur soit ramené au premier degré, comme dans le cas élémentaire, sans jamais exiger d'autres constructions que celles de quatrièmes proportionnelles, en nombre total égal au degré primitif du dénominateur.

Quand le numérateur et le dénominateur sont polynomes, il faut les rendre monomes à l'aide de certaines lignes auxiliaires, destinées à donner à toutes les parties du numérateur les mêmes facteurs qu'à l'une d'entre elles, sauf un seul convenablement choisi, et pareillement envers le dénominateur; d'après quoi, leur composition géométrique ne dépendra finalement que de juxtapositions ou superpositions. Soit, par exemple,

$$x = \frac{abcd + fghik - lmnpq}{rstu - noch} ; \text{ on posera}$$

$$fghik = abcde', \; lmnpq = abcde'', \; rstu = abcd', \; noch = abcd'',$$

chacune des lignes auxiliaires e'; e'', d', d'', étant évidemment déterminable par une suite de quatrièmes proportionnelles : dès lors, écartant les facteurs communs, on aura $x = \dfrac{d(c + c' - c'')}{d' - d''}$, dont la construction ne présente plus aucune difficulté. Le nombre total des quatrièmes proportionnelles dépendra tout à la fois du nombre des termes et du degré de chaque polynome, de manière à devenir très-considérable dans les cas un peu compliqués.

Passant maintenant aux formules irrationnelles du second degré, on doit regarder la formule $x = \sqrt{ab}$ comme seule susceptible de construction immédiate, d'après la figure élémentaire destinée à tracer une moyenne proportionnelle; on remplacera ainsi la multiplication et l'extraction indiquées par les équivalents graphiques, d'où résultera (*fig.* 6) la ligne x. Or, tous les autres cas de ce genre, quelque compliqués qu'ils puissent être, sont nécessairement réductibles à celui-ci, à l'aide des deux sortes de transformations qui viennent d'être expliquées, soit quant à l'abaissement du degré dans les fractions, soit pour la composition des polynomes. Toutes les formules irrationnelles du second degré pourraient ainsi être construites finalement d'après des quatrièmes proportionnelles relatives à la fonction placée sous chaque radical, en les faisant suivre d'une moyenne proportionnelle relative au radical lui-même. L'emploi du théorème de Pythagore serait donc, à la rigueur, constamment évitable. Cependant son judicieux usage conduira quelquefois, pour la composition des polynomes, à des constructions plus simples.

Afin de condenser sur un seul exemple l'application des diverses règles ainsi relatives à la construction élémentaire des formules algébriques, soit à construire $x = \sqrt{\dfrac{a + \sqrt{b}}{c - \sqrt{d}}}.$ On commencera par rétablir l'homogénéité, d'où

$$x = \sqrt{\dfrac{ai^2 + i^2\sqrt{bi}}{c - \sqrt{di}}},$$ i désignant l'unité. Construisant ensuite les deux radicaux partiels $\sqrt{bi}$, $\sqrt{di}$ par autant de moyennes proportionnelles h et k, et remarquant qu'ici les termes du numérateur ont déjà naturellement deux facteurs communs,

on aura $x = \sqrt{i \times \dfrac{i\,(a+h)}{c-k}}$. Dès lors, après avoir formé $a+h$
par juxtaposition et $c-k$ par superposition, puis tracé une quatrième proportionnelle m à $c-k$, i, et $a+h$, x résultera finalement d'une moyenne proportionnelle entre i et m.

J'engage les commençants à s'exercer spontanément sur d'autres exemples, sans toutefois y perdre trop de temps.

CHAPITRE II.

Principaux exemples préliminaires de la formation des équations de diverses lignes d'après leur génération, et première ébauche de la discussion géométrique de ces équations.

16. La conception fondamentale de la géométrie analytique, quoique directement établie dans le chapitre précédent, ne serait pas suffisamment comprise, si, après cette indispensable exposition générale, nous ne consacrions pas soigneusement le chapitre actuel à rendre spécialement familière cette intime harmonie mutuelle entre les lignes et les équations, par une convenable gradation d'exemples caractéristiques. Ils seront d'ailleurs choisis de manière à faire déjà connaître au lecteur les principales courbes auxquelles nous devrons ensuite appliquer les théories essentielles de la géométrie analytique.

Avant tout, il importe d'établir une formule élémentaire extrêmement usuelle pour déterminer la distance de deux points d'après leurs coordonnées, d'abord et surtout rectilignes, puis même aussi polaires. Une telle considération doit naturellement être si fréquente dans la plupart des opérations de géométrie analytique, que, en la formulant ici isolément, on évitera ensuite de nombreuses et fastidieuses répétitions incidentes.

En coordonnées rectilignes, il suffira de mener, par le point le plus bas M′ (*fig.* 7), une parallèle à l'axe des x jusqu'à la rencontre N de l'ordonnée du point le plus élevé M″, pour concevoir aussitôt la distance cherchée d comme le troisième côté d'un triangle M′ NM″, dont les deux autres M″ N, M′N, sont respectivement égaux aux différences, $y'' - y'$, $x'' - x'$, des coordonnées correspondantes, et forment un angle N supplémentaire de celui des axes. Dès lors, si les axes sont rectangulaires, ce qui est le seul cas vraiment usuel, le théorème de Pythagore fournira aussitôt cette formule : *la distance de deux points équivaut à la racine quarrée de la somme des quarrés des différences de leurs coordonnées respectives*, ou, en style algébrique,

$$d = \sqrt{(y'' - y')^2 + (x'' - x')^2}.$$

Quand les axes sont obliques, il faut évidemment, d'après la règle trigonométrique convenable, ajouter sous le radical le double produit des deux différences par le cosinus de l'angle des axes, ou $2\,(y'' - y'\,(x'' - x')\cos\theta$.

Au sujet de cette formule indispensable, le lecteur devra soigneusement vérifier, mais seulement pour les axes rectangulaires, comment la loi du signe permet de condenser en une expression unique les quatre cas qui résulteraient naturellement, comme l'indique la figure, des trois autres dispositions que pourraient offrir les deux points. Puisque cette grande loi générale ne repose vraiment jusqu'ici que sur de simples vérifications spéciales, il importe de ne point les négliger dans tous les cas caractéristiques et très-usuels, quoiqu'il ne convienne pas cependant de les trop multiplier, ce qui finirait par altérer notablement l'utilité réelle d'une telle règle.

En coordonnées polaires, on voit aussitôt (*fig.* 8) que la distance cherchée constitue le troisième côté d'un triangle, où les deux autres côtés sont naturellement les deux rayons vecteurs u'', u', et comprennent un angle égal à la différence des coordonnées angulaires φ'', φ' : d'où résulte immédiatement la formule

$$d = \sqrt{u''^2 + u'^2 - 2u''u'\cos(\varphi'' - \varphi')},$$

où le sens de la soustraction angulaire est évidemment indifférent, d'après la nature des cosinus, tout comme pour les soustractions linéaires propres à la formule rectiligne, quoique par un autre motif analytique.

Cette double formule préliminaire étant maintenant établie, procédons d'abord à la plus simple formation des équations, soit rectilignes, soit polaires, qui conviennent aux deux seules lignes déjà étudiées en géométrie élémentaire, et dont la discussion devra, en conséquence, nous arrêter peu.

17. 1ᵉʳ EXEMPLE. *Équations de la ligne droite.* Les coordonnées rectilignes doivent être, par leur nature, éminemment favorables à la recherche de l'équation générale de la ligne droite. Il suffit alors d'envisager cette ligne comme le lieu des points dont les distances à deux axes fixes sont en raison constante ; soit que ces distances se mesurent perpendiculairement ou sous toute autre inclinaison commune. Une telle propriété donne aussitôt l'équation rectiligne de toute droite passant à l'origine. Quand elle n'y passe pas, comme DD' (*fig.* 9), qui coupe l'axe des y en B, à la distance b de l'origine, il est aisé de ramener ce cas général au précédent, en comptant les ordonnées à partir de l'horizontale BK, ce qui revient à les diminuer toutes de b. Alors, pour un point quelconque M de la droite, le rapport $\dfrac{y-b}{x}$ est constant. En le nommant a, et résolvant l'équation par rapport à y, l'équation générale de la ligne droite sera

$$y = ax + b,$$

qui coïncide évidemment avec l'équation complète du premier degré à deux variables. La constante a, égale au rapport de

MQ à BQ, dépendra de la direction de la droite, d'après l'angle α qu'elle forme avec l'axe des x. Elle sera, suivant le principe fondamental de la résolution des triangles, égale à la tangente trigonométrique de cet angle, dans le cas le plus usuel, où les axes sont rectangulaires. Mais, s'ils sont obliques, le même principe indiquera a comme exprimant, en général, le rapport des sinus des deux angles formés par la droite avec les deux axes des x et des y, ou $\dfrac{\sin \alpha}{\sin (\theta - \alpha)}$.

Le lecteur devra se rendre extrêmement familière, par un exercice fréquent et varié, la signification géométrique de toutes les circonstances algébriques propres à cette équation fondamentale, qui représentera successivement toutes les droites du plan, en y attribuant aux constantes arbitraires a et b les valeurs convenables. D'abord, le nombre, nullement accidentel, de ces constantes correspond géométriquement au nombre de points par où doit passer une droite pour que son cours entier soit déterminé. Ensuite, la loi de l'homogénéité indiquerait seule, indépendamment de la figure, que la constante b doit être linéaire et a angulaire (*).

Réciproquement, si l'on examine, en coordonnées rectilignes, abstraction faite des notions précédentes, le lieu

---

(*) Si a était envisagé comme linéaire, en tant qu'une tangente trigonométrique l'est en effet, l'équation ne serait plus homogène ; mais cela proviendrait évidemment d'avoir pris pour unité le rayon trigonométrique. Il faudrait alors rétablir l'homogénéité, en écrivant, suivant la règle,

$$y = \frac{a}{r}x + b.$$

On doit donc préférer habituellement de concevoir a comme une simple fonction abstraite de l'angle α ; c'est pourquoi je lui ai, depuis longtemps, appliqué la dénomination caractéristique de *coefficient angulaire*, qui commence maintenant à devenir spontanément d'un usage universel.

géométrique de l'équation générale du premier degré à deux variables, on en fera aisément surgir la ligne droite. En y dégageant y, sous la forme $y = ax + b$, cette équation indique d'abord, par sa composition, une ligne illimitée à droite et à gauche, continue, et d'une seule branche; puisque toute valeur, positive ou négative, de la variable indépendante x fournit constamment une valeur réelle, finie, et unique, pour la variable dépendante y. Mais ces caractères, évidemment trop vagues, ne sauraient constater suffisamment la nature rectiligne (*) du lieu. On dissipe rationnellement toute incertitude à cet égard en concevant l'équation sous la forme $\dfrac{y-b}{x} = a$, qui indique les ordonnées, préalablement diminuées de b, par le transport de l'axe OX en BK, comme proportionnelles aux abscisses : ce qui caractérise aussitôt la ligne droite. La constante b étant la valeur de y pour $x = 0$, représente donc nécessairement la distance de l'origine au point où la droite rencontre l'axe vertical. Quant à la constante a, évidemment angulaire, elle détermine aussitôt l'angle du lieu avec l'axe horizontal, suivant la loi tang $\alpha = a$, si les axes sont rectangulaires : en les supposant obliques, on aurait $\dfrac{\sin \alpha}{\sin(\theta - \alpha)} = a$, d'où, en dégageant trigonométriquement l'angle α d'après la formule qui développe $\sin(\theta - \alpha)$, il est

---

(*) Quand a et b sont spécifiés en nombres, cette appréciation finale ressortirait matériellement de la construction correcte d'un grand nombre de solutions particulières exactement évaluées : les commençants ne doivent pas dédaigner, soit pour la ligne droite, soit pour le cercle, ou même pour quelques autres cas bien choisis, l'usage provisoire de ces vérifications grossières, qui, malgré leur évidente insuffisance mathématique, ont l'heureux privilége de mieux familiariser d'abord avec le sentiment élémentaire de l'harmonie fondamentale entre les lignes et les équations, ainsi réduit à une simple intuition physique, constituant le plus haut degré possible de clarté.

aisé de déduire la loi, plus générale, mais plus compliquée,

$$\tang \alpha = \frac{a \sin \theta}{1 + a \cos \theta},$$

qui comprend la précédente, lorsqu'on y fait $\theta = 90°$.

Si maintenant on demande l'équation générale de la ligne droite en coordonnées polaires, il est facile de sentir que la nature de ce second système est presque aussi favorable à une telle recherche que celle du premier. Car, on aurait aussitôt l'équation évidente $\varphi = \alpha$, pour une droite qui passerait au pôle. Or, quand elle en passe à une distance d sur l'axe $O\varphi$ (*fig.* 10), le caractère géométrique est toujours le même, c'est-à-dire que la corde tirée d'un point quelconque M du lieu au point donné D, où ce lieu coupe l'axe, forme ici avec cet axe un angle constant α, tandis qu'elle aurait, en toute autre ligne, une inclinaison variable. Seulement cette définition se formule alors plus péniblement que dans le premier cas. Mais on l'exprime aisément d'après le principe de la résolution des triangles, qui traduit immédiatement cette propriété par l'équation polaire

$$u = \frac{d \sin \alpha}{\sin (\varphi - \alpha)}.$$

Elle contient, comme l'équation rectiligne, deux constantes arbitraires, à raison du nombre de points qu'exige la détermination de la ligne; on sent que cette circonstance analytique se reproduirait nécessairement en tout autre système de coordonnées. Ces deux constantes sont encore ici, l'une linéaire, l'autre angulaire; parce que l'idée générale d'une ligne droite comprend, par sa nature, à la fois une idée de distance et une idée de direction. Quelquefois, à la constante linéaire d, on substitue la plus courte distance p de la droite au pôle; ce qui donne à l'équation la forme, un peu plus simple,

$$u = \frac{p}{\sin(\varphi - \alpha)}.$$

Outre l'infériorité générale du système polaire sous l'aspect géométrique, on voit que l'équation de la ligne droite y est analytiquement beaucoup moins convenable, comme étant transcendante envers l'une des variables, quoique algébrique à l'égard de l'autre. Aussi cette équation est-elle très-peu usitée.

18. 2e EXEMPLE. *Équations du cercle.* La définition élémentaire du cercle, comme lieu des points équidistants d'un point fixe, fournit aussitôt son équation, soit rectiligne, soit polaire, d'après notre formule préliminaire pour la distance de deux points quelconques. On a ainsi, en coordonnées rectilignes, et avec des axes rectangulaires, l'equation générale

$$(y - b)^2 + (x - a)^2 = r^2,$$

ou, en développant, ordonnant et transposant,

$$y^2 + x^2 - 2\,by - 2\,ax + (b^2 + a^2 - r^2) = 0,$$

a et b désignant l'abscisse et l'ordonnée du centre, r le rayon. Le nombre de ces constantes, pareillement linéaires, conformément à la loi d'homogénéité, se trouve encore ici spontanément conforme au nombre de points qu'exige la détermination d'un cercle.

Sous chacune de ces formes, et surtout sous la seconde, cette équation constitue un type extrêmement usuel pour reconnaître le cercle, dans un tel système de coordonnées, quelle que puisse être sa source géométrique, conformément à l'esprit fondamental de la géométrie analytique. On reconnaît ainsi, en sens inverse, que, afin qu'une équation représente un cercle, il ne suffit pas qu'elle soit du second degré. Il faut, en outre, ces deux conditions, indispensables et suffisantes :

1° que le terme où les deux variables sont mêlées y manque ; 2° que les deux autres termes du second degré y aient le même coefficient. Moyennant cette double obligation, l'équation, qui ne contiendra plus que trois coefficients arbitraires, deviendra toujours exactement assimilable au type précédent ; et le développement de cette comparaison déterminera les éléments algébriques du cercle correspondant.

Quand les axes sont obliques, la formule des distances fournit aussitôt l'équation plus compliquée

$$(y-b)^2+(x-a)^2+2(y-b)(x-a)\cos\theta=r^2,$$

ou

$$y^2+x^2+2\cos\theta.xy-2(b+a\cos\theta)y-2(a+b\cos\theta)x+$$
$$+(b^2+a^2+2ab\cos\theta-r^2)=0.$$

La première des deux conditions ci-dessus formulées pour qu'une équation du second degré soit circulaire, est alors seule modifiée, sans toutefois changer de nature. Elle consiste toujours en ce que le terme en xy doit avoir un coefficient déterminé : seulement sa valeur fixe, au lieu d'être 0, correspond maintenant, en général, au double du cosinus de l'angle des axes, quand on a préalablement ramené à l'unité le coefficient commun des deux termes en y^2 et x^2. Suivant cette relation, prise en sens inverse, une équation du second degré, où les deux carrés auraient des coefficients égaux, pourrait représenter un cercle, quoique les variables n'y fussent pas séparées. Mais cela n'arriverait que pour des axes dont l'inclinaison aurait un cosinus égal à la moitié du coefficient du terme où les variables sont mêlées. Sous toute autre obliquité, le lieu géométrique serait une autre courbe fermée, ultérieurement appréciée, qui naturellement devrait ainsi comprendre le cercle comme cas particulier.

En revenant aux axes rectangulaires, seuls vraiment usuels, il convient de remarquer deux formes spéciales qu'y prend l'équation rectiligne du cercle. Quand le centre est sur l'axe des x, b étant nul, l'équation devient

$$y^2 + x^2 - 2ax + (a^2 - r^2) = 0.$$

Si on suppose, en outre, que le cercle passe à l'origine, on aura $a = r$, et le terme constant disparaîtra ; comme cela doit avoir lieu, en pareil cas, pour une courbe quelconque, afin que son équation puisse être satisfaite par les coordonnées de l'origine $x = 0$, $y = 0$, dont la substitution n'y laisse subsister que le terme indépendant des deux variables. En ayant égard à cette nouvelle simplification, l'équation prend finalement la forme remarquable

$$y^2 = 2rx - x^2,$$

dont l'interprétation géométrique se vérifie directement, puisque l'ordonnée MP (*fig.* 11) devient ainsi une moyenne proportionnelle entre l'abscisse OP et le reste AP du diamètre $2r$, suivant une propriété bien connue du cercle.

Dans le cas où le centre serait à l'origine, a et b s'annuleraient à la fois, et l'équation serait alors

$$y^2 + x^2 = r^2,$$

conformément à l'indication immédiate de la figure. Cette dernière forme est, à tous égards, la plus convenable ordinairement, lorsqu'on a le libre choix des axes.

Quant à l'équation polaire du cercle, elle est évidemment, d'après la formule des distances,

$$u^2 - 2au \cos(\varphi - \imath) + (a^2 - r^2) = 0,$$

en nommant a et $\imath$ les coordonnées, linéaire et angulaire, du centre. Le seul cas particulier qu'il importe d'y signaler est celui où le cercle passe au pôle : alors $a = r$, et le terme indépendant de u disparaît, ce qui doit, à priori, arriver, en pareil cas, à toute autre équation polaire, afin que $u = 0$ y satisfasse, quel que soit φ. On peut alors abaisser toujours d'une unité le degré en u de cette équation, par la suppression du facteur commun superflu. A l'égard du cercle, si l'on fait, en outre , passer l'axe au centre, l'équation devient finalement

$$u = 2r\cos\varphi$$

forme très-simple , dont la vérification géométrique peut aisément se faire directement, en considérant que, d'après un théorème connu, le triangle OMA (*fig.* 12) est ainsi constamment rectangle.

19. 3ᵉ EXEMPLE. *Équation du lieu d'un point dont la somme ou la différence des distances à deux points fixes demeure constante.* Quoique cette définition comprenne deux cas distincts , leur grande analogie analytique doit ici les faire traiter simultanément, sauf la juste appréciation de leurs différences nécessaires, soit géométriques , soit algébriques.

Discutons d'abord sommairement, autant qu'il convient à la nature du système, l'équation spontanée $u \pm t = m$, entre les coordonnées primitives du point décrivant M par rapport aux deux pôles F et F' (*fig.* 13). Il faut, avant tout, considérer que, dans un tel système, chaque solution de l'équation fournit nécessairement deux points M et M', symétriquement placés relativement à l'axe FF', d'après la double intersection des deux cercles correspondants. Ainsi, toute équation relative à ce système indiquera naturellement un lieu symétrique par rapport à cet axe. En outre, l'équation actuelle ne changeant point après l'échange mutuel des deux coordonnées , il est aisé d'en conclure que la courbe sera pareillement symétrique (*), autour de la perpendiculaire GG' menée au milieu de FF'.

(*) Il peut être utile, pour abréger le discours , d'avertir , dès ce moment, que cette symétrie d'une courbe autour d'une droite, s'exprime souvent en

Toute discussion relative à ce système doit être soigneusement subordonnée à une restriction élémentaire qui lui est propre, et dont ni le système rectiligne, ni le système polaire ne sauraient nullement offrir l'équivalent. Elle consiste évidemment en ce que toutes les solutions réelles de l'équation n'y sauraient être géométriquement représentées, puisque les deux cercles ne se couperaient pas si leurs rayons étaient ou trop petits ou trop différents, comparativement à l'intervalle fixe de leurs centres : en le nommant d, la figure ne pourra admettre que les solutions conformes aux deux inégalités $u + t > d$, $u - t < d$, ce qui constituerait d'ailleurs une grave imperfection spéciale de ce système, si sa nature ne le rendait déjà radicalement impropre à une heureuse peinture des équations. L'appréciation effective de cette double restriction permanente détermine, en chaque cas, les limites finales entre lesquelles doivent être comprises les valeurs admissibles des deux coordonnées.

Après ces notions générales, que j'appliquerai désormais sans les reproduire, examinons d'abord l'équation $u + t = m$. Ici, la condition $u + t > d$, sera spontanément satisfaite, à moins que m n'eût été pris inférieur à d, ce qui constituerait une définition contradictoire. On doit donc seulement considérer la restriction $u - t < d$, qui, en y rapportant u à t, assigne $\frac{1}{2}(m - d)$ pour limite inférieure de t, et, par suite, $\frac{1}{2}(m + d)$ pour limite supérieure de u. En vertu de la symétrie algébrique, chacune de ces limites convient aussi à l'autre coordonnée. Comme, entre ces limites, toutes les solutions seront évidemment admissibles, la courbe sera certainement fermée et continue. Les points N et N', où elle coupera l'axe GG', et dont

---

nommant la droite *axe géométrique*, ou *axe de figure*, ou même simplement *axe* de la courbe.

les coordonnées seront toutes deux égales à $\frac{1}{2}\,m$, se trouveront nécessairement les plus éloignés de l'axe FF'. Quant aux points A et A', où elle rencontrera ce dernier axe, ils seront, l'un le plus près, l'autre le plus loin, de chacun des pôles F et F'. En lui attribuant, suivant une règle logique (*) qu'il importe de se rendre déjà familière, la figure la plus simple qui puisse satisfaire à l'ensemble des renseignements obtenus, on aura la courbe ANA'N', sauf confirmation ou infirmation ultérieure : elle porte habituellement le nom d'*ellipse*.

Quant à l'équation $u - t = m$, dont le lieu se nomme *hyperbole*, la condition $u-t<d$ s'y trouvera, au contraire, spontanément satisfaite, à moins de contradiction entre les données. C'est donc de la restriction $u+t>d$ que proviendront ici les limites de u et de t, lesquelles, par conséquent, seront seulement inférieures. Leurs valeurs $\frac{1}{2}(d-m)$, $\frac{1}{2}(d+m)$, détermineront les points A, A', où la courbe rencontrera l'axe FF', et qui seront alors placés entre les deux pôles F, F' (*fig.* 14). Au-dessus de ces limites, les deux variables pouvant croître indéfiniment et à la fois, la courbe sera nécessairement illimitée,

---

(*) Cette maxime, directement conforme au véritable esprit philosophique, est fort importante pour la discussion géométrique des équations, où il convient de former, aussitôt que les documents analytiques le permettent, une première hypothèse sur la figure générale du lieu correspondant, afin d'accélérer sa détermination rigoureuse, en dirigeant plus nettement les comparaisons ultérieures ; pourvu toutefois que l'on se tienne toujours disposé à modifier cette supposition initiale autant que le progrès de la discussion pourra l'exiger, jusqu'à ce qu'il ne reste plus aucune incertitude réelle sur la figure finale. Lors même que celle-ci devra être beaucoup plus compliquée que celle supposée d'abord, la simplicité de l'hypothèse provisoire n'en sera pas moins propre à mieux conduire l'ensemble de la discussion ; tant que les motifs de complication n'auront pas été suffisamment dévoilés, il serait peu judicieux d'introduire une autre figure, dût-elle être accidentellement plus rapprochée de la véritable.

en tous sens, à droite de A et à gauche de A'. Mais elle ne pourra pas couper son second axe GG', u ne pouvant jamais devenir égal à t : et, afin que ces variables puissent conserver entre elles la différence constante m, il est clair aussi que le lieu ne rencontrera pas non plus les parallèles à cet axe qui s'en écarteraient trop peu, jusqu'à une distance qu'il serait superflu de fixer ici, et que l'équation rectiligne indiquera spontanément. En même temps qu'indéfinie, cette courbe sera donc discontinue, de manière à contraster totalement avec la forme propre au premier cas.

Pour procéder maintenant à la formation de l'équation rectiligne, il suffit évidemment d'employer notre formule préliminaire des distances, qui remplacera aussitôt les coordonnées primitives par les coordonnées définitives, à quelques axes qu'on veuille rapporter l'une ou l'autre courbe. C'est ici le lieu de remarquer que l'ébauche de discussion qui vient de résulter de l'équation naturelle indique d'avance les axes les plus propres à simplifier l'équation cherchée, d'après l'influence analytique de la double symétrie du lieu autour des droites FF' et GG'. Si, en effet, on les prend pour axes, cette propriété géométrique obligera l'équation à supporter sans altération le changement de signe de y quant à la première, ou de x quant à la seconde : ce qui exige évidemment l'absence des puissances impaires de la variable correspondante ; tandis que, envers des axes dirigés au hasard, les exposants impairs se seraient mêlés aux pairs. On a donc déjà la certitude d'obtenir, avec de tels axes, une importante simplification de l'équation demandée. C'est, autant que possible, en vue d'une semblable réduction permanente que les axes doivent être, en général, choisis, et non d'après les motifs secondaires relatifs à l'abréviation passagère des calculs qu'exige la formation de l'équation ; ou, du moins, ces derniers ne doivent être pris, à cet égard, en considération décisive que seulement à défaut des autres, qui, en effet, ne sont pas toujours suffisamment sensibles.

En exécutant, envers ces axes FF′ et GG′ (*fig.* 13 et 14), d'après la formule des distances, le passage des coordonnées primitives aux coordonnées définitives, on obtient l'équation rectiligne

$$\sqrt{y^2+(x-\tfrac{1}{2}d)^2} \pm \sqrt{y^2+(x+\tfrac{1}{2}d)^2} = m,$$

qui, par la suppression des radicaux, suivant le mode ordinaire, sans aucun vain artifice algébrique, devient enfin

$$m^2 y^2 + (m^2 - d^2)x^2 = \frac{m^2}{4}(m^2 - d^2).$$

Les deux courbes y paraissent confondues, puisque la disparition des radicaux semble avoir ôté toute trace de la distinction des deux cas. Mais, au fond, malgré leur inévitable analogie analytique, la différence des deux définitions est tout aussi marquée dans cette équation rectiligne que dans l'équation naturelle. Car nous avons déjà reconnu que, pour l'ellipse, m surpasse nécessairement d, tandis que l'inverse a lieu pour l'hyperbole. Ainsi, le coefficient de x^2 passe du positif au négatif, en substituant la seconde définition à la première. Il est aisé de reconnaître qu'un tel changement, parfaitement semblable à celui qu'éprouve alors l'équation naturelle, représente fidèlement le contraste géométrique des deux courbes.

En effet, s'il s'agit de l'ellipse, on aura ainsi

$$y = \pm\frac{1}{m}\sqrt{(m^2 - d^2)\left(\frac{m^2}{4} - x^2\right)}.$$

Or, le facteur constant sous le radical étant positif, y ne sera réel qu'autant que le facteur variable conservera ce même signe, ce qui exige que x ne surpasse pas $\frac{1}{2}m$, à droite ou à gauche ; en sorte que la courbe est horizontalement comprise entre CC′ et DD′ (*fig.* 13). Comme y varie d'ailleurs en sens inverse de x, il est clair que les points N, N′ où la courbe coupera l'axe des y seront les plus éloignés de l'axe des x, à la hauteur $\frac{1}{2}\sqrt{m^2 - d^2}$. L'ellipse sera donc renfermée dans le rectangle CDD′C′, et du reste continue entre ces limites, puisque les valeurs de y et de x pourront diminuer autant qu'on voudra.

Dans le cas de l'hyperbole, il conviendra d'écrire

$$y = \pm \frac{1}{m}\sqrt{(d^2 - m^2)\left(x^2 - \frac{m^2}{4}\right)},$$

afin que le facteur constant soit positif, ce qui, obligeant l'autre à l'être aussi, assignera à x la limite inférieure $\frac{1}{2}m$, sans aucune limite supérieure : y croîtra dès lors avec x. Ainsi, la courbe, discontinue entre les verticales CD, C′D′ (*fig.* 14), sera d'ailleurs indéfinie au delà de chacune d'elles, dans le sens des deux axes à la fois.

On voit comment l'équation rectiligne confirme et perfectionne les indications déjà fournies par l'équation naturelle sur la figure générale de ces deux courbes. Mais elle est surtout propre à compléter une telle détermination, en dissipant l'incertitude qui nous reste encore au sujet du sens effectif de la courbure. Rien jusqu'ici ne décide, en effet, si les quatre parties égales dont l'ellipse est composée sont, suivant notre hypothèse, concaves vers l'axe des x, ou convexes, ou même tortueuses. Les documents déjà recueillis pourraient convenir également à ces diverses figures, et pareillement pour l'hyperbole. A la vérité, une considération préjudicielle tirée du degré de l'équation rectiligne trancherait spécialement cette difficulté, en indiquant que le lieu actuel ne saurait être coupé en plus de deux points par aucune droite : car, l'équation de la ligne droite étant toujours du premier degré, sa combinaison avec celle d'une courbe quelconque fournira nécessairement, en général, pour les abscisses des points communs, une équation de même degré que celle-ci ; ce qui indiquera une limite supérieure, mais souvent trop grande, comme on le reconnaîtra bientôt, du nombre d'intersections. Une telle notion dissiperait ici toute incertitude, en excluant évidemment toute autre figure que celle déjà supposée. Mais il serait peu conforme à l'esprit éminemment général de la géométrie analytique, d'éluder ainsi la difficulté actuelle d'après une considération spéciale, qui deviendrait presque toujours insuffisante envers d'autres courbes, quoiqu'il convienne, au reste, de l'utiliser dans les cas qui le comportent. Nous devons donc, pour caractériser déjà la discussion géométrique des équations, écarter ce document accidentel, et décider la question proposée par une méthode plus ou moins applicable à une courbe quelconque, malgré qu'elle ne puisse guère être maintenant aussi simple que les moyens ultérieurement résultés d'une étude plus approfondie.

Afin de transformer ces considérations géométriques purement relatives à la forme en de simples considérations de grandeur, seules directement accessibles aux comparaisons analytiques, il faut ici, comme à tout autre égard, faire intervenir les considérations de position, toujours naturellement destinées à ménager de telles transitions. Il suffit de remarquer, en effet, que, si le quart d'ellipse AMN (*fig.* 13) est concave vers l'origine, il sera placé au-dessus de sa corde AN, tandis que, s'il doit être convexe, il se trouvera, au contraire, au-dessous ; et enfin, alternativement d'un côté et de l'autre, en cas de sinuosité. Or, cette distinction du dessus au dessous devient aisément réductible à de simples idées de grandeur, en comparant, à abscisse égale, l'ordonnée MP ou y de la courbe avec l'ordonnée KP ou z de la corde ; la question proposée reviendra finalement à discerner laquelle de ces deux variables surpasse l'autre. En calculant z d'après les deux triangles semblables APK et AON, on trouve

$$ z = \frac{1}{m} \sqrt{m^2 - d^2} \left(\frac{1}{2}\, m - x \right), $$

d'où

$$ z : y :: \frac{1}{2}\, m - x : \sqrt{\frac{m^2}{4} - x^2}. $$

Il suffit de décomposer $\frac{m^2}{4} - x^2$ en $(\frac{1}{2} m - x)(\frac{1}{2} m + x)$, pour constater aussitôt que y surpasse z dans toute l'étendue de la comparaison proposée. La courbe est donc certainement concave vers ses axes.

Envers l'hyperbole, cette méthode a besoin d'une importante modification, qui en complique nécessairement l'usage, puisqu'une corde unique semble ne pouvoir plus suffire à l'appréciation du quart de courbe, alors indéfini. Mais on surmonte toujours cette nouvelle difficulté en attribuant à la corde AH (*fig.* 14) une extrémité indéterminée H, dont l'abscisse x' doit rester arbitraire, ce qui ne fera que surcharger l'expression de l'ordonnée auxiliaire KP ou z ; la comparaison, d'ailleurs restreinte à une abscisse x moindre que x', décidera la question tout aussi sûrement, quoique plus péniblement, que dans le premier cas, la corde AH pouvant ainsi, d'après l'indétermination de x', représenter à la fois toutes les cordes possibles menées de A. La similitude des triangles AKP, AHQ assigne à z la formule

$$ \frac{1}{m} \sqrt{(d^2 - m^2)\left(x'^2 - \frac{1}{4} m^2 \right)} \left(\frac{x - \frac{1}{2} m}{x' - \frac{1}{2} m} \right), $$

d'où

$$z : y :: \sqrt{x'^2 - \tfrac{1}{4} m^2} \left(\frac{x - \tfrac{1}{2} m}{x' - \tfrac{1}{2} m} \right) : \sqrt{x^2 - \tfrac{1}{4} m^2}.$$

Or, en simplifiant ce rapport autant que possible, on reconnaîtra facilement que y surpasse z tant que x reste moindre que x', tandis que ce serait l'inverse pour $x > x'$, ce qui constitue une double confirmation décisive du sens d'abord supposé à la courbure de l'hyperbole.

A l'égard d'une courbe quelconque, fermée ou indéfinie, la méthode précédente pourra toujours, sous l'un ou l'autre de ses deux modes, dissiper irrévocablement une pareille incertitude. Mais, quoique le principe en soit, sans doute, pleinement général, l'exécution en devient souvent impraticable envers les équations un peu compliquées ; ce qui fera bientôt sentir le prix des procédés plus perfectionnés que nous trouverons ensuite. On ne doit pas moins hautement apprécier déjà cette remarquable transformation d'une question de forme en une pure question de grandeur.

20. 4ᵉ EXEMPLE. *Équation du lieu d'un point toujours équidistant d'un point fixe et d'une droite fixe.* Cette courbe, appelée *parabole*, compose, avec les deux précédentes, le genre de figures si célèbre, depuis les Grecs, sous le nom de *sections coniques*, et qui constituera, dans la dernière partie de notre étude, la principale spécialisation des théories générales de la géométrie plane.

L'équation naturelle, moitié polaire, moitié rectiligne, est ici $u = t$, entre les distances variables du point décrivant au pôle F et à l'axe BC (*fig.* 15). D'après la nature d'un tel système, où chaque point est déterminé par la rencontre d'un cercle ayant toujours son centre en F avec une droite MM′ toujours parallèle à BC, toute équation y représentera nécessairement un lieu symétrique autour de la perpendiculaire DL menée de

F sur BC. En outre, cette intersection n'étant pas constamment possible, ce système impose aussi, comme le précédent, des conditions restrictives, puisque le rayon variable de ce cercle doit surpasser la distance variable de son centre à cette droite. Afin de mieux apprécier l'influence actuelle de cette obligation générale, il faut d'abord remarquer que, d'après l'équation $u = t$, elle sera toujours satisfaite à droite du point F, et ne pourra jamais l'être à gauche de BC, ou même du milieu A de FD, qui constituera donc la limite de notre courbe à gauche de F. Mais, à partir de ce point A, la parabole s'étendra indéfiniment vers la droite, en s'éloignant également de F et de BC, sans aucune discontinuité, puisque la condition de rencontre sera dès lors spontanément remplie.

D'après cette discussion préliminaire, il convient, évidemment, en passant à l'équation rectiligne, de prendre la droite DL pour l'un des axes rectangulaires, en vertu de la symétrie déjà appréciée analytiquement au numéro précédent. Quant au second axe, il n'existe pas de semblable motif, et les documents les plus immédiats ne semblent d'abord indiquer aucun point de DL comme une origine spécialement susceptible de simplifier l'équation cherchée. En faisant donc ce choix, d'ailleurs peu important, d'après des considérations de moindre poids, relatives à la seule formation de cette équation, nous prendrons la droite BC elle-même pour l'axe des y. Le passage du système primitif au système définitif devient ainsi très-facile, puisque l'une des coordonnées naturelles t est conservée, avec un simple changement de nom, et que l'autre u s'exprime aussitôt en coordonnées rectilignes, suivant la formule des distances. On obtient ainsi l'équation rectiligne

$$y^2 = 2dx - d^2,$$

où d désigne l'intervalle FD du point fixe à la droite fixe. Il est aisé de constater que la discussion générale de cette équation, où la variable x ne peut jamais être négative ni inférieure à $\frac{1}{2}d$, mais sans être assujettie à aucune autre condition, confirme exactement les indications géométriques de l'équation naturelle. En outre, son degré seul suffirait, comme au numéro précédent, pour démontrer spécialement la concavité constante de la courbe vers son axe AL. Mais on peut aussi décider aisément cette question d'après la méthode générale déjà appliquée à l'ellipse et à l'hyperbole. Car, en considérant la corde indéterminée AM, dont l'extrémité M aurait une abscisse arbitraire x', son ordonnée KP ou z, correspondante à une abscisse quelconque x moindre que x', se calculera facilement à l'aide des triangles semblables AKP, AMH, d'où il résultera

$$y : z :: \sqrt{2dx - d^2} : \frac{2x - d}{2x' - d}\sqrt{2dx' - d^2}.$$

Or, il s'ensuit évidemment, en simplifiant le rapport, que y surpassera z tant que x restera inférieur à x', et au contraire en sens inverse : ce qui démontre pleinement la justesse de notre figure.

Au sujet de cette équation, on peut remarquer, en l'écrivant sous la forme

$$y^2 = 2d\left(x - \frac{1}{2}d\right),$$

que le binome $x - \frac{1}{2}d$ y deviendrait monome si on transportait l'origine en A. D'après un tel choix, l'équation devient finalement

$$y^2 = 2dx,$$

qui constitue nécessairement l'état le plus convenable de l'équation de la parabole. Ce motif de préférence eût été facile à prévoir, en considérant que, l'origine A étant sur la courbe, l'équation y doit perdre son terme constant, suivant une remarque déjà signalée ; mais j'ai cru devoir, pour les commençants, écarter d'abord cette réflexion, comme trop minutieuse eu égard à sa faible importance.

Quoique la forme générale de la parabole doive sembler ici fort analogue à celle d'une demi-hyperbole, je dois pourtant avertir ici que l'on découvrira bientôt, entre ces deux figures, des différences d'aspect très-appréciables en tout tracé judicieux, même grossier.

21. 5ᵉ EXEMPLE. *Équation du lieu d'un point également éclairé par deux lumières données, dont la clarté décroît inversement au carré de la distance.* Si a et b désignent les intensités connues des deux lumières, cette définition fournit aussitôt l'équation naturelle $\dfrac{a}{u^2} = \dfrac{b}{t^2}$, entre les distances variables du point décrivant M aux deux foyers lumineux A et B (*fig.*16). Il en résulte $u = mt$, en nommant m le rapport constant $\sqrt{\dfrac{a}{b}}$. Les conditions restrictives propres à ce système (*voy.* le nᵒ 19) assignent à t les limites, supérieure et inférieure, $\dfrac{d}{m-1}$ et $\dfrac{d}{m+1}$ d'où résultent celles de u, et entre lesquelles toutes les valeurs sont évidemment admissibles. Ainsi, la courbe est fermée et continue, d'ailleurs symétrique autour de AB, par la nature du système.

En prenant cette droite pour axe des x, d'après les motifs déjà appréciés, et plaçant l'origine en A, sans prétendre que cette position soit la plus propre à simplifier l'équation rectiligne, on trouve aussitôt

$$(a-b)y^2 + (a-b)x^2 - 2adx + ad^2 = 0.$$

A l'inspection d'une telle équation, on reconnaît immédiatement le cercle, d'après le double caractère établi au nᵒ 18.

En achevant de la comparer au type correspondant, on voit que le centre est sur l'axe des x, comme la symétrie l'exigeait, à une distance $\alpha = \dfrac{ad}{a-b}$; le rayon $r = \dfrac{d}{a-b}\sqrt{ab}$. On peut dès lors constater aisément que la plus faible des deux lumières est toujours intérieure au cercle, et la plus forte toujours extérieure. Je crois devoir faire ici remarquer, en sens inverse, que deux lumières quelconques pourraient être constamment placées, l'une en dedans, l'autre au dehors, d'un cercle donné au hasard, de manière à l'éclairer également; car, de ces formules, on déduirait, réciproquement, si r était connu, d'abord $d = \dfrac{a-b}{\sqrt{ab}}\, r$, et par suite, $\alpha = r\sqrt{\dfrac{a}{b}}$; ce qui permettrait, quel que fût r, de poser les deux lumières conformément à la condition proposée.

Dans le cas de $a = b$, les valeurs de α et de r deviendraient infinies; ce qui, au fond, indiquerait la disconvenance spéciale du type adopté. Si, en effet, on remonte alors à l'équation du lieu, on y voit disparaître les termes du second degré, et la ligne change réellement de nature, suivant l'équation du premier degré $- 2adx^2 + ad^2 = 0$, ou $x = \frac{1}{2} d$, qui indique la droite CD, équidistante des deux lumières, comme le cas l'exigeait.

Quoique cette question nous offre un premier exemple intéressant des ressources générales que fournissent nécessairement les équations pour reconnaître les courbes malgré la diversité de leurs définitions, il convient pourtant de remarquer ici que l'étude spéciale de la définition actuelle aurait aisément permis de discerner la vraie nature du lieu. Car, en marquant, sur l'axe AB, les deux points F et F' où il doit couper la courbe cherchée, et considérant que la propriété donnée se réduit, en écartant toute circonstance physique, à la proportionnalité constante des distances variables MA et MB, on aurait les deux proportions

$$MA:MB::FA:FB,$$
$$MA:MB::F'A:F'B,$$

qui, d'après un théorème connu, conduisent à envisager les deux droites MF, MF' comme les bissectrices continues des deux angles supplémentaires AMB, NMB; d'où il résulte que l'angle FMF' est constamment droit, ce qui fait aussitôt reconnaître le cercle, en indiquant d'ailleurs sa plus simple construction.

Le cercle précédent convenant indistinctement à tous les plans menés par les deux points lumineux, sans jamais changer de centre ni de rayon, il peut être utile de noter enfin que, si on demandait, en général, le lieu de tous les points de l'espace qui seraient également éclairés, on trouverait aussitôt une surface sphérique, ayant le même centre et le même rayon que notre lieu plan. Dès lors, l'intersection de cette sphère par un plan quelconque, ou par toute autre surface donnée, déterminerait la courbe d'égale clarté sur la surface correspondante, de manière à résoudre la question proposée dans toutes les variétés qu'elle comporte.

22. 6° Exemple. *Équation du lieu d'un point dont le produit des distances à deux points fixes demeure constant.* Dans le système naturel, identique à celui des n°s 19 et 21, l'équation est $ut = m^2$. La nature du système indique, comme en tout autre cas, un lieu symétrique autour de la droite qui joint les deux pôles A et B (*fig.* 17). En outre, l'équation ne changeant point par l'échange mutuel des variables, la courbe doit être pareillement symétrique autour de la perpendiculaire CD au milieu de AB. On conçoit aussi que les restrictions propres à ce système indiquent ici un courbe fermée, en assujettissant chaque variable à deux limites déterminées, dont l'exacte appréciation ressortira

toutefois beaucoup plus nettement de l'équation rectiligne. La forme la plus simple qui puisse correspondre à l'ensemble de ces premiers renseignements offre une grossière ressemblance avec l'ellipse, au point d'avoir été même systématiquement prise pour elle dans une célèbre aberration astronomique.

En passant au système rectiligne, d'après les axes AB et CD, dont la supériorité analytique est déjà motivée, on trouve aisément, par la formule des distances, l'équation

$$y^4 + 2(d^2 + x^2)y^2 + (d^2 - x^2)^2 = m^4,$$

où d désigne la demi-distance des deux points fixes. Quoique du quatrième degré, cette équation peut être facilement résolue, et donne la formule

$$y = \pm \sqrt{-(d^2 + x^2) + \sqrt{4d^2 x^2 + m^4}},$$

dont la discussion, plus compliquée qu'en aucun cas antérieur, constitue la seule difficulté et le principal intérêt d'un tel exemple : j'y ai d'ailleur écarté le second signe du radical partiel, comme ne pouvant jamais fournir d'ordonnées réelles.

Il est d'abord aisé de sentir que la portion négative de la fonction placée sous le radical général finira par l'emporter de plus en plus sur l'autre, à partir d'une abscisse suffisamment grande, pour laquelle, le terme constant de chacune d'elles devenant sensiblement négligeable vis-à-vis du terme variable, la première tend à varier proportionnellement à x^2 et la seconde à x seulement. La courbe est donc toujours bornée dans le sens horizontal, et par suite aussi dans le sens vertical, l'accroissement de y étant subordonné à celui de x. Pour trouver la limite supérieure de x, il faut égaler les deux parties opposées de la formule, ce qui déterminera, de chaque côté, l'intersection, K ou K', de la courbe avec son axe horizontal, d'après l'équation

$$(d^2 + x^2)^2 = 4d^2 x^2 + m^4.$$

Mais, cette équation étant du quatrième degré, sa résolution fournit, outre le couple cherché $x' = \pm \sqrt{m^2 + d^2}$, qui ne présente aucune difficulté et ne comporte aucune distinction, un second couple $x'' = \pm \sqrt{d^2 - m^2}$, jusqu'alors entièrement imprévu, et dont l'appréciation indique aussitôt que la courbe ne saurait offrir toujours la même forme suivant les diverses relations de m à d. Car, si m surpasse d, ce couple devra être rejeté comme imaginaire, et la fonction sous le radical général, ne pouvant s'annuler qu'une seule fois pour x positif, l'ordonnée sera constamment réelle depuis $x = 0$, qui donne, en effet, $y = \pm \sqrt{m^2 - d^2}$, jusqu'à la limite supérieure de x, conformément à la figure 17. Mais, quand, au contraire, m est inférieur à d, cette fonction, s'annulant deux fois de chaque côté, ne peut être positive que dans l'intervalle entre x' et x'', en sorte que le lieu, qui coupe alors quatre fois son axe horizontal, et ne rencontre plus son axe vertical, devient discontinu, et se compose nécessairement de deux ovales égales et séparées (*fig.* 18), sans rien préjuger d'ailleurs sur leur forme précise. Entre ces deux cas nettement tranchés, se place naturellement l'hypothèse moyenne $m = d$, qui, suivant une règle logique universelle, aussi importante que méconnue, ne doit être conçue que d'après les deux extrêmes qu'elle doit lier, et surtout ici d'après le second, en y supposant diminué graduellement l'excès de d sur m; l'écartement des deux ovales décroît simultanément, et, à la limite, elles deviennent enfin contiguës (*fig.* 19). Telles sont les trois formes distinctes que comporte le lieu actuel : le centre O de la courbe s'y trouve placé tantôt en dedans, tantôt en dehors, ou enfin sur sa circonférence.

Dans les deux derniers cas, la considération du degré suffirait à démontrer spécialement que le sens de la courbure est conforme à nos suppositions, sans lesquelles le lieu pourrait offrir plus de quatre points en ligne droite. Mais ce motif deviendrait insuffisant pour le premier cas, où le degré ne serait pas incompatible avec une forme inverse du quart de courbe KL. Quoique l'analogie analytique doive alors naturellement disposer à y étendre la disposition reconnue envers les deux autres, cette présomption légitime n'y saurait dispenser d'une rigoureuse appréciation. En y appliquant la méthode générale qui nous a jusqu'ici réussi facilement, on confirmera la figure supposée, mais avec des embarras algébriques tenant à la complication de l'équation actuelle, et très-propres à faire déjà sentir le besoin de moyens plus perfectionnés.

Afin que l'image de ces trois courbes soit, dès ce moment, aussi nette que possible, je crois devoir indiquer ici, à leur égard, par une utile anticipation, une propriété qui en éclaircira beaucoup la notion, quoique la démonstration en doive être renvoyée à la géométrie à trois dimensions. Elle consiste à envisager ces courbes comme les diverses sections planes d'un *tore*, surface facile à concevoir, et fréquemment employée, d'après sa génération par un cercle tournant autour d'un axe extérieur. Si le plan coupant, contenant d'abord l'axe, s'en éloigne parallèlement, il déterminera, en premier lieu, la section tracée *fig.* 18, jusqu'à ce qu'il vienne à toucher la partie intérieure du tore, ce qui donnera la courbe *fig.* 19, après quoi·la section, devenant continue, prendra la forme indiquée *fig.* 17. Ces trois courbes pourront donc être commodément qualifiées de *sections toriques*.

23. 7ᵉ EXEMPLE. *Équation du lieu d'un point dont les distances à un point fixe et à une droite fixe sont toujours proportionnelles.* Quand le rapport constant n est l'unité, cette définition coïncide avec celle du n° 20, en sorte que la parabole doit ici constituer un cas particulier, sur lequel il serait superflu d'insister.

L'équation spontanée $u = nt$, entre les distances variables MF et MQ (*fig.* 20), indiquera d'abord, comme au n° 20, par la nature du système, un lieu toujours symétrique autour de la perpendiculaire FD menée du point fixe F à la droite fixe BC. Pour avoir convenablement égard aux conditions restrictives, considérons d'abord les valeurs de t supérieures à d, qui correspondent à des parallèles telles que MM' à droite de F : alors leur distance au centre F des cercles de construction étant $t - d$, la condition d'intersection $t - d < u$, déjà indistinctement satisfaite, quelque grand que soit t, si le rapport donné n est égal à l'unité, le sera, à plus forte raison, pour $n > 1$. Mais, si n est inférieur à 1, cette inégalité assignera, au contraire, à t une limite supérieure $\dfrac{d}{1-n}$, qui marquera, sur l'axe du lieu, le point A' le plus éloigné de F et de BC. Dans ce cas, la courbe sera donc limitée à droite de F. Entre ce point et BC, la distance de la parallèle au centre devient $d - t$, et la condition de rencontre, $d - t < u$, indique pour t une limite inférieure $\dfrac{d}{1+n}$, évidemment commune à toutes les hypothèses, et qui déterminera en A l'intersection nécessaire du lieu proposé, quelle qu'en soit la forme, avec son axe naturel FD. Enfin, de l'autre côté de BC, la courbe, qui ne pourrait y pénétrer si n était égal à 1, en sera encore plus évidemment exclue pour $n < 1$; mais elle pourra s'y étendre, et même indéfiniment, dans le cas de $n > 1$, qui, jusqu'alors confondu avec celui de la parabole, commence ainsi à s'en distinguer nettement. Afin de mieux apprécier cette diversité, considérons une de ces dernières parallèles NN' : sa distance au centre des cercles sera exprimée par $t + d$, et la condition d'intersection $t + d < u$ imposera, à ce genre de valeurs de t, la limite inférieure $\dfrac{d}{n-1}$, correspondante à une seconde rencontre A" du lieu avec son axe, et à partir de laquelle la courbe, interrompue entre A et A″, s'éloignera à l'infini.

D'après l'ensemble de cette discussion préliminaire, la définition actuelle comprend donc, comme la précédente, trois courbes nettement distinctes : d'abord, pour $n = 1$, la parabole, limitée à gauche de F et illimitée à droite ; ensuite, pour $n < 1$, une courbe fermée et continue, commençant en A et finissant en A′ ; enfin, pour $n > 1$, une courbe illimitée et discontinue, dont les deux parties s'étendront indéfiniment, l'une à droite de A, l'autre à gauche de A″.

Le passage à l'équation rectiligne ne présente pas plus de difficulté ici qu'au n° 20. En adoptant, par les mêmes motifs, les mêmes axes FD et BC, on aura l'équation

$$y^2 + (1 - n^2)\, x^2 - 2\, dx + d^2 = 0.$$

Sa discussion ne ferait que confirmer la distinction ci-dessus établie. Mais, en écartant le cas de $n = 1$, déjà examiné, son appréciation peut nous offrir un nouvel intérêt, comme exemple très-remarquable de reconnaissance analytique d'une courbe. En effet, ontre que les cas de $n < 1$ et $n > 1$ nous ont indiqué des figures générales évidemment analogues à celles des courbes de même degré considérées au n° 19 sous les noms d'ellipse et d'hyperbole, la comparaison algébrique des équations correspondantes vient constater l'équivalence fondamentale des définitions qui les ont fournies, malgré leur grande diversité géométrique. Car, l'équation trouvée au n° 19 étant écrite sous la forme

$$y^2 + \left(1 - \frac{d'^2}{m^2}\right) x^2 = \frac{1}{4}\,(m^2 - d'^2),$$

sa confrontation avec la précédente montre qu'elles ne diffèrent essentiellement que par la présence dans celle-ci d'un terme du premier degré en x qui manque à l'autre. Or, comme nous savons, en principe, que l'équation d'une ligne peut changer par suite de son simple déplacement, sans aucune variation de forme ou de grandeur, il reste à décider si une telle diversité algébrique ne proviendrait pas uniquement d'une différence de situation des axes envers la courbe commune. Cette différence ne saurait porter sur l'axe des x, autour duquel le lieu est, dans les deux cas, pareillement symétrique : mais l'autre axe ne présente point la même parité ; puisque la symétrie qui existe aussi autour de lui d'après la seconde équation est certainement incompatible avec la première. Il faut donc examiner finalement si celle-ci ne pourrait pas perdre son terme distinctif $- 2dx$ en déplaçant convenablement l'origine le long de FD. Un tel déplacement équivaudra algébriquement à y changer x en $x' + h$, si h désigne l'avancement indéterminé de l'origine actuelle D dans le sens DA'. En opérant cette transformation, il est aisé de voir que les deux termes du premier degré en x' se détruiront mutuellement, pourvu qu'on prenne $h = \dfrac{d}{1-n^2}$, ce qui place cette nouvelle origine à droite ou à gauche de BC, selon que n est inférieur ou supérieur à 1, en O ou O', toujours au milieu de AA' ou de AA''. L'équation ainsi modifiée

$$y^2 + (1-n^2)\, x'^2 = \frac{n^2 d^2}{1-n^2},$$

devient rigoureusement assimilable à celle du n° 19, comme ayant évidemment la même forme, et offrant d'ailleurs une équivalente généralité, puisqu'elle contient un pareil nombre de constantes arbitraires. On ne peut donc plus douter de l'identité des lieux, et, en achevant la confrontation algébrique, de manière à passer indifféremment d'un système de constantes à l'autre, on établira, entre ces deux définitions, une exacte transition mutuelle, soit que l'on prenne

$$n = \frac{d'}{m} \quad \text{et} \quad d = \frac{m^2 - d'^2}{2d'},$$

ou, en sens inverse,

$$m = \frac{2dn}{1 - n^2} \quad \text{et} \quad d' = \frac{2n^2 d}{1 - n^2}.$$

Le mode de distinction entre l'ellipse et l'hyperbole qui, au n° 19, consistait en $m > d'$ ou $m < d'$, est ici maintenu, sous une forme évidemment équivalente, en supposant $n < 1$ ou $n > 1$.

Pour utiliser autant que possible ce rapprochement remarquable, il convient de le poursuivre, en particulier, jusqu'à décider si le point fixe de la définition actuelle coïncide avec l'un de ceux relatifs à l'ancienne. Or, il suffit, à cet effet, de les rapporter tous à une origine qui doive être nécessairement commune aux deux systèmes, telle que le centre O, où se croisent les axes géométriques du lieu, droites dont l'identité ne saurait être douteuse. La difficulté se réduit donc à comparer OF ou $h - d$ avec $\frac{1}{2} d'$; ce qui démontre pleinement la coïncidence des deux sortes de points fixes. Dès lors, la duplicité propre à celui du n° 19 se trouve devoir aussi convenir au point actuel, et, par suite, à la droite correspondante; comme l'indiquait d'ailleurs la symétrie du lieu autour du second axe GG' mené du centre O.

Cet exemple de comparaison algébrique entre deux définitions a plus d'importance que celui du n° 21 relatif au cercle, soit par la difficulté beaucoup plus grande de saisir géométriquement l'équivalence des deux générations, soit d'après la modification algébrique qu'il a fallu apporter à l'une des équations avant de les assimiler, suivant une marche qui sera bientôt systématisée.

La nature, moitié rectiligne, moitié polaire, du système de coordonnées inhérent à cette définition, y rend le passage à l'équation polaire tout aussi facile que la formation de l'équation rectiligne. Comme cette équation polaire des trois sections coniques est utile à connaître, je crois devoir la déduire ici de l'équation naturelle $u = nt$, en plaçant le pôle au point fixe F et comptant les angles à partir de FA'. L'une des coordonnées primitives u est alors conservée : quant à l'autre t, il suffit de la concevoir en DP pour reconnaître aussitôt qu'elle équivaut à $d + u \cos \varphi$; ce qui conduit finalement à l'équation polaire

$$u = \frac{nd}{1 - n \cos \varphi}.$$

Elle indiquera un lieu illimité ou fermé, selon que la valeur du u y pourra ou non devenir infinie, ce qui exige $\cos \varphi = \frac{1}{n}$; hypothèse inadmissible pour $n < 1$, mais acceptable en tout autre cas, conformément à la distinction déjà établie.

24. 8ᵉ EXEMPLE. *Équation de la conchoïde.* On appelle ainsi, depuis les Grecs, le lieu d'un point dont la distance à une droite fixe BC demeure constante, en l'estimant selon des rayons convergents vers un point fixe A (*fig.* 21). Son équation naturelle est donc MN ou $z = c$. Elle indique d'abord que la courbe est évidemment symétrique autour de la perpendiculaire KK' menée du point fixe à la droite fixe. Nous voyons ensuite que la plus courte distance MP du point décrivant M ou M' à la droite BC devra sans cesse diminuer, d'après l'invariabilité de l'hypoténuse MN, à mesure que l'angle N deviendra plus aigu, et proportionnellement à son sinus, qui équivaudrait toujours à MP si la constante c était prise pour rayon trigonométrique. Ainsi, d'une part, le maximum de MP devant se trouver en K et K' sur l'axe AO, les deux branches, supérieure et inférieure, de la courbe seront constamment renfermées entre les horizontales correspondantes. D'une autre part, et c'est ici la plus remarquable singularité d'une telle définition, chacune de ces branches, dans son cours horizontal indéfini, se rapprochera continuelle-

ment de BC, à tel degré qu'on voudra, mais sans pouvoir cependant l'atteindre jamais, car MP ne saurait s'annuler rigoureusement, quelque aigu que devienne l'angle N ; en sorte que BC ne pourra être censé rencontrer la courbe qu'à l'infini. Cette nouvelle relation géométrique, d'après laquelle la droite est ordinairement qualifiée *d'asymptote* de la courbe, nous fournira bientôt le sujet d'une importante théorie générale, comme très-propre à mieux caractériser la forme des lignes qui en sont susceptibles. On sent, en effet, dès ce moment, que toute courbe doit finir par être convexe vers son asymptote, sans quoi elle la couperait nécessairement.

Cette discussion préliminaire indique aussitôt les axes rectangulaires les plus favorables à la simplification de l'équation rectiligne. Un motif de symétrie, dont l'appréciation algébrique nous est déjà familière, conduit d'abord à prendre AKK′ pour l'un des axes. Quant à l'autre, l'asymptotisme de BC ne saurait permettre aucune hésitation. Sans doute, l'influence algébrique de cette nouvelle relation géométrique n'est ni aussi facile à prévoir ni même aussi considérable que celle de la première. Mais on conçoit pourtant, sauf à mieux préciser ultérieurement un tel aperçu, que, en prenant cette asymptote BC pour axe des x, l'équation, devant ainsi donner $x = \infty$ pour $y = 0$, devra manquer, à cet effet, ou de tous les termes en x seul, ou, au moins, de ceux du plus haut degré ; de manière à devenir nécessairement plus simple qu'avec un axe quelconque.

D'après ce choix des axes, le passage de l'équation naturelle à l'équation rectiligne résulte aussitôt de la comparaison des triangles AON et MPN, qui conduit, en nommant d la distance AO, seconde donnée de la définition, à l'équation

$$xy = \pm (d - y) \sqrt{c^2 - y^2}\,,$$

que la suppression du radical élèverait au quatrième degré. On voit que, selon nos doubles prévisions, x n'y entre point à des puissances impaires ni séparé de y. En y dégageant x, sous la forme

$$x = \pm \left(\frac{d}{y} - 1 \right) \sqrt{c^2 - y^2},$$

on retrouve immédiatement les limites verticales de la courbe, son cours horizontal indéfini, et son asymptotisme envers l'axe des x. Le seul document nouveau que nous offre cette équation résulte de ce que la valeur de x, déjà annulée pour $y = \pm c$, peut l'être aussi pour $y = d$, quel que soit c; ce qui indique le point A comme appartenant au lieu. Dans la figure actuelle, où d surpasse c, ce point se trouve isolé du reste de la courbe, puisque les valeurs de y intermédiaires entre c et d ne sont pas admissibles : c'est un accident géométrique qui n'a réellement d'étrange que sa nouveauté, et qui peut d'ailleurs être aisément conçu, soit algébriquement, soit même graphiquement. Quand, au contraire, d est inférieur à c, ces ordonnées de c à d donnent des abscisses réelles, d'abord croissantes, puis décroissantes, en tant que nulles aux deux extrémités de cet intervalle : la partie supérieure de la courbe est donc modifiée, et prend alors la forme indiquée *fig.* 22, l'autre partie n'éprouvant d'ailleurs aucun grave changement. Enfin, si $d = c$, cette portion fermée additionnelle AHKH', après un rétrécissement continu, s'effacera totalement, conformément à la *fig.* 23. C'est ainsi que l'équation rectiligne dévoile spontanément une distinction nécessaire, que la définition primitive était peu propre à indiquer. Il existe donc, en réalité, trois sortes de conchoïdes, comme trois sortes de sections toriques et de sections coniques.

Quoique cette équation dût susciter beaucoup d'embarras algébriques à la seule méthode générale que nous connaissions déjà pour déterminer analytiquement le sens de la courbure, le lecteur pourra constater aisément, à cet égard, l'exactitude des suppositions ici figurées, d'après une suffisante combinaison de la définition, et surtout de l'asymptotisme qui en dérive, avec la considération du degré obtenu : il sera même facile de déterminer spécialement, en chacun des trois cas, la vraie direction de la tangente en K, ainsi qu'en K'; ce qui achèvera de dissiper, à cet égard, toute incertitude.

25. 9ᵉ EXEMPLE. *Équation du lieu du sommet d'un angle invariable dont chaque côté passe toujours par un point fixe.* L'équation naturelle est ici $\varphi - \psi = \nu$, entre les inclinaisons variables des deux côtés de l'angle donné ν sur la droite qui joint les deux points fixes A et B (*fig.* 24). Elle indique aussitôt un lieu limité, puisque, les deux coordonnées angulaires ne pouvant ainsi devenir jamais égales, les deux droites mobiles ne seront, en aucun cas, parallèles, et par suite le point décrivant M ne pourra point s'éloigner indéfiniment de AB. La courbe doit d'ailleurs être symétrique autour de la perpendiculaire CK menée au milieu de AB ; car, l'équation ne change pas en substituant à chaque inclinaison le supplément de l'autre, de manière à passer de M en M'. L'équation étant satisfaite par $\psi = 0$ et $\varphi = \nu$, le lieu passe en A, et pareillement en B : il est aisé de sentir que cette valeur de φ y marque la direction de la tangente correspondante ; puisque l'angle MAX tend vers cette limite ν, à mesure que le point M se rapproche indéfiniment du point A, conformément à la définition générale des tangentes.

Pour passer à l'équation rectiligne, d'après les axes AB et CK, spontanément indiqués par cette discussion préalable, il convient de mettre d'abord l'équation naturelle sous la forme trigonométrique, surtout en y prenant les tangentes des deux membres, ce qui donne

$$\frac{\tang\,\varphi - \tang\,\psi}{1 + \tang\,\varphi\,\tang\,\psi} = m.$$

Dès lors, les triangles rectangles MAP et MBP conduisent aisément à exprimer ces deux tangentes par $\dfrac{y}{x-d}$ et $\dfrac{y}{x+d}$, d désignant la demi-distance des deux points fixes A et B, et m la tangente de l'angle donné v. On obtient ainsi l'équation rectiligne

$$y^2 + x^2 - 2\frac{d}{m}y - d^2 = 0,$$

où l'on reconnaît aussitôt, conformément à l'indication géométrique, un cercle dont le centre est sur l'axe des y, en un point C tel que l'angle ACO y soit égal à l'angle donné, le rayon étant d'ailleurs égal à CA.

26. 10° EXEMPLE. *Équation de la cissoïde.* On nomme ainsi, depuis les Grecs, une courbe dérivée du cercle en y tirant, d'un point fixe A (*fig.* 25) de la circonférence, une sécante quelconque, prolongée jusqu'à sa rencontre en C avec la tangente opposée BK, et portant, sur cette sécante, à partir de ce point fixe, une distance AM constamment égale à sa partie extérieure CN, comprise entre la tangente et le cercle. L'équation naturelle est donc AM = CN, entre ces deux longueurs variables. Elle indique d'abord un lieu évidemment symétrique autour de AB. De plus, la courbe commence en A, où sa tangente est nécessairement AB, limite irrécusable de la direction MA, à mesure que le point décrivant M se rapprocherait de A. Intérieure d'abord au cercle donné, elle le coupera vis-à-vis son centre, en D et D', et s'en dégagera ensuite de plus en plus, quand l'angle variable MAB surpassera 45°. Mais, en s'éloignant du cercle, elle s'approchera continuellement de la tangente BK, d'après l'équation MC = AN, qui indique la distance oblique MC, et à plus forte raison la distance perpendiculaire MH, comme pouvant diminuer autant qu'on voudra, sans pourtant devenir jamais rigoureusement nulle. La droite BK est donc une asymptote de la courbe, qui d'ailleurs ne saurait

la dépasser. Cette discussion conduit évidemment à la forme tracée sur la figure, sauf les chances accoutumées de sinuosité entre le pôle A et l'asymptote RK.

Le passage de l'équation naturelle à l'équation rectiligne présente, dans cet exemple, une circonstance nouvelle, qu'il importe de remarquer, d'après l'utilité notable qu'on y trouvera à introduire, comme intermédiaire, l'équation polaire autour du point A, qui résulte presque immédiatement de la première, et qui conduit également à la seconde. D'abord, l'une des coordonnées naturelles MA, est précisément le rayon vecteur u du point M ; quant à l'autre, NC, elle constitue, relativement à l'angle φ, une sorte de ligne trigonométrique inusitée, égale à l'excès de sa sécante AC sur son cosinus AN, eu égard à l'angle droit ANB, et en prenant AB pour rayon trigonométrique. On forme ainsi l'équation polaire

$$u = \frac{2r}{\cos\varphi} - 2r\cos\varphi = 2r\,\frac{\sin^2\varphi}{\cos\varphi}$$

où r désigne le rayon du cercle donné. Dès lors le passage à l'équation rectiligne se fera sans difficulté, d'après le triangle rectangle AMP, relativement aux axes, déjà motivés, AB et AY. Cette équation sera finalement

$$y^2 = \frac{x^3}{2r-x}.$$

Il est aisé d'y retrouver les indications géométriques déjà obtenues. Quant au sens de la courbure, encore indécis pour les parties moyennes, le degré seul de l'équation confirmerait suffisamment notre hypothèse, en indiquant l'absence de toute inflexion, afin que la courbe ne puisse jamais offrir plus de trois points en ligne droite. Mais, d'ailleurs, on peut ici appliquer aisément la méthode générale employée jusqu'à présent, en considérant la corde indéterminée AM', dont l'extrémité a une abscisse arbitraire x'. L'ordonnée LQ ou z de cette corde, déduite de la comparaison des triangles ALQ et AM'P', sera exprimée par $x\sqrt{\dfrac{x'}{2r-x'}}$, en sorte que

$$y : z :: \sqrt{\dfrac{x}{2r-x}} : \sqrt{\dfrac{x'}{2r-x'}},$$

d'où il résulte, conformément à la forme supposée, que y sera moindre que z, tant que x restera inférieur à x'.

A cette définition primitive de la cissoïde, il convient de joindre ici, d'après Newton, une génération remarquable par un mouvement continu. Elle consiste, après avoir prolongé le diamètre AB (*fig.* 26) d'une longueur AF égale au rayon, à faire mouvoir un angle droit, dont un côté est de la longueur AB, de telle manière que, son côté indéfini passant toujours en F, l'extrémité L de son côté défini IL doive décrire la perpendiculaire DOD' : alors le milieu M de ce côté décrit nécessairement la cissoïde. Car, l'égalité des triangles rectangles FLI et FLO, où, par construction, FO$=$IL, donne FI $=$ LO, ce qui conduit à reconnaître l'égalité des triangles FEI et LEO, d'où il résulte FE $=$ LE, et, par suite AE $=$ EM, puisque AF et ML sont tous deux égaux au rayon du cercle. Dès lors, la droite AM devenant parallèle à FL, les triangles ACB et FLO seront égaux, d'où BC $=$ OL, et, par suite, LC égal et parallèle à OB ou AO. On reconnaît ainsi l'égalité constante des triangles isocèles AON et CLM, et, en conséquence, des longueurs AN et CM, ce qui équivaut à AM $=$ CN, caractère primordial de la cissoïde.

Cette seconde définition pourrait fournir un utile exercice de géométrie analytique, que je recommande aux commençants, quand ils seront assez avancés pour surmonter les difficultés qu'elle offre à la reproduction directe de l'équation rectiligne, ce qui deviendra suffisamment possible dès la fin du chapitre suivant.

27. Il serait maintenant superflu de prolonger davantage la série d'exemples préliminaires que j'ai jugée indispensable pour rendre déjà convenablement familière la conception fondamentale de la géométrie analytique. Toute la suite de notre étude offrira d'ailleurs beaucoup d'occasions naturelles d'en indiquer d'autres de plus en plus difficiles. Du reste, le lecteur peut ici les multiplier spontanément, avec d'autant moins d'embarras que la plupart des définitions ci-dessus considérées peuvent en suggérer aisément de nouvelles ; c'est ainsi, par exemple, que celles de la conchoïde et de la cissoïde pourraient être facilement généralisées en y substituant, pour l'une à la ligne droite, pour l'autre au cercle, telle courbe qu'on voudrait. Je crois seulement devoir encore signaler ici, mais sans aucun examen, quelques définitions propres à fournir d'utiles exercices.

On doit surtout remarquer la double suite de courbes que Descartes a tirées du cercle. Les unes, fermées, se forment d'abord en projetant sur un rayon quelconque la projection de son extrémité sur un diamètre fixe ; en redoublant la même construction envers la courbe ainsi obtenue on en déduit une nouvelle, et pareillement à l'infini. Quant aux autres, qui sont illimitées, on forme la première en prenant, sur chaque rayon, le point dont la projection sur le diamètre fixe appartient à la perpendiculaire menée à ce rayon de son extrémité ; chacune des autres courbes de cette suite se déduit de la précédente selon le même mode graphique, indéfiniment applicable. Ces deux séries de lignes fournissent des exemples intéressants d'équations rectilignes de tous les degrés pairs, les uns simplement, les autres doublement. En y substituant au cercle primitif une courbe quelconque, on pourra saisir, en général, le mode analytique invariable suivant lequel son équation polaire produira celles des deux suites correspondantes : la subordination des équations rectilignes en résultera facilement.

Je signalerai encore le lieu des points dont la somme des carrés des distances à divers points fixes du plan demeure constante. Le lecteur y reconnaîtra aisément un cercle dont le centre coïncide avec le centre de gravité du système des points donnés, supposés tous de même poids.

Enfin, j'indiquerai l'espèce la plus simple *d'épicycloïde* plane, c'est-à-dire, le lieu d'un point de la circonférence d'un cercle invariable qui roule sur un cercle fixe, de pareil rayon, et qui, en même temps, tourne autour de son centre avec une égale vitesse. Suivant que les deux mouvements sont contraires ou conformes, le lieu est ou un cercle aisé à vérifier, ou une courbe remarquable du quatrième degré. Cette équation se formera facilement en introduisant, comme variable auxiliaire, la direction de la ligne des centres. On pourra constater ainsi, sans traiter formellement le cas général, trop compliqué, où les deux cercles seraient inégaux, que le degré de l'équation y dépendrait du rapport de leurs rayons.

CHAPITRE III.

Théories préliminaires relatives : 1º à la ligne droite; 2º à la transposition des axes.

28. Pour compléter cette indispensable introduction à l'ensemble de la géométrie analytique, il ne nous reste plus qu'à exposer deux théories préliminaires extrêmement usuelles, sans lesquelles l'explication des méthodes générales qui doivent constituer notre principal objet se trouverait fréquemment interrompue par des considérations incidentes, dont la reproduction superflue y deviendrait bientôt aussi gênante que fastidieuse.

Théorie analytique de la ligne droite. Elle consiste essentiellement à trouver les deux coefficients, linéaire et angulaire, propres à l'équation de chaque droite, quand, au lieu d'être immédiatement donnés, ils doivent résulter de tout autre mode élémentaire relatif à la détermination de la droite cherchée, d'après des conditions purement rectilignes. Judicieusement réduite à ce qui concerne sa vraie destination pour l'ensemble de la géométrie analytique, cette théorie préliminaire se compose seulement de trois questions essentielles, dont les combinaisons pourraient ensuite se multiplier beaucoup, mais sans offrir presque jamais aucune utilité réelle.

1° *Équation d'une droite passant par deux points donnés.* Spécialement envisagée, cette question ne constitue, au fond, qu'un simple problème de trigonométrie, où il s'agit, d'après les distances de deux points M' et M'' (*fig.* 27) aux deux axes OX et OY, d'obtenir l'angle α formé avec OX par la droite qui les joint, et la distance b où elle coupe OY. En nous bornant, pour caractériser une telle solution, à y considérer ici le coefficient angulaire, qui représente tang α, si les axes sont rectangulaires, le triangle M'M''N l'exprimera aussitôt par $\dfrac{y''-y'}{x''-x'}$; formule qui convient également au cas des axes obliques, en considérant la signification trigonométrique que prend alors ce coefficient.

Mais, sans insister davantage sur ce mode spécial, il faut surtout envisager la question proposée comme un simple cas particulier du problème général qui consiste à faire passer une ligne d'espèce déterminée par un nombre suffisant de points donnés. Quoique cette recherche ne doive pas encore être formellement examinée, il convient néanmoins de sentir déjà que la marche analytique qui va maintenant l'accomplir envers la seule ligne droite, comporterait nécessairement la même efficacité si, au lieu de l'appliquer à l'équation $y = ax + b$, on considérait toute autre équation générale.

Ce principe évident consiste en ce que, lorsqu'une ligne passe en un point donné, les constantes arbitraires de son équation doivent satisfaire à la relation fournie par la substitution des coordonnées propres à ce point. Ainsi, la condition relative au point M′ assujettirait déjà les constantes inconnues a et b à la relation

$$y' = ax' + b,$$

qui, insuffisante à les déterminer, permet de les subordonner l'une à l'autre. On y rapporte communément le coefficient linéaire au coefficient angulaire, demeuré seul arbitraire dans l'équation de la droite, qui devient alors

$$y - y' = a(x - x'),$$

formule très-usuelle, et fort expressive, qu'il importe de retenir. En considérant maintenant le second point M″, on aura, entre a et b, une seconde relation $y'' = ax'' + b$, qui, combinée avec la précédente, les déterminera complétement, suivant la nature géométrique du problème. On trouve ainsi $a = \dfrac{y'' - y'}{x'' - x'}$. Le coefficient angulaire d'une droite passant par deux points donnés est donc égal au rapport entre la différence de leurs ordonnées et celle de leurs abscisses, conformément à la solution trigonométrique. Il en résulte l'équation

$$y - y' = \frac{y'' - y'}{x'' - x'}(x - x'),$$

dont la seule composition indique clairement le passage de la droite aux deux points. Dans le cas particulier où ces deux points seraient simplement ses intersections avec les deux axes, on aurait, par exemple, $x' = \alpha$, $y' = 0$, et $x'' = 0$, $y'' = \beta$; l'équation prendrait la forme

$$\frac{y}{\beta} + \frac{x}{\alpha} = 1,$$

qu'il peut être utile de remarquer.

Un troisième point étant évidemment superflu, son introduction ferait naître une relation conditionnelle entre ses coordonnées x''', y''', et celles des deux premiers, afin que l'équation déterminée d'après ceux-ci pût lui convenir aussi. On aurait ainsi, pour chaque nouveau point, la condition analytique

$$\frac{y'''-y'}{x'''-x'} = \frac{y''-y'}{x''-x'};$$

ou, en langue vulgaire, pour que plusieurs points soient en ligne droite il faut que les différences de leurs ordonnées soient proportionnelles à celles de leurs abscisses.

2° *Angle de deux droites, d'après leurs équations.* Comme cette seconde question est, par sa nature, particulière à la ligne droite, elle ne saurait comporter aucune solution vraiment analytique, comparable à la précédente. En n'y voyant donc qu'un simple problème de trigonométrie, on peut d'abord le résoudre aisément dans le cas, seul usuel, des axes rectangulaires, d'après ce principe évident que l'angle de deux droites équivaut à la différence de leurs inclinaisons sur une ligne commune. Alors, en effet, les coefficients angulaires propres aux deux équations données,

$$y = ax + b, \quad y = a'x + b',$$

représentant les tangentes des angles α et α' (*fig.* 28), cette relation générale $v = \alpha - \alpha'$, donne aussitôt

$$\tan v = \frac{a-a'}{1+aa'}.$$

Si les deux droites doivent être rectangulaires, $\tan v$ devra devenir infinie, ce qui exige la relation très-usuelle $aa'+1=0$, d'où $a' = -\dfrac{1}{a}$: en sorte que, dans ce cas, les deux coefficients angulaires sont réciproques et de signe contraire ; conformément à l'évidente indication spéciale de la figure, où l'un des angles devient ainsi le supplément du complément de l'autre.

Avec des axes obliques, on n'aurait plus $\operatorname{tang} \alpha = a$, mais $\operatorname{tang} \alpha = \dfrac{a \sin \theta}{1 + a \cos \theta}$ (n° 17), et le résultat prendrait la forme plus compliquée

$$\operatorname{tang} v = \frac{(a - a') \sin \theta}{1 + aa' + (a + a') \cos \theta},$$

dont il faut éviter de se surcharger la mémoire, comme n'offrant aucune utilité réelle.

3° *Intersection de deux droites données.* Ce problème consistant à trouver, d'après les constantes propres aux équations de deux droites données,

$$y = ax + b, \, y = a'x + b',$$

les coordonnées de leur point commun, on peut certainement l'envisager comme une question trigonométrique, relative à la résolution de la figure rectiligne qui résulte de l'assemblage spontané des diverses grandeurs connues. Mais, outre cette voie spéciale, qu'il suffit ici d'indiquer, cette troisième question comporte évidemment, comme la première, une entière généralisation envers des lignes quelconques, et c'est seulement ainsi que la recherche devient vraiment analytique. Les coordonnées des points d'intersection se distinguant algébriquement de celles des points particuliers de chaque lieu par leur aptitude exclusive à vérifier simultanément les deux équations, leur détermination résulte donc, en général, de l'opération analytique qui assigne les solutions communes à ces équations simultanées. Dans le cas actuel, ce travail algébrique ne présente aucune difficulté, et fournit

$$x = \frac{b' - b}{a - a'}, \, y = \frac{ab' - a'b}{a - a'},$$

pour les coordonnées du point cherché. Mais, au lieu de retenir ces formules, il sera plus commode ordinairement d'en reproduire l'équivalent envers chaque système de droites : le principe est seul important. On conçoit, en outre, que cette opération conduira à formuler la condition analytique du concours de trois droites en un même point, puisqu'il faudra alors exprimer que les coordonnées du point d'intersection de deux d'entre elles conviennent à la troisième.

Tels sont les seuls éléments essentiels qu'il faille admettre dans la théorie analytique de la ligne droite, communément surchargée de questions superflues, qui n'offrent qu'une combinaison, rarement utile, de ces trois problèmes fondamentaux. J'y joindrai seulement celle de ces questions composées, qui, soit comme type, soit à raison de son utilité ultérieure, mérite une soigneuse appréciation.

4° *Distance d'un point donné à une droite donnée.* Cette détermination exige évidemment que l'on forme l'équation de la perpendiculaire indéfinie menée du point M' (*fig.* 28), dont les coordonnées sont x', y', à la droite NA, ayant pour équation $y = ax + b$, et qu'on en déduise les coordonnées de leur intersection K : la formule des distances conduira dès lors à l'expression de la longueur cherchée M'K ou p. D'après la première de nos trois questions élémentaires, l'équation de la droite M'K, en tant que passant par M', est

$$y - y' = a' (x - x').$$

En tant que perpendiculaire à la droite donnée, on a, suivant le second problème, $a' = -\dfrac{1}{a}$. Si dès lors, conformément à la troisième question, on calcule, sans aucun vain artifice algébrique, les coordonnées du point de rencontre N, on en déduira finalement, pour la distance demandée, la formule, utile à retenir,

$$p = \frac{ax' + b - y'}{\sqrt{a^2 + 1}}.$$

La solution trigonométrique y conduirait directement avec facilité, d'après le triangle rectangle NKM′, où l'angle N est égal à celui dont a est la tangente ; car, l'hypoténuse de ce triangle peut être regardée comme la différence entre l'ordonnée y' du point donné et l'ordonnée correspondante $ax' + b$ de la droite proposée.

Outre cette question composée, seule importante à mentionner, le lecteur peut s'exercer utilement sur quelques autres combinaisons plus ou moins complexes. Je citerai surtout la formule remarquable qui exprime l'aire d'un triangle d'après les coordonnées rectilignes de ses sommets. En partant de la règle géométrique ordinaire, on pourra déduire de ces coordonnées, par des calculs peu compliqués si les axes sont rectangulaires, la base et la hauteur du triangle, d'où résultera finalement

$$2S = (y'x'' - x'y'') + (y'x''' - x'y''') + (y''x''' - x''y'''),$$

conformément à l'indication géométrique directe, en concevant le triangle M′M″M‴ (*fig.* 29) comme la somme des deux trapèzes M′P′M″P″ et M″P″M‴P‴ diminuée du trapèze M′P′M‴P‴.

Les commençants pourront aussi s'exercer, avec quelque utilité, sur la théorie analytique de la ligne droite, en y vérifiant algébriquement plusieurs théorèmes, déjà vulgaires géométriquement, sur les convergences des trois droites qui peuvent résulter des trois côtés d'un triangle de diverses manières : 1º comme perpendiculaires menées des sommets opposés ; 2º comme joignant leurs milieux à ces sommets ; 3º comme leurs perpendiculaires en ces milieux ; 4º enfin, comme bissectrices des trois angles. Tout le mérite de ces exercices élémentaires consistera dans l'heureux choix des axes, qui simplifiera beaucoup des calculs autrement fastidieux. Au reste, après avoir calculé, envers des axes communs, les coordonnées, en général fort distinctes, de ces quatre intersections, on pourra compléter cette opération en reconnaissant ainsi que trois d'entre elles sont toujours en ligne droite; proposition géométrique dont la démonstration directe serait embarrassante, mais qui d'ailleurs est fort oiseuse.

29. *Théorie de la transposition des axes.* Cette seconde théorie préliminaire, plus importante que la précédente, a pour objet propre de déterminer les modifications que comporte l'équation rectiligne d'une figure quelconque par suite du changement des axes correspondants. Il suffit, à cet effet, d'exprimer, en général, les coordonnées d'un point arbitraire relativement aux anciens axes d'après ses coordonnées par rapport aux nouveaux axes. La subtitution ultérieure de ces formules invariables dans chaque équation considérée y spécifiera l'influence analytique d'une telle transposition, qui, en elle-même, se rapporte à un point isolé, à quelque ligne qu'il puisse ensuite appartenir. Or, l'établissement de ces formules ne constitue directement qu'un simple problème trigonométrique, dont la solution n'offre aucune difficulté essentielle. Mais, avant de s'en occuper, il importe de caractériser nettement la double destination générale de cette théorie indispensable, très-imparfaitement appréciée d'ordinaire. Il faut, pour cela, considérer séparément ses deux relations nécessaires avec la conception fondamentale de la géométrie analytique, soit en ce qui concerne la comparaison des lignes d'après leurs équations, soit quant à la simplification algébrique de chaque équation isolée.

Sous le premier aspect, la théorie de la transposition des axes est directement destinée à décider si la diversité actuelle de deux équations indique une véritable distinction entre les lignes correspondantes, ou si seulement elle tient à une simple différence de situation : ce qui doit radicalement dissiper une source fréquente de confusion que nous avons reconnue , dès l'origine, naturellement inhérente à notre système de géométrie analytique, où les idées de position sont seules immédiatement exprimables. Car, en faisant subir à l'un des deux lieux comparés une transposition d'axes indéterminée, on réunira, dans un même type algébrique, toutes les modifications que le déplacement de cette ligne pourrait apporter à son équation. Si donc les deux lieux coïncident réellement, il faudra que cette équation, ainsi généralisée, puisse comprendre l'autre comme cas particulier, en disposant convenablement des constantes arbitraires relatives à la situation des nouveaux axes pour identifier les termes par lesquels ces deux équations différaient d'abord. Quand, au contraire, aucun système de valeurs réelles de ces diverses constantes ne pourra suffire à une telle identification, on aura pareillement constaté que les deux lieux sont réellement distincts. Les constantes ainsi introduites seront, en général, au nombre de quatre , deux linéaires , relatives au déplacement de l'origine, et deux angulaires, indiquant la direction des nouveaux axes : mais, comme, dans cette comparaison, l'inclinaison des axes ne doit pas changer, ces deux dernières ne seront pas alors simultanément arbitraires; en sorte que les formules de tranposition ne renfermeront ici que trois données vraiment disponibles.

Relativement à la simplification spéciale d'une équation isolée, nous avons eu, au chapitre précédent, plusieurs occasions de reconnaître l'influence notable que peut exercer , à cet égard , le choix des axes. Or, d'un autre côté, les définitions géométriques sont souvent impropres à indiquer directement les axes les plus favorables : les cas que nous avons examinés feraient concevoir, à cet égard, des espérances fort exagérées, si on ne les jugeait pas, sous ce rapport, comme de véritables exceptions. Il faut donc, en général, penser que l'équation rectiligne d'une courbe pourra fréquemment ne pas avoir d'abord la forme la plus simple dont elle soit susceptible à raison du choix des axes. Cela posé, la théorie actuelle fournit un moyen certain de découvrir toujours les axes les plus convenables, quelque compliquée que puisse être l'équation primitive. En effet, il suffit d'y opérer une transposition totalement indéterminée pour découvrir aussitôt la situation des axes propres à y faire disparaître certains termes dont les coefficients contiendront les constantes arbitraires ainsi introduites. Ces quatre constantes seront ici pleinement disponibles, puisque rien n'oblige alors à maintenir l'ancienne inclinaison des axes, qui peut bien n'être pas toujours la plus propre à simplifier l'équation. Néanmoins, l'avantage de conserver des axes rectangulaires ayant ordinairement plus de prix que la faculté d'enlever un terme de plus en disposant de leur obliquité, les formules de transposition ne contiendront le plus souvent que trois constantes arbitraires, comme dans leur première destination.

Quoique ce second but de la théorie actuelle soit, par sa nature, aussi général que l'autre, il a réellement une moindre importance dans l'ensemble de la géométrie analytique. Car, la découverte de l'identité des courbes, malgré la diversité des équations, est également précieuse envers toutes les lignes possibles. Au contraire, la simplification de chaque équation d'après un choix convenable des axes ne saurait offrir le même intérêt pour tous les cas ; puisque la faculté qu'on acquiert ainsi d'ôter au plus quatre termes à toute équation devient nécessairement moins efficace à mesure que le nombre total des termes augmente par l'accroissement du degré. L'appréciation commune repose trop exclusivement, à cet égard, sur la considération des courbes du second degré, dont les équations peuvent perdre par là jusqu'au deux tiers de leurs termes, ou la moitié en maintenant la rectangularité des axes ; tandis que, dès le

quatrième degré, ou même le troisième, la simplification correspondante n'a plus qu'une faible importance, du moins par
rapport à l'ensemble des cas, quoique chaque degré ultérieur
présente d'ailleurs certaines occasions d'utiliser notablement
une telle faculté analytique.

Après ces explications générales, relatives à la seule difficulté
essentielle de la théorie actuelle, il est aisé de procéder à l'é-
tablissement direct des formules de transposition. Il convient
toutefois d'y distinguer le déplacement de l'origine et le changement de direction des axes ; quand ces deux cas auront été
formulés séparément, le cas général en découlera spontanément, si l'on conçoit les deux transpositions comme successives
au lieu d'être simultanées. Cette décomposition est d'ailleurs
très-conforme à la nature du sujet, en ce qu'elle permet d'apprécier distinctement les modifications analytiques relatives à
la simple translation des lieux et celles, plus profondes, qui résultent de leur rotation.

Supposons donc qu'il s'agisse d'abord de passer des axes OX
et OY (*fig.* 30) à un système parallèle ayant son origine en O'.
L'inspection de la figure indique aussitôt les formules

$$x = x' + a, \quad y = y' + b,$$

où a et b désignent les anciennes coordonnées de la nouvelle
origine, en ayant soin de leur attribuer, en chaque cas, les
signes convenables, sans lesquels ces formules ne sauraient
être suffisamment générales. On voit, par leur composition, que
non-seulement le degré d'une équation ne pourra jamais éprouver
ainsi aucun changement, comme il était aisé de le prévoir, mais,
en outre, que les modifications analytiques correspondantes ne
pourront jamais affecter les termes de plus haut exposant.

Considérons, en second lieu, le passage des axes OX et OY
(*fig.* 31) à d'autres axes OX' et OY', différemment dirigés au-

tour de la même origine. Pour rapporter les coordonnées anciennes MP et OP aux nouvelles MP′ et OP′, à l'aide des données angulaires, la difficulté trigonométrique consiste à résoudre le quadrilatère OPMP′, d'après deux côtés et les angles. Tout l'artifice de cette solution réside en une heureuse décomposition des côtés inconnus MP et OP en deux parties plus aisément appréciables, par les parallèles P′R et P′Q qui leur sont menées de P′, artifice d'autant moins difficile à retenir qu'il est essentiellement analogue à celui qu'on emploie communément pour établir les formules de $\sin(a \pm b)$ et $\cos(a \pm b)$. On a ainsi

$$x = \mathrm{OR} + \mathrm{P'Q}, \quad y = \mathrm{P'R} + \mathrm{MQ},$$

et dès lors on est assuré de la solution, puisque ces quatre inconnues auxiliaires appartiennent à deux triangles OP′R et P′MQ, dans chacun desquels on connaît directement un côté et les angles. En exécutant l'opération trigonométrique, on trouve les formules

$$x = \frac{x'\sin \mathrm{X'} + y'\sin \mathrm{Y'}}{\sin \mathrm{Y}}, \quad y = \frac{x'\sin(\mathrm{Y}-\mathrm{X'}) + x'\sin(\mathrm{Y}-\mathrm{Y'})}{\sin \mathrm{Y}},$$

où les grandes lettres désignent les angles formés par les axes correspondants avec l'ancien axe des x. Cette notation expressive, émanée de celle de Carnot pour la géométrie à trois dimensions, dérive, au fond, de l'universelle notation géométrique des angles, en y supprimant, comme inutiles, d'abord la lettre relative au sommet identique de tous les angles considérés, et ensuite celle qui indique leur côté commun.

La composition de ces nouvelles formules montre que le changement de direction des axes ne peut pas non plus altérer le degré d'une équation, suivant une appréciation naturelle qui dispose à regarder, en général, ce degré comme constituant un caractère essentiel de chaque courbe : mais on voit ici que la rotation d'une courbe pourra modifier tous les termes de son équation, sans excepter ceux du plus haut exposant, que la simple translation ne pouvait atteindre.

Pour changer à la fois l'origine et la direction des axes, il suffit d'introduire un système auxiliaire, ayant même origine que l'un des deux systèmes comparés et même direction que l'autre. En combinant ainsi les deux sortes de formules, on obtient aussitôt les formules de transposition les plus complètes

$$y = \frac{x'\sin X' + y'\sin Y}{\sin Y} + b, \quad x = \frac{x'\sin(Y-X') + y'\sin(Y-Y')}{\sin Y} + a,$$

qui circonscrivent exactement l'influence générale que le simple déplacement d'une ligne quelconque peut exercer sur son équation.

Comme les axes primitifs sont presque toujours rectangulaires, il importe de remarquer la simplification qu'éprouvent alors ces formules. En y supposant $Y = 90°$, elles prennent la forme très-symétrique,

$$y = x'\sin X' + y'\sin Y', \quad x = x'\cos X' + y'\cos Y',$$

si l'origine n'est pas changée. Les nouveaux axes étant aussi le plus souvent rectangulaires, on aura, en outre, $Y' - X' = 90°$, d'où $Y' = 90° + X'$; et, par conséquent, les formules deviennent

$$y = x'\sin X' + y'\cos X', \quad x = x'\cos X' - y'\sin X'.$$

On relient aisément l'opposition de signes qui altère la symétrie de ces dernières formules, d'après la considération évidente que la fonction $y^2 + x^2$ doit alors demeurer invariable, comme relative à la distance du point à la commune origine, pareillement exprimable dans les deux systèmes rectangulaires : car, on conçoit ainsi la nécessité d'un tel contraste algébrique, dont le sens effectif peut ensuite se spécifier nettement, en ayant égard, sur la figure, à l'hypothèse particulière $x' = 0$. Ces remarques ont d'autant plus d'intérêt que ces formules doivent être, au fond, les plus usuelles.

Afin de mieux caractériser déjà la principale destination générale des formules précédentes, appliquons-les à la reconnaissance de l'identité des courbes représentées par les deux équations

$$y^4 + x^4 = 1, \quad y^4 + x^4 + 6\,x^2 y^2 = 2,$$

dont la différence affecte même les termes du plus haut degré. Le calcul prescrit peut ici s'abréger beaucoup, en remarquant que l'origine est alors le centre commun des deux courbes, évidemment symétriques l'une et l'autre autour des deux axes. Si donc les deux courbes coïncident réellement, leurs équations doivent être identifiables par une simple rotation des axes, sans déplacer aucunement l'origine. On substituera, par conséquent, dans la première, les formules

$$x = x'\cos \quad -y'\sin X', \quad y = x'\sin X' + y'\cos X',$$

ce qui lui fera prendre la forme

$$\left. \begin{array}{l} \sin^4 X' \\ + \cos^4 X' \end{array} \right| y'^4 + \left. \begin{array}{l} \sin^4 X' \\ + \cos^4 X' \end{array} \right| x'^4 + 12\sin^2 X'\cos^2 X' \left| x'^2 y'^2 \right.$$

$$+ \left. \begin{array}{l} 4\sin^3 X'\cos X' \\ - 4\cos^3 X'\sin X' \end{array} \right| x'^3 y' + \left. \begin{array}{l} 4\cos X'\sin^3 X' \\ - 4\sin X'\cos^3 X' \end{array} \right| x' y'^3 = 1.$$

En la comparant à la seconde, après avoir rendu le premier coefficient égal à l'unité, pour éviter toute condition superflue, on voit que leur identification exige d'abord la disparition des deux derniers termes, d'où résulte la relation unique

$$4 \sin X'\cos X' (\sin^2 X' - \cos^2 X') = 0.$$

Les facteurs $\sin X'$ et $\cos X'$ n'y pouvant être annulés, puisque les axes ne seraient pas changés, la valeur de X' résultera du troisième, qui donne $X' = 45°$. On s'assurera aisément que cette hypothèse satisfait aux autres conditions d'identification. Ainsi la seconde courbe n'est réellement que la première qui aurait tourné d'un demi-angle droit.

30. Quoique le passage du système rectiligne au système polaire constitue, par sa nature, en géométrie analytique, une opération très-différente de celle dont nous venons d'établir les lois, puisqu'il s'y agit d'un vrai changement de système, et non d'une simple modification de constantes, c'est ici néanmoins qu'il convient le mieux de poser les formules, indispensables à connaître, qu'exige une telle transformation, qui d'ailleurs a ordinairement besoin d'être précédée d'une transposition d'axes, destinée à la faciliter autant que possible. Nous supposerons, en effet, que les axes du système rectiligne sont rectangulaires, que l'un d'eux coïncide avec l'axe polaire, et que leur origine est placée au pôle. Quand ces conditions préalables ne seront pas remplies, elles constitueront une difficulté préliminaire, aisément levée, en chaque cas, d'après les formules précédentes. Ce préambule simplifie beaucoup, et même caractérise mieux, l'opération propre au vrai changement de système. Les anciennes et les nouvelles coordonnées d'un point quelconque appartiennent alors à un même triangle rectangle, qui fournit aussitôt, pour passer du système rectiligne au système polaire, les formules très-simples

$$x = u \cos \varphi, \quad y = u \sin \varphi,$$

ou, en sens inverse,

$$u = \sqrt{y^2 + x^2}, \quad \tang \varphi = \frac{y}{x}.$$

D'après leur nature, on voit que les équations qui seront algébriques dans l'un des systèmes deviendront nécessairement transcendantes dans l'autre, et que l'influence réciproque aura

lieu quelquefois, ce qui définit nettement le contraste analytique de ces deux systèmes, et caractérise l'aptitude spéciale de
chacun d'eux envers certaines courbes, quoique beaucoup d'é-
quations doivent d'ailleurs y être presque également compliquées.

31. La première partie de notre étude étant maintenant complétée, le lecteur peut désormais en saisir convenablement le
plan systématique, qui n'eût pas été d'abord suffisamment appréciable. Ce préambule indispensable constitue une introduction fondamentale à l'ensemble total de la géométrie plane :
quelque extension analytique qu'elle puisse ultérieurement recevoir, toutes les notions s'y rapporteront toujours à la conception générale que nous avons ici directement établie, puis
éclaircie par des exemples suffisants, et enfin appuyée des
moyens préliminaires convenables. Dès lors, la formation des
méthodes générales qui constituent l'objet essentiel de la géométrie analytique se trouve maintenant assez préparée pour
que nous devions y procéder immédiatement, sans nous préoccuper encore d'aucune application spéciale : telle sera la destination de la seconde partie. Mais, après avoir ainsi appris à
résoudre, envers une courbe quelconque, chacune des questions analytiquement accessibles, il restera à combiner, dans
la troisième partie, ces diverses conceptions d'abord isolées,
afin d'apprécier, en général, comment leur connexité mutuelle peut faire surgir graduellement des diverses équations
l'ensemble des figures correspondantes. Ainsi, la seconde partie
se rapportera surtout à la géométrie générale; la troisième
sera essentiellement relative à la géométrie comparée. Enfin,
pour achever de préciser autant que possible l'harmonie fondamentale entre les lignes et les équations, constituée dans la
première partie, et développée dans les deux autres, il faudra
réserver une quatrième et dernière partie à l'application spéciale de ces méthodes universelles envers certaines courbes

choisies, où l'idée mère de la géométrie analytique devra recevoir une élaboration complémentaire, destinée à caractériser
sa modification finale d'après les convenances de chaque cas.
Tel est le nouveau plan didactique que j'ai trouvé le plus propre à faire dignement ressortir l'unité philosophique que doit
offrir désormais l'ensemble de la géométrie plane, en manifestant la participation distincte de chacune de ses parties essentielles à l'essor continu de la grande pensée que Descartes lui a
donnée pour base invariable.

Il importe de sentir que ce plan rationnel n'est, par sa nature, aucunement restreint à la branche élémentaire de la géométrie analytique, quoique nous devions ici la considérer
exclusivement. La première partie est nécessairement aussi
complète maintenant qu'elle doive jamais l'être, quel que soit
le progrès ultérieur de la géométrie plane. Quant à la seconde,
et par suite à la troisième, elles seront actuellement limitées
par l'imperfection de nos connaissances analytiques, qui ne
permettent pas d'aborder suffisamment plusieurs importantes
recherches géométriques : mais elles ne feront plus tard que
s'étendre davantage, quand une analyse supérieure rendra
graduellement accessibles des questions qu'il faut écarter ici.
Il en sera de même essentiellement pour la quatrième partie,
où, faute des procédés analytiques convenables, nous ne pourrions immédiatement entreprendre l'étude spéciale de plusieurs
courbes intéressantes, auxquelles on pourra ultérieurement
appliquer les diverses méthodes générales. Notre plan ne devra
donc jamais subir aucune altération essentielle, quelle que
puisse être ensuite l'extension réelle des moyens analytiques,
d'où résultera seulement son développement continu. Ainsi,
pour convertir cette étude élémentaire de la géométrie analytique, en un système complet de géométrie, qui n'a jamais été
institué ni même conçu jusqu'ici, il suffirait d'y joindre conve-

nablement, comme je l'ai indiqué dans le tome Ier de ma *Philosophie positive*, les diverses classes de questions géométriques qui correspondent aux divers degrés principaux de l'analyse transcendante, tandis que nous devons maintenant nous réduire aux spéculations suffisamment accessibles à la seule analyse ordinaire.

SECONDE PARTIE.

THÉORIES GÉNÉRALES DE GÉOMÉTRIE PLANE, SUFFISAMMENT
ACCESSIBLES A L'ANALYSE ORDINAIRE.

32. Ces théories sont au nombre de sept, savoir :

1° La théorie du nombre de points nécessaire à la détermination de chaque espèce de courbes ;

2° La théorie des tangentes ;

3° La théorie des asymptotes ;

4° La théorie des diamètres ;

5° La théorie des centres ;

6° La théorie de la similitude des courbes ;

7° La théorie des quadratures, et, par suite, des rectifications et des cubatures.

A l'exception de la seconde, de la troisième, et de la septième, elles peuvent être complétement établies par l'analyse ordinaire, sans qu'une analyse supérieure doive réellement y ajouter jamais rien d'essentiel. Quant à ces trois théories, l'analyse transcendante est vraiment indispensable pour leur procurer une entière généralité. Ce n'est qu'à l'aide du calcul différentiel que la théorie des tangentes, et par suite celle des asymptotes, qui en constitue, au fond, un appendice naturel, peuvent être étendues à toutes les courbes actuellement exprimables par nos équations. De même, la théorie des quadratures exige, encore plus fréquemment, l'emploi du calcul intégral. Mais, quoique ces trois théories ne puissent, en effet, recevoir ici toute la plénitude dont elles sont susceptibles, il n'en reste pas moins indispensable de les y traiter sous un point de vue général, sans les rendre vicieusement adhérentes à aucun des cas particuliers qu'elles pourront actuellement embrasser. Outre l'avantage philosophique d'une telle exposition, seule conforme au véritable esprit de la géométrie analytique, il est certain que, même envers la dernière théorie, la moins accessible, par sa nature, à l'analyse ordinaire, on s'exagère communément l'office de l'analyse transcendante, qui n'a pu réellement que perfectionner des recherches antérieures à sa formation, et qui l'ont même historiquement déterminée. Notre théorie des tangentes, sans rien exiger au delà des plus simples éléments d'algèbre, s'étendra immédiatement à toutes les équations algébriques proprement dites, du moins après certaines préparations, à la vérité quelquefois gênantes. Sans comporter une telle extension directe, notre théorie des quadratures embrassera pourtant des cas assez variés pour qu'il convienne beaucoup de les ramener ici à une marche commune, à laquelle l'analyse transcendante n'aurait ultérieurement qu'à fournir des moyens de formulation et de développement mieux adaptés à la nature du sujet. A l'un et à l'autre titre, ce premier état didactique de la géométrie générale se trouve historiquement représenté par la phase géométrique, très-mémorable quoique peu prolongée, qui s'est accomplie entre Descartes et Leibnitz, sous les efforts convergents de Fermat, de Wallis, et d'Huyghens. Du reste, autant il importe d'attribuer ainsi à l'analyse ordinaire toute la portée géométrique dont elle est vraiment susceptible, autant il faut éviter de l'exagérer puérilement par une imitation plus ou moins déguisée des méthodes essentiellement infinitésimales.

Toutes les théories ci-dessus énumérées conviennent évidemment à des courbes quelconques, sans aucun mélange de théories purement spéciales. J'ai renvoyé à la quatrième partie une théorie souvent qualifiée indûment de générale, celle des foyers, qui est nécessairement particulière aux courbes du second degré.

Quant à l'ordre que j'ai établi entre ces diverses théories, j'y ai d'abord considéré leur dépendance, et ensuite la facilité ainsi que la perfection respectives. Tous ceux qui s'exerceront à changer cet arrangement didactique reconnaîtront aisément, j'espère, qu'il ne comporte réellement aucune modification essentielle, ni même utile. Dans un traité directement relatif au système total de la géométrie générale, tant élémentaire que transcendante, il importerait beaucoup de suivre rigoureusement l'ordre rationnel, que j'ai depuis longtemps établi au tome Ier de ma *Philosophie positive*, et qui résulte naturellement des diverses sortes de moyens analytiques propres à l'entière appréciation de chaque théorie géométrique, suivant qu'elle dépend seulement de l'analyse ordinaire, ou qu'elle exige l'un des trois principaux degrés de complication successive de l'analyse transcendante, bornée d'abord à l'emploi du calcul différentiel, poussée ensuite, envers d'autres questions, jusqu'aux différentes branches du calcul intégral, et enfin, quant aux plus difficiles recherches, étendue même jusqu'au calcul des variations. Mais, ici, où nous ne considérons que les études géométriques plus ou moins accessibles à la simple algèbre, il ne peut exister aucun semblable motif d'assujettir cet arrangement provisoire à une règle invariable, dont la discussion offrirait maintenant aussi peu de consistance que d'utilité.

CHAPITRE PREMIER.

Théorie du nombre de points nécessaire à l'entière détermination de chaque espèce de courbes.

33. Quoique le principe général d'une telle règle doive être aussi ancien que l'idée mère de la géométrie analytique, je puis assurer que, quand j'entrepris, il y a vingt-cinq ans, de régénérer l'enseignement mathématique, cette théorie n'était encore ni formulée, ni même conçue, dans son ensemble, en sorte que je dus alors la construire directement. Malgré sa grande simplicité, cet important sujet élémentaire continue aujourd'hui à être habituellement enveloppé de confusion et d'incertitude, au point que des géomètres, d'ailleurs habiles, y commettent quelquefois de graves erreurs, faute d'en avoir convenablement systématisé l'étude fondamentale.

Logiquement envisagée, cette première théorie est éminemment propre à fournir le type spontané de la perfection que comportent les méthodes de la géométrie analytique, soit quant à leur généralité, qui s'étendra ici à toutes les équations possibles, soit quant à leur facilité, le plus souvent poussée, à cet égard, jusqu'à dispenser presque de tout calcul effectif. Néanmoins, un tel modèle donnerait une idée exagérée de ce qui est communément réalisable, si on espérait mal à propos pouvoir obtenir des règles aussi satisfaisantes envers des sujets plus difficiles.

Pour déduire, de l'équation d'une courbe d'espèce donnée, le nombre de points qu'exige sa détermination totale, à la fois de position et de grandeur, il faut, avant tout, établir soigneusement une distinction fondamentale, ordinairement très-mal conçue, entre le cas où l'on a directement l'équation la plus *générale* correspondante à la définition proposée et celui où l'on ne connaît d'abord qu'une équation plus ou moins *particulière*. Ces deux dénominations sont ici destinées à indiquer que l'équation convient à toutes les situations possibles de la courbe, ou qu'elle est restreinte à certaines situations, quelquefois même à une seule. Ainsi les équations $y^2+x^2-2by-2ax+(b^2+a^2-r^2)=0$, et $y=ax+b$, sont les plus générales du cercle et de la ligne droite, tandis que les équations $y^2+x^2=r^2$, $y=ax$, sont, au contraire, particulières envers les mêmes lignes. On confond encore trop souvent l'équation la plus générale de chaque espèce de courbes avec l'équation la plus étendue du degré correspondant ; ce qui est presque toujours erroné, même pour le second degré, où l'équation la plus générale du cercle, aussi bien que celle plus compliquée de la parabole, sont loin de coïncider avec le type analytique le plus complet : à mesure que le degré s'élève, ces cas se multiplient davantage, comme on le sentira bientôt, comparativement aux autres.

D'après l'explication précédente, l'équation la plus générale de chaque espèce de courbes est, en tout système de coordonnées, nécessairement unique. Mais, au contraire, l'équation peut être plus ou moins particulière, selon qu'elle correspond à des situations plus ou moins déterminées : c'est ainsi que, par exemple, $y^2+x^2-2ax+a^2-r^2=0$, constitue évidemment une équation du cercle qui n'est ni la plus générale ni la plus particulière. Le degré de particularité s'estimera analytiquement d'après le nombre de constantes arbitraires que perd alors l'équation la plus générale : en sorte que les deux équations au cercle $y^2+x^2=r^2$, $y^2=2rx-x^2$, quoique distinctes, sont également particulières, en tant que relatives à des positions aussi restreintes. On aura lieu de reconnaître ci-dessous que cette diminution variable du nombre de constantes arbitraires comporte nécessairement une limite commune à toutes les courbes, dont l'équation la plus étendue ne peut jamais perdre ainsi plus de trois constantes.

34. Cela posé, considérons d'abord le cas où l'on connait l'équation la plus générale de la courbe proposée : c'est le seul auquel doive se rapporter directement une telle détermination ; puisque cette équation est ici censée, en chaque occasion, immédiatement donnée, le problème consistant alors à trouver, pour les constantes arbitraires qu'elle contient, un système de valeurs propre à faire passer la courbe par les points indiqués. Soit donc

$$f(x, y, a, b, c, d, \ldots) = 0,$$

cette équation, où les inconnue sont les constantes, quelquefois nommées géométriquement *paramètres*, d'ailleurs linéaires ou angulaires etc., qui doivent distinguer la courbe demandée d'avec toute autre de la même espèce. Tout point M' par où cette courbe devra passer assujettira ces constantes à la relation

$$f(x', y', a, b, c, d, \ldots) = 0,$$

résultée de la substitution de ses coordonnées spéciales x' et y' au lieu des coordonnées variables x et y. Ainsi le problème ne sera déterminé qu'autant que le nombre de ces conditions, ou des points qui les fournissent, se trouvera exactement égal à celui des constantes cherchées. Néanmoins, en se hâtant de rédiger, sous cette forme spontanée, notre règle fondamentale, on risquerait souvent de commettre de graves erreurs, en exagérant, quelquefois beaucoup, le nombre de points déterminant. Car, il peut arriver que les constantes arbitraires renfermées dans l'équation la plus générale soient plus nombreuses que les termes distincts qui les contiennent. Outre qu'une telle circonstance peut fréquemment résulter des transformations algébriques, elle peut aussi provenir de la nature même des définitions. Si, par exemple, on considère le cercle comme la courbe également éclairée par deux lumières, et qu'on place au hasard les axes rectangulaires, son équation générale contiendra certainement cinq constantes arbitraires, qui n'entreront pourtant que dans trois termes. De même, et à un plus haut degré, l'équation générale du cercle pourrait renfermer un nombre quelconque de constantes, en cherchant le lieu d'un point dont la somme des carrés des distances à divers points fixes, aussi multipliés qu'on voudra, demeure invariable. Or, en tous cas de ce genre, il est évident que le nombre des constantes arbitraires indiquerait mal celui des points déterminants, parce que les valeurs partielles de ces constantes ne sont alors nullement nécessaires pour que la courbe soit pleinement individualisée, pourvu que l'on connaisse seulement les valeurs collectives des divers groupes algébriques suivant lesquels elles constituent les coefficients vraiment différents, et dont le nombre effectif doit ici indiquer la véritable solution du problème proposé. Sans cette indispensable restriction, les diverses transformations, soit analytiques, soit géométriques, pourraient faire indéfiniment varier un caractère qui doit être essentiellement fixe. La règle fondamentale que nous cherchions doit donc finalement consister à opérer, sur l'équation générale donnée, une double énumération, en y comptant séparément et le nombre de ses constantes arbitraires et le nombre des termes distincts qui les contiennent : le moindre de ces deux nombres sera toujours celui des points qu'exige la détermination de la courbe correspondante ; s'ils étaient égaux, on adopterait leur valeur commune. C'est ainsi, par exemple, que le cercle sera analytiquement reconnu déterminable d'après trois points, de quelque définition que procède son équation générale. Il importe d'ailleurs de remarquer, en principe, au sujet de cette règle, que, par la nature de la question, elle convient également à tous les systèmes possibles de coordonnées. C'est la seule théorie générale de géométrie qui comporte un tel privilége, éminemment propre à en faciliter l'application.

35. Supposons maintenant que, suivant le cas le plus fréquent, la courbe proposée ne soit d'abord caractérisée analytiquement que par une équation plus ou moins particulière en coordonnées rectilignes, comme la plupart des courbes introduites dans la première partie de ce traité. Le seul moyen universel de connaître alors le nombre de points déterminant consiste à en déduire l'équation la plus générale, en y opérant une transposition d'axes indéterminée, par la substitution des formules

$$x = x' \cos.\mathrm{X}' - y \sin.\mathrm{X}' + a, \quad y = x' \sin.\mathrm{X}' + y' \cos.\mathrm{X}' + b,$$

si les axes sont rectangulaires. Quelque particulière que puisse être l'équation primitive, et quand même elle ne conviendrait qu'à une seule situation, une telle transformation l'aura toujours assez généralisée, puisque la position de la courbe à l'égard des axes y sera devenue tout à fait quelconque, pourvu que l'on compte a, b, et X', comme trois nouvelles constantes entièrement arbitraires. Ce second cas étant dès lors rentré dans le premier, il suffira d'appliquer convenablement la règle fondamentale, de la même manière que si l'équation la plus générale eût été directement donnée.

La stricte exécution d'une telle opération exigerait souvent de longs calculs pour le développement algébrique de la substitution prescrite, quand les exposants seraient un peu considérables. Mais il importe de reconnaître que l'on pourra fréquemment se dispenser d'accomplir cette substitution, en se bornant à l'indiquer, ou même à la concevoir. Car, on n'a réellement besoin ici de l'effectuer que pour la double énumération qu'exige notre règle envers l'équation généralisée. Or, de ces deux dénombrements, le premier, celui des constantes arbitraires, peut évidemment toujours être fait d'avance, puisqu'il se réduira nécessairement à augmenter de trois le nombre indiqué par l'équation particulière donnée. Quant au dénombrement des termes distincts, il ne serait certainement praticable sans incertitude que d'après l'accomplissement effectif d'une telle généralisation analytique; mais nous savons, en principe, qu'il ne devient réellement indispensable qu'autant que ce nombre de termes se trouvera inférieur au nombre total des constantes. Ainsi, la première énumération, toujours immédiatement facile, indiquera d'abord, en un cas quelconque, une limite supérieure du nombre de points demandé, ce qui déjà peut être quelquefois fort précieux : mais, en outre, cette indication deviendra souvent définitive, lorsque, sans connaître exactement le nombre effectif des termes propres à l'équation généralisée, un premier aperçu de l'ensemble du calcul aura procuré la certitude que ce nombre ne serait pas moindre que celui des constantes, tant primitives qu'introduites.

En appliquant cette explication à la plupart des exemples cités dans notre première partie, il sera aisé d'y découvrir le nombre de points déterminant des courbes correspondantes, quoique connues seulement par des équations particulières et même uniques, qu'il sera pourtant superflu de généraliser formellement. C'est ainsi que l'équation du n° 19

$$c^2 y^2 + (c^2 - d^2)\, x^2 = \frac{c^2}{4}\, (c^2 - d^2)$$

indique évidemment une courbe exigeant au plus cinq points pour sa détermination, et avec la certitude que ce nombre n'est pas trop considérable, puisque, sans exécuter la substitution, on reconnaît aussitôt que les constantes c, d, et a, b, X' entreraient effectivement dans cinq termes distincts. On doit toutefois remarquer, sur ce premier exemple, que le cas du cercle $d = 0$, fait exception à la justesse de cet aperçu; car, l'une des constantes étant alors donnée, il en resterait encore quatre, ce qui excède le vrai nombre des points. L'anomalie tiendrait ici algébriquement à ce que, par une réduction spéciale, que manifesterait seule l'exécution du calcul, les trois termes autres que ceux du second degré contiendraient exclusivement les quatre constantes arbitraires; géométriquement, l'exception proviendrait de ce que l'équation particulière ne manque alors de généralité que relativement à l'origine, et non quant à la direction des axes rectangulaires qui, en ce cas, y pourrait être quelconque, en sorte que cette équation serait suffisamment généralisée par un simple déplacement indéterminé de l'origine, qui n'élèverait qu'à trois le nombre total des constantes arbitraires. Quelque satisfaisante que soit assurément cette explication exceptionnelle, la nécessité d'y recourir et l'usage qu'on y fait des lumières déjà acquises sur une courbe tant étudiée, doivent faire sentir avec quelle circonspection il faut appliquer l'abréviation indiquée, et combien il importe, en général, de se résigner à l'exécution du calcul prescrit, quand les motifs de dispense ne présentent pas une parfaite évidence. On conçoit d'ailleurs que, envers un grand nombre de courbes, certaines définitions peuvent quelquefois donner des équations particulières trop surchargées de constantes arbitraires. Mais ces diverses sortes de restrictions propres à notre considération abréviative n'empêchent nullement qu'elle ne soit, en beaucoup d'autres cas, aussi certaine que commode.

Par exemple, l'équation commune des trois sections coniques, trouvée au n° 23,

$$y^2 + (1 - n^2)\, x^2 - 2dx + d^2 = 0,$$

indique aussitôt, et sans aucune incertitude, que le nombre de points déterminant est cinq pour l'ellipse et hyperbole, mais seulement quatre pour la parabole, puisqu'alors $n = 1$.

On trouvera pareillement, et avec encore plus d'assurance, vu le degré supérieur, d'après l'équation des sections toriques (n° 22), que ces courbes sont déterminables par cinq points, sauf celle que caractérise l'égalité des deux données linéaires, et qui, à ce titre, n'en doit exiger que quatre. Pour la conchoïde (n° 24), le nombre de points déterminant sera également ment 5, avec la même réduction dans le cas analogue d'égalité. Enfin, l'équation de la cissoïde (n° 26)

$$y^2 = \frac{x^3}{2r - x}$$

montrera, sans plus d'embarras, que cette courbe est déterminée par quatre points.

Il serait également facile de constater, sur de nouveaux exemples, comprenant une infinité de courbes distinctes, que les équations de la forme

$$y^m = ax^n, \text{ ou } y^m = ax^n + b,$$

indiquent toujours des courbes exigeant, les unes quatre points, les autres cinq, pour leur détermination : le motif de dispense algébrique sera d'autant plus évident que les exposants m et n seront plus élevés. On conçoit d'ailleurs que la théorie actuelle est déjà aussi complétement applicable aux équations dites transcendantes qu'à celles qualifiées spécialement d'algébriques, sauf les difficultés analytiques correspondantes. C'est ainsi que la même méthode, pareillement simplifiée, démontrerait, d'après les équations particulières

$$y = ba^x, \quad y = a \sin bx,$$

que le nombre des points déterminant y est encore égal à 5.

Sans multiplier davantage ici de tels exemples, le rapproche-

8

ment, à la fois analytique et géométrique, de tous les cas cités suggère aussitôt cette réflexion générale que le nombre de points nécessaire à la détermination d'une courbe ne dépend point essentiellement du degré, ni même de la nature de son équation, et pas davantage de sa figure essentielle. Nous trouvons surtout une exacte parité, à cet égard, entre des courbes qui, sous tout autre aspect, ne semblent offrir aucun caractère commun. Cependant une identité aussi importante ne doit pas, sans doute, rester isolée. L'ensemble de mes méditations sur la géométrie comparée, dont l'étude, à peine ébauchée, est encore si mal conçue, m'a depuis longtemps conduit à penser que les courbes qui exigent le même nombre de points pour leur détermination présentent, par cela même, beaucoup d'autres propriétés communes. Mais l'état présent de la science n'a manifesté jusqu'ici, à cet égard, que l'exacte parité ainsi assurée à ces diverses courbes quelconques, dans la géométrie transcendante, quant aux degrés de contact ou d'osculation qu'elles comportent envers toute autre figure : encore même cette analogie nécessaire est-elle communément très-mal appréciée.

36. Afin de compléter notre règle fondamentale, il reste à y caractériser l'indispensable modification qu'elle doit éprouver lorsque, parmi les points que l'on fait concourir à la détermination de la courbe, on introduit quelque point *singulier* ; c'est-à-dire, suivant l'acception géométrique la plus étendue, un point distinct de tous les autres par une propriété précise, d'ailleurs quelconque, à laquelle on a égard ; soit que ce point appartienne, en effet, à la circonférence de la courbe, comme un point d'inflexion ou de rebroussement, etc., soit même, en général, qu'il y adhère, intérieurement ou extérieurement, comme un centre, ou un foyer, etc. De quelque manière que s'opère la singularisation, chaque point de ce genre devra toujours compter pour deux points ordinaires, parce qu'il don-

nera lieu à deux équations de condition. S'il est sur la courbe, il faudra, outre la condition commune

$$f(x'\,y',\,a,\,b,\,c,\,d....) = 0,$$

considérer aussi la relation quelconque

$$\varphi(x',\,y',\,a,\,b,\,c,\,d....) = 0,$$

qui formulera sa propriété caractéristique. Quoique cette seconde équation puisse être fort différente de la première, elle participera tout autant à la détermination des inconnues a, b, c, d, etc., qui se trouveront ainsi tout aussi liées que d'après deux points ordinaires. Lorsque le point singulier n'appartient pas à la circonférence de la courbe, il faut concevoir, en général, que, par cela même qu'il est unique, ses propres coordonnées α, β, doivent dépendre, d'une manière déterminée, des constantes qui spécifient la courbe, suivant deux fonctions,

$$\alpha = \varphi(a,\,b,\,c,\,d....),\ \beta = \psi(a,\,b,\,c,\,d....),$$

dont la forme sera, dans chaque cas, exactement assignable, d'après l'équation de la courbe, et le caractère du point. Donc, réciproquement, l'indication de ces deux coordonnées assujettit ces constantes, quand elles sont inconnues, à deux conditions distinctes, qu'on peut envisager comme tenant lieu, pour leur détermination, de deux points quelconques de la courbe.

On peut aisément vérifier cette loi uniforme sur toutes les lignes introduites dans la première partie, et dont les définitions contiennent des points évidemment singuliers. Si, d'après la découverte, déjà accomplie, de leur nombre ordinaire de points déterminant, on examine, par contraste, la réduction spéciale qu'il éprouve spontanément quand on y mêle ces points exceptionnels, il sera facile de constater successivement, suivant les définitions respectives, que le centre du cercle, que chacun des points fixes inhérents à l'une ou à l'autre génération des sections coniques, que chaque point analogue propre à la notion des sections toriques, ou de la conchoïde, ou de la cissoïde, équivaut toujours effectivement, pour la détermination de la courbe, à l'obligation de passer en deux points arbitraires.

La seule dérogation apparente à l'uniformité de cette loi additionnelle, semble devoir résulter d'abord de l'inégale pluralité des propriétés des divers points singuliers. Ainsi, par exemple, un même point peut quelquefois être un centre et un point d'inflexion : les sommets de l'ellipse, primitivement définis par sa rencontre avec ses axes, sont aussi caractérisés par une tangente perpendiculaire au rayon correspondant, et ils se distinguent également comme points de plus grande ou de moindre courbure. En tous ces cas, on peut croire que l'introduction de tels points singuliers fournira de nouvelles équations de condition, à mesure qu'on formulera leurs diverses propriétés, en sorte qu'ils tiendraient ainsi lieu, dans la détermination de la courbe cherchée, tantôt de deux, tantôt de trois, ou de quatre, etc. points ordinaires. Mais il est aisé de sentir que cette objection générale est purement spécieuse. On peut d'abord l'écarter par une considération préjudicielle tirée de l'évidente absurdité qu'offrirait ainsi la variation continue du nombre de points déterminant propre à chaque courbe par la découverte, toujours possible, de nouvelles particularités envers les points déjà singularisés, à mesure que l'étude spéciale de la courbe serait plus avancée. Un examen direct fait ensuite sentir, en principe, que, par quelque caractère précis qu'un point singulier ait été primitivement défini et formulé, toute autre propriété quelconque qu'on en découvrirait ultérieurement ne saurait fournir aucune condition vraiment distincte ; d'après l'enchaînement, sensible ou inaperçu, général ou spécial, qui existerait nécessairement entre les deux attributs géométriques, les relations analytiques correspondantes se trouveraient, en chaque cas, essentiellement équivalentes ; en sorte que la multiplicité de ces conséquences ne contribuerait pas davantage à déterminer les constantes cherchées que l'équation initiale d'où elles pourraient toutes dériver, plus ou moins péniblement.

37. Pour procurer toujours à la théorie actuelle toute la perfection effective dont elle est susceptible, il faut enfin expliquer comment le principe analytique sur lequel elle repose uniformément devient souvent applicable sans connaître encore aucune équation rectiligne, même particulière, de la courbe proposée, et en consultant uniquement sa définition géométrique. On en concevra la possibilité si l'on considère que l'équation ne sert ici que comme base d'un dénombrement qui peut quelquefois être suffisamment accompli d'après la seule définition. Car, si le nombre total des constantes arbitraires propres à l'équation générale se détermine toujours aisément par une équation particulière, il se déduit encore mieux de la définition même. Il suffit, pour cela, d'y analyser exactement les diverses données géométriques qu'elle indique comme indispensables à l'entière détermination de la courbe : chaque point fixe qu'elle contiendra introduirait certainement, par ses coordonnées, deux constantes arbitraires dans l'équation la plus générale, à laquelle il faut sans cesse se reporter mentalement ; il en sera de même pour chaque droite fixe, à cause de ses deux coefficients angulaire et linéaire ; chaque cercle entièrement donné qui s'y trouverait ferait naître ainsi trois constantes ; chaque longueur ou chaque angle une seule, etc. Cette nouvelle abréviation de la règle fondamentale aura la même légitimité et offrira aussi la même chance d'erreur que celle précédemment appréciée, puisqu'elle repose sur le même motif analytique. On trouvera donc toujours ainsi une limite supérieure du nombre de points déterminant. Quand elle ne sera pas

trop élevée, ce qui correspond au cas analytique où le nombre effectif des termes de l'équation générale ne se trouverait point inférieur à celui des constantes, on le reconnaîtra géométriquement si la définition proposée est assez simple pour qu'on puisse s'y assurer que les changements simultanés des diverses données ne pourraient jamais se compenser de manière à ne faire aucunement varier la courbe. Cette condition est facile à vérifier envers les définitions déjà citées du cercle, des sections coniques, des sections toriques, de la conchoïde, et de la cissoïde, où l'on connaîtrait ainsi le nombre de points déterminant indépendamment de toute équation, en parfaite conformité avec le résultat analytique. Pour la signaler ici envers une définition nouvelle, où l'équation ne nous est réellement pas connue encore, j'indiquerai la *cycloïde* ordinaire, engendrée par un point de la circonférence d'un cercle roulant sur une droite fixe, à partir d'une certaine position, et tournant simultanément autour de son centre avec la même vitesse : la méthode précédente conduit aussitôt à reconnaître, sans la moindre incertitude, qu'une telle courbe est déterminable d'après quatre points. Afin de mieux apprécier cet extrême perfectionnement de la théorie actuelle, il faut d'ailleurs sentir que la définition proposée pourrait n'être pas même purement géométrique : pourvu qu'elle soit précise, et que, du reste, elle se prête suffisamment à l'analyse prescrite, elle conviendra pareillement à une semblable distinction. Qu'il s'agisse, par exemple, de la ligne suivant laquelle un poids doit descendre pour arriver le plus promptement possible d'un point donné à un autre point donné : quoique cette définition transcendante soit uniquement dynamique et très-difficile à mettre en équation, notre méthode subsidiaire y indique déjà clairement quatre points déterminants ; ce qui sera ultérieurement confirmé quand on y aura reconnu la cycloïde.

La grande facilité propre à ce perfectionnement final de notre règle fondamentale, doit ici faire insister davantage sur le danger, ci-dessus caractérisé en principe, qu'offrirait, en beaucoup de cas, son intempestive application, quand le nombre effectif des termes de l'équation générale se trouverait inférieur au nombre ainsi prévu des constantes introduites. Cette circonstance analytique correspondrait géométriquement à la possibilité de faire varier à la fois plusieurs des données inhérentes à la définition proposée, sans que la courbe en éprouvât aucun changement réel, soit de forme , soit même de situation. Or, de tels cas, quoique fréquents , sont difficiles à constater clairement d'après la seule définition , surtout envers des courbes peu étudiées ou très-compliquées ; et, quand une fois on les a reconnus, il est presque toujours impossible d'y réduire convenablement la limite supérieure d'abord obtenue ainsi pour le nombre de points déterminant. Il est aisé d'en citer quelques exemples caractéristiques, même envers le cercle, la courbe la plus simple et la mieux connue : telle est sa définition comme courbe également éclairée par deux lumières, qui indiquerait aussitôt cinq points déterminants, parce que les deux points fixes, et le rapport donné, pourraient varier conjointement, comme je l'ai montré au n° 21 , sans que la courbe changeât aucunement ; telle est aussi sa définition comme segment capable, où les deux points fixes et l'angle donné pourraient certainement changer de manière à ne pas affecter du tout le cercle correspondant ; telle est, enfin, éminemment sa définition, déjà citée, comme lieu d'un point dont la somme des carrés des distances à divers points fixes demeure constante. On peut ainsi juger des difficultés souvent insurmontables que susciteraient de semblables inconvénients envers des courbes plus compliquées et moins connues ; surtout en considérant que la recherche du nombre de points déterminant doit être naturellement, à raison de sa simplicité supérieure, le premier sujet d'études envers la plupart des lignes. La règle analytique du n° 34 est donc finalement la seule qui comporte une universelle efficacité, et rien ne saurait dispenser d'y recourir en général. Mais les inconvénients irrécusables que présente, en beaucoup d'occasions, l'abréviation subsidiaire que je viens d'expliquer n'altèrent nullement son heureuse aptitude envers les cas très-nombreux où les conditions nécessaires de sa légitime application se trouvent être suffisamment remplies.

En terminant ici l'exposition de cette première théorie générale, il importe de remarquer que, quoique nous n'y ayons considéré d'autres conditions de détermination des courbes que celles de passer par des points donnés, comme étant maintenant les seules que nous sachions uniformément formuler, cependant l'ensemble des règles précédentes s'appliquera nécessairement à toute autre sorte de conditions géométriques, exprimables chacune par une seule équation, à mesure que nous en apprendrons ultérieurement la représentation analytique ; ce qui devra beaucoup augmenter la portée et l'utilité des divers principes que nous venons d'établir.

CHAPITRE II.

Théorie des tangentes.

38. Cette importante théorie, base nécessaire du rapprochement fondamental entre les figures curvilignes et les figures rectilignes, repose tout entière sur une convenable définition de la *tangente*. Dans sa première acception géométrique, ce terme a été longtemps limité au cercle, où il désigne simple-

ment une droite qui n'a avec la courbe qu'un seul point commun. Il y aurait alors un vrai pléonasme à ajouter que tous les autres points de la droite doivent être extérieurs à la courbe, puisque cette circonstance résulte évidemment de la condition primitive, non-seulement envers le cercle, mais aussi quant à toute autre courbe fermée et non sinueuse. Toutefois, ce caractère additionnel deviendrait, en d'autres cas, indispensable, afin de distinguer suffisamment la tangente de certaines droites ne rencontrant, comme elle, la courbe qu'en un seul point ; ainsi qu'on le voit, par exemple, dans la parabole, pour les parallèles à l'axe. Quoiqu'un tel complément rende la notion initiale susceptible d'une assez grande extension, en permettant de l'appliquer à toutes les courbes, bien plus nombreuses qu'on n'a coutume de le supposer, qu'aucune droite ne saurait couper en plus de deux points, il est néanmoins aisé de reconnaître que ce caractère primitif ne peut nullement devenir la base d'une définition vraiment générale. Car, en beaucoup de cas, cette unité d'intersection ne constitue point une condition, soit nécessaire, soit suffisante, tendante à déterminer la tangente. Dans la cissoïde, par exemple (*fig.* 32), la tangente en un point quelconque M coupera la courbe en un second point N ; tandis que, au contraire, on pourra mener de M une infinité de droites différentes, qui n'auraient que ce seul point commun avec la courbe, sans qu'aucune d'elles assurément fût tangente : on voit même que cette condition ne saurait alors donner lieu à aucune question précise ; c'est ce qu'offriraient presque toujours les courbes ayant plus de deux points en ligne droite. Mais, malgré cette évidente impossibilité de conserver, en général, l'acception initiale du mot *tangente,* les lois du langage et de la pensée imposent l'obligation de ne la changer que par une judicieuse extension, qui reproduise spontanément le caractère primitif pour les cas particuliers auxquels on l'avait destiné d'abord : cette importante prescription philosophique doit être soigneusement respectée envers toutes les conceptions scientifiques qui dérivent de notions vulgaires, afin de maintenir toujours la continuité et l'harmonie logiques, qui seraient gravement troublées par une arbitraire altération technique des expressions communes. La définition générale de la tangente, telle qu'on la conçoit maintenant, satisfait pleinement à cette condition indispensable. Elle consiste à considérer la tangente comme la limite vers laquelle tend une sécante dont l'un des points d'intersection supposé mobile se rapproche indéfiniment de l'autre supposé fixe, jusqu'à ce qu'ils se confondent exactement. Si l'on continuait ensuite la rotation, l'intersection mobile passerait au delà de l'intersection fixe ; en sorte que, en chaque point d'une courbe quelconque, la direction tangentielle sert de ligne de démarcation entre les directions qui coupent d'un côté de ce point et celles qui coupent de l'autre côté. Quelque multipliées que puissent être les intersections, on n'en doit ici combiner que deux, puisque deux points suffisent pour déterminer une droite : la confusion finale des deux premières ne décide rien envers les autres, dont la coïncidence avec elles ne saurait être facultative, et constituera, en effet, dans la suite, le caractère propre de certains points exceptionnels.

On peut maintenant apprécier ce qu'une telle définition générale conserve spontanément de la notion initiale : car, envers une courbe quelconque, la tangente, ainsi conçue, aura nécessairement un point commun de moins que les droites qui en ont le plus ; par conséquent, pour toutes les courbes qui ne sauraient offrir plus de deux points en ligne droite, la tangente se trouvera caractérisée, en effet, par l'unité d'intersection, suivant la conception primitive, dont tout le vice consistait donc en une trop grande restriction. Cette généralisation s'accomplit d'ailleurs d'une manière parfaitement conforme à la destination fondamentale de la théorie des tangentes dans le système total de la géométrie ; puisque l'indispensable rapprochement entre les figures curvilignes et les figures rectilignes, base naturelle des principales spéculations géométriques, suppose toujours qu'on ait d'abord déterminé la loi suivant laquelle varient les directions des côtés du polygone que l'on substitue mentalement à la courbe, ce qui résulte évidemment d'une semblable considération des tangentes.

Afin de prévenir toute incertitude sur une notion aussi capitale, il importe enfin d'y apprécier spécialement la nécessité d'opérer la coïncidence caractéristique des deux intersections par la rotation de l'une autour de l'autre, et non d'après leur commune translation parallèlement à la position primitive. Ces deux modes seraient, sans doute, le plus souvent équivalents ; mais ils ne sauraient l'être toujours : ce qui suffit pour que leur distinction doive être soigneusement introduite dans la définition générale. La cissoïde en offre un exemple très-sensible, si l'on considère en particulier le point de rebroussement O, où la tangente OB résulte de la rotation de OK jusqu'à ce que K et O se confondent ; tandis que les perpendiculaires à OB, en se rapprochant de plus en plus de O, y produiraient aussi la coïncidence de leurs deux intersections, sans y être nullement tangentes : on voit même que cette coïncidence provenue de la translation ne déterminerait, au point de rebroussement, aucune direction précise ; puisqu'un tel attribut y appartiendrait indifféremment à une infinité de directions obliques.

39. La définition fondamentale étant suffisamment établie, il faut maintenant concevoir la théorie des tangentes comme composée d'abord d'une question principale, consistant à déterminer, en chaque point d'une courbe, la direction de sa tan-

gente, et ensuite de plusieurs questions accessoires qui, quoique également générales, ne constituent, au fond, que des conséquences ou des transformations de la première. C'est sur celle-ci exclusivement que portera ici le défaut actuel de généralité de notre théorie analytique, bornée aux ressources de l'algèbre élémentaire : mais la manière dont toutes les autres s'y subordonnent sera déjà traitée aussi complétement que possible ; en sorte que l'extension ultérieure de la méthode des tangentes, à l'aide d'une analyse plus élevée, pourra être réduite à la question principale, sans qu'il soit nécessaire d'y considérer spécialement les questions accessoires.

D'après notre définition, si l'on conçoit d'abord, par le point donné (x', y'), une droite qui coupe la courbe, en un second point (x'', y''), son coefficient angulaire sera $\dfrac{y''-y'}{x''-x'}$: la recherche proposée consiste donc à trouver la limite vers laquelle tend ce rapport à mesure que les coordonnées variables x'' et y'' se rapprochent indéfiniment des coordonnées fixes x' et y'. Si l'on y posait aussitôt l'hypothèse extrême, $x''=x'$, $y''=y'$, il deviendrait indéterminé, parce qu'on n'y a eu encore aucun égard aux conditions qui ôtent l'équivoque naturellement inhérente à cette coïncidence, et qui résultent de la situation continuelle des deux points sur la courbe donnée $f(x, y)=0$. Ainsi, la difficulté du problème se réduit essentiellement à cette question purement algébrique : utiliser les deux équations de condition, $f(x', y')=0$ et $f(x'', y'')=0$, de manière à transformer la fraction $\dfrac{y''-y'}{x''-x'}$ en une autre équivalente qui ne puisse plus devenir indéterminée, quand on y supposera $x''=x'$ et $y''=y'$. Cette transformation une fois accomplie, l'évaluation de ce rapport, pour cette hypothèse finale, déterminera immédiatement l'expression générale du coefficient angulaire de la tangente, propre à la courbe proposée.

On surmonte cette difficulté algébrique, en retranchant les deux relations l'une de l'autre, afin de mettre en évidence, dans chaque partie de cette relation composée,

$$f(x'', y'') - f(x' y') = 0,$$

ou le facteur $y'' - y'$ ou le facteur $x'' - x'$, de manière à dégager ensuite aisément le rapport cherché. Mais, pour expliquer convenablement cette opération, naturellement fondée sur la divisibilité connue de $a^m - b^m$ par $a - b$, il faut maintenant spécifier la composition de l'équation proposée, que nous supposons algébrique, rationnelle, et entière, d'ailleurs d'un degré quelconque. En n'y mentionnant qu'un seul terme général de chaque espèce, son type sera :

$$A y^m + B x^n + C x^p y^q + D = 0,$$

en sorte que notre relation composée devient

$$A (y''^m - y'^m) + B (x''^n - x'^n) + C (x''^p y''^q - x'^p y'^q) = 0.$$

La transformation proposée, n'y offre quelque difficulté que relativement au dernier terme, qui n'est spontanément divisible ni par $y'' - y'$ ni par $x'' - x'$. Or, la nature algébrique de ce terme, où les deux variables sont mêlées, suggère aussitôt l'artifice préparatoire d'après lequel il devient aussi convenable que les autres, en portant à le regarder comme tenant lieu de l'ensemble de deux termes distincts, l'un analogue à ceux en y, l'autre à ceux en x, suivant la décomposition évidente

$$x''^p y''^q - x'^p y'^p = x''^p (y''^q - y'^q) + y'^q (x''^p - x'^p),$$

qui transforme la relation primitive en

$$A (y''^m - y'^m) + B (x''^n - x'^n) + C x''^p (y''^q - y'^q)$$
$$+ C y'^q (x''^p - x'^p) = 0.$$

Tous les termes y étant maintenant divisibles ou par $y'' - y'$ ou par $x'' - x'$, on en déduit aussitôt, d'après les règles connues,

$$\frac{y'' - y'}{x'' - x'} = - \frac{B(x''^{n-1} + x''^{n-2}x' + x''^{n-3}x'^2 \ldots + x'^{n-1}) + Cy'^q(x''^{p-1} \ldots + x'^{p-1})}{A(y''^{m-1} + y''^{m-2}y' \ldots + y'^{m-1}) + Cx''^p(y''^{q-1} \ldots + y'^{q-1})}.$$

La transformation proposée étant ainsi accomplie, il suffit de poser maintenant $y'' = y'$ et $x'' = x'$ pour que cette fraction détermine immédiatement le coefficient angulaire de la tangente,

$$\tan \alpha = - \frac{nBx'^{n-1} + pCy'^q x'^{p-1}}{mAy'^{m-1} + qCy'^{q-1}x'^p}.$$

Au lieu de retenir cette formule, ou d'en renouveler la recherche spéciale sur chaque exemple, il convient d'y saisir algébriquement le mode de dérivation de ses termes envers ceux de l'équation primitive. Un premier aperçu comparatif montre d'abord que les termes en x de cette équation ont seuls influé sur le numérateur de ce résultat, et les termes en y sur le dénominateur : quant aux termes en x et y ils ont influé des deux parts, mais toujours comme uniquement relatifs tantôt à x et tantôt à y. On voit ensuite que la dérivation a consisté à multiplier, en chaque terme de l'une ou l'autre espèce, le coefficient par l'exposant et à diminuer cet exposant d'une unité. Telle est donc la loi générale suivant laquelle le coefficient angulaire de la tangente résulte de l'équation rectiligne de la courbe correspondante, dans tous les cas ci-dessus caracrisés.

On en simplifie beaucoup l'énoncé et la notation par l'usage élémentaire d'une grande notion analytique, dont la haute importance géométrique va être bientôt appréciée directement, outre son immédiate efficacité comme moyen d'expression : c'est celle des *dérivées* proprement dites. Ce nom, devenu spécial depuis Lagrange, désigne, envers chaque fonction quelconque d'une seule variable, le coefficient de la première puissance de l'accroissement de la variable dans le développement de l'accroissement de la fonction selon les puissances de celui de la variable. Quand la fonction contient deux variables, elle comporte naturellement deux dérivées distinctes, suivant que l'on considère le changement exclusif de chacune d'elles, en traitant l'autre comme une simple constante. D'après ces explications, il est aisé de constater que la loi précédente peut s'énoncer ainsi : *le coefficient angulaire de la tangente est égal au rapport, changé de signe, entre les deux dérivées du premier membre de l'équation proposée, relatives, l'une à l'abscisse, l'autre à l'ordonnée, du point de contact.* Car, chacune des parties de notre formule de tang α constitue évidemment, d'après la définition précédente, la fonction dérivée de la partie correspondante de l'équation primitive. La dérivée d'une somme étant d'ailleurs nécessairement équivalente à la somme des dérivées de ses parties, il est clair que la même loi de formation conviendrait aussi au cas où l'équation eût renfermé plusieurs termes de chaque espèce, chacun d'eux ayant séparément participé au résultat comme son type unique. Nous allons bientôt reconnaître que cette énonciation définitive de la règle des tangentes ne constitue pas seulement une commode abréviation usuelle de la loi algébrique ci-dessus obtenue, mais qu'elle exprime déjà le mode le plus général pour la formation du coefficient angulaire de la tangente envers une courbe quelconque, sauf la difficulté de trouver les dérivées de l'équation correspondante.

Quant à la notation analytique de cette même règle, il suffit d'y appliquer aussi le mode éminemment simple et lumineux que Lagrange a introduit pour les fonctions dérivées, en modifiant seulement par un accent les caractéristiques des fonctions primitives ; en sorte que $f'(x)$, $\varphi'(x)$, $\psi'(x)$, etc., désignent suffisamment les dérivées respectives de $f(x)$, $\varphi(x)$, $\psi(x)$, etc. Envers les fonctions à deux variables, il convient d'y distinguer les deux dérivées, non d'après le mode trop incertain que Lagrange avait déduit du déplacement de l'accent, mais à l'aide d'une sorte d'adjectif analytique, consistant à placer, en indice, au bas de la caractéristique, le nom de la variable considérée : ainsi, $f'_x\,(x,y)$ et $f'_y\,(x,y)$ indiqueront les deux dérivées de $f(x,y)$, relatives, l'une à x, l'autre à y. De cette manière, notre loi des tangentes pourra être analytiquement formulée par cette expression, très-concise et pourtant fort claire,

$$\operatorname{tang.}\alpha = -\frac{f'_x\,(x',y')}{f'_y(x',y')},$$

où aucune des indications essentielles n'est réellement omise. On pourra même, après une suffisante habitude, augmenter familièrement son laconisme sans altérer nullement sa netteté, en faisant seulement porter sur l'indice adjectif la mention spéciale du point de contact, ce qui permettra de supprimer les parenthèses, où il est trop lourdement indiqué. Aussi écrirons-nous souvent cette loi sous la forme rapide

$$\operatorname{tang.}\alpha = -\frac{f'_{x'}}{f'_{y'}},$$

où rien ne pourrait être supprimé sans introduire aussitôt une confusion radicale.

40. A ce mode éminemment élémentaire d'établir la règle des tangentes, je crois devoir en joindre un second qui, sans excéder d'avantage, au fond, les premières notions algébriques, permet déjà de démontrer suffisamment l'entière généralité de cette loi géométrique, sous la seule réserve des difficultés analytiques que nous offrirait actuellement son application effective au delà des cas que nous venons de considérer. Il repose sur la convenable appréciation d'un artifice envisagé d'ordinaire comme purement spécial, mais qui, mieux jugé, peut aisément devenir la base d'une véritable méthode générale.

C'est celui par lequel on trouve commodément la valeur du coefficient angulaire de la tangente quand le point de contact est situé à l'origine des coordonnées, en évaluant, dans l'équation de la courbe donnée, le rapport $\frac{y}{x}$ pour $x = 0$, ce qui est le plus souvent très-facile. Si, par exemple, d'après l'équation de la cissoïde

$$y^2 = \frac{x^3}{2r-x},$$

on veut connaître la direction de sa tangente à l'origine, on aura

$$\frac{y}{x} = \sqrt{\frac{x}{2r-x}};$$

ainsi la limite du rapport de l'ordonnée à l'abscisse indéfiniment décroissante est ici 0, en substituant $x = 0$, ce qui montre la tangente alors confondue avec l'axe de la courbe, conformément au résultat fourni déjà (n° 26) par la définition.

Une telle considération peut évidemment conduire à trouver la loi générale du coefficient angulaire de la tangente en un point quelconque d'une courbe : car, il suffit de transporter l'origine en ce point (x', y'), sans changer d'ailleurs la direction des axes ; ce qui oblige à changer x en $x'+x$ et y en $y'+y$ dans l'équation proposée $f(x, y) = 0$, qui devient alors

$$f(x'+x, y'+y) = 0.$$

Toute la difficulté, afin de retrouver ainsi la règle des tangentes, consiste à bien discerner les seuls termes de cette nouvelle équation qui doivent être pris en considération quand on évalue $\frac{y}{x}$ pour $x = 0$, $y = 0$, en écartant avec soin ceux qui, ne pouvant exercer à cet égard aucune influence, compliqueraient inutilement cette appréciation analytique. Or, il est évident

que, si on développe l'équation selon les puissances croissantes
de x et de y, sous la forme

$$A + Bx + Cy + Dx^2 + Exy + Fy^2 +, \text{etc.}, = 0,$$

le terme A indépendant de x et de y, coïncidant spontanément
avec $f(x', y')$, se trouvera annulé suivant l'hypothèse indiquée, et que, après avoir ensuite tout divisé par x, dans la vue
d'introduire le rapport cherché, l'équation, devenue

$$B + C \frac{y}{x} + Dx + Ey + F\left(\frac{y}{x}\right) y +, \text{etc.}, = 0,$$

ne conservera, lorsqu'on y posera $x = 0$, $y = 0$, que ses deux
premiers termes : en sorte que, à la limite voulue, le rapport
$\frac{y}{x}$ sera exprimée par $-\frac{B}{C}$, sans dépendre aucunement des
termes d'un degré supérieur au premier. Si maintenant on
rapproche ce résultat de la définition précédente des dérivées,
on reconnaîtra aisément, avec un peu d'attention, surtout en
ayant soin, pour plus de clarté, de n'opérer que l'une après
l'autre les deux substitutions primordiales $x' + x$ et $y' + y$, que
ces coefficients B et C des premières puissances de x et de y
constituent précisément les dérivées respectives du premier
membre de l'équation primitive relativement à x et y, où l'on
aurait, bien entendu, remplacé les coordonnées générales x, y
par les coordonnées spéciales x', y' du point de contact. Ainsi se
trouve directement établie la loi fondamentale des tangentes,
qui ci-dessus n'était encore qu'un simple résultat de calcul, alors
limité aux seuls cas considérés, mais désormais étendu, du
moins en principe, à toutes les équations possibles, sauf la
difficulté purement analytique de trouver les dérivées convenables.

41. D'après les seules connaissances algébriques qu'exige ce
traité, ces dérivées ne pourront être immédiatement formées

que pour des fonctions algébriques proprement dites, qui soient en outre rationnelles, et même entières, ou, en d'autres termes, exclusivement composées de simples puissances des variables. La dérivation y consistera donc toujours à multiplier chaque coefficient par l'exposant correspondant, et à diminuer celui-ci d'une unité; ce qui reproduira textuellement la formule obtenue spécialement au n° précédent. Mais, quoique ces cas soient les seuls où nous puissions ici déterminer immédiatement les tangentes, la loi fondamentale de cette théorie géométrique n'en est pas moins déjà complétement établie, en ne laissant plus à désirer que l'extension ultérieure des notions analytiques sur la formation effective des dérivées.

Quand les équations données, quoique alg briques, seront irrationnelles ou fractionnaires, notre règle des tangentes pourra, même dans son état actuel, y devenir finalement applicable, mais seulement après les préparations plus ou moins pénibles destinées à enlever les dénominateurs et les radicaux. Si l'on a, par exemple, l'équation

$$y = \frac{1}{x} \pm \sqrt{x},$$

on ôtera d'abord le dénominateur en écrivant

$$xy = 1 \pm x\sqrt{x},$$

et puis le radical en isolant et carrant, ce qui donnera, après avoir développé et transposé, l'équation

$$x^2 y^2 - x^3 - 2xy + 1 = 0.$$

C'est uniquement alors que nous pourrons immédiatement appliquer la règle des tangentes, d'où il résultera ici

$$\text{tang. } \alpha = \frac{3x^2 - 2xy^2 + 2y}{2x^2 y - 2x},$$

où l'on pourra, d'après l'équation primitive, mettre y en x de manière à obtenir finalement

$$\text{tang. } \alpha = -\frac{1}{x^2} + \frac{1}{2\sqrt{x}}.$$

Dans les cas semblables, l'imperfection actuelle de nos connaissances analytiques sur l'application effective de la règle des tangentes consiste à ne pouvoir obtenir directement cette expression définitive, à laquelle nous n'aboutissons que par un circuit algébrique plus ou moins laborieux, faute de savoir prendre immédiatement les dérivées des fonctions proposées. Il convient que le lecteur sente déjà, d'après quelques exercices spontanés, ces divers embarras algébriques, qui caractérisèrent, à cet égard, l'état de la géométrie analytique entre Descartes et Leibnitz, et dont l'appréciation croissante constitua l'un des principaux stimulants qui poussèrent à l'invention de l'analyse transcendante. Les difficultés relatives aux dénominateurs sont toujours bientôt surmontées : mais il n'en est nullement ainsi pour celles que suscitent les radicaux. Si on pouvait partout, comme dans l'exemple précédent, ôter ceux-ci en les isolant successivement afin d'élever ensuite aux puissances correspondantes, une telle préparation ne serait pas très-gênante. Mais cette marche n'est pleinement efficace qu'envers un radical unique, et ne s'applique aux radicaux simultanés qu'autant qu'ils sont du second degré seulement; encore faut-il, même alors, qu'il n'en coexiste pas plus de cinq : en tout autre cas, la suppression des radicaux exige l'intervention des pénibles méthodes d'élimination propres aux équations algébriques d'un degré quelconque, dont l'usage devient presque toujours impraticable.

Pour faciliter, en beaucoup d'occasions, l'application de notre règle des tangentes, il convient enfin d'y remarquer que si l'équation proposée est résolue par rapport à y, sous la forme

$$y = \varphi(x),$$

la loi générale se simplifie, et devient tang. $\alpha = \varphi'(x)$, la dérivée relative à y étant ici 1. Ainsi le coefficient angulaire de la tangente est toujours exprimable par la dérivée de la fonction qui représente l'ordonnée ; ce qui nous permettra, dès ce moment, de le former plus aisément, quand cette fonction sera de l'espèce de celles dont nous savons actuellement trouver les dérivées.

Au sujet de ce principal problème, ainsi qu'envers les recherches secondaires qui vont s'y rattacher, il est presque superflu d'avertir expressément que toutes les solutions relatives aux tangentes conduisent aisément à celles qui concernent les *normales*, c'est-à-dire les perpendiculaires qui leur sont menées des points de contact ; quoique cette nouvelle forme d'une telle étude puisse d'ailleurs en augmenter souvent, sous l'aspect algébrique, les difficultés spéciales, elle ne saurait exiger jamais aucun nouveau principe géométrique.

42. La question fondamentale de la théorie des tangentes étant désormais suffisamment traitée, considérons maintenant la manière générale d'y rattacher successivement, selon leur complication croissante, les diverses questions accessoires qui peuvent en être envisagées ou comme des conséquences ou comme des transformations.

Il faut d'abord examiner le cas où l'on demande une tangente parallèle à une droite donnée. On connaît alors la valeur spéciale du coefficient angulaire de la tangente, et il s'agit d'en déduire réciproquement les coordonnées correspondantes du point de contact. Notre règle fondamentale, qu'il faut seulement ici appliquer à une destination inverse, fournit aussitôt le moyen de mettre le problème en équation. Si $f(x, y) = 0$ est l'équation de la courbe donnée, et $y = ax + b$ celle de la droite proposée, on aura donc ainsi, entre les coordonnées inconnues x', y' du point du contact cherché, la relation

$$\frac{-f'_x\,(x',y')}{f'_y\,(x',y')} = a,$$

qui, combinée avec la condition nécessaire $f(x',y')=0$, dé-terminera ces inconnues, sans que la question puisse jamais offrir d'autres difficultés que celles de l'exécutiou algébrique. Qu'il s'agissse, par exemple, de la courbe $y^2=x^3$, et qu'on veuille lui mener une tangente parallèle à la droite $y=x$, les équations seront, en supprimant les accents inutiles,

$$\frac{3x^2}{2y} = 1, \text{ et } y^2 = x^3,$$

d'où il résultera $x=\dfrac{4}{9}$ et $y=\dfrac{8}{27}$ pour le point où la tangente est inclinée à 45°. Quand le problème sera impossible, on le reconnaîtra ainsi, comme de coutume, en trouvant des coor-données imaginaires, ou tout au moins infinies si la direction donnée appartenait à la limite des tangentes d'une courbe indéfinie.

Supposons, en second lieu, qu'on demande une tangente passant par un point extérieur donné. En renversant encore le problème fondamental, on introduira les coordonnées incon-nues du point de contact, d'après lesquelles l'équation de la tangente serait

$$y - y' = \frac{-f'_x\,(x',y')}{f'_y\,(x',y')}\,(x-x'),$$

où il faudra exprimer la condition de passer au point donné $(6, \alpha)$, ce qui fournira la relation

$$6 - y' = \frac{-f'_x\,(x',y')}{f'_y\,(x',y')}\,(\alpha - x')$$

pour déterminer, conjointement avec la condition spontanée $f(x', y') = 0$, les deux inconnues x' et y'. Dans la courbe

$y^2 = x^3$, on trouverait ainsi x', et par suite y', d'après l'équation

$$x'^3 - 6ax'^2 + 9a^2x' - 4b^2 = 0,$$

qui ne peut plus présenter que des difficultés d'algèbre.

43. Considérons maintenant une troisième question générale qui, quoique semblant purement préparatoire, mérite d'être soigneusement séparée, soit à raison de son importance propre, soit en vertu du nouvel aspect sous lequel elle conduit à envisager l'ensemble de la théorie des tangentes : c'est celle où l'on se propose de trouver la relation constante entre le coefficient angulaire et le cofficient linéaire de toute droite $y = ax + b$ tangente à une courbe donnée, indépendamment de la position particulière du point de contact. Une fois obtenue, cette relation caractéristique pourra indifféremment concourir à déterminer, suivant les cas, ou la droite ou la courbe.

On peut d'abord envisager cette nouvelle recherche comme une simple conséquence de la question fondamentale. Car, en introduisant encore, à titre d'auxiliaires provisoires, les coordonnées x' et y' du point de contact indéterminé, on exprimera la coïncidence de la droite proposée avec l'une des tangentes de la courbe $f(x, y) = 0$, d'après les deux formules d'identification

$$a = -\frac{f'_{x'}}{f'_{y'}}, \quad b = y' + x'\frac{f'_{x'}}{f'_{y'}};$$

il ne s'agira plus que d'éliminer x' et y' entre ces deux équations et la condition spontanée $f(x', y') = 0$, ce qui fournira la relation demandée entre a et b. Soit, par exemple, la courbe $y^2 = x^3$: on aura

$$a = \frac{3x^2}{2y}, \quad b = y - \frac{3x^2}{2y},$$

et l'élimination donnera aisément $b = \dfrac{4a^3}{3\sqrt{3}}$; en sorte que l'é-
quation

$$y = ax + \frac{4a^3}{3\sqrt{3}}$$

représentera l'ensemble des tangentes de cette courbe, si a y reste arbitraire, et successivement chacune d'elles suivant les valeurs spéciales de ce coefficient angulaire.

Cette manière de découvrir la condition cherchée est, par sa nature, aussi générale que la méthode des tangentes d'où elle dérive, et offrira même le plus souvent, outre cette pleine généralité intrinsèque, une moindre difficulté d'exécution qu'aucune autre. Mais il n'en importe pas moins de caractériser ici soigneusement un second mode, non moins général en principe, quoique d'une application ordinairement plus pénible et moins étendue. Indépendant de la règle primitive, cet autre mode pourra, réciproquement, d'après l'intime connexité naturelle des deux questions, en reproduire finalement l'équivalent essentiel. C'est même sous une telle forme que la théorie des tangentes fut analytiquement créée par Descartes. Bien que l'usage ait ensuite justement conduit à préférer la forme mieux exprimable que nous avons expliquée d'abord, cet ancien mode conserve encore, en certains cas, une haute utilité scientifique, indépendamment de son importance historique.

Il repose sur le principe des racines égales, immédiatement dérivé de la définition des tangentes. Si une droite $y = ax + b$ touche une courbe $f(x, y) = 0$, l'équation

$$f(x,\, ax + b) = 0$$

qui détermine les abscisses des points communs doit alors offrir, entre deux de ses racines, une égalité caractéristique, qui, algébriquement formulée, fournira la relation de a à b propre à distinguer toute tangente d'avec une simple sécante. L'obligation de n'envisager que deux racines égales résulte évidemment de la vraie notion des tangentes, où deux points doivent seuls être combinés; on conçoit, au reste, algébriquement, qu'un plus haut degré de multiplicité établirait, entre a et b, plusieurs relations; ce qui est manifestement contraire à l'esprit de la question, où ces constantes, quoique liées, doivent rester chacune indéterminée. Quand l'égalité de deux racines entraînera celle d'un plus grand nombre, cette circonstance, nécessairement exceptionnelle, constituera naturellement le caractère analytique de certains points singuliers.

Toute la difficulté étant ainsi réduite à exprimer, dans l'équation précédente, une telle égalité, cette question analytique est facile à résoudre, indépendamment de toute théorie spéciale d'algèbre, en déterminant, à la manière de Descartes, la condition de divisibilité du premier membre de cette équation en x par un facteur du second degré carré $(x-h)'$, comme on le faisait avant la naissance de la théorie des racines égales proprement dite, dont l'intervention ultérieure sera d'ailleurs ordinairement beaucoup moins favorable qu'on n'a coutume de le supposer à la simplification effective des calculs. Le moyen le plus naturel, et presque toujours le plus commode, de formuler cette divisibilité caractéristique, consiste, comme on sait, à accomplir la division, pour annuler identiquement le reste du premier degré. On obtiendra ainsi deux équations, entre lesquelles il faudra éliminer l'indéterminée auxiliaire h, qui représente ici l'abscisse du point de contact; le résultat de cette élimination constituera la relation cherchée. En opérant ainsi sur la courbe $y^2 = x^3$, on retrouvera, mais plus péniblement, la condition ci-dessus obtenue.

Quoique le principe de cette seconde méthode comporte évidemment une entière généralité, son expression analytique est essentiellement bornée aux équations algébriques proprement dites, rendues même préalablement rationnelles et entières. Car, dans une équation transcendante, ou simplement irrationnelle, on ne saurait aujourd'hui comment découvrir directement la condition de l'égalité de deux racines. Ainsi, la première méthode, ultérieurement applicable à toutes les équations, est, en général, préférable, bien que le lecteur ne puisse actuellement l'employer qu'avec les mêmes restrictions que pour la seconde. Toutefois, celle-ci mérite d'être soigneusement étudiée, outre l'importance générale du principe correspondant, à cause des facilités analytiques qu'elle présente quelquefois, quoiqu'elle soit, tout compensé, habituellement plus pénible. Elle offre surtout un grand avantage envers les courbes du second degré, puisque la condition d'égalité s'y exprimera immédiatement d'après une formule très-élémentaire, sans exiger ni la division, ni surtout l'élimination subséquente, qui constituent les plus grands embarras algébriques de cette méthode.

De quelque manière que soit traitée cette importante question du contact indéterminé, elle fournit aussitôt le moyen de mettre en équation le problème général de géométrie qui consiste à mener une tangente commune à deux courbes données : puisque, en formulant ainsi chacune des conditions du problème, on établira les deux équations propres à déterminer le coefficient angulaire et le coefficient linéaire de la droite cherchée. Qu'on demande, par exemple, la tangente commune aux deux courbes,

$$y^2 = x^3, \quad y^2 + x^2 = 1,$$

on aura d'abord, pour la première, la condition de contact déjà obtenue $b = \dfrac{4a^3}{3\sqrt{3}}$; quant à l'autre, il convient évidemment de préférer la seconde méthode, qui donnera finalement la condition $b^2 = a^2 + 1$: telles sont donc alors les deux équations du problème ; en y éliminant b, tout dépendra enfin de l'équation

$$16a^6 - 27a^2 = 27,$$

réductible au troisième degré, et qui ne comportera, conformément à la figure, qu'un seul couple de valeurs réelles de a.

44. Passons maintenant à la plus vaste et la plus difficile de ces questions accessoires, en cherchant d'abord, par la généralisation du problème précédent, la condition analytique d'un contact indéterminé entre deux courbes quelconques. Mais ici il faut, avant tout, et c'est en cela que consiste, en principe, la seule difficulté propre à cette nouvelle recherche, il faut, dis-je, caractériser soigneusement ce qui constitue le contact de deux courbes.

Rien n'empêche, sans doute, d'étendre immédiatement à une ligne quelconque la définition du n° 38 relative à la tangente proprement dite, en concevant, par exemple, un cercle passant en deux points distincts de la courbe donnée, et considérant la limite vers laquelle il tend quand le point mobile se rapproche indéfiniment du point fixe. Mais il existe évidemment, entre les deux cas, cette différence radicale que, toute ligne droite étant déterminée d'après deux points, tandis qu'un cercle ne l'est pas, une telle limite sera essentiellement précise envers la première ligne, et au contraire vague, sans être arbitraire, quant à la seconde : on pourrait, par exemple, choisir à volonté le rayon du cercle, et alors seulement sa situation extrême deviendrait aussi déterminée que celle de la droite. Si, au lieu d'un cercle, on considérait une parabole, dont la détermination exige un point de plus, la limite d'une telle relation serait encore plus indéterminée, et ainsi progressivement à l'égard de courbes où le nombre de points déterminant croîtrait peu à peu. Ce mode primordial de définir le contact de deux courbes, d'après une servile imitation de ce qui convient à la ligne droite, constitue donc une notion géométrique nécessairement imparfaite et même confuse, pour tout autre cas que celui qui en a fourni le type spontané. Le seul moyen général de compléter convenablement une telle notion, en lui imprimant toujours un caractère pareillement déterminé, consiste, suivant la grande conception de Lagrange, à imiter plus judicieusement la définition initiale, en y remplaçant, dans chaque cas, le nombre deux des points coïncidents par celui qui correspond à l'entière détermination de la ligne introduite, trois quant au cercle, quatre envers la parabole, etc. C'est ainsi que, comme toutes les autres idées scientifiques, l'idée de contact, d'abord absolue, parce qu'on n'en avait apprécié qu'un seul cas, devient essentiellement relative, et comporte divers degrés de plénitude, ordinairement qualifiés aujourd'hui *d'osculations*. Mais cette manière, seule vraiment philosophique, de concevoir, d'après Lagrange, la théorie générale des contacts des courbes, ne peut être convenablement suivie que par l'analyse transcendante, sauf l'indication ci-dessous du mode selon lequel l'analyse ordinaire pourrait, en certains cas, l'ébaucher. Nous devons donc, après en avoir posé ici le principe géométrique, en renvoyer la constitution analytique à la géométrie transcendante, et nous borner maintenant à considérer envers les courbes ce degré élémentaire de contact déjà familier à l'égard de la ligne droite, et seul pleinement accessible à la préparation analytique que ce traité exige du lecteur.

Ainsi conçue, la recherche de la relation, alors aussi unique que dans le n° précédent, entre les constantes arbitraires de deux courbes,

$$f(x, y) = 0, \quad \varphi(x, y) = 0,$$

par suite d'un contact indéterminé, devient aussitôt une conséquence naturelle de notre question fondamentale. Car, il résulte évidemment des définitions respectives, que les deux courbes ont dès lors en un même point une même tangente. Introduisant donc, comme auxiliaires, les coordonnées x et y du point de contact, elles devront vérifier, outre les deux équations proposées, la condition

$$\frac{f'_x}{f'_y} = \frac{\varphi'_x}{\varphi'_y}$$

qui exprime, d'après cela, la coïncidence des deux tangentes. Si donc, entre ces trois équations, on élimine ces coordonnées, on obtiendra finalement la relation demandée. Qu'on cherche, par exemple, la liaison de a à b propre à rendre la courbe indéterminée

$$xy = ax + by$$

tangente à la courbe déterminée

$$y^2 = x;$$

il faudra donc éliminer x et y entre ces deux équations et l'équation

$$\frac{1}{2y} = \frac{a-y}{x-b}.$$

Celle-ci donne aussitôt $x = b + 2ay - 2y^2$, qui, substitué dans $y^2 = x$, fera trouver aisément y, et par suite x, en a et b : on n'aura donc qu'à porter ces expressions dans la première équation, et l'on trouvera finalement la relation $b = -\frac{1}{4} a^2$.

Ici, comme au n° précédent, la question comporte évidemment un second mode de solution, d'après le principe des racines égales. Une fois y éliminé entre les deux équations proposées, il suffira de formuler, de la même manière que ci-dessus, l'égalité de deux racines dans cette équation finale propre aux abscisses des points communs. Pour les courbes qui viennent d'être considérées, on aurait, suivant la première, $y = \dfrac{ax}{x-b}$,

et l'équation finale serait

$$x^2 - (a^2 + 2b)\,x + b^2 = 0,$$

qui reproduit aisément la relation déjà obtenue par l'autre méthode. L'application habituelle de ce second mode donnerait lieu à une simple extension des réflexions suffisamment indiquées au n° précédent envers les contacts rectilignes.

La principale propriété théorique de cette dernière méthode consisterait à nous permettre déjà de caractériser analytiquement, dans les cas où elle est applicable, les divers degrés de contact, dont j'ai tout à l'heure établi l'appréciation géométrique. Car, le principe des racines égales n'a besoin, pour cela, que d'une suffisante extension, en considérant alors l'égalité, non plus seulement entre deux racines de l'équation finale, mais entre trois, ou entre quatre, etc., d'après la divisibilité par $(x-h)^3$ ou $(x-h)^4$, etc., selon qu'on chercherait le cercle, ou la parabole, etc., susceptible du plus intime contact possible avec la courbe donnée. Il est aisé de sentir que l'on obtiendrait ainsi toujours autant d'équations qu'il en faudrait pour déterminer la courbe osculatrice, sauf une seule constante arbitraire qui servirait à la faire passer ensuite, si on le jugeait convenable, par un point particulier. Mais l'analyse transcendante fournira ultérieurement, à cette fin, des moyens bien plus commodes, même envers les courbes algébriques, auxquelles convient exclusivement le mode que je viens d'indiquer.

En revenant au simple contact ordinaire formulé par une seule relation, on conçoit que les conditions de ce genre pourront désormais contribuer à la détermination des courbes conjointement avec leur passage en certains points, unique phénomène géométrique dont l'expression analytique nous était prinitivement possible : cette participation sera d'ailleurs toujours assujettie à la théorie fondamentale du chapitre précédent, qui vient de recevoir ainsi sa première extension générale. Il sera maintenant facile, quand le nombre des contacts, rectilignes ou curvilignes, sera par là jugé suffisant, de mettre en équation ce problème géométrique très-étendu et fort difficile, résultat définitif de notre théorie des tangentes : déterminer une courbe d'espèce donnée tangente à certaines courbes entièrement données. Quoique les relations ainsi obtenues pour calculer les paramètres inconnus de la courbe cherchée doivent être souvent inextricables, même dans le cas d'un cercle tangent à trois courbes peu compliquées, une telle considération n'en est pas moins éminemment propre à faire dignement apprécier l'admirable généralité qu'ont acquise les spéculations géométriques sous un judicieux ascendant des conceptions analytiques, d'après la grande rénovation cartésienne.

45. Après avoir suffisamment expliqué la théorie des tangentes, il nous reste à considérer un exemple caractéristique qu'elle nous offre spontanément de l'aptitude naturelle des conceptions géométriques à perfectionner, à leur tour, les spéculations analytiques, en y facilitant, par une lumineuse représentation, la découverte des principes essentiels, comme je l'ai indiquée, en général, au début de ce traité. Il s'agit de l'importante détermination des *maxima* et *minima* pour les fonctions d'une seule variable, dont nous aurons d'ailleurs besoin bientôt à divers égards, et que cette heureuse intervention va déjà nous permettre d'étendre à des cas beaucoup plus variés et plus difficiles que ne semblent le comporter les connaissances analytiques purement élémentaires exigées ici du lecteur. Mais, avant tout, il faut caractériser soigneusement la nature générale de cette recherche, et même ensuite résumer sommairement les moyens préalablement fournis, à ce sujet, par l'analyse ordinaire.

Les dénominations usitées sont très-propres à bien rappeler en quoi consiste ce genre de questions, car elles indiquent une idée de plus grande ou moindre valeur qui, convenablement définie, distingue, en effet, ces états remarquables. Une fonction ne comporterait réellement ni maximum ni minimum si elle était toujours croissante ou toujours décroissante à mesure que sa variable augmente, même quand elle tendrait indéfiniment vers une limite assignable. Mais si, comme dans la plupart des cas réels, la fonction est tantôt croissante et tantôt décroissante, chaque passage de l'un à l'autre sens sera marqué par un état *maximum* quand la fonction cessera d'augmenter pour commencer à diminuer, ou par un *minimum* au cas contraire. Ces états critiques sont donc nécessairement alternatifs, en sorte que tout maximum tombe entre deux minima, et tout minimum entre deux maxima. On voit ainsi que la valeur maximum d'une fonction est en effet la plus grande, non de toutes absolument, ce qui est fort rare, mais seulement depuis le minimum précédent jusqu'au minimum suivant, et de même pour la valeur minimum : c'est pourquoi l'usage a consacré ici l'emploi des dénominations latines, dont la traduction littérale indiquerait une vicieuse définition.

Dès l'origine des spéculations mathématiques abstraites ou concrètes, de telles recherches se présentent fréquemment. Mais l'analyse ordinaire ne fournit, à ce sujet, que des ressources peu étendues. Sa marche propre consiste alors à traiter la question du maximum ou minimum de chaque fonction $f(x)$ comme un cas particulier de la question qui consisterait à lui faire acquérir une valeur quelconque n : dès lors, si l'on peut résoudre algébriquement l'équation $f(x) = n$, la discussion de la formule $x = \varphi(n)$ indiquera les limites de n en deçà ou en delà desquelles x cesserait d'être réel, et par suite on aura aussi les valeurs correspondantes de x. Quoique ce principe soit, sans doute, pleinement général, l'extrême imperfection de la résolution algébrique des équations en borne infiniment l'usage, quand l'équation proposée dépasse les quatre premiers degrés; ce moyen élémentaire n'est même vraiment usuel qu'autant qu'elle n'excède pas le second degré, auquel cas ce procédé est ordinairement le plus commode.

A la vérité, l'algèbre supérieure perfectionne beaucoup cette méthode primitive, en assignant un caractère direct et spécial pour les valeurs de n qui séparent ainsi, quant à x, la réalité de l'imaginarité. Ce caractère, d'abord indiqué spontanément par les formules du second degré, consiste dans l'égalité nécessaire des deux valeurs de x susceptibles de devenir tantôt réelles et tantôt imaginaires. On peut, en effet, concevoir généralement, d'après la nature de la question, que l'état d'égalité correspondant au maximum ou minimum distingue toujours ce passage de la réalité à l'imaginarité. Il suffit, pour cela, de remarquer que la fonction reprend nécessairement, après le maximum ou le minimum, les mêmes valeurs qu'auparavant, avec ou sans symétrie : ainsi, tant que la valeur n n'est pas le maximum ou le minimum, il lui correspond deux valeurs distinctes de x si elle est possible, et ce couple devient imaginaire si elle est hors de la limite; à la limite même, ces deux valeurs coïncident, parce que l'état de n est alors unique. D'après cette considération fondamentale, le maximum ou le minimum de n se trouve donc caractérisé directement par la propriété de faire acquérir deux racines égales à l'équation $f(x) - n = 0$: ce qui permet à l'analyse ordinaire de déterminer ces valeurs principales sans avoir nullement besoin de résoudre cette équation, en se bornant à y formuler, comme je l'ai ci-dessus indiqué, l'égalité de deux racines. On divisera donc son premier membre par $(x - h)^2$, et le reste, identiquement annulé, fournira deux équations tendant à déterminer n

et en même temps h, qui, loin d'être ici un auxiliaire superflu, constitue précisément la valeur cherchée de x.

Mais, quelque précieux que soit en lui-même un tel progrès de la méthode primitive fournie par l'analyse ordinaire pour la détermination des maxima et minima, il se trouve naturellement borné aux fonctions algébriques à la fois rationnelles et entières. Or, l'intervention des courbes va nous permettre d'aller déjà beaucoup plus loin, outre que c'est d'elle qu'émane historiquement la première notion générale du principe précédent, quoiqu'on puisse le concevoir aujourd'hui d'une manière purement abstraite.

Imaginons donc la fonction $f(x)$ représentée par l'ordonnée y d'une courbe dont x est l'abscisse (*fig.* 33). La seule inspection générale d'un tel tableau fait aussitôt saisir un caractère propre à déterminer directement les points M'', M', M''', etc. où la courbe, auparavant ascendante, devient descendante, ou réciproquement, en considérant la marche correspondante des tangentes. Tant que la courbe monte, la tangente fait avec l'axe un angle aigu; cet angle est, au contraire, obtus quand la courbe descend : or, dans le passage de l'un à l'autre cours, à l'instant précis du maximum ou du minimum, l'angle est 0 ou 180°, et la tangente se trouve parallèle à l'axe. Ainsi la recherche de ces points rentre dans la question, ci-dessus traitée (nº 41), où il s'agit de mener, à une courbe donnée, une tangente parallèle à une droite donnée. On obtiendra donc les valeurs de x propres au maximum ou au minimum en annulant le coefficient angulaire de la tangente, qui est ici $f'(x)$. Les notions d'algèbre supposées dans ce traité ne permettront la formation directe de cette équation caractéristique $f'(x) = 0$ qu'autant que la fonction proposée sera, d'abord algébrique, et aussi rationnelle et entière. Mais, outre que la règle fondamentale est ainsi complétement découverte, sauf les connaissances analytiques qu'exigerait son application totale, nous pourrons déjà l'utiliser, comme la loi des tangentes d'où elle dérive, envers les fonctions fractionnaires ou même irrationnelles, d'après les préparations plus ou moins pénibles dont nous y avons reconnu la nécessité provisoire.

Un tel caractère est, philosophiquement, d'autant plus convenable qu'il constitue l'expression directe d'une remarque générale fréquemment suggérée par les divers phénomènes naturels qui présentent des exemples familiers de maximum ou de minimum, tels que les changements de la hauteur du soleil dans le cours de la journée, l'inégale durée des jours ou des nuits aux différentes saisons, etc. En tous cas semblables, les observateurs judicieux ont toujours senti que l'état de maximum ou de minimum se trouve spontanément distingué des états antérieurs ou postérieurs par une sorte de station spéciale, que rappellent quelquefois les dénominations consacrées, surtout quant aux saisons. Or, cette disposition stationnaire est heureusement exprimée d'après notre méthode géométrique, qui indique alors la direction de la courbe comme parallèle à l'axe.

Quoique ce caractère fondamental, et la règle analytique correspondante, doivent également convenir au maximum et au minimum, il ne faut guère craindre que l'on soit ainsi exposé à confondre ces deux cas extrêmes, qu'on séparera presque toujours sans difficulté, soit d'après les indications suggérées par la nature de la question, soit au plus par une sommaire discussion des valeurs voisines : en sorte que cette inévitable coexistence ne constitue, en réalité, aucun grave inconvénient de la méthode précédente. Toutefois, en prolongeant davantage l'appréciation géométrique, on découvrirait aisément un caractère secondaire propre à distinguer le maximum du minimum. Nous avons déjà noté que la marche de

la tangente est inverse de l'un à l'autre cas; puisque son inclinaison passe, dans le premier, de l'aigu à l'obtus, et au contraire dans le second; par suite, son coefficient angulaire passe
du positif au négatif, et puis réciproquement. Si donc l'on imagine
la courbe auxiliaire $y = f'(x)$, dont ce coefficient deviendrait
.l'ordonnée, elle traversera l'axe aux divers points cherchés,
mais en descendant pour le maximum, et en montant pour le
minimum, comme l'indique la partie ponctuée de la figure. La
distinction demandée consistera, par conséquent, en ce que la
tangente à cette seconde courbe devra faire avec l'axe un angle
obtus lors du maximum et aigu lors du minimum : ainsi son
propre coefficient angulaire, naturellement exprimé par la seconde dérivée de la fonction proposée, sera négatif dans le premier
cas et positif dans le second. On pourrait même, en redoublant
l'emploi de cet artifice géométrique, apprécier aussi l'hypothèse
intermédiaire, où $f''(x)$ s'annulerait, s'il ne convenait pas de
restreindre ici cette théorie à ce qu'elle offre de vraiment essentiel.

46. Enfin, pour mieux sentir, à ce sujet, combien la géométrie y peut éclairer l'analyse, il faut remarquer que la considération des courbes nous indique spontanément la double imperfection radicale que présente nécessairement la méthode
précédente, et qui d'ailleurs n'altère aucunement son importance, aux yeux des bons esprits qui, suivant une tendance
aujourd'hui trop rare, reconnaissent l'impossibilité nécessaire
de faire jamais acquérir à nos règles quelconques, même analytiques, une perfection absolue. D'abord, le caractère ainsi
indiqué par l'équation fondamentale, tang. $\alpha = 0$, $f'(x) = 0$,
n'appartient pas exclusivement aux points où l'ordonnée est
maximum ou minimum : il pourrait convenir aussi à des points
d'inflexion tels que M',M'' (*fig.* 34), si la courbe y était convenablement tournée. Ce cas est d'autant plus possible que, comme
l'indique la *fig.* 33, il existe toujours quelque inflexion entre

chaque maximum ou minimum et les minima ou maxima qui
le comprennent, et rien n'empêche que l'axe ne puisse être
placé parallèlement à la tangente correspondante, quoique cette
coïncidence doive être exceptionnelle. Sous cet aspect, l'équation
$f'(x) = 0$ peut donc contenir des racines étrangères à la question
proposée, et dont le mélange exigera, en chaque cas semblable,
une discussion spéciale, plus ou moins pénible. Mais un inconvénient beaucoup plus grave de ce caractère fondamental
consiste à pécher aussi par défaut, comme la considération
géométrique le dévoile nettement, en supposant une courbe
susceptible de rebroussement, sans que l'ordonnée y soit pourtant multiple. Dans les points N' et N'' (*fig.* 34), l'ordonnée est
certainement maximum ou minimun, tout aussi bien qu'en K'
et K'', et cependant la tangente, au lieu d'y être parallèle à l'axe,
comme en ceux-ci, lui est perpendiculaire. C'est en vain que,
pour garantir aux méthodes analytiques une perfection absolue,
nécessairement interdite à nos conceptions quelconques, on a
imaginé des distinctions sophistiques, d'après lesquelles il n'y
aurait pas maximum ou minimum en N' et N'' : il est clair que
la définition abstraite de ces deux états convient tout aussi littéralement à ces deux ordonnées qu'à celles de K' ou K''; sans la
figure il serait impossible de faire sentir la diversité des deux
cas. Il est plus judicieux, en reconnaissant avec franchise que
la méthode établie est, à cet égard, imparfaite, de remarquer
que les courbes de ce genre, spéculativement aussi admissibles
que d'autres, doivent toutefois s'offrir très-rarement dans
l'expression géométrique des lois naturelles, parce que les changements brusques, géométriquement représentés par les rebroussements, y sont, quoique possibles, éminemment exceptionnels,
envers tous les ordres réels de phénomènes ; ce qui doit rendre,
au fond, peu regrettable une telle imperfection.

47. Avant d'abandonner l'étude des tangentes, je crois devoir

caractériser sommairement la méthode , historiquement remarquable, par laquelle Roberval, tout en combattant, avec une aveugle obstination, la grande rénovation cartésienne, rendit, à sa manière , un témoignage involontaire du besoin de généralisation qui préoccupait alors l'esprit mathématique, en tentant un effort, plus estimable qu'heureux, pour constituer, sans le secours des conceptions analytiques, une théorie générale des tangentes.

Cette méthode consiste à concevoir le mouvement du point qui décrit la courbe proposée comme continuellement décomposable en deux autres, dont les directions et les vitesses relatives soient exactement assignables : la tangente devient alors, suivant la loi des mouvements composés, la diagonale du parallélogramme construit, selon ces deux directions , avec des côtés proportionnels à ces deux vitesses. Par exemple, la première définition de l'ellipse (n° 19) montre que le point décrivant s'y éloigne autant de l'un des points fixes qu'il se rapproche de l'autre : on le concevra donc attiré par l'un d'eux et repoussé par l'autre avec des forces égales , et la règle de Roberval assignera aussitôt, pour la tangente , la bissectrice de l'angle que fait l'une des droites avec le prolongement de l'autre ; ce que nous trouverons plus tard exactement conforme aux résultats analytiques. S'il s'agissait de l'hyperbole, cette considération indiquerait la bissectrice même de l'angle des deux distances, puisque celles-ci augmenteraient alors ou diminueraient à la fois, et d'ailleurs toujours également. Quant à la parabole, la méthode de Roberval y conduirait aisément, d'après la définition du n° 20, à la bissectrice de l'angle formé par les deux distances constamment égales. Enfin, pour citer aussi une courbe transcendante, à laquelle on doit d'ailleurs s'étonner historiquement que Roberval n'ait pu appliquer convenablement sa règle, considérons la cycloïde ordinaire (*fig.* 35), où,

suivant la génération déjà citée, le point décrivant M est naturellement animé de deux mouvements, l'un de translation,
parallèlement à la base AB, l'autre de rotation, dans le sens
de la tangente MK au cercle correspondant : puisque l'arc MN
est constamment égal à la distance AN, les deux mouvements
élémentaires ont encore ici la même vitesse ; la tangente doit
donc coïncider avec MT, bissectrice évidente de l'angle KML.

Les heureuses applications que comporte quelquefois cette
méthode ne doivent faire aucune illusion sur sa généralité
propre, qu'on ne pourrait réaliser qu'en recourant aux conceptions analytiques, de façon à reproduire, sous une autre
forme, notre règle primitive des tangentes, sans que l'intervention de ces considérations dynamiques en eût d'ailleurs aucunement amélioré la formation. Car, en imaginant ainsi le
point décrivant animé, en général, de deux mouvements, l'un
horizontal, l'autre vertical, la difficulté d'estimer le rapport
des vitesses consistera toujours à déterminer abstraitement la
limite du rapport entre l'accroissement de l'ordonnée et celui
de l'abscisse, à mesure que la seconde position du mobile se rapproche indéfiniment de la première : puisque, si le mouvement
peut être supposé uniforme dans un sens, horizontalement par
exemple, il ne saurait l'être aussi verticalement, à moins que
le trajet ne fût rectiligne ; ce qui obligera, pour mesurer la
vitesse correspondante, à considérer l'élévation verticale d'un
point qui tende à se confondre avec le point donné. On revient
donc ainsi nécessairement, et d'après une conception plus pénible parce qu'elle est moins directe, à ce problème analytique
qui constituera toujours la difficulté fondamentale de la théorie
générale des tangentes : évaluer la limite vers laquelle tend
le rapport de la différence des ordonnées à celle des abscisses,
entre deux points d'une courbe donnée dont l'un se rapproche
indéfiniment de l'autre.

Il ne faut point, au reste, mentionner cette méthode de Roberval sans signaler soigneusement les graves erreurs que pourrait déterminer son application irréfléchie. En considérant, par exemple, la définition du cercle (n° 21) comme lieu d'un point dont les distances à deux points fixes sont en raison constante, une telle règle semblerait assigner, pour la tangente, tout aussi clairement que dans les cas déjà cités, la diagonale du parallélogramme construit sur ces deux distances : et cependant il est aisé de reconnaître que cette construction serait entièrement fausse. De même, la définition commune aux trois sections coniques (n° 23) paraîtrait aussi indiquer une tangente dirigée suivant la diagonale du parallélogramme déterminé par les deux distances constamment proportionnelles : or, ce résultat, exact pour la parabole, serait certainement erroné pour l'ellipse ou l'hyperbole. Ces exemples montrent suffisamment que la méthode de Roberval, outre son inaptitude évidente à une vraie généralisation, ne deviendrait même rigoureuse que d'après certaines précautions, à l'égard desquelles ceux qui désireraient une plus complète appréciation pourront utilement consulter le travail spécial de M. Duhamel, où ce sujet accessoire est essentiellement épuisé. Il serait ici superflu d'insister davantage sur une conception qui n'offre réellement aujourd'hui qu'un simple intérêt historique.

CHAPITRE III.

Théorie des asymptotes.

48. Ce terme est naturellement destiné à qualifier deux lignes quelconques qui tendent continuellement l'une vers l'autre, de manière à se rapprocher autant qu'on voudra, sans cependant pouvoir jamais s'atteindre. Mais on l'emploie presque toujours comme substantif, pour désigner surtout les droites qui présentent envers certaines courbes une telle relation. Les asymptotes rectilignes sont, en effet, les seules dont la détermination puisse contribuer beaucoup à faire mieux connaître les courbes correspondantes. Elles sont directement propres à dissiper toute incertitude sur le sens de la courbure d'une courbe dans la majeure partie de son cours, puisque la courbe doit nécessairement être toujours convexe vers son asymptote, à partir du point où la tendance se caractérise, c'est-à-dire dès la dernière sinuosité : une courbe qui se rapprocherait indéfiniment d'une droite en lui tournant sa concavité, ne saurait éviter de la traverser.

Outre ce motif fondamental de restreindre ainsi la recherche des asymptotes, il faut d'ailleurs reconnaître que cette question, si on l'envisageait dans toute son étendue, serait d'une nature beaucoup trop vague pour comporter jamais aucune solution vraiment générale. Car, deux lignes asymptotes d'une troisième pouvant toujours l'être aussi l'une de l'autre, toutes les courbes susceptibles d'asymptotes rectilignes peuvent, par cela même, être disposées de telle manière que chacune d'elles soit asymptote des autres, en faisant convenablement coïncider leurs asymptotes respectives. Il ne saurait donc exister aucun type d'équation assez général pour embrasser réellement toutes les asymptotes curvilignes d'une courbe donnée, puisqu'il s'en trouve nécessairement parmi les courbes algébriques de tous les degrés possibles, et pareillement parmi les courbes transcendantes de toute espèce. Si on a cru quelquefois posséder des méthodes analytiques propres à une telle destination, c'est certainement faute d'avoir assez compris l'étendue nécessaire de cette question. La recherche ne peut devenir suffisamment précise qu'autant que l'on spécifie dans quelle sorte de courbes ou dans quelle forme d'équations on choisit les asymptotes. Or, ainsi conçue, la détermination des asymptotes curvilignes résulte naturellement, au moins en ce qu'elle peut offrir de vraiment utile, de la théorie des asymptotes rectilignes, comme on le reconnaîtra à la fin de ce chapitre.

Cette dernière théorie étant donc, à ce double titre, la seule qui doive essentiellement nous occuper, il faut maintenant expliquer les deux méthodes très-distinctes, quoique nécessairement équivalentes, que comporte son institution, soit d'après la théorie des tangentes, soit indépendamment. Mais, avant tout, pour éviter des discussions superflues, il convient de remarquer que les asymptotes parallèles aux axes coordonnés peuvent d'abord être spécialement obtenues sans difficulté, comme la première partie de ce traité nous en a offert quelques exemples spontanés, en reconnaissant, presque à l'inspection de l'équation proposée, que l'une des variables y devient infinie d'après une certaine valeur finie de l'autre ; sous la réserve toutefois des explications que j'aurai naturellement lieu d'indiquer ci-dessous sur le vrai sens général d'une telle condition analytique.

49. En rapprochant convenablement la définition des asymptotes de celle des tangentes, il est aisé de sentir que toute asymptote constitue la limite nécessaire d'une suite correspondante de tangentes, ou, en d'autres termes, peut être envisagée comme une tangente dont le point de contact s'est éloigné à l'infini : car, en même temps que ce point s'approche ainsi de l'asymptote, la direction de la tangente, déterminée par la coïncidence finale qui la caractérise, tend évidemment à se confondre aussi avec celle de l'asymptote ; pourvu d'ailleurs qu'on n'applique jamais une telle comparaison qu'à partir de la dernière sinuosité, où l'asymptotisme commence réellement à

se manifester. Tel est le principe, éminemment simple et général, de la première méthode des asymptotes, la seule pleinement universelle, parce qu'elle comporte naturellement la même extension que la méthode des tangentes, dont elle offre seulement une nouvelle application. On voit ainsi que, pour déterminer le coefficient angulaire et le coefficient linéaire propres à l'asymptote, il suffit de supposer infinies les coordonnées du point de contact dans les deux formules relatives à une tangente quelconque, conformément au chapitre précédent,

$$a = -\frac{f'_x}{f'_y}, \quad b = y + x\frac{f'_x}{f'_y}:$$

les valeurs correspondantes de a et b feront connaître l'existence, le nombre, et la situation des asymptotes cherchées. Quant au cas d'impossibilité, il faut bien distinguer, suivant l'esprit de la question, entre les courbes fermées et les courbes indéfinies. Pour les premières, si, par inadvertance, on y poursuivait une recherche évidemment contraire à leur nature, ce calcul en avertirait machinalement en attribuant à a et b des valeurs imaginaires, puisque la supposition de l'une des variables infinie y rendrait l'autre imaginaire. Mais, envers les courbes indéfinies, qui seules comportent raisonnablement une telle étude, la valeur extrême de a ne saurait être imaginaire, ni, par suite, celle de b; car, soit que la courbe ait ou n'ait pas d'asymptotes, il existe alors une limite nécessaire de la direction des tangentes, d'ailleurs toujours utile à connaître. L'existence ou l'absence des asymptotes sera donc annoncée par la cohérence ou l'incompatibilité entre ces valeurs réelles de a et de b: en termes plus précis, les asymptotes obliques seront ainsi indiquées ou interdites suivant que l'on trouvera b fini ou infini.

Si, dans l'usage de cette méthode, les commençants éprouvaient d'abord quelque difficulté à calculer directement les hypothèses $x = \infty$, $y = \infty$, ils pourraient en éluder aisément l'embarras, d'après la précaution algébrique de transformer préalablement x et y en $\frac{1}{t}$ et $\frac{1}{u}$, afin de supposer ensuite $t = 0$, $u = 0$, quand la formule aurait été ainsi convenablement préparée. L'habitude d'un tel expédient finira d'ailleurs par indiquer spontanément le moyen de s'en dispenser, en faisant bientôt ressortir les principes relatifs à la substitution directe de l'infini, laquelle, quoique moins simple que celle de zéro, consiste essentiellement à ne conserver, dans chaque formule algébrique, que le terme du plus haut degré.

Cette première méthode des asymptotes n'offre vraiment d'autre grave inconvénient analytique que la difficulté très-fréquente de discerner ainsi les valeurs extrêmes de a et de b, qui s'y présenteront souvent sous une forme d'abord indéterminée, soit $\frac{0}{0}$, ou $\frac{\infty}{\infty}$, ou tout autre symbole équivalent. A la vérité, l'analyse transcendante fournit ensuite des procédés propres à compléter une telle solution, en dissipant presque toujours une semblable équivoque. Mais, outre que l'obligation d'y recourir complique alors la détermination, les faibles connaissances algébriques que j'exige ici du lecteur nous en interdisent l'usage ; en sorte que cette imperfection naturelle doit actuellement entraver beaucoup l'application d'une telle méthode, d'après le peu de portée des artifices que fournit, à cet égard, l'algèbre élémentaire. Sans doute, il serait vicieux de regarder cet inconvénient comme strictement propre à la question présente ; car, il est inhérent à toute évaluation quelconque des formules analytiques, et pourrait aussi survenir pour une situation finie du point de contact. Toutefois, il faut reconnaître que, surtout envers les équations algébriques proprement dites, que nous considérons ici principalement, des coordonnées infinies occasionneront plus fréquemment que d'autres ce grave embarras. Le seul conseil général qui, sous ce rapport, convienne maintenant au lecteur, consiste à réduire d'abord, dans chaque formule à évaluer, les deux variables x et y à une seule, d'après l'équation proposée, et à préparer ensuite l'expression de manière que la variable indépendante n'y entre que d'une seule manière, ce qui ne sera possible que dans les cas suffisamment simples : quand cette dernière condition aura été remplie, l'indétermination cessera nécessairement.

Soit, par exemple, l'équation commune des trois sections coniques (n° 23)

$$y^2+(1-n^2)\,x^2-2dx+d^2=0.$$

On aura ici

$$a=\frac{d+(n^2-1)x}{y}, \text{ et } b=y-\frac{x(d+(n^2-1)x)}{y}$$

Rapportant tout à x, il vient

$$a=\frac{d+(n^2-1)x}{\sqrt{(n^2-1)x^2+2dx-d^2}}, \quad b=\frac{dx-d^2}{\sqrt{(n^2-1)x^2+2dx-d^2}}$$

Il suffit de diviser par x les deux termes de chaque fraction pour que cette unique variable n'y entre plus que d'une seule manière, de façon à dissiper toute indétermination ; car, alors

$$a=\frac{\dfrac{d}{x}+n^2-1}{\sqrt{n^2-1+2\dfrac{d}{x}-\left(\dfrac{x}{d}\right)^2}}, \quad b=\frac{d-d\left(\dfrac{d}{x}\right)}{\sqrt{n^2-1+2\left(\dfrac{d}{x}\right)-\left(\dfrac{d}{x}\right)^2}};$$

comme $\dfrac{d}{x}$ devient nul quand x est infini, on trouve enfin, sans équivoque

$$a=\pm\sqrt{n^2-1}, \quad b=\pm\frac{d}{\sqrt{n^2-1}}.$$

Suivant notre appréciation générale, ces valeurs ne sont imaginaires que dans l'ellipse, où n est inférieur à 1. Pour l'hyperbole, où $n > 1$, elles indiquent deux asymptotes symétriquement placées envers l'axe de la courbe et s'y croisant au centre, ainsi que le lecteur peut aisément le constater. Quant à la parabole, où $n = 1$, la valeur de a est nulle, ce qui assigne l'axe comme la limite unique de la direction des tangentes; mais b devient infini, ce qui constate l'absence d'asymptotes.

Considérons encore l'équation

$$y^3 + x^3 = 1.$$

On y trouve

$$a = -\frac{x^2}{y^3}, \quad b = y + \frac{x^3}{y^3};$$

d'où

$$a = \frac{-x^3}{\sqrt[3]{(1 - x^3)^2}}, \quad \text{et } b = \frac{1}{y^3}.$$

La seconde formule ne présente aucune équivoque, et donne $b = 0$ pour $y = \infty$. Quant à la première, il suffit encore d'y tout diviser par x^3, en écrivant

$$a = \frac{-1}{\sqrt[3]{\left(\frac{1}{x^3} - 1\right)^2}};$$

x n'entrant alors qu'une seule fois, on trouvera aussitôt, d'après $x = \infty$, $a = -1$. Ainsi, l'équation de l'asymptote est finalement $y = -x$, qui indique la bissectrice du second angle des axes.

Quoique ces exemples pussent faire illusion sur la facilité de surmonter les inconvénients algébriques propres à cette première méthode des asymptotes, il serait superflu de les multiplier ici davantage, puisque nos réflexions générales ont déjà suffisamment caractérisé de tels embarras, dont la troisième partie de ce traité nous fournira de fréquentes occasions de sentir spécialement la gravité.

50. C'est surtout comme spontanément dégagée d'une telle imperfection pratique, que se recommande, envers les courbes algébriques proprement dites, la seconde méthode des asymptotes, qu'il faut maintenant expliquer. Directement indépendant de la théorie des tangentes, le principe de cette méthode consiste à voir, dans toute asymptote, une droite dont deux intersections avec la courbe se sont éloignées à l'infini. Pour bien apprécier cette conception, il faut envisager séparément l'influence d'une telle hypothèse envers chaque intersection. Si, dans la courbe BC (*fig.* 36), dont AD est l'asymptote, on considère une sécante quelconque M'M'', tournant autour de M', de telle manière que M'' s'en éloigne indéfiniment; il est clair que, à la limite M'N, au delà de laquelle le second point M'' reparaîtrait sur l'autre partie de la courbe, la droite sera devenue parallèle à l'asymptote : quand le point M'' sera à l'infini, il appartiendra, en effet, indifféremment à la courbe et à l'asymptote. Ce premier mouvement, exactement inverse de celui qui produit les tangentes, détermine donc, en chaque point quelconque de la courbe, une direction fixe, parallèle à l'asymptote, ou, plus généralement, à la limite de la direction des tangentes. Or, si maintenant on fait aussi varier le point M', en opérant une pareille rotation en un point de plus en plus éloigné sur la courbe, et par suite de plus en plus rapproché de l'asymptote, il en résultera une droite qui, toujours parallèle à celle-ci, tendra à se confondre avec elle, comme d'après une translation directe. Ainsi, l'asymptote constituera naturellement la limite finale des sécantes dont deux intersections ont disparu à l'infini. La nécessité de se borner à deux intersections, sans rien préjuger sur les autres quelconques, résulte ici, comme dans la théorie des tangentes, du nombre de points

propre à déterminer une ligne droite. Un seul point à l'infini commun avec la courbe ne caractériserait pas suffisamment l'asymptote, en tant que pouvant également convenir à toutes ses parallèles ; mais trois points seraient superflus, et ne sauraient même être facultatifs, pas plus qu'envers la tangente : la disparition ou la persistance du troisième point après l'éloignement des deux premiers dépendra de ce que, suivant les cas, la droite ainsi obtenue serait également asymptote ou simplement sécante envers une autre partie de la courbe proposée.

Il suffit de rapprocher une telle conception de celle qui sert de base à la première méthode, pour sentir aussitôt l'équivalence nécessaire des deux principes : puisque, d'après la coïncidence finale qui définit les tangentes, une tangente dont le point de contact s'éloigne indéfiniment constitue naturellement une droite ayant à l'infini deux points communs avec la courbe. Mais, afin de mieux apprécier ce rapprochement fondamental, il importe de partir d'abord du contraste préliminaire ci-dessus caractérisé, quand la première intersection a seule disparu, et en éclaircissant d'ailleurs le discours par l'exclusive mention des courbes qui ne comportent pas plus de deux points en ligne droite. Nous avons ainsi reconnu que, en chaque point d'une courbe indéfinie, il existe nécessairement deux directions très-distinctes selon lesquelles une droite ne coupe qu'une seule fois la courbe : l'une, celle de la tangente, variable d'un point à un autre, laisse toute la courbe adjacente d'un même côté ; l'autre, parallèle à l'asymptote, ou à la limite de direction des tangentes, est toujours la même en tous les points, et pénètre dans la concavité de la courbe : la première résulte d'une rotation qui rapproche indéfiniment l'intersection mobile de l'intersection fixe ; la seconde provient d'une rotation inverse, qui, au contraire, écarte indéfiniment l'une de l'autre. Or, ces deux modes si différents d'établir l'unité d'intersection tendent à se confondre , à mesure que le centre commun de ces deux rotations opposées s'éloigne de plus en plus ; et les deux limites partielles coïncident nécessairement quand ce point est à l'infini. Telle est l'explication générale de l'équivalence fondamentale de deux conceptions qui , sous un certain aspect, semblent d'abord contradictoires.

Quoique cette nouvelle manière d'envisager les asymptotes coïncide géométriquement avec la précédente, la forme qui lui est propre conduit à une méthode analytique très-différente de la première, et ordinairement bien plus commode, mais seulement envers les courbes algébriques. Il suffit ainsi, en effet, pour déterminer les deux coefficients de l'asymptote cherchée $y = ax + b$, d'éliminer y entre cette équation et celle de la courbe donnée $f(x, y) = 0$, afin de constituer l'équation finale,

$$f(x, ax + b) = 0,$$

de façon que deux de ses racines deviennent infinies ; ce qui fournira deux relations , d'après lesquelles on calculera a et b. Mais , quoique ce principe soit pleinement général, on ne saurait prescrire aucune règle fixe quant à la manière de formuler une telle condition analytique, soit à l'égard des équations transcendantes, soit même envers les équations algébriques surchargées de fonctions fractionnaires et surtout irrationnelles. C'est seulement pour les équations rationnelles et entières, d'un degré quelconque d'ailleurs, et de la forme,

$$A x^m + B x^{m-1} + C x^{m-2} + \text{etc}... + K x + L = 0,$$

que l'on peut nettement caractériser d'avance l'existence de deux racines infinies, en y concevant x remplacé par $\frac{1}{t}$, afin de ramener ce cas à celui des racines nulles. Le lecteur le moins exercé aux spéculations algébriques pourra ainsi consta ter aisément qu'une première racine infinie suppose annulé le coefficient du plus haut degré, et que chacune des autres exigerait l'annulation de l'un des coefficients suivants, d'après l'ordre naturel des exposants. En développant de cette manière l'équation $f(x, ax + b) = 0$, on obtiendra donc les deux conditions .

$$A = 0, \qquad B = 0,$$

propres à déterminer a et b Si leur accomplissement entraîne exceptionnellement l'annulation d'un ou plusieurs des coefficients suivants C, D, etc., l'asymptote obtenue se trouvera convenir aussi à autant de nouvelles parties de la courbe.

L'entière appréciation de cette méthode et sa judicieuse application exigent également que l'on s'attache à bien interpréter chacune de ces deux conditions algébriques. D'après sa formation, la première, $A = 0$, sera naturellement indépendante de b, tandis que l'autre le contiendra avec a; ce qui pourra faciliter beaucoup l'évaluation successive des deux inconnues. On voit que cette circonstance algébrique correspond à l'importante remarque géométrique ci-dessus expliquée, que la disparition de l'une des intersections, en laissant subsister l'autre, détermine la direction fixe de la droite, quel que puisse être son coefficient linéaire; en sorte que l'indépendance nécessaire du coefficient angulaire envers celui-ci se trouve ainsi confirmée analytiquement, outre son évidence directe. Cette séparation spontanée des deux parties de l'opération est donc pleinement conforme à la nature de la question, et constitue l'un des principaux avantages de la méthode actuelle. Judicieusement utilisée, elle tend à simplifier extrêmement les calculs dans un grand nombre de cas. Si, en effet, on procède d'abord à l'évaluation propre du coefficient angulaire de l'asymptote, suivant l'esprit d'une telle recherche, on pourra former l'équation correspondante, $A = 0$, en substituant seulement $y = ax$, puisque, b n'y devant pas entrer, elle sera la même que pour $b = 0$. Or, cette substitution monome, très-facile à pratiquer, et d'après laquelle on déterminera a par l'annulation des termes du plus haut degré, équivaut réellement à ce que renferme d'utile une méthode mal à propos qualifiée de nouvelle, où l'on cherche la limite du rapport $\frac{y}{x}$ pour y et x infinis, sauf à calculer ensuite, quant au coefficient linéaire, la limite correspondante de $y - ax$: il est aisé de sentir que cette prétendue innovation ne constitue qu'un simple changement de forme dans l'ancienne méthode ; et que cette récente transformation, très-défavorable envers le coefficient linéaire, n'offre véritablement, à l'égard même du coefficient angulaire, aucune utilité qui mérite une mention plus spéciale.

Il importe d'autant plus de séparer ainsi habituellement les deux parties de la recherche des asymptotes, que la détermination propre du coefficient angulaire correspondant constitue, par sa nature, une question commune à toutes les courbes indéfinies, avec ou sans asymptotes, indiquant, pour chacune d'elles, la limite, toujours utile à connaître, de la direction des tangentes. Enfin, il faut aussi remarquer que cette première notion offrira seule, en beaucoup de cas, une véritable difficulté ; parce qu'une judicieuse discussion préalable de l'équation, ou même de la simple définition, imposera souvent aux asymptotes possibles des restrictions spontanées relativement à leur coefficient linéaire, dont il sera dès lors superflu de s'occuper distinctement. C'est ainsi, par exemple, que la double symétrie de l'hyperbole nous avertit aussitôt que, si cette courbe a des asymptotes, elles doivent se croiser symétriquement au centre ; en sorte qu'il suffira de déterminer leur coefficient angulaire, par la simple substitution de ax au lieu d'y dans l'équation ci-dessus considérée, ce qui reproduira très-aisément le résultat déjà obtenu.

En appliquant l'ensemble de cette seconde méthode des asymptotes à l'équation.

$$y^3 + x^3 = 1,$$

on aura l'équation finale

$$(a^3 + 1)\, x^3 + 3a^2 b x^2 + 3ab^2 x + (b^3 - 1) = 0,$$

d'où

$$a^3 + 1 = 0, \text{ et } 3\, a^2 b = 0 ;$$

ce qui conduit à $a = -1$, et $b = 0$, conformément à la première méthode. On voit ici que l'autre terme en x s'annule simultanément, en sorte que la troisième racine ne peut alors éviter d'être pareillement infinie ; ce que nous reconnaîtrons plus tard spécialement conforme à la nature de cette courbe, où l'asymptote s'adapte également aux deux parties.

Soit encore l'équation

$$y^3 + x^3 + 3xy = 1 ;$$

on y trouve les deux conditions

$$a^3 + 1 = 0, \; 3a^2 b + a^3 = 0,$$

qui donnent $a = -1$, $b = 1$; et, par suite, l'asymptote est $y + x = 1$: on reconnaîtra semblablement qu'elle convient aussi à toute l'étendue de la courbe.

51. Quoique les deux méthodes générales que nous avons successivement établies soient les seules vraiment usuelles que nous devions appliquer habituellement aux courbes algébriques, il ne sera pas inutile à l'instruction logique du lecteur de considérer sommairement une autre méthode qui semble d'abord très-distincte des deux précédentes, et qui, mieux appréciée, ne constitue, au fond, qu'une transformation, d'ailleurs nullement avantageuse, de notre seconde méthode. Cet exemple caractéristique pourra contribuer à faire éviter cette déplorable fécondité, qui, portant essentiellement sur le style

analytique sans atteindre réellement la pensée géométrique, encombre trop souvent les ouvrages mathématiques d'une vaine répétition de la même notion sous des formes diverses, dont la plupart doivent être écartées.

Le principe de cette troisième méthode reposerait sur l'influence algébrique de la coïncidence de l'asymptote cherchée avec l'un des axes des coordonnées. Si l'axe des x est asymptote, l'équation, devant fournir deux valeurs infinies de x pour $y=0$, devra manquer des deux termes en x du plus haut exposant. Quand cette condition ne sera pas spontanément remplie, elle indiquera que l'axe actuel n'est point une asymptote de la courbe proposée : mais on conçoit qu'un tel effet analytique résulterait du choix de l'asymptote pour axe. Donc, en opérant, dans l'équation donnée, $f(x, y) = 0$, une transposition d'axes totalement indéterminée, cette substitution,

$$f(x' \cos X' + y' \cos Y' + \alpha,\ x' \sin X' + y' \sin Y' + \varepsilon) = 0,$$

permettra de discerner les valeurs des constantes introduites α, ε, X', Y', propres à l'accomplissement de cette condition, d'après l'annulation des coefficients totaux des deux plus hautes puissances de x seul ; et l'asymptote cherchée se trouvera déterminée.

En considérant l'ensemble de cette opération analytique, on sent d'abord qu'elle contient d'inutiles complications, puisqu'elle ne fournit que deux équations pour calculer des inconnues qui semblent y être au nombre de quatre. Cela tient à ce que le caractère adopté exige seulement que l'asymptote soit prise pour axe des x, sans rien prescrire envers l'autre axe, ce qui permet et même prescrit de ne point changer celui-ci, en sorte que l'on peut et doit supposer $Y' = 90°$, et $\alpha = 0$; la disponibilité de ces deux constantes ne saurait faciliter en rien l'accomplissement effectif des conditions convenables, et surchargerait inutilement les calculs. L'équation précédente se réduit donc, au fond, à

$$f\,(x' \cos X',\; x' \sin X' + y' + \mathcal{E}) = 0.$$

Or, comme on n'y doit finalement considérer que les termes en x' seul, on pourrait encore faciliter leur formation en posant d'avance $y' = 0$, ce qui donnera, en dernier lieu, l'équation

$$f\,(x' \cos X',\; x' \sin X' + \mathcal{E}) = 0,$$

où il s'agit d'annuler les coefficients des deux termes prépondérants, afin de déterminer les inconnues X' et $\mathcal{E}$, qui représentent le coefficient angulaire et le coefficient linéaire de l'asymptote cherchée. Ainsi dégagée de toute superfluité algébrique, cette opération équivaut évidemment à former les deux équations propres à la seconde méthode, avec cette unique innovation, nullement favorable, que l'angle X' y entrera maintenant par son sinus et son cosinus, au lieu de sa seule tangente.

Cette appréciation finale d'une méthode qu'un vain appareil analytique présente d'abord très-spécieusement comme distincte, peut suggérer aux élèves et aux professeurs d'utiles rapprochements semblables envers plusieurs autres questions, qu'il ne convient pas de mentionner ici.

52. Aucune de nos deux méthodes n'étant arrêtée par l'indétermination des coefficients dans les équations proposées, pourvu que les exposants soient spécifiés, chacune d'elles, appliquée en sens inverse, conduit aisément à formuler les conditions analytiques de l'asymptotisme entre une courbe, donnée seulement d'espèce, mais inconnue de grandeur ou de position, et une droite entièrement donnée. Il suffira de chercher, d'après l'équation proposée,

$$f(x,\,y,\,\alpha,\,\mathcal{E},\,\gamma,\,\delta,\,\text{etc.}) = 0,$$

les coefficients angulaire et linéaire de l'asymptote correspondante, suivant celle des deux méthodes que l'on croira devoir préférer, et d'en égaler l'expression aux valeurs respectivement indiquées par la droite donnée. On formera ainsi deux relations tendant à déterminer les constantes inconnues de la courbe α, ε, γ, etc., conjointement avec d'autres conditions déjà formulées, comme des passages ou des contacts : on vérifie ici que toute asymptote équivaut à deux points pour la détermination d'une courbe quelconque, selon l'esprit de notre première théorie, qui reçoit maintenant une nouvelle extension générale. L'opération est donc la même que lorsqu'il s'agissait de trouver l'asymptote : il n'y a maintenant de changé que la destination ultérieure des deux conditions obtenues, où il n'est plus indispensable alors, si l'on emploie la seconde méthode, de dégager les coefficients de l'asymptote.

Cette question conduit naturellement à la recherche des asymptotes curvilignes d'espèce donnée, dans le cas, seul vraiment usuel, où les courbes proposées seraient toutes deux susceptibles d'asymptotes rectilignes, en y constituant alors la coïncidence de ces asymptotes. Il est d'abord évident que, si la courbe donnée a une asymptote, la courbe cherchée en devra admettre aussi, sans quoi leur asymptotisme mutuel serait contradictoire. Cela posé, un tel asymptotisme pourra toujours être conçu comme consistant en ce que les deux courbes comportent une asymptote commune, et par conséquent cette question rentrera dans la précédente, après avoir d'abord déterminé l'asymptote de la courbe donnée. Si $f(x, y) = 0$ désigne son équation, $\varphi(x, y, \alpha, \varepsilon, \gamma,$ etc.$) = 0$ celle de la courbe cherchée, en adoptant la deuxième méthode, on substituera préalablement $y = ax + b$ dans la première, afin de calculer, à l'ordinaire, les valeurs de a et b propres à l'asymptote ; quand elles seront obtenues, on fera la substitution déterminée $y = ax + b$ dans la seconde équation, et l'annulation des deux plus hautes puissances y formulera les conditions nécessaires de l'asymptotisme proposé, qui, ainsi conçu, ne contribuera jamais que comme deux points à la détermination de la courbe cherchée. L'introduction de l'asymptote commune, ultérieurement éliminée, aura finalement servi à faciliter beaucoup la formation de ces deux relations.

53. Il ne reste plus maintenant qu'à considérer les conditions d'asymptotisme entre des courbes qui ne comportent pas d'asymptote rectiligne, et qui cependant peuvent être souvent asymptotes l'une de l'autre, comme il est aisé de le faire sentir par quelques exemples. C'est ainsi que deux paraboles égales, placées sur le même axe, sont nécessairement asymptotes l'une de l'autre, d'après leur seule définition : la comparaison de leurs équations le confirme d'ailleurs très-clairement en montrant qu'il existe alors une différence constante entre les carrés de leurs ordonnées, et, par suite, une différence indéfiniment décroissante entre ces ordonnées elle-mêmes. On trouverait pareillement que les deux courbes

$$y^p = m\,x^q, \text{ et } y^p = m\,x^q + n,$$

sont nécessairement asymptotes l'une de l'autre ; ce qui comprend une infinité d'exemples distincts quoique analogues, d'après l'indétermination des exposants p et q.

Le principe fondamental de notre seconde méthode s'adapte également à la recherche directe des asymptotes curvilignes, pourvu qu'on y définisse convenablement l'asymptotisme. Cette affection géométrique doit, en effet, autant que celle du contact, dont elle offre, au fond, une pure modification générale, être regardée comme susceptible de degré, suivant les explications du n° 44, où il suffit ici de remplacer la coïncidence des intersections par leur éloignement à l'infini. Une droite, toujours déterminable d'après deux points, ne comporte envers une courbe quelconque, que le moindre asymptotisme, corres- pondant à deux intersections infinies. Mais une parabole, dé- terminée seulement par quatre points, serait susceptible, à l'égard des mêmes courbes, d'un asymptotisme plus prononcé, où quatre intersections disparaîtraient. Ainsi le mode ordinaire suivant lequel est posé le problème des asymptotes ne saurait être suffisamment précis qu'envers la seule ligne droite, et constituera, pour tout autre genre d'asymptotes, une recher- che nécessairement indéterminée. En s'y bornant, il suffira donc d'éliminer y entre les équations des deux courbes consi- dérées,

$$f(x, y) = 0, \quad \varphi(x, y, \alpha, \delta, \gamma, \text{etc.}) = 0,$$

et d'annuler les deux premiers coefficients de l'équation finale ; ce qui fournira deux relations entre les constantes inconnues α, δ, γ, etc. de la seconde courbe. Un tel asymptotisme ne contribuera encore que comme deux points ordinaires à la dé- termination ultérieure de cette courbe.

Quoique ce procédé soit généralement applicable aux courbes algébriques, on conçoit que son usage deviendra souvent impraticable, à cause des difficultés analytiques que suscite l'élimination fondamentale, quand les deux équations sont assez compliquées pour qu'on ne puisse l'accomplir par substi- tution ; ce qui oblige de recourir aux méthodes, spéculative- ment suffisantes, mais habituellement impraticables, que four- nit, à cet égard, l'algèbre supérieure. Tel est le principal motif qui doit faire sentir l'importance de la solution ci-dessus expliquée envers les courbes susceptibles d'asymptotes rectili- gnes ; et où cet utile intermédiaire permet d'éluder heureuse- ment ces graves embarras algébriques.

Pour que la recherche des asymptotes curvilignes devînt, en chaque cas, aussi précise que celle des asymptotes rectili- gnes, il faudrait y pousser toujours l'asymptotisme jusqu'au degré marqué par le nombre de points déterminant, comme je l'ai expliqué, au n° 44, à l'égard du contact. Alors, par exemple, la parabole asymptote serait celle dont les quatre intersections avec la courbe donnée s'éloigneraient simultanément à l'infini ; ce qui fournirait quatre conditions nécessaires, d'après l'annulation des quatre premiers coefficients de l'équation finale correspondante, où quatre racines devraient à la fois devenir infinies. En rapprochant convenablement ces deux grandes questions géométriques, on reconnaît que la même équation permet de formuler, tantôt chaque degré de contact, tantôt chaque degré d'asymptotisme, en y exprimant qu'un certain nombre de racines deviennent tantôt égales, tantôt infinies, la seconde relation y étant d'ailleurs bien plus facile à constituer que la première.

54. Afin de ne rien omettre d'usuel relativement à cette troisième théorie générale, il nous reste à y considérer sommairement, à titre de méthode subsidiaire propre à certains cas, un artifice analytique assez étendu ; quoique son importance ait été vicieusement exagérée, son judicieux emploi comportera quelquefois une véritable utilité, pour trouver commodément diverses asymptotes, tantôt rectilignes, tantôt curvilignes. Il repose sur la décomposition de la fonction, algébrique ou transcendante, qui exprime l'ordonnée d'après l'abscisse, en deux parties dont l'une s'anéantisse quand l'abscisse y devient infinie ; l'autre partie représente dès lors l'ordonnée d'une ligne nécessairement asymptote de la proposée. Si, en effet, on a

$$ y = \varphi\,(x) + f\,(x) $$

et qu'on suppose $\varphi\,(\infty) = 0$, il est clair que la différence de cette ordonnée à celle de la ligne $z = f\,(x)$ ne peut s'annuler pour x infini sans devoir finir par décroître indéfiniment pour des valeurs croissantes de x. On conçoit qu'il en serait ainsi, à plus forte raison, si les équations, au lieu de contenir y et z à la première puissance, en renfermaient d'égales puissances quelconques; puisque l'asymptotisme existerait alors, d'après une remarque antérieure, quand même la différence des seconds membres, au lieu de diminuer, resterait constante : ce qui pourra augmenter un peu la portée de cet artifice, en n'obligeant pas à dégager totalement y. Il faut d'ailleurs reconnaître que, si la fonction $\varphi(x)$ est composée de plusieurs termes, on en pourra joindre telle partie qu'on voudra à la fonction $f(x)$, sans altérer aucunement la remarque fondamentale, et de manière à obtenir de nouvelles asymptotes. Mais il est évidemment indispensable de ne laisser dans la fonction $\varphi(x)$ aucun terme autre que ceux qui s'annulent pour x infini.

A l'égard des équations algébriques, que nous devons ici avoir essentiellement en vue, cette fonction $\varphi(x)$ se composera de puissances négatives, soit entières, soit même fractionnaires. Il n'en pourra point exister quand l'ordonnée sera une fonction rationnelle et entière de l'abscisse. En tout autre cas, leur introduction sera spontanée ou deviendra facultative, en développant convenablement les quotients ou les radicaux, suivant les règles de division ou d'extraction. Quoique ces développements doivent ordinairement faire naître une suite infinie de pareils termes, cette circonstance ne saurait, évidemment, opposer aucun obstacle à la détermination des asymptotes correspondantes ; pourvu qu'on n'y omette aucun des termes à exposants positifs, on y pourra comprendre autant et aussi peu qu'on voudra des autres. Par exemple, envers l'équation $y^3 + x^3 = 1$, considérée ci-dessus, on aurait $y = -\sqrt[3]{x^3 - 1}$, et l'extraction de la racine ne donnerait que le terme x affecté d'exposant positif; ce qui reproduirait aussitôt l'asymptote $y = -x$, déjà obtenue.

Outre sa restriction évidente, cet expédient analytique est

surtout imparfait en ce que la nature des asymptotes n'y saurait être facultative, en sorte que le plus souvent il indiquerait des courbes fort oiseuses, sans déterminer les asymptotes rectilignes, qui seules peuvent habituellement offrir un véritable intérêt. Mais il importe néanmoins de connaître un tel artifice, pour en faire un judicieux emploi dans les cas qui le permettront, comme nous aurons lieu d'en citer ultérieurement quelques exemples remarquables, au-delà même des équations du second degré, trop exclusivement considérées à cet égard.

CHAPITRE IV.

Théorie des diamètres.

55. Longtemps borné au cercle, pour y désigner toute droite passant au centre, ce nom indique maintenant, envers une courbe quelconque, la ligne, quelquefois droite, mais ordinairement courbe, qui y réunit les milieux d'une suite de cordes parallèles; définition qui, dans le cas du cercle, reproduit spontanément la notion primitive. A l'égard des courbes susceptibles d'offrir plus de deux points en ligne droite, chaque corde ne joindra jamais que deux points; seulement elle présentera alors autant de milieux qu'il existera de combinaisons binaires entre toutes ses intersections : ce qui pourra souvent faire prévoir une limite inférieure du degré de l'équation du diamètre, alors habituellement supérieur à celui de l'équation donnée.

Quoique les divers diamètres relatifs aux différents systèmes de cordes d'une même courbe ne soient pas toujours d'une même espèce géométrique, au point que les uns peuvent être de simples droites, tandis que les autres sont des courbes plus compliquées que la première, ils comportent néanmoins une commune équation, où le coefficient angulaire de ces cordes reste indéterminé, en sorte que ses valeurs spéciales y produisent tous les diamètres particuliers, quelque distincts qu'ils puissent être, d'après l'influence analytique plus ou moins intime de cette constante caractéristique. C'est une telle équation générale qu'il s'agit maintenant de déduire de celle de la courbe proposée.

Bien qu'il convienne de traiter ici cette nouvelle théorie géométrique avec toute la généralité possible, il faut cependant reconnaître que, par sa nature, elle ne saurait offrir, comme les théories précédentes, et aussi comme les suivantes, un égal intérêt envers toutes les courbes. En effet, l'étude des diamètres ne contribue réellement à faire mieux connaître chaque courbe que quand ces lignes sont beaucoup plus simples que celle qui les engendre, et surtout lorsqu'elles sont droites. Or, au contraire, les diamètres constituent presque toujours, comme on le sentira ci-dessous, des courbes plus compliquées que celle d'où ils proviennent ; et c'est seulement envers les courbes du second degré qu'ils deviennent indistinctement rectilignes. Cette théorie n'a donc pas, en général, autant d'importance géométrique que les six autres traitées dans cette seconde partie.

On peut l'instituer d'après deux méthodes analytiques bien distinctes, quoique également générales, au moins envers les courbes algébriques, l'une très-naturelle et fort directe, mais d'une application trop pénible, l'autre trop artificielle et trop détournée, mais finalement plus usuelle.

56. La première méthode, facile à concevoir, consiste à formuler spontanément chacune des conditions de la définition, en introduisant, comme variables auxiliaires, sauf leur élimination ultérieure, les coordonnées x', y', et x'', y'', des deux

extrémités d'une quelconque des cordes considérées. En nommant t et u les coordonnées indéterminées d'un point du diamètre, et m le coefficient angulaire des cordes correspondantes, on aura d'abord ainsi les trois équations fixes

$$t = \frac{x'' + x'}{2}, \quad u = \frac{y'' + y'}{2}, \quad m = \frac{y'' - y'}{x'' - x'},$$

auxquelles se joindront naturellement, en chaque cas, les deux équations spéciales

$$f(x', y') = 0, \quad f(x'', y'') = 0,$$

exprimant que les points introduits appartiennent à la courbe donnée $f(x, y) = 0$. Il suffira donc d'éliminer, entre ces deux groupes d'équations, les quatre variables auxiliaires x', y', x'', y'', pour obtenir aussitôt l'équation finale $\varphi(t, u, m) = 0$, propre à l'ensemble des diamètres considérés. Quoique le premier groupe ne se compose que d'équations du premier degré, la double élimination à laquelle devra présider le second groupe deviendra souvent presque impraticable, quand la courbe donnée sera d'un degré un peu élevé, même avec un petit nombre de termes. On sait d'ailleurs que l'extrême imperfection de l'analyse mathématique ne permettrait presque jamais une pareille opération envers les courbes transcendantes, si une semblable recherche y pouvait offrir un véritable intérêt.

Un seul exemple caractérisera suffisamment cette méthode, sauf ses embarras analytiques, qu'il est aisé de concevoir en général, et que le lecteur devra spécialement sentir par quelques exercices spontanés. Soit la courbe $y = x^3$; les deux équations variables seront ici $y' = x'^3$, $y'' = x''^3$: en y ayant égard, les équations fixes deviendront

$$2t = x'' + x', \quad 2u = x''^3 + x'^3, \quad m = x''^2 + x'' x' + x'^2,$$

entre lesquelles il reste à éliminer x' et x''. Or cette élimination s'accomplira aisément par substitution, d'après la combinaison des deux équations extrêmes, qui donne

$$x'' = t + \sqrt{m - 3t^2}, \quad x'' = t - \sqrt{m - 3t^2};$$

il en résulte finalement, pour l'ensemble des diamètres, l'équation

$$y = 3ax - 8x^3,$$

en reprenant la notation habituelle des coordonnées, quand elle ne comporte plus d'équivoque.

Si l'on voulait seulement exécuter un semblable calcul envers les courbes $y = x^4$ ou $y^2 = x^3$, fort peu différentes de la précédente, on éprouverait des difficultés algébriques très-considérables.

57. Tout l'artifice de la seconde méthode repose sur cette observation évidente que les deux extrémités de chaque corde acquièrent nécessairement des coordonnées égales au signe près quand on place l'origine des axes au point correspondant du diamètre. Ainsi les points du diamètre peuvent être réciproquement caractérisés par cette aptitude analytique, qui ne saurait convenir à d'autres. Si donc on opère, dans l'équation donnée $f(x, y) = 0$, un déplacement d'origine indéterminé, par la substitution accoutumée de $t + x$ et $u + y$ au lieu de x et y, il faudra chercher la relation entre t et u propre à rendre la nouvelle équation $f(t + x, u + y) = 0$ susceptible de fournir pour x, et dès lors pour y, deux valeurs égales au signe près, quand on y supposera $y = mx$, équation de la corde correspondante. En conséquence, la question consistera finalement, après avoir changé, d'abord x en $t + x$ et y en $u + mx$, à découvrir la condition d'une telle opposition algébrique entre deux racines de l'équation

$$f(t + x, \quad u + mx) = 0,$$

où t et u figureront, à titre de constantes arbitraires parmi les divers coefficients. Or pour résoudre ce problème d'algèbre, il suffira de constituer la divisibilité du premier membre de cette équation par un binome du second degré $x^2 - \alpha^2$. L'élimination de l'indéterminée auxiliaire α, qui désigne ici l'abscisse spéciale du couple de points considérés, entre les deux équations que fournira l'annulation accoutumée du reste du premier degré, conduira à la relation cherchée $\varphi(t, u, m) = 0$, qui, géométriquement envisagée, constitue l'équation générale des diamètres de la courbe proposée.

Cette méthode quoique souvent pénible, sera beaucoup moins laborieuse que la précédente, comme n'exigeant qu'une seule élimination, au lieu de deux, entre des équations de degré supérieur, malgré que leur composition doive y être plus compliquée qu'auparavant.

Soit, par exemple, la courbe $y = x^4$. En y substituant $t + x$ et $u + mx$, au lieu de x et y, on a finalement l'équation

$$x^4 + 4tx^3 + 6t^2x^2 + (4t^3 - m)x + (t^4 - u) = 0,$$

où il s'agit d'exprimer la divisibilité par $x^2 - \alpha^2$, ce qui donne, en accomplissant la division, les deux équations

$$4t^3 - m + 4t\alpha^2 = 0, \quad t^4 - u + \alpha^2(6t^2 + \alpha^2) = 0.$$

L'élimination de α^2 y conduit aisément à l'équation générale des diamètres

$$16x^2y = m^2 + 16mx^3 - 64x^6,$$

beaucoup plus compliquée, comme on voit, que celle de la courbe primitive.

Envers les courbes du second degré, cette seconde méthode comporte spontanément une extrême simplification que nous devons remarquer déjà. On y est alors dispensé, en effet, de la division, et surtout de l'élimination consécutive, qui en constitue le principal embarras algébrique. L'équation en x étant seulement du second degré, la condition analytique fondamentale y devra directement consister dans l'absence des termes du premier degré. Tout le calcul se réduira donc, en ce cas, à la simple substitution préalable de $t + x$ et $u + mx$ au lieu de x et y ; l'équation générale des diamètres résultera aussitôt de l'annulation du coefficient total de la première puissance de x.

58. Pour procurer convenablement à l'étude effective des diamètres toute l'utilité qu'elle comporterait dans la géométrie comparée, il importerait beaucoup de pouvoir suffisamment constituer la théorie inverse qui nous permettrait de ne poursuivre une telle appréciation géométrique qu'envers les courbes dont les diamètres offriraient une assez grande simplicité, qui maintenant ne saurait être facultative. Ce retour de l'équation commune des diamètres à celle de la courbe primitive constituerait donc, en général, une question plus intéressante que la recherche directe. Mais, dans l'état présent de la science, nos ressources sont, à cet égard, comme je vais l'expliquer, extrêmement bornées, par suite d'une grave lacune analytique, d'ailleurs très-fâcheuse en plusieurs autres occasions.

La nature éminemment simple et directe de la première méthode, la rend seule propre à une telle inversion, qui semble devoir s'y borner à substituer les formules fixes dans l'équation donnée $\varphi(t, u, m) = 0$ pour l'ensemble des diamètres. Mais, quoiqu'ayant ainsi éliminé les coordonnées du diamètre, et introduit celles de la courbe, on ne saurait envisager ce résultat

$$\varphi\left(\frac{x'' + x'}{2}, \frac{y'' + y'}{2}, \frac{y'' - y'}{x'' - x'}\right) = 0,$$

comme constituant réellement l'équation de la courbe primitive, parce qu'il s'y trouve à la fois deux points indéterminés de cette courbe, au lieu d'un seul. Néanmoins, on en déduirait aisément l'équation cherchée, si l'on y pouvait séparer ces points, en sorte que chaque membre se rapportât à un couple unique de coordonnées : car, les deux couples y devant toujours entrer spontanément de la même manière, cette équation prendrait la forme

$$f(x', y') = f(x'', y''),$$

qui indiquerait qu'une certaine fonction des coordonnées conserve une valeur invariable en passant d'un point quelconque de la courbe demandée à un autre point quelconque ; l'équation de cette courbe serait donc finalement

$$f(x, y) = c,$$

la constante c y devant rester naturellement arbitraire, puisque chaque système de diamètres peut correspondre à une infinité de courbes distinctes, quoique analogues.

Toute la difficulté réelle de la théorie inverse des diamètres se réduit donc finalement à ce problème purement analytique : deux groupes de variables entrant identiquement dans une équation donnée, transformer cette équation afin que chaque membre n'y contienne qu'un seul groupe. Mais l'analyse actuelle ne présente réellement aucun principe propre à instituer ce calcul de séparation. On ne sait jusqu'ici séparer les groupes qu'autant qu'ils ne coexistent pas dans les mêmes termes : il suffit alors de transposer convenablement d'un membre à l'autre, suivant la règle analytique la plus élémentaire. Il est aisé de sentir combien rarement pourront suffire des ressources aussi étroites.

Pour en citer un seul exemple caractéristique, proposons-nous de trouver la courbe dont tous les diamètres sont des lignes droites, perpendiculaires aux cordes correspondantes, et convergeant en un même point, où nous placerons l'origine. L'équation des diamètres sera ici

$$t + mu = 0,$$

qui fournit, entre deux points quelconques de la courbe cherchée, la relation,

$$x'' + x' + \frac{(y'' - y')}{x'' - x'}(y'' + y') = 0.$$

Or, comme les termes où les points seraient mêlés s'y détruisent spontanément, une facile transposition l'amène aussitôt à la forme

$$x'^2 + y'^2 = x''^2 + y''^2 ;$$

ce qui donne finalement, pour la courbe demandée, l'équation

$$x^2 + y^2 = c^2,$$

où l'on reconnaît, conformément à la nature du cas, un cercle de rayon arbitraire.

59. La grande complication habituelle des calculs relatifs à la formation de l'équation générale des diamètres, même en suivant la meilleure marche, et l'évidente inutilité d'une telle recherche envers la plupart des courbes, doivent faire attacher beaucoup de prix à une commode détermination spéciale des diamètres rectilignes, seuls ordinairement susceptibles d'un véritable intérêt, sans être obligé de les déduire de cette équation commune, où ils seraient d'ailleurs nécessairement compris. Or, il est facile d'instituer cette importante méthode subsidiaire, d'après les formules relatives à la transposition des axes, en se fondant sur l'influence analytique des diamètres rectilignes, quand on prend chacun d'eux pour axe des abscisses avec des ordonnées parallèles aux cordes correspondantes. La seule définition des diamètres conduit aisément à reconnaître, comme j'ai eu plusieurs occasions de l'indiquer dans la première partie de ce traité, que l'équation doit alors renfermer seulement les puissances paires de l'ordonnée, afin que les valeurs de celle-ci puissent être deux à deux égales au signe près pour chaque valeur de l'abscisse, suivant un caractère essentielle-

ment analogue à celui qui forme la base de la seconde méthode générale. Une telle aptitude analytique pouvant donc suffire à caractériser les diamètres rectilignes, on les obtiendra, par une transposition d'axes indéterminée, d'après les formules

$$x = x' \cos X' + y' \cos Y' + a, \quad y = x' \sin X' + y' \sin Y' + b,$$

si les anciens axes sont rectangulaires, en cherchant à disposer des constantes angulaires ou linéaires ainsi introduites pour anéantir, dans l'équation proposée, tous les termes distincts relatifs aux puissances impaires de y' résultées de cette substitution. Quand des valeurs réelles et finies de ces diverses constantes auront pu remplir toutes ces conditions, la courbe proposée admettra des diamètres rectilignes, envers chacun desquels on connaîtra ainsi un point, sa direction, et celle des cordes correspondantes. Au cas contraire, l'absence de tels diamètres sera pareillement constatée.

Comme ce caractère analytique ne dépend aucunement de la position de l'origine, pourvu qu'elle reste sur le diamètre, on pourra, pour abréger les calculs, supprimer l'une des constantes linéaires a ou b, sans diminuer réellement la faculté de satisfaire aux conditions proposées, puisque cela revient à placer l'origine à l'intersection du diamètre cherché avec l'un des axes actuels. Ainsi, les constantes arbitraires introduites sont toujours seulement au nombre de trois, et ne permettront par conséquent d'annuler à volonté que trois des puissances impaires de la nouvelle ordonnée. Si donc l'équation donnée en contient davantage, le problème sera ordinairement impossible. C'est ce qui a lieu dès le troisième degré, où les conditions seraient déjà au nombre de quatre, à cause des termes en y', $x'y'$, $y'x'^2$, et y'^3 ; cette disproportion se prononce ensuite de plus en plus, à mesure que le degré s'élève. En considérant, à cet égard, l'ensemble des courbes algébriques, on voit donc que l'existence des diamètres rectilignes, sans jamais être impossible en aucun degré, devient de plus en plus exceptionnelle au delà du second. Mais, pour celui-ci, les conditions y étant seulement au nombre de deux, le problème est, au contraire, indéterminé, et il existe une infinité de diamètres rectilignes, ou plutôt ils le sont tous; puisque, la direction des cordes restant arbitraire, on pourra encore suffire aux conditions convenables d'après la seule disponibilité des deux constantes, angulaire et linéaire, propres au diamètre correspondant.

Une telle méthode de détermination spéciale des diamètres rectilignes conduit aussitôt, d'après une légère modification, à déterminer aussi les *axes* géométriques proprement dits, c'est-à-dire, les droites autour desquelles une courbe est symétrique; car ces droites constituent évidemment de simples diamètres rectilignes, qui ne se distinguent des autres que par leur perpendicularité aux cordes correspondantes. On aura suffisamment égard à cette circonstance caractéristique, en employant, dans la substitution fondamentale, les formules

$$x = x' \cos X' - y' \sin X' + a, \quad y = x' \sin X' + y' \cos X' + b,$$

où l'on a exprimé la rectangularité des nouveaux axes. Les conditions ordinaires ne pourront donc ici être remplies qu'à l'aide des deux constantes arbitraires relatives à l'axe cherché : en sorte que l'existence de tels axes sera, en général, encore plus exceptionnelle que celle des autres diamètres rectilignes; leur situation deviendra même déterminée pour le second degré, sauf le seul cas du cercle, où cette anomalie analytique est aisément explicable.

Quand l'axe d'une courbe a été trouvé, et qu'il est placé de manière à la rencontrer, cette intersection constitue une espèce remarquable de points singuliers, dont la vraie nature dépend ensuite de la direction correspondante de la tangente. D'après la symétrie supposée, cette direction ne peut être, évidemment, que celle de l'axe ou sa perpendiculaire, à moins qu'il n'y ait deux tangentes symétriquement placées autour de l'axe. Le point cherché sera donc un point de rebroussement dans le premier cas, un nœud dans le dernier, et ce qu'on nomme un *sommet* dans l'autre cas.

CHAPITRE V.

Théorie des centres.

60. Pour étendre convenablement cette dénomination géométrique, longtemps bornée au cercle, il suffit de restreindre à la seule comparaison binaire des points directement opposés la notion d'équidistance, d'abord absolue, qui en constitue le caractère essentiel ; en sorte que le centre d'une courbe est, en général, le milieu de toutes les cordes qui y passent, quelles que soient d'ailleurs leurs longueurs relatives. Un tel point est nécessairement unique dans les courbes algébriques proprement dites, que nous devons ici avoir principalement en vue, puisqu'elles ne peuvent offrir qu'un nombre limité de points en ligne droite. Mais, au contraire, celles des courbes transcendantes qu'une droite peut couper en une infinité de points présenteront quelquefois une infinité de centres, comme nous aurons lieu, par exemple, de le constater ci-dessous envers les courbes $y = \sin x, y = \tang x$.

Il serait superflu d'insister ici sur l'importance évidente d'une telle recherche, puisque la détermination du centre d'une courbe, ou même la certitude qu'elle n'en comporte pas, doivent certainement contribuer beaucoup à mieux indiquer sa figure générale.

Cette question admet, en général, deux méthodes très-distinctes : l'une très-naturelle, mais trop compliquée, qui la rattache à l'étude des diamètres; l'autre plus indirecte, mais bien plus simple, et seule vraiment usuelle, qui lui est spécialement propre.

61. Le principe de la première méthode consiste à regarder le centre d'une courbe comme le point de concours nécessaire de tous ses diamètres quelconques : car, en rapprochant les deux définitions, on conçoit aussitôt que, si une courbe a un centre, chacun de ses diamètres y devra passer; et, réciproquement, si tous les diamètres d'une courbe ont un point commun, ce point sera, par cela même, le centre de la courbe. Sous cet aspect, la théorie analytique des centres consisterait à juger, d'après l'équation générale des diamètres de la courbe proposée, formée suivant les règles du chapitre précédent, si ces divers diamètres convergent indistinctement en un point unique. Quand cette convergence se fait à l'origine des coordonnées, la seule inspection de l'équation des diamètres l'indique aussitôt, par l'absence constante du terme indépendant des deux variables. C'est ainsi, par exemple, que, pour la courbe $y = x^3$, l'équation générale des diamètres, obtenue au chapitre précédent, $y = 3mx - 8x^3$, montre que son centre est à l'origine, puisque, quel que soit m, le diamètre y passera toujours. Mais, lorsque ce concours s'opère en un point quelconque du plan, un calcul spécial, et souvent pénible, devient indispensable à sa manifestation. Il faut alors attribuer au paramètre angulaire m qui, dans l'équation générale, distingue les divers diamètres, deux différentes valeurs indéterminées m' et m'', et chercher ensuite les coordonnées du point commun à ces deux diamètres quelconques, qui peuvent représenter toutes les combinaisons binaires

des diamètres proposés. Si les valeurs de ces coordonnées communes, simplifiées autant que possible, deviennent finalement indépendantes de m' et m'', la courbe aura un centre, dont ces valeurs détermineront la position, puisque l'universelle convergence des diamètres y sera ainsi constatée. Quand, au contraire, on aura reconnu que ces valeurs ne peuvent être rendues indépendantes de m' et m'', comme il arrivera le plus souvent, chaque couple de diamètres ayant alors son intersection propre, il sera certain que la courbe manque de centre.

Soit, par exemple, la courbe $y^2 - xy + x = 0$. En y appliquant la seconde méthode des diamètres, on trouvera aisément que leur équation générale est $y = \dfrac{mx - 1}{2m - 1}$. Or, si l'on y fait successivement $m = m'$, $m = m''$, on trouve d'abord que l'abscisse commune est $\dfrac{2m'' - 2m'}{m'' - m'}$, fraction indépendante de m'' et m', et toujours égale à 2 : mais il faut, en outre, s'assurer d'un pareil caractère envers l'ordonnée correspondante, que l'on trouve, en effet, exprimée dès lors par $\dfrac{2m' - 1}{2m' - 1}$. La courbe a donc un centre, dont l'abscisse est 2 et l'ordonnée 1.

Considérons encore la courbe $y^2 - 2xy + x^2 - x = 0$. L'équation générale des diamètres est ici $y = x + \dfrac{1}{2m - 2}$. Sa seule inspection montre que tous les diamètres sont des droites parallèles; d'où il suit aussitôt que la courbe manque de centre.

Une telle méthode deviendra souvent presque impraticable au delà du second degré, puisque, outre la formation, fréquemment pénible, de l'équation générale des diamètres, qui n'a d'ailleurs, en elle-même, aucune autre utile destination géométrique, elle exige une élimination ordinairement très-laborieuse, entre des équations qui sont toujours plus compliquées que celle de la courbe donnée. Je n'ai donc mentionné ce premier moyen que comme conséquence naturelle de la théorie établie au chapitre précédent. C'est uniquement d'après la seconde méthode qu'on devra procéder habituellement à la détermination des centres.

62. De la seule définition du centre, il résulte aussitôt que, si on prend ce point pour origine des coordonnées, quelle que soit d'ailleurs la direction ou l'inclinaison des axes, tous les points de la courbe auront deux à deux des coordonnées égales et de signe contraire; en sorte que l'équation ne devra pas changer quand on y changera simultanément les signes des deux variables : il est pareillement évident, en sens inverse, que la vérification d'un tel caractère analytique permet d'assurer que l'origine correspondante est le centre de la courbe. Tel est le principe général sur lequel repose la méthode la plus propre à la recherche des centres. C'est ainsi que, à la simple inspection des équations $y = x^3$, $y = \sin x$, $y = \tang x$, on reconnaît que ces courbes ont pour centre l'origine des coordonnées. Quand le changement de x en $-x$ et y en $-y$ altère l'équation proposée, cela peut tenir ou bien à ce que la courbe manque réellement de centre, ou bien à ce qu'il est placé ailleurs qu'à l'origine. Mais, comme une telle propriété analytique est toujours possible envers une certaine origine si la courbe a effectivement un centre, on dissipera totalement cette incertitude d'après un déplacement d'origine indéterminé, en substituant $x + a$ et $y + b$ au lieu de x et y, afin de disposer des constantes arbitraires a et b ainsi introduites pour que l'équation supporte sans altération le changement simultané du signe des deux variables. Lorsqu'une telle condition sera convenablement satisfaite, la courbe aura un centre, dont les valeurs correspondantes de a et b détermineront la position :

quand, au contraire, aucun système de valeurs réelles et finies de ces deux constantes ne rendra l'équation susceptible d'une telle aptitude, on sera pareillement assuré que la courbe manque de centre.

Cette méthode, aussi simple que générale, ne convient pas moins aux équations transcendantes qu'aux équations algébriques. On peut ainsi constater, par exemple, envers les courbes $y = \sin x$, $y = \tang x$, que tous les points, en nombre infini, où elles coupent l'axe des x, constituent autant de véritables centres; puisque, en y plaçant l'origine, par la substitution de $x + \pi$, $x + 2\pi$, ...$x + n\pi$, au lieu de x, chacune de ces équations continuera à jouir de la propriété analytique qui caractérise le centre : ces courbes étant, en effet, composées d'une infinité de parties identiques, d'après la périodicité des fonctions correspondantes, il serait géométriquement impossible de trouver, à cet égard, aucun motif de préférer une quelconque de ces intersections à toutes les autres.

En considérant spécialement les courbes algébriques, on y peut formuler davantage la méthode des centres, si l'on apprécie d'avance l'influence générale du changement de signe des deux variables sur les quatre sortes de termes qu'elles peuvent contenir, suivant les types Ax^m, By^n, $Cx^p y^q$, D. Les deux premiers changeront de signe ou resteront inaltérables selon que l'exposant de leur unique variable sera impair ou pair. Quant aux termes où les variables coexistent, la règle sera encore la même, en estimant le degré, comme de coutume, par la somme des deux exposants : car, si ce degré est impair, l'un des facteurs n'aura pas varié, et le changement de signe de l'autre entraînera celui du produit; si, au contraire, le degré est pair, ou aucun des facteurs n'aura varié, ou ils auront à la fois changé de signe, en sorte que le produit ne sera jamais altéré. Il résulte de cette appréciation que l'équation ne pourra supporter sans altération le changement élémentaire qui caractérise le centre qu'autant que ses divers termes seront tous de degré impair ou tous de degré pair, en comprenant le terme constant parmi ceux de degré pair. C'est donc à faire disparaître les termes de degré impair, si l'équation est de degré pair, ou les termes de degré pair, si son degré est impair, qu'il faudra destiner le déplacement d'origine propre à déterminer le centre, puisque d'ailleurs le degré de l'équation ne saurait varier.

Si l'on envisage l'ensemble des cas, cette méthode indique aussitôt que l'existence d'un centre est normale dans les courbes du second degré, où il faudra enlever ainsi seulement les deux termes du premier degré, ce qui sera ordinairement possible en disposant convenablement des deux constantes arbitraires a et b : ce ne sera que par exception que la courbe manquera de centre, quand les valeurs de ces constantes deviendront infinies. Mais, au contraire, dès le troisième degré, et ensuite toujours davantage, les courbes pourvues de centre constituent nécessairement une exception de plus en plus rare à mesure que le degré s'élève, parce que le nombre croissant des conditions à remplir y excède progressivement le nombre fixe des quantités disponibles.

Quant à la situation générale du centre, il résulte de cette méthode que, dans toutes les courbes de degré impair, le centre est inévitablement placé sur la courbe, puisque, en y transportant l'origine, le terme indépendant des deux coordonnées figure alors parmi ceux qui doivent disparaître. La suppression de ce terme n'étant pas obligatoire lorsque le degré est pair, le centre pourra donc, en ce cas, ne plus appartenir à la circonférence de la courbe, sans qu'une telle position y soit d'ailleurs impossible.

63. Tous les calculs qu'exige la méthode précédente pouvant également s'accomplir malgré l'indétermination, non des ex-

posants, mais des coefficients, on pourra l'appliquer, en sens inverse, à formuler les conditions nécessaires pour qu'une courbe, connue seulement d'espèce, ait son centre en un point donné. Si a et b désignent les coordonnées de ce point, il suffira d'opérer, dans l'équation proposée $f(x, y, z, \varepsilon, \gamma, \delta, \ldots) = 0$, la substitution alors déterminée de $x + a$ et $y + b$ au lieu de x et y, afin d'annuler ensuite le coefficient total de chacun des termes qui doivent ainsi disparaître; ce qui fournira autant de relations propres à spécifier, conjointement avec d'autres conditions quelconques, les constantes inconnues α, ε, γ, δ, etc. Ces relations seront, par exemple, au nombre de quatre dans une équation du troisième degré, où il faudra supprimer les trois termes du second degré et le terme constant; elles deviendront de plus en plus nombreuses à mesure que le degré s'élèvera.

Au sujet d'un tel accroissement, il importe de dissiper l'objection très-naturelle qu'il semble d'abord présenter contre le principe général, établi au premier chapitre de cette seconde partie, sur la manière dont les points singuliers, quelle que soit leur nature, contribuent nécessairement à la détermination des courbes. Selon ce principe, le centre d'une courbe, en tant que point singulier, ne devrait jamais compter que pour deux conditions déterminantes; tandis que, suivant notre appréciation spéciale, il paraît devoir en fournir quatre dans le troisième degré, six dans le quatrième, etc. Mais cette apparente contradiction ne résulte que d'un jugement trop confus, où l'on attribue à la situation donnée du centre ce qui provient uniquement de sa simple existence, alors plus ou moins exceptionnelle. Dans le troisième degré, par exemple, l'existence du centre, en quelque lieu qu'il se trouve, exige deux relations entre les coefficients de l'équation générale; ces relations, qui complètent la définition de la courbe, doivent y être toujours prises en considération, quand même son centre ne serait pas connu; de même que, en sens inverse, l'absence de centre fournirait une condition déterminante envers une courbe du second degré. Si donc la courbe du troisième degré que l'on considère est, en effet, du petit nombre de celles qui ont un centre, comme cela doit être pour qu'une telle question soit raisonnablement posée, ces deux conditions se trouveront identiquement satisfaites, et la position du centre donné ne fournira véritablement que deux relations entre les paramètres inconnus. Mais, si, au contraire, on n'avait pas ainsi spécifié la courbe proposée, et qu'on se fût borné à indiquer son degré, tout en lui imposant un centre, ces deux premières conditions, indépendantes de la situation spéciale de ce centre, quoiqu'alors elles ne fussent plus identiques, ne représenteraient qu'un simple complément de définition, indispensable à la nature du problème, et servant à développer suffisamment une circonstance trop implicitement supposée dans l'énoncé. En un cas quelconque, la position particulière assignée au centre ne fournira jamais, par elle-même, que deux relations déterminantes, conformément à la théorie fondamentale du chapitre premier.

CHAPITRE VI.

Théorie de la similitude des courbes.

64. La notion de similitude convient évidemment, par sa nature, à toutes les figures possibles, envers lesquelles les observateurs les plus étrangers à la géométrie rationnelle emploient journellement les qualifications de semblables ou dissemblables, en y attachant un sens, vague et confus peut-

être, mais au fond essentiellement juste. Quand les géomètres se sont spécialement emparés de cette conception universelle et spontanée pour la systématiser convenablement après l'avoir nettement analysée, ils ont dû considérer premièrement les figures purement rectilignes, dont les éléments sont directement appréciables, ainsi que les lois de leur assemblage. C'est là que la similitude se montre avec une pleine évidence comme consistant dans l'égalité des angles respectifs et la proportionnalité des côtés homologues : toute l'élaboration scientifique n'a pu consister, à cet égard, qu'à réduire au moindre nombre possible les conditions d'une telle définition ou appréciation, d'abord envers les triangles, et ensuite pour les polygones quelconques, suivant les explications de la géométrie élémentaire. Mais il s'agit maintenant d'étendre convenablement aux diverses courbes planes ces notions primordiales, afin de découvrir, en chaque cas, les conditions précises de la similitude, ou de constater que l'identité d'espèce n'exige aucune relation particulière ; question dont il serait superflu de faire ici ressortir expressément la haute importance.

Au premier aspect, une telle extension semble ne pouvoir s'opérer, en général, que d'après l'analyse transcendante, qui, en considérant les courbes comme des polygones d'une infinité de côtés infiniment petits, permettrait d'y exprimer distinctement l'égalité directe des angles et la proportionnalité des côtés, sans être alors arrêté par la nature infinitésimale des uns et des autres. Mais un examen plus approfondi de cette importante théorie géométrique conduit à reconnaître que l'analyse ordinaire suffit réellement à l'instituer d'une manière tout aussi générale et beaucoup plus commode. Il faut seulement, pour cela, choisir convenablement, parmi les propriétés essentielles des polygones semblables, celles qui sont susceptibles de devenir immédiatement appréciables envers les courbes, sans exiger la considération de côtés infiniment petits et d'angles infiniment obtus , et en réduisant l'inévitable notion de l'infini à n'influer que sur le nombre des sommets , à l'égard desquels l'uniformité de leur caractère analytique permet aisément de surmonter une telle difficulté , d'après le simple examen d'un point indéterminé , propre à les représenter tous, suivant un artifice logique déjà familier , à beaucoup d'autres titres , en géométrie analytique.

On ne peut d'abord employer à cet indispensable office la proposition fondamentale , trop exclusivement mentionnée dans l'enseignement habituel de la géométrie élémentaire , sur la décomposition des polygones semblables en triangles semblables. Car, en l'étendant aux courbes , cette décomposition offrirait , comme la définition primitive elle-même , quoiqu'à un moindre degré , l'inconvénient capital d'obliger à considérer des angles et des côtés infinitésimaux. Mais , la théorie de la similitude des figures rectilignes fait aussi connaître, à leur égard , deux autres propriétés générales, dont chacune est , par sa nature , éminemment propre à s'étendre aux courbes, comme spontanément exempte d'un tel vice ; de manière à pouvoir fournir ensuite, plus ou moins commodément , un fondement suffisant à la théorie analytique que nous voulons constituer ici.

65. D'après la première de ces propriétés , les contours semblables ont leurs divers sommets déterminés par des triangles respectivement semblables ayant tous, dans chaque figure, une base commune; et réciproquement, deux figures ainsi construites seront nécessairement semblables , quel que soit le rapport de ces deux bases homologues. Les côtés et les angles de ces triangles artificiels, indépendants de la figure proposée, restant naturellement finis quand le polygone devient infinitésimal , rien n'empêche d'étendre aux courbes un tel caractère, avec la seule obligation de l'y vérifier envers un point indéterminé , comme le

permet toujours l'uniformité de la définition, géométrique ou analytique, afin d'éviter l'embarras direct d'un nombre infini de points. C'est ainsi, par exemple, qu'on démontrerait aisément la similitude constante de deux cercles, surtout en y prenant pour bases deux diamètres respectifs ; puisque les triangles, dès lors constamment rectangles, se trouveraient spontanément semblables, en ne comparant entre eux, suivant l'esprit de ce théorème, que des points pour lesquels un des angles à la base offrirait, de part et d'autre, la même grandeur.

Il ne sera pas difficile de formuler analytiquement cette première théorie, quand on aura d'abord convenablement adopté des bases homologues, dont le choix pourra presque toujours influer beaucoup sur la simplification des calculs. Soient $f_1(x, y) = 0$, $f_2(x, y) = 0$, les équations des deux courbes données, de même espèce, AMBN, A'M'B'N', (*fig.* 37), dont il faut apprécier la similitude. Après y avoir choisi deux bases homologues, AB, A'B', par exemple, on mènera, par une extrémité A de la première base, une droite AM formant avec elle un angle arbitraire, ayant une tangente indéterminée m ; ce qui n'offre aucun embarras, suivant la théorie analytique de la ligne droite. Calculant ensuite les coordonnées du point M où elle coupe la courbe, on en déduira, conformément à la même théorie préliminaire, la tangente de l'inclinaison de la base AB sur la droite BM qui joint son autre extrémité B à cette intersection : cette tangente sera finalement une fonction déterminée de la constante arbitraire m. Une seconde fonction analogue de la même constante résultera d'un pareil calcul envers l'autre courbe. Dès lors, les angles en A et A' ayant été pris égaux, la similitude exigera la coïncidence de ces deux fonctions, quel que soit m, afin d'exprimer l'égalité nécessaire des angles en B et B', et par suite la similitude continuelle des triangles MAB, M'A'B', envers un point quelconque de chaque courbe comparé à son homologue de l'autre. Ainsi, les relations que pourra exiger une telle identification entre les constantes des deux équations proposées constitueront aussitôt les conditions de similitude propres aux courbes correspondantes : et, si celles-ci devaient être toujours semblables, par cela seul qu'elles appartiendraient à l'espèce donnée, on le reconnaîtrait aussi, en constatant alors l'identité spontanée des deux fonctions obtenues.

Supposons, par exemple, qu'il s'agisse de deux ellipses ou de deux hyperboles, d'après la définition du n° 19. En prenant pour bases respectives des deux séries de triangles les lignes, OA, OA', (*fig.* 38), évidemment homologues, qui joignent chaque point fixe A ou A' au centre correspondant, et concevant ces lignes superposées, les équations des deux courbes, relativement aux axes accoutumés, seront

$$c'y^2 + (c^2 - d^2)x^2 = \frac{c^2}{4}(c^2 - d^2), \quad c'^2 y^2 + (c'^2 - d'^2)x^2 = \frac{c'^2}{4}(c'^2 - d'),$$

et leur parfaite analogie permettra de n'exécuter qu'envers l'une seulement le calcul prescrit. Menant donc de O une droite arbitrairement inclinée sur la base OA, son équation sera $y = mx$, et les coordonnées de son intersection M avec la courbe seront

$$x = \frac{c}{2}\sqrt{\frac{c^2 - d^2}{m^2 c^2 + c^2 - d^2}}, \quad y = \frac{mc}{2}\sqrt{\frac{c^2 - d^2}{m^2 c^2 + c^2 - d^2}}.$$

La tangente de l'inclinaison de la base sur la droite qui joint ce point M à sa seconde extrémité A, ne sera ici que le coefficient angulaire de cette ligne MA ; et, par suite, on aura finalement

$$\tan \varphi = \frac{mc\sqrt{c^2 - d^2}}{c\sqrt{c^2 - d^2} - d\sqrt{m^2 c^2 + c^2 - d^2}}.$$

D'après un pareil résultat envers l'autre courbe, il faudra, pour la similitude, qu'on ait identiquement

$$\frac{c\sqrt{c^2-d^2}}{c\sqrt{c^2-d^2}-d\sqrt{m^2c^2+c^2d^2}} = \frac{c'\sqrt{c'^2-d'^2}}{c'\sqrt{c'^2-'^2}-d'\sqrt{m^2c'^2+c'^2-d'^2}},$$

quel que soit m : or il est aisé de constater qu'une telle identité exige la condition $\frac{c}{d} = \frac{c'}{d'}$. Il n'y a donc d'ellipses ou d'hyperboles semblables que celles où les deux dimensions mentionnées dans cette définition sont respectivement proportionnelles.

Considérons encore l'exemple de la parabole, d'après la définition du n° 20. En prenant pour bases les droites OF, OF' (*fig.* 39) qui joignent chaque point fixe au sommet, et faisant d'ailleurs coïncider les axes et les sommets des deux paraboles, on mènera encore, de l'origine O, une droite arbitraire $y = mx$, dont l'intersection M avec la première parabole $y^2 = 2dx$ donnera $x = \frac{2d}{m^2}, y = \frac{2d}{m}$. En joignant ce point M à l'autre extrémité F de la base, on aura tang. $\varphi = \dfrac{\dfrac{2d}{m}}{\dfrac{2d}{m^2} - \dfrac{d}{2}}$. Or, ce résultat ne saurait changer en y remplaçant d par d' pour l'autre parabole, puisqu'il est évidemment indépendant de d. Donc, deux paraboles sont toujours semblables entre elles, comme deux cercles. Il serait aisé de constater aussi, d'après l'équation $y^2 = \dfrac{x^3}{2r - x}$, en choisissant convenablement les bases, qu'il en est encore de même de deux cissoïdes. Au reste, en rapprochant ces trois cas de similitude spontanée, on conçoit, à priori, qu'une telle relation est inévitable en toute espèce de courbe dont l'équation pourra être réduite à ne contenir qu'une seule constante arbitraire : car, s'il y pouvait exister une condition quelconque de similitude, elle tendrait alors à déterminer cette unique constante ; en sorte que la courbe semblable à la proposée se trouverait ainsi individualisée, ce qui serait évidemment absurde.

Une telle institution analytique de la théorie générale de la similitude des courbes planes, n'offre d'autre défaut essentiel que la trop grande complication des calculs qu'elle exige, quand il s'agit d'équations peu simples, et lorsqu'on ne peut choisir assez commodément les bases homologues. Aussi adopterons-nous finalement, à ce sujet, un autre mode, fondé sur une propriété plus aisément formulable.

66. Cette seconde propriété générale des contours semblables se rapporte à la situation parallèle dans laquelle ils peuvent toujours être placés, d'après l'égalité nécessaire des inclinaisons respectives ; puisqu'il suffit de tourner un seul côté parallèlement à son homologue, pour que tous les autres se dirigent d'eux-mêmes parallèlement aux leurs. Or, ainsi disposées, on sait que, vu la proportionnalité des côtés, les deux figures offrent aussitôt l'universelle convergence des droites qui y joignent tous les points homologues en un point unique, quelquefois appellé *centre de similitude*, quoiqu'il fût mieux nommé *centre d'homologie*. Enfin, les longueurs de ces droites comptées depuis ce point jusqu'à l'une et à l'autre figure sont alors entre elles dans un rapport constant, égal au rapport linéaire des deux contours. Réciproquement, deux figures ainsi construites, à partir d'un point quelconque, seront nécessairement semblables, soit qu'on ait placé les points homologues en partageant proportionnellement tous les rayons, soit qu'on les ait déterminés successivement d'après le parallélisme des cordes correspondantes. La condition fondamentale pour l'extension spontanée aux figures curvilignes est encore ici évidemment remplie,

puisqu'on évite ainsi directement toute considération infinitésimale, autre que celle relative au nombre des points à comparer, qui ne constitue, par sa nature, aucune difficulté essentielle. On reconnaît, par exemple, aussitôt, d'après ce second mode, la similitude constante de deux cercles, comme une suite nécessaire de la définition ordinaire : il suffit de les concevoir concentriques.

Géométriquement envisagée, une telle propriété offre le grave inconvénient de mêler les relations de situation aux notions de similitude, qui, en elles-mêmes, n'en sauraient dépendre. Mais ce mélange n'est, au contraire, nullement vicieux sous l'aspect analytique. Comme les idées de situation sont seules immédiatement exprimables par nos équations, suivant les explications initiales de ce traité, c'est à raison même d'une telle réduction des conditions de forme aux relations de position que cette seconde théorie de la similitude s'adapte plus commodément que la première à l'institution analytique.

Il suffit pour cela de concevoir les deux courbes semblables AMBN, A'M'B'N', (*fig.* 40), disposées parallèlement, comme le constaterait, par exemple, le parallélisme de deux lignes homologues AB, A'B', et de supposer l'origine des coordonnées placées au centre de similitude ou plutôt d'homologie correspondant à cette situation. On voit alors que les coordonnées MP, M'P', et OP, O'P' de deux points homologues quelconques M et M' seront nécessairement en raison constante. Si donc x et y satisfont à l'une des équations, mx et my devront, par cela même, satisfaire à l'autre, en prenant convenablement la constante m. Les deux équations proposées $f_1(x, y) = 0, f_2(x, y) = 0$, devront ainsi coïncider, en changeant dans l'une d'elles x en mx et y en my. Tel est le principe éminemment simple de la meilleure théorie analytique de la similitude des courbes.

A la vérité, si la vérification d'un pareil caractère analytique constate évidemment la similitude des courbes correspondantes, on ne saurait toujours assurer, en sens inverse, que sa non-vérification démontre leur dissemblance effective ; car cela pourrait aussi provenir de ce que les deux figures ne seraient pas actuellement parallèles, ou même seulement de ce que la présente origine des coordonnées ne se trouverait pas au centre convenable. Mais, quoique ce mélange primordial entre les relations de position et celles de forme doive exiger, en général, comme je vais l'expliquer, de nouvelles opérations analytiques pour dissiper une telle incertitude, il n'en faut pas moins reconnaître que, dans beaucoup de cas, le principe précédent pourra immédiatement suffire, lorsque l'étude préalable de l'espèce de courbes proposée aura déjà garanti l'accomplissement de cette double condition préliminaire relative à la seule situation ; ce qui sera presque toujours facile quand cette question arrivera en temps opportun.

Si, par exemple, il s'agit de deux ellipses ou hyperboles, d'après la définition du n° 19, il est évident que les deux équations

$$c^2y^2+(c^2-d^2)x^2=\frac{c^2}{4}(c^2-d^2), \quad c'^2y^2+(c'^2-d'^2)x^2=\frac{c'^2}{4}(c'^2-d'^2),$$

se rapportent à deux axes semblablement placés envers les deux courbes, dont chacune est symétrique autour de chacun d'eux ; en sorte que, en cas de similitude, les deux courbes sont certainement déjà dans la disposition parallèle, et l'origine au centre d'homologie correspondant. Changeant donc, pour la première, x en mx et y en my, et disposant les équations de manière à éviter toute condition superflue, il faut identifier les deux équations

$$y^2+\left(1-\frac{d^2}{c^2}\right)x^2=\frac{1}{4}\frac{(c^2-d^2)}{m^2}, \quad y^2+\left(1-\frac{d'^2}{c'^2}\right)x^2=\frac{1}{4}(c'^2-d'^2),$$

d'après une valeur convenable de la constante m. Or, on fait coïncider leurs seconds membres en prenant $m = \sqrt{\dfrac{c^2 - d^2}{c'^2 - d'^2}}$, ce qui détermine le rapport linéaire des deux courbes. Mais la comparaison des premiers membres montre clairement que la relation $\dfrac{d}{c} = \dfrac{d'}{c'}$ est nécessaire et snffisante pour la similitude, comme l'avait ci-dessus indiqué la première méthode.

Dans le cas de la parabole, en prenant les équations $y^2 = 2\,d\,x$, $y^2 = 2d'x$, on est évidemment assuré encore que les deux conditions préliminaires relatives à la situation sont suffisamment remplies, d'après la coïncidence spontanée de deux lignes caractéristiques, l'axe et la tangente au sommet, avec leurs homologues. Il devient alors facile de constater ainsi, plus commodément que par l'autre méthode, que les deux courbes sont toujours semblables. L'opération ne serait pas plus pénible envers deux cissoïdes

67. Il reste maintenant à compléter analytiquement cette théorie définitive de la similitude des courbes envers les cas, possibles mais peu usuels, où, faute de renseignements préalables, les deux équations données ne seraient pas de nature à supposer l'accomplissement des conditions préliminaires relatives à la situation. On conçoit, en général, que l'usage convenable des formules propres à la transposition des axes devra suffire pour ramener ces cas aux précédents.

Supposons d'abord, afin de simplifier cette extension graduelle, que les courbes soient encore disposées parallèlement, mais que l'origine des coordonnées ne soit plus placée au centre de similitude correspondant, comme dans la figure 41. Il suffit de remarquer ici que la propriété analytique fondamentale, établie au n° précédent, n'exige pas que les deux courbes soient rapportées à la même origine, et qu'elle aurait néces sairement lieu, de la même manière, envers deux origines seulement homologues. Par conséquent, il existera une certaine origine O′, aisée à déterminer géométriquement, pour laquelle la seconde équation $f_2(x, y) = 0$ devra coïncider avec la première, d'après le changement caractéristique de x en mx et y en my. Au lieu de calculer d'avance, suivant la construction naturelle, la position de ce point placé envers la seconde courbe comme l'origine primitive O envers la première, il vaut mieux qu'elle ressorte finalement de l'opération analytique elle-même. On se bornera donc à opérer, pour l'une des courbes, un déplacement d'origine indéterminé, et on tentera ensuite de faire coïncider les deux équations $f_1(mx, my) = 0$, $f_2(x+a, y+b) = 0$, d'après des valeurs convenables des trois constantes arbitraires m, a, et b, qui représentent, d'une part, le rapport linéaire des deux courbes, d'une autre part, les coordonnées du point homologue, envers la seconde, à la position de l'origine actuelle dans la première. Les relations nécessaires à cette identification constitueront les conditions de similitude cherchées, si toutefois on est d'avance suffisamment assuré du parallélisme effectif des deux courbes proposées.

Considérons enfin le cas le plus général, où les deux courbes ne seraient pas même parallèles, comme dans la figure 42. En construisant sur A′B′, homologue de AB, un triangle semblable au triangle OAB, il déterminerait d'abord un point O′ placé envers la seconde courbe de la même manière que l'origine actuelle O envers la première. Si, en ce point, on place des axes O′X′, O′Y′, faisant avec A′B′ les mêmes angles que les axes primitifs OX, OY font avec AB, il est clair, en généralisant, autant que possible, la conception de la propriété fondamentale du n° précédent, que l'équation de la seconde courbe relativement à ce nouveau système d'axes ne devra, en cas de similitude, différer de celle de la première que par le changement, toujours également caractéristique, de x en mx et y en my. Ainsi, sans chercher d'avance la situation de ce système, on opérera, dans l'une des équations, une transposition d'axes indéterminée, portant à la fois sur la direction et l'origine, mais en conservant la même inclinaison, et on examinera s'il devient possible d'identifier les deux équations

$$f_2(x'\cos X'-y'\sin X'+a,\ x'\sin X'+y'\cos X'+b)=0,\ f_1(mx,my)=0,$$

en disposant convenablement des quatre constantes arbitraires m, a, b, et X', dont les valeurs, nullement étrangères à la question, détermineront le rapport linéaire des deux courbes, et feront en même temps connaître exactement en quoi consiste la diversité effective de leurs situations actuelles. Toutes les relations indispensables à une telle coïncidence constitueront ici des conditions nécessaires pour la similitude des deux courbes proposées, dont la disposition mutuelle est maintenant tout à fait quelconque.

68. Quelque théorie analytique, ou même géométrique, que l'on croie devoir employer relativement à la similitude des courbes, il importe de sentir, en général, qu'on devra surtout la diriger, en chaque cas, vers la détermination du nombre nécessaire des conditions distinctes ; car, c'est en cela que consiste réellement la principale difficulté d'une telle étude. Aussitôt que ce nombre est connu, il ne faut plus attacher qu'une importance secondaire à la forme actuelle sous laquelle se présente ainsi chacune de ces conditions de similitude, qui, par la nature du sujet, comporte nécessairement beaucoup de transformations ultérieures, toujours assujetties d'avance à un principe commun. Ce principe, résumé final de toutes les propriétés relatives aux figures semblables, consiste dans l'universelle proportionnalité et dans l'égale inclinaison des diverses droites homologues qu'on y peut respectivement considérer ; ce

qui constitue une simple extension de la définition élémentaire,
dès lors indistinctement appliquée à toutes les droites quelconques, transversales ou latérales, inhérentes à chaque figure.
Toute condition de similitude pourra prendre ainsi deux sortes
de formes, l'une linéaire, l'autre angulaire, suivant qu'on la
concevra comme relative à une proportion de longueurs ou à
une égalité d'angles, chacun de ces modes comportant d'ailleurs autant d'énoncés distincts que l'on pourra instituer de
combinaisons binaires entre des droites caractéristiques. Mais
ces diverses expressions, de l'une ou l'autre espèce, seront, par
leur nature, essentiellement équivalentes, quoique plus ou moins
convenables, et il faut s'habituer à les échanger directement,
selon les convenances propres à chaque cas, sans jamais se
préoccuper, à cet égard, d'aucune rédaction exclusive. Si donc
la méthode analytique ne présente pas d'abord les conditions de
similitude sous une forme suffisamment nette, comme il devra
arriver le plus souvent, il faudra peu s'en inquiéter, puisque
la nature des courbes proposées fournira immédiatement des
énoncés presque toujours préférables, pour peu qu'elles aient
été préalablement étudiées. Or, cette réflexion générale est
éminemment propre à simplifier beaucoup, dans la plupart des
cas, l'application effective de la théorie de la similitude. Car, en
se bornant ainsi à en déduire surtout le nombre des conditions,
on pourra souvent se contenter du simple aperçu des calculs
prescrits, sans avoir besoin de les accomplir strictement. Par
exemple, d'après la théorie générale du n° précédent, il est aisé
de sentir, envers deux équations complètes du second degré,
contenant cinq termes variables, que les courbes correspondantes exigeront seulement une condition de similitude, puisque
le nombre de termes à identifier n'excède alors que d'une
unité le nombre universel des constantes disponibles pour cette
coïncidence. Quant à la nature de cette unique condition, l'en-

tière exécution du calcul ne ferait que la présenter sous une forme pénible, qu'il est inutile de connaître : nous examinerons plus tard les divers énoncés spéciaux, linéaires ou angulaires, qu'il conviendra d'y appliquer directement.

69. Afin de perfectionner davantage la théorie générale de la similitude des courbes planes, il y faut maintenant joindre une importante considération subsidiaire, qui, judicieusement appliquée, dispensera souvent de toute opération analytique, en permettant de déduire immédiatement la solution de la seule définition des lignes proposées. Cette méthode auxiliaire repose sur l'heureux aperçu, indiqué par Clairaut dans ses éléments de géométrie, et suivant lequel deux figures semblables ne diffèrent que d'après l'échelle sur laquelle elles sont construites, en sorte qu'un simple changement d'échelle pourrait toujours les rendre superposables. Quoique Clairaut n'y eût en vue que les figures rectilignes, ce judicieux énoncé convient également, sans aucune préparation spéciale, aux diverses figures curvilignes. On doit le regarder comme l'expression la plus concise de tous les rapprochements géométriques auxquels la similitude peut donner lieu.

D'après un tel principe, le travail à accomplir sur chaque définition proposée d'une espèce de courbe, afin d'y découvrir les conditions de similitude, consistera à y bien séparer d'abord les données, linéaires ou angulaires, indispensables à la grandeur de la courbe d'avec celles qui n'affecteraient que sa situation, et ensuite à réduire les premières au moindre nombre possible. Cette double préparation présente quelquefois, surtout sous le second aspect, des difficultés insurmontables, pour certaines définitions, envers lesquelles on ne pourra éviter, à ce sujet, l'emploi ultérieur de la méthode analytique, qui conserve donc nécessairement son privilége exclusif d'une entière généralité. Mais, quand ces deux conditions préliminaires auront été suffisamment remplies, le principe de Clairaut fournira aussitôt la solution demandée. Car, si la grandeur de la courbe est ainsi déterminable d'après une seule dimension, toutes les courbes de cette espèce sont nécessairement semblables entre elles, puisque le simple changement d'échelle pourrait les faire coïncider, en identifiant leurs dimensions respectives. Quand il faudra plusieurs données distinctes et indépendantes, la similitude exigera autant de conditions qu'il existera de ces éléments moins un, et chacune d'elles consistera naturellement dans la proportionnalité des lignes considérées, ou dans l'égalité des angles introduits, sauf à lui attribuer ensuite toute autre forme, linéaire ou angulaire, que l'on jugerait préférable, suivant la faculté de transformation expliquée au n° précédent. Alors, en effet, le changement d'échelle ne pourra identifier qu'une seule dimension respective, et les courbes ne seront semblables que si cette première coïncidence entraîne celle de tous les autres éléments, ce qui suppose évidemment l'universelle proportionnalité des longueurs proposées ou l'égalité mutuelle des angles considérés. On voit qu'une telle marche revient, en d'autres termes, à déduire les conditions de la similitude de celles de l'identité, en considérant, d'une part, que le nombre des unes doit toujours être inférieur d'une unité à celui des autres, et, d'une autre part, que les diverses égalités linéaires simultanément prescrites par celles-ci doivent se changer en simples proportionnalités pour celles-là.

Cette méthode subsidiaire ferait aussitôt découvrir la similitude constante, déjà constatée analytiquement, dans les divers cas du cercle, de la parabole, de la cissoïde, etc. : elle nous apprend, en outre, que la même relation s'étendra aux courbes qui dériveraient de ces premières d'une manière déterminée, d'ailleurs quelconque, comme, à l'égard du cercle, la cycloïde, l'épicycloïde, les courbes de Descartes (n° 26), etc. Au contraire, les ellipses ou hyperboles , d'après la définition du n° 19, ne seront semblables qu'autant qu'il y aura proportionnalité entre les deux longueurs, évidemment indépendantes et irréductibles , qui y déterminent la grandeur de la courbe, abstraction faite de la situation. La définition commune des trois sections coniques (n° 23) exigera ainsi, pour la similitude , l'égalité du rapport spécifique correspondant. Envers les définitions de la conchoïde ou des sections toriques, on trouvera , sans plus d'embarras, des résultats analogues.

Les conditions préliminaires propres à garantir le succès de cette méthode subsidiaire sont de la même nature que celles relatives à la méthode correspondante que comporte aussi la théorie du nombre de points déterminant : seulement, ce préambule indispensable est ici plus difficile et plus incertain envers quelques définitions, pareillement antipathiques à ces deux procédés supplémentaires; puisqu'il faut maintenant opérer, en outre, une séparation, souvent délicate, et quelquefois impossible, entre les idées de grandeur et les idées de position. C'est ainsi, par exemple, que les définitions du cercle, soit comme segment capable, soit comme lieu des points dont les distances à deux pôles sont constamment proportionnelles, ne permettraient nullement de constater, par ce moyen, la simi-litude nécessaire de tous les cercles, puisqu'elles semblent exiger deux données distinctes pour déterminer la grandeur de la courbe, quoiqu'une appréciation ultérieure, que l'équation peut seule, en général, diriger sûrement, doive montrer qu'il n'y a d'indispensable, à cet égard, qu'une certaine combinaison unique de ces deux éléments en apparence irréductibles. Mais l'irrécusable évidence des erreurs que pourrait produire, envers des courbes peu étudiées ou trop compliquées, l'application irréfléchie de cette méthode subsidiaire ne saurait altérer son incontestable efficacité dans les cas qui s'y adaptent suffisamment.

CHAPITRE VII.

Théorie des quadratures.

70. Il serait ici superflu de faire expressément ressortir la haute importance générale d'une telle théorie, directement relative aux questions sur la mesure de l'étendue, où réside surtout la destination finale de l'ensemble des études géométriques, dont toutes les autres parties ne constituent, à cet égard, que des préambules indispensables, soit pour préparer la solution effective, soit pour diriger l'application ultérieure. Outre la mesure des aires planes curvilignes, cette théorie comprend, en général, les trois ordres de questions fondamentales désignées sous les dénominations caractéristiques de quadratures, rectifications, et cubatures, expressions très-propres à rappeller la transformation définitive de l'aire proposée en un carré, de la circonférence donnée en une droite, et du volume considéré en un cube, résultat naturel de toute mesure géométrique. Une judicieuse prépondérance du point de vue analytique a conduit les géomètres modernes, ainsi que ce chapitre l'expliquera, à concevoir ces diverses recherches générales comme essentiellement équivalentes, au point de pouvoir rentrer à volonté les unes dans les autres, tandis que la géométrie ancienne n'avait pu saisir entre elles qu'une vague et insuffisante analogie. Mais le titre de cette grande théorie doit cependant rester toujours tiré du problème des quadratures, qui constitue la forme sous laquelle cette commune question est le plus simplement accessible aux procédés analytiques.

De tels problèmes sont aujourd'hui conçus , d'une manière trop exclusive, comme ne pouvant être jamais traités que par l'analyse transcendante. Quoique cette analyse soit, sans doute, indispensable à leur solution dans les cas un peu compliqués, ce n'est point d'elle que dérive réellement l'ébauche , même analytique , de cette théorie générale. On a maintenant trop oublié la phase rapide, mais impérissable , que présente l'histoire de la géométrie moderne depuis la fondation de la géométrie analytique par Descartes jusqu'à la découverte de l'analyse infinitésimale par Leibnitz. Dans ce mémorable intervalle, plusieurs géomètres , et surtout Wallis, ont heureusement concouru à développer et à systématiser de plus en plus la théorie générale des quadratures par les seules ressources de l'analyse ordinaire ; et c'est principalement pour perfectionner ces premiers efforts que le calcul inté gral a été ensuite créé , tandis que le progrès de la théorie des tangentes conduisait au calcul différentiel. Il importe beaucoup que la marche individuelle de l'initiation géométrique reste toujours conforme à cette gradation spontanée du développement historique, en caractérisant ici avec soin les moyens que comporte, à cet égard, l'analyse élémentaire, et qui, quoique plus bornés qu'envers toutes les questions antérieures, sont cependant bien plus étendus qu'on ne le suppose maintenant, sans altérer d'ailleurs cette indispensable exposition par aucune vaine introduction déguisée de l'analyse transcendante.

Pour poser le problème des quadratures sous la forme la mieux accessible à toute analyse, il faut réduire les aires à mesurer au simple trapèze curviligne MPM'P' (*fig.* 43), compris entre deux ordonnées quelconques MP, M'P' et les parties interceptées PP', MM', tant de l'axe, que de la courbe proposée. La quadrature d'un tel espace conduira aisément à celle du segment proprement dit, renfermé entre un arc de la courbe et sa corde, en procédant par soustraction envers le trapèze rectiligne correspondant. Ce segment une fois mesuré, on pourra évaluer, en général, l'aire de tout polygone formé arbitrairement d'arcs de courbes, analogues ou hétérogènes : car, après avoir estimé le polygone rectiligne qui résulterait des cordes de tous ces arcs quelconques, il suffira évidemment d'y ajouter les segments concaves et d'en ôter les segments convexes. Nous pourrons même le plus souvent simplifier encore un peu la forme du problème fondamental, en nous bornant à y carrer le triangle rectangle curviligne AMP, qui conduira au trapèze M′P′MP, en retranchant l'un de l'autre les deux espaces triangulaires relatifs aux deux ordonnées extrêmes.

Cela posé, l'esprit général de la méthode des quadratures, spontanément manifesté par le grand Archimède envers quelques cas caractéristiques, dès le premier essor des hautes spéculations géométriques, consiste à concevoir l'aire curviligne demandée comme la limite vers laquelle tend une certaine aire rectiligne, inscrite ou circonscrite, à mesure que ses parties deviennent indéfiniment plus nombreuses et plus petites; puisque les figures rectilignes sont seules immédiatement appréciables. Si, par exemple, on divise, pour plus de facilité, la base AP′ ou PP′ du segment proposé en n parties égales, et que l'on élève les ordonnées correspondantes $y_1, y_2, y_3,$ etc., en menant ensuite de l'extrémité supérieure de chacune d'elles une parallèle à l'axe prolongée jusqu'à la suivante, on substituera à l'aire AM′P′ ou M′P′MP la somme d'un pareil nombre de rectangles ainsi formés, et la limite de cette somme $\frac{x}{n}(y_1 + y_2 + y_3 \ldots + y)$, quand n augmente à l'infini, déterminera l'aire cherchée. Toute la difficulté d'une telle recherche consiste donc à découvrir, en chaque cas, l'expression de cette limite, pour laquelle les anciens n'ont possédé que des ressources purement spéciales, toujours très-bornées, comme envers leurs autres spéculations géométriques. Du point de vue analytique, on conçoit en général, que cette limite commence constamment par se présenter sous une forme entièrement indéterminée, $0 \times \infty$, $\frac{\infty}{\infty}$, ou tout autre symbole équivalent, lorsqu'on introduit brusquement l'hypothèse de n infini, sans avoir eu suffisamment égard à l'équation proposée. Ainsi, sous cet aspect, la question fondamentale des quadratures est toujours réductible finalement à un simple problème d'analyse, consistant à transformer, d'après la loi des ordonnées envers les abscisses, la fraction $\frac{y_1 + y_2 + y_3 \ldots + y}{n}$ en une autre équivalente, qui ne devienne pas indéterminée pour n infini : de même que nous avons vu la recherche des tangentes se réduire à un problème analogue sur la fraction $\frac{y'' - y'}{x'' - x'}$; seulement la transformation actuelle présente, par sa nature, beaucoup plus d'embarras que l'autre.

L'analyse ordinaire ne peut immédiatement surmonter cette difficulté caractéristique qu'à l'égard des seules courbes, dites *paraboliques*, où une puissance quelconque de l'ordonnée est proportionnelle à une autre puissance quelconque de l'abscisse. Nous supposerons même d'abord que l'une des coordonnées ne se trouve qu'à la première puissance, en sorte que l'équation soit $y = ax^m$. Toutefois, d'après ce cas primordial, l'heureux principe d'extension posé par Wallis nous permettra de procéder ensuite à l'entière solution du problème envers beaucoup d'autres courbes.

Ce cas fondamental peut être traité suivant deux modes très-différents, qu'il faut ici successivement expliquer, l'un plus simple, mais plus borné au fond, l'autre plus difficile, mais beaucoup plus étendu, et seul finalement susceptible d'une vraie généralité.

71. Dans le premier mode, la forme de la solution consiste à chercher le rapport entre les deux segments complémentaires OMP et OMQ (*fig.* 44), reposant sur les deux axes. La connaissance de ce rapport conduira aussitôt à la détermination du segment proposé OMP, puisque la somme des deux segments équivaut au rectangle connu OMPQ, formé par les deux coordonnées extrêmes.

Pour trouver ce rapport, concevons substituée à chaque segment une suite convenable de rectangles, selon la construction ci-dessus indiquée, mais sans fixer encore le mode de succession des sommets intermédiaires M', M'', M''', etc., dont le nombre doit seulement toujours rester indéfini. L'esprit de cette première méthode consiste surtout à profiter d'une telle faculté afin de simplifier l'expression du rapport des deux suites, de telle manière que sa limite devienne distinctement appréciable. En nommant x' et y', x'' et y'', etc., les coordonnées intermédiaires, R et r, R' et r', etc., les deux sortes de rectangles partiels, le premier rapport élémentaire sera évidemment exprimé par la formule $\dfrac{R}{r} = \dfrac{y'\,(x-x')}{x'\,(y-y')}$. Si, d'après l'équation proposée $y = a x^m$, on y élimine les ordonnées, elle devient d'abord $\dfrac{R}{r} = \dfrac{x'^{m-1}\,(x-x')}{x^m - x'^m}$. Or, la nature de la question exige évidemment la suppression du facteur commun $x - x'$, qui, s'annulant à la limite, laisserait indéterminé le rapport partiel, et par suite le rapport total. Après l'avoir ôté, on a

$$\frac{R}{r} = \frac{1}{\left(\dfrac{x}{x'}\right)^{m-1} + \left(\dfrac{x}{x'}\right)^{m-2} + \cdots + \left(\dfrac{x}{x'}\right) + 1.}$$

Les autres rapports partiels $\dfrac{R'}{r'}$, $\dfrac{R''}{r''}$, etc., seraient exprimés par des formules analogues, procédant pareillement selon les puissances de $\dfrac{x'}{x''}$, $\dfrac{x''}{x'''}$, etc. Pour en déduire le rapport total $\dfrac{R + R' + R'' + \text{etc.}}{r + r' + r'' + \text{etc.}}$, il faut remarquer, et c'est en cela que consiste l'artifice fondamental de cette première méthode, que sa formation deviendrait très-simple si ces divers rapports élémentaires pouvaient devenir égaux entre eux, puisque le rapport des sommes coïnciderait alors avec celui des parties. Or, cette égalité est ici pleinement facultative, comme exigeant seulement la relation $\dfrac{x}{x'} = \dfrac{x'}{x''} = \dfrac{x''}{x'''}$, etc. ; ce qui revient à distribuer tellement les points intermédiaires M', M'', M''', etc., que leurs abscisses, et par suite leurs ordonnées aussi, décroissent en progression géométrique, sans fixer d'ailleurs la raison q de cette progression, de manière à pouvoir multiplier indéfiniment ces sommets, en rapprochant q de l'unité, qui constitue sa limite. Dans cette hypothèse, on a donc

$$\frac{R + R' + R'' + \text{etc.}}{r + r' + r'' + \text{etc.}} = \frac{1}{q^{m-1} + q^{m-2} + q^{m-3} \ldots\ldots + q + 1}.$$

En passant à la limite, où $q = 1$, il en résulte aussitôt, pour le rapport cherché des deux segments OMP et OMQ, la formule $\dfrac{S}{s} = \dfrac{1}{m}$, qui, d'après leur somme évidente, conduit finalement à la loi géométrique $S = \dfrac{1}{m+1}\, xy$, d'où dériverait immédiatement la quadrature graphique, et ensuite à la loi analytique $S = \dfrac{ax^{m+1}}{m+1}$, sur laquelle il importe davantage d'arrêter notre attention. On y voit que, pour déduire, de la fonction relative à l'ordonnée, celle qui exprime l'aire, il suffit ici d'augmenter d'une unité l'exposant de la première et de la diviser par cet exposant ainsi augmenté. Cette opération algébrique étant précisément l'inverse de celle qu'exigerait la formation de la fonction dérivée proprement dite, on peut donc finalement rédiger cette loi analytique des quadratures sous cette forme plus concise : la fonction relative à l'ordonnée est la dérivée de celle relative à l'aire. L'analyse transcendante montre d'ailleurs qu'un tel énoncé ne constitue pas seulement, comme nous devons le penser d'abord, un mode plus succinct d'exprimer le résultat algébrique de la solution actuelle, mais qu'il renferme directement l'expression la plus générale de la loi fondamentale des quadratures, qui, dans une courbe quelconque, consiste, en effet, en ce que l'ordonnée est toujours la dérivée de l'aire.

Tout lecteur judicieux a sans doute déjà senti spontanément, dans l'exposition précédente, l'analogie remarquable que présente cette première méthode élémentaire des quadratures avec ·la première méthode élémentaire des tangentes, de manière à saisir une véritable affinité analytique entre les deux principales de nos théories générales, qui, en effet, ne peuvent l'une et l'autre être convenablement généralisées que d'après une intervention, essentiellement équivalente, quoique très-distincte, de l'analyse infinitésimale. Outre la conformité fondamentale, ci-dessus indiquée, entre les deux problèmes analytiques correspondants, on voit que l'élaboration algébrique repose pareillement sur la division de $a^m - b^m$ par $a - b$, et que les deux résultats s'accordent naturellement à introduire en géométrie, suivant deux voies différentes, la grande considération des dérivées.

Afin d'étendre, autant que possible, cette première méthode, il faut maintenant expliquer la modification algébrique d'après laquelle le même artifice géométrique permet d'aborder avec autant de succès le cas plus général de l'équation $y^m = a x^n$, les deux exposants y étant entiers et positifs, mais d'ailleurs quelconques. En y dégageant l'ordonnée, le rapport élémentaire $\dfrac{R}{r}$ devient alors

$$\frac{R}{r} = \frac{a^{\frac{1}{m}} x'^{\frac{n}{m}} (x - x')}{x' \left(a^{\frac{1}{m}} x^{\frac{n}{m}} - a^{\frac{1}{m}} x'^{\frac{n}{m}} \right)}.$$

La seule difficulté nouvelle consiste ici dans l'impossibilité immédiate d'enlever le facteur qui, à la limite, annule simultanément les deux termes de cette fraction. Or, un tel embarras se dissipe aisément d'après une simple préparation algébrique, qui consiste à se défaire des exposants fractionnaires, suivant l'expédient ordinaire, en posant $x = t^m$, $x' = t'^m$, sans qu'il faille d'ailleurs se préoccuper du sens géométrique des variables auxiliaires t et t', qui vont prochainement disparaître. Cette transformation donne aussitôt la formule

$$\frac{R}{r} = \frac{t'^n (t^m - t'^m)}{t'^m (t^n - t'^n)},$$

où l'on peut dès lors enlever, comme ci-dessus, le facteur vicieux $t - t'$, d'où

$$\frac{R}{r} = \frac{t'^n (t^{m-1} + t^{m-2} t' + \ldots + t'^{m-1})}{t'^m (t^{n-1} + t^{n-2} t' \ldots + t'^{n-1})}.$$

Cette expression ne dépend, au fond, ainsi que dans le premier cas, que du rapport $\dfrac{t}{t'}$, suivant la loi

$$\frac{R}{r} = \frac{\left(\dfrac{t}{t'}\right)^{m-1} + \left(\dfrac{t}{t'}\right)^{m-2} + \ldots + 1}{\left(\dfrac{t}{t'}\right)^{n-1} + \left(\dfrac{t}{t'}\right)^{n-2} + \ldots + 1}.$$

D'après une telle préparation, les rapports partiels deviendront encore égaux, si l'on suppose $\dfrac{t'}{t} = \dfrac{t''}{t'} = \dfrac{t'''}{t''}$, etc., ce qui revient, de même qu'auparavant, à faire décroître les coordonnées intermédiaires en progression géométrique. On aura donc, pour le rapport total, l'expression

$$\frac{R + R' + R'' +, \text{ etc.}}{r + r' + r'' +, \text{ etc.}} = \frac{q^{m-1} + q^{m-2} + \ldots + 1}{q^{n-1} + q^{n-2} + \ldots + 1},$$

qui, à la limite, donne $\dfrac{S}{s} = \dfrac{m}{n}$, d'où il résulte, géométriquement, $S = \dfrac{m}{m+n}\, xy$, ce qui conduit aussi commodément que ci-dessus à la quadrature graphique, et ensuite analytiquement $S = \dfrac{a^{\frac{1}{m}}\, x^{\frac{n}{m}+1}}{\dfrac{n}{m}+1}$. Ce dernier résultat montre clairement que la loi de formation algébrique d'abord établie sur l'équation $y = ax^m$, pour y passer de l'ordonnée à l'aire, s'étend exactement à l'équation $y^m = ax^n$, en mettant celle-ci sous la même forme à l'aide des exposants fractionnaires, envers lesquels on opérerait comme s'ils étaient entiers. Ainsi les deux cas de quadrature auxquels cette première méthode est immédiatement applicable aboutissent finalement à un même énoncé analytique.

72. La seconde méthode consiste à traiter directement la question analytique qu'introduit naturellement le problème des quadratures, suivant la formule générale $S = x\left(\dfrac{y_1 + y_2 + y_3 \ldots + y}{n}\right)$ (n° 70), en cherchant l'expression de la somme des valeurs que prend la fonction relative à l'ordonnée pour une suite de valeurs $\dfrac{x}{n}$, $2\,\dfrac{x}{n}$, $3\,\dfrac{x}{n}, \ldots n\,\dfrac{x}{n}$, de la variable : ce qui équivaudra,

dans chaque cas, à la sommation d'une certaine suite de nombres. Sous cet aspect, la sommation des suites acquiert aussitôt une haute importance géométrique, puisque, dès qu'on est parvenu à sommer une suite quelconque, on en peut déduire immédiatement la quadrature d'une certaine courbe. Malheureusement nos connaissances à ce sujet sont, même aujourd'hui, et seront nécessairement toujours fort imparfaites, d'après la grande difficulté que présente ce genre de spéculations analytiques, quand on s'écarte des plus simples progressions. Aussi le principal vice de cette marche, éminemment naturelle et pleinement générale, qui fut essentiellement celle de Wallis et de ses contemporains, consiste-t-il à exiger inutilement la recherche complète d'une telle sommation, quoique son expression totale ne doive pas influer sur le résultat demandé, puisque la plupart des termes disparaîtront à la limite, sans que néanmoins nous puissions actuellement dégager les seuls qui doivent réellement affecter cette limite, qui constitue pourtant l'unique objet du problème des quadratures. Le privilége essentiel de l'analyse transcendante, consiste, à cet égard, à aborder directement la détermination exclusive d'une telle limite, abstraction faite de la sommation effective, qui présente beaucoup plus de difficultés, et qui n'est vraiment accessible qu'en un bien plus petit nombre de cas. Mais ici nous devons accepter la question avec toutes les complications superflues qu'elle présente naturellement, et apprécier ainsi les ressources que comporte, à cet égard, l'analyse la plus élémentaire envers les courbes de l'espèce $y = ax^m$, où m est entier et positif; sauf toutefois à écarter, dans l'exposition, l'inutile développement des termes de la formule sommatoire qui se montreraient évidemment dépourvus de toute influence sur la limite cherchée.

Dans ce cas, on a $S = ax^{m+1} \left(\dfrac{1 + 2^m + 3^m + 4^m \ldots + n^m}{n^{m+1}} \right),$

et la question consiste à sommer les $m^{èmes}$ puissances des nombres naturels 1, 2, 3.....n; afin de comparer cette somme à n^{m+1}, pour prendre la valeur de ce rapport quand n est infini. Quoique cette recherche algébrique n'exige réellement rien au delà des premiers éléments d'algébre, on n'a pas coutume encore de l'y traiter; en sorte que, si je ne l'expliquais ici succinctement, je craindrais de n'être point assez compris du lecteur qui n'aurait strictement reçu que le degré précis de préparation analytique proclamé d'abord indispensable à l'étude de ce traité.

Pour déterminer, en général, la somme des $m^{èmes}$ puissances d'une suite de n nombres $a, b, c,.....k, l$, en progression arithmétique, dont la raison est r, il suffit d'élever à la puissance $m+1$ chacune des relations caractéristiques

$$b = a + r, \; c = b + r,.....l = k + r,$$

qui définissent la progression, et d'ajouter ensuite tous ces développements. Car, en désignant par $S_{m+1}, S_m, S_{m-1}....S_2, S_1$, la somme des termes proposés élevés chacun à la puissance que marque l'indice, on aura ainsi, après avoir ôté S_{m+1} commun aux deux membres, une relation fondamentale

$$l^{m+1} - a^{m+1} - (n-1)\, r^{m+1} = (m+1)\, r (S_m - l^m) + \frac{(m+1)m}{1.2}\, r^2$$

$$(S_{m+1} - l^{m-1}) + \frac{(m+1)m(m-1)}{1.2.3} (S_{m-2} - l^{m-2}) + \text{etc.}$$

entre la somme cherchée et toutes les sommes analogues relatives aux puissances antérieures. Si donc on part de S_1, déjà connu, ou même de S_0, dont la valeur est immédiate, on pourra former ainsi successivement les expressions de S_2, S_3, etc., jusqu'à telle puissance qu'on voudra. Dans la progression considérée ici 1, 2, 3, 4.....n, cette relation se simplifie et devient

$$n^{m+1} - n = (m+1)\, (S_m - n^m) + \frac{(m+1)m}{1.2} (S_{m-1} - n^{m-1})$$

$$+ \frac{(m+1)m(m-1)}{1.2.3.} (S_{m-2} - n^{m-2}) + \text{etc.}$$

Quoique ce moyen pût certainement conduire à sommer des puissances spéciales même très-élevées, il serait difficile d'en induire la loi générale propre à un exposant m indéterminé. Mais, en réfléchissant à la destination actuelle d'une telle sommation, nous y pouvons aisément saisir la seule partie qui puisse influer sur la quadrature proposée. Car, soit par la nature de la question, soit même d'après la relation précédente, il est d'abord facile de sentir que S_m sera une fonction de n du degré $m+1$. Or, comme nous devons la comparer à n^{m+1}, il est clair que le seul terme de cette formule qui doive réellement affecter la limite cherchée est celui du plus haut degré, puisque toutes les autres parties du rapport s'annuleront pour n infini, en tant que contenant finalement n en dénominateur. La question algébrique étant ainsi réduite à la recherche de ce terme unique, la relation précédente le montre évidemment égal à $\dfrac{n^{m+1}}{m+1}$; en sorte que la limite du rapport $\dfrac{S_m}{n^{m+1}}$ sera certainement $\dfrac{1}{m+1}$: d'où il résulte, relativement à notre quadrature, la formule $S = \dfrac{a x^{m+1}}{m+1}$, conformément à la première méthode (*).

73. Après avoir établi, par l'une ou l'autre des deux méthodes précédentes, la quadrature des courbes paraboliques, l'analyse ordinaire peut déduire, de ce cas fondamental, beaucoup d'autres quadratures, à l'aide du lumineux principe dû à Wallis sur la réduction des polynomes aux monomes. Ce principe évident consiste en ce que, si l'ordonnée de la courbe proposée

---

est décomposable en plusieurs autres, suivant la loi constante,

$$y = y' + y'' - y''',$$

on aura, envers les aires correspondantes aux ordonnées partielles, la même relation à l'aire totale $S = S' + S'' - S'''$, pourvu que tous ces segments soient d'ailleurs estimés entre les mêmes limites latérales : en sorte que quand ces ordonnées auxiliaires appartiendront à des courbes déjà quarrables, il en résultera aussitôt, sans aucun effort, la quadrature de la courbe proposée. En effet, les rectangles de même base étant proportionnels à leurs hauteurs, on conçoit que cette subordination existe d'abord entre les rectangles élémentaires, par suite entre les sommes respectives d'un pareil nombre quelconque de ces divers éléments, et enfin entre les limites correspondantes à ces sommes. On pourrait dire, plus généralement, que si la relation de la courbe composée aux courbes simples contenait aussi des coefficients constants, comme $y = ay' + by'' - cy'''$, la même dépendance existerait encore entre les aires convenables

$$S = aS' + bS'' - cS'''.$$

D'après cet important principe, évidemment applicable à un nombre quelconque de parties, la quadrature des courbes paraboliques conduit aussitôt à celle de toutes les courbes où l'ordonnée serait composée d'une somme de puissances de l'abscisse, sans excepter d'ailleurs le cas des exposants fractionnaires, auxquels la règle primitive a été étendue au n° 71. En attribuant à ce principe toute son extension logique, jusqu'à l'appliquer à une infinité de termes, nous pourrions même en déduire déjà, sous une certaine forme, à la vérité très-imparfaite, la quadrature de toutes les courbes algébriques, au moins quand l'ordonnée y peut être dégagée. Car, à quelque fonction algébrique qu'une telle résolution ait donné lieu, on pourra toujours, soit par division ou par extraction, suivant qu'elle sera fractionnaire ou irrationnelle, la transformer en une série indéfinie plus ou moins régulière, procédant selon les puissances positives, et même entières, de l'abscisse ; de façon à pouvoir ensuite, d'après le principe de Wallis, en déduire, suivant la quadrature primordiale, une autre série relative à l'aire cherchée. Les moyens plus perfectionnés que de plus complètes connaissances algébriques fournissent pour cette transformation analytique pourront d'ailleurs faciliter beaucoup une telle opération, en faisant mieux saisir la loi de chaque série. Enfin, si l'on considère que les fonctions transcendantes elles-mêmes sont aussi susceptibles d'un pareil développement, on concevra que l'usage convenable du principe de Wallis peut conduire, à cet égard, l'analyse ordinaire jusqu'à exprimer en série l'aire d'une courbe quelconque. Quoiqu'une telle expression soit sans doute peu satisfaisante, il faut s'accoutumer dès ce moment à regarder cet expédient comme souvent indispensable, non-seulement à l'analyse ordinaire, mais encore à l'analyse transcendante, qui, en multipliant beaucoup les cas où la loi de quadrature est assignable en termes finis, ne pourra cependant jamais aborder que d'après les séries la plupart des questions de ce genre.

Le plus heureux usage que puisse comporter cette introduction des séries, consiste à n'y voir qu'un simple intermédiaire pour mieux découvrir la formule finie, lorsque la série obtenue ne présente que le développement d'une fonction déjà connue. Bien que ces cas doivent être fort rares, nous en pouvons citer ici un exemple important, qui va procurer une nouvelle extension à notre règle primordiale de quadrature, et, par suite aussi, ouvrir de nouvelles voies à l'emploi ultérieur des séries, en y permettant l'admission des exposants négatifs. Soit à quarrer la courbe $y = ax^{-m}$, envers laquelle il convient de modifier un peu la position antérieure de la question, en évitant de compter l'aire à partir de $x = 0$, qui rend alors y infini : nous supposerons donc que le segment commence, par exemple, à $x = 1$. Toutefois, afin de ne pas changer les habitudes antérieures, où les règles algébriques de quadrature se rapportent toujours à une aire partant de l'axe des y, il faudra transporter cet axe à la position correspondante à cette abscisse initiale ; ce qui se réduit à changer, dans l'équation proposée, x en $1 + x$. On a alors $y = a\,(1 + x)^{-m}$; et, en développant suivant la loi du binôme,

$$y = a\left(1 - mx + \frac{m\,(m+1)}{1.2}\,x^2 - \frac{m\,(m+1)\,(m+2)}{1.2.3}\,x^3 + \text{etc.}\right).$$

En opérant la quadrature, d'après le principe de Wallis, on trouve la série

$$S = a\left(x - \frac{m}{2}\,x^2 + \frac{m\,(m+1)}{1.2.3}\,x^3 - \frac{m\,(m+1)\,(m+2)}{1.2.3.4}\,x^4 + \text{etc.}\right).$$

Or, en la considérant avec attention, il est aisé d'y reconnaître le développement de $(1+x)^{-m+1}$, où l'on aurait ôté le premier terme 1, et ensuite le facteur $-m+1$. Il en résulte donc une expression finie de l'aire cherchée, qui, en revenant à l'ancienne origine des abscisses, se trouve enfin représentée par la formule

$$S = \frac{a\,(x^{-m+1} - 1)}{-m+1}.$$

Eu égard à l'origine actuelle des aires, ce résultat consiste évidemment à étendre aux exposants négatifs la règle de quadrature précédemment démontrée envers l'équation $y = a x^{m}$, quand m était supposé positif.

74. Telles sont les ressources essentielles que présente réellement l'analyse ordinaire pour aborder, à un certain degré, la théorie des quadratures proprement dites, en évitant d'y exagérer puérilement sa portée effective par une vaine imitation,

plus ou moins dissimulée, des procédés vraiment émanés de l'analyse transcendante. Il faut maintenant expliquer successivement les divers rapprochements fondamentaux qui étendent beaucoup l'utilité géométrique des moyens analytiques quelconques relatifs à la mesure des aires, en permettant d'y ramener aussi la mesure des longueurs et celle des volumes.

La manifestation définitive de ces relations nécessaires constitua, vers le milieu de l'avant-dernier siècle, l'un des premiers résultats naturels de l'heureuse révolution que Descartes venait d'opérer dans le système des spéculations géométriques, en y faisant convenablement prévaloir les conceptions analytiques, qui ont permis une généralisation auparavant impossible. Aussi ces importantes relations vont-elles ici s'établir avec toute la généralité désirable, sans exiger aucunement l'analyse transcendante, qu'on y croit mal à propos indispensable aujourd'hui, quoique sa création ait été historiquement très-postérieure à leur découverte.

Considérons d'abord la rectification des courbes planes. La marche générale de la solution s'y présente aussitôt comme évidemment analogue à celle du problème des quadratures, puisque la difficulté consistera ici à discerner la limite de la somme des éléments rectilignes, tels que mm' (*fig.* 45), composant le polygone inscrit que l'on substitue à l'arc proposé, M'M, compris entre les ordonnées M'P' et MP. Mais un examen plus approfondi montre aisément que l'on peut établir, sous le rapport analytique, une véritable identité entre les deux recherches, en ramenant la rectification d'une courbe quelconque à la quadrature d'une autre, liée à la première suivant une loi constante. Il suffit pour cela de chercher l'expression générale de l'élément curviligne d'après l'élément pp' ou mn de l'abscisse. En nommant α l'angle $m'mn$, qui, à la limite, devient évidemment l'inclinaison de la tangente en m sur l'axe, on aura

$m\,m' = h$ séc α. Or, cette formule permet d'envisager l'élément linéaire proposé comme numériquement équivalent à l'élément superficiel d'une certaine courbe auxiliaire K'K dont l'ordonnée serait représentée par la fonction qui, envers la courbe donnée, indique la sécante de l'inclinaison de la tangente, en sorte que l'on pourra déduire son équation, d'après la règle des tangentes, de celle de la courbe proposée, suivant la loi $y = \sqrt{1 + (f'(x))^2}$, si $y = f(x)$ est l'équation primitive. Une telle assimilation élémentaire détermine la même relation entre les sommes d'un pareil nombre d'élèments respectifs, et par suite entre les limites de ces sommes. Ainsi l'arc cherché M'M équivaudra numériquement au segment K'P'KP. Si donc la quadrature de la courbe auxiliaire est accessible aux méthodes connues, elle fournira aussitôt la rectification de la courbe proposée.

Qu'il s'agisse, par exemple, de rectifier le cercle $y^2 + x^2 = r^2$. On aura ici tang $\alpha = -\dfrac{x}{y}$, et dès lors la courbe auxiliaire, suivant la loi précédente $z = $ séc α, aura pour équation $z = \dfrac{r}{\sqrt{r^2 - x^2}}$.

Cette courbe du quatrième degré n'étant pas actuellement quarrable par nos méthodes, si ce n'est en série, la question proposée ne comporte maintenant qu'une pareille solution.

L'extrême imperfection où nous avons dû laisser ci-dessus la théorie des quadratures proprement dites nous permettrait rarement d'accomplir ainsi les rectifications, vu la trop grande complication que la nature de cette loi de transformation devra communément introduire dans l'équation de la courbe auxiliaire, même d'après une très-simple équation primitive. Mais le problème des rectifications doit être, en général, réputé plus difficile que celui des quadratures, et beaucoup moins souvent susceptible d'une solution satisfaisante, avec quelques moyens analytiques qu'on puisse l'aborder.

Je dois pourtant citer ici un exemple remarquable, où, par une compensation analytique éminemment exceptionnelle, la courbe auxiliaire devient réellement plus simple que la courbe proposée : c'est celui de la courbe $y^2 = x^3$, où l'on trouve, pour la courbe auxiliaire, l'équation $z = \sqrt{1 + \dfrac{9}{4}\,x}$, qui, mise sous la forme $z^2 = \dfrac{9}{4}\left(x + \dfrac{4}{9}\right)$ indique évidemment une parabole aisément quarrable d'après la règle élémentaire du n° 71, assignant au segment les $\frac{2}{3}$ de l'aire du rectangle des coordonnées extrêmes. On doit seulement remarquer, à ce sujet, que la parabole actuelle a son sommet à $\frac{4}{9}$ en arrière de l'axe des y, à partir duquel cette règle estime l'aire, et d'où nous voulons aussi compter l'arc cherché : il faudra donc, de l'expression habituelle du segment variable, retrancher maintenant celle du segment fixe qui s'étend de ce sommet à cet axe; ce qui donnera finalement pour la rectification proposée, la formule

$$s = \left(x + \frac{4}{9}\right)\sqrt{x + \frac{4}{9}} - \frac{8}{27}.$$

75. En passant maintenant à la mesure des volumes, nous devons ici, pour ne pas sortir réellement de la géométrie plane, considérer seulement les corps engendrés par la révolution d'une courbe plane autour d'un axe situé dans son plan. Après les corps cylindriques et coniques, dont la mesure résulte immédiatement de celle des prismes et des pyramides, ces corps ronds constituent le cas le plus simple et aussi le plus usuel : sa juste appréciation générale suffit d'ailleurs à caractériser nettement le véritable esprit de la méthode fondamentale des cubatures, quoiqu'on puisse s'y borner, comme envers les quadratures et les rectifications, à une seule décomposition

élémentaire ; tandis que les volumes les plus compliqués exigeraient deux décompositions consécutives afin de se résoudre en éléments directement évaluables.

Proposons-nous donc de mesurer le volume produit par le segment curviligne quelconque M'MPP' (*fig.* 46), tournant autour de l'axe des x. Les éléments naturels de ce corps seraient d'abord les troncs de cône résultés des trapèzes élémentaires dont l'aire génératrice est immédiatement formée. Mais de même que, à chacun de ces trapèzes $mm'p'p$, on peut substituer le rectangle correspondant $mnp'p$, un motif semblable autorise également à remplacer ces éléments coniques par les simples cylindres qu'engendreraient ces rectangles ; puisque chaque tronc de cône est évidemment compris entre deux cylindres, un extérieur et l'autre intérieur, qui, à la limite, coïncident exactement, comme les rectangles générateurs $m'qpp'$ et $mnp'p$. D'après cela, l'élément du volume cherché aura pour mesure $\pi y^2 h$. Or, en omettant le facteur constant π, cette expression peut être attribuée à l'élément superficiel d'une courbe auxiliaire G'G dont l'ordonnée correspondrait au carré de la fonction de l'abscisse qui représente l'ordonnée de la courbe donnée. Ainsi, en raisonnant comme au n° précédent, on reconnaîtra, sans aucune difficulté, que la quadrature de cette nouvelle courbe, entre les limites proposées, représentera numériquement la cubature demandée, pourvu que le résultat en soit finalement multiplié par le rapport connu de la circonférence au diamètre. La loi $z = y^2$, suivant laquelle la courbe auxiliaire dérive ici de la courbe donnée, montre clairement que cette seconde extension fondamentale de la théorie des quadratures est plus favorable que la précédente ; puisque la quadrature finale doit être alors bien plus souvent accessible à nos méthodes actuelles, d'après la simplicité comparative de la nouvelle équation.

Supposons, par exemple, qu'il s'agisse d'obtenir ainsi la mesure du segment sphérique, en partant de l'équation $y^2 + x^2 = r^2$ du cercle générateur. Dans ce cas, la courbe auxiliaire est une simple parabole $z = r^2 - x^2$, aisément quarrable suivant notre règle élémentaire, et qui donne $S = r^2 x - \dfrac{x^3}{3}$, d'où il résulte, pour le volume cherché, la formule $V = \pi \left(r^2 x - \dfrac{x^3}{3} \right)$, où le segment est naturellement compté du centre, et qui conduirait aisément à l'expression du segment compté de la surface. Au reste, celui-ci s'obtiendrait directement en représentant le cercle générateur par l'équation $y^2 = 2rx - x^2$, d'où la même méthode déduirait, sans plus d'embarras, la formule $V = \pi x^2 \left(r - \dfrac{1}{3} x \right)$. Chacune de ces formules, d'après l'hypothèse $x = r$, déterminerait l'hémisphère, de manière à reproduire spontanément, pour la sphère totale, l'expression élémentaire $\dfrac{4}{3} \pi r^3$, dont la démonstration pourrait logiquement être ajournée jusqu'à ce degré actuel de l'initiation mathématique, quoiqu'il convienne d'ailleurs, à tous égards, de maintenir l'usage de faire connaître beaucoup plus tôt un tel résultat géométrique.

Considérons encore le cas du tore, engendré par la révolution du cercle ABDE (*fig.* 47), dont le centre C est sur l'axe des y, autour de l'axe des x. L'équation du cercle est alors $(y - b)^2 + x^2 = r^2$, et il en résulte, pour la courbe auxiliaire, l'équation

$$z = b^2 + r^2 - x^2 \pm 2b \sqrt{r^2 - x^2},$$

où le double signe correspond à la duplicité actuelle des ordonnées MP et M'P relatives à une même abscisse. Il importe ici de sentir que, si on appliquait aveuglément la règle ordinaire à l'une ou à l'autre de ces deux fonctions, on n'obtiendrait pas, en étendant le résultat aux limites horizontales du corps proposé, la vraie mesure du tore, mais celle seulement ou du corps produit par l'espace circulaire concave HADBK, d'après la première, ou de celui que produirait l'aire convexe HAEBK : un instant de réflexion directe sur l'origine de la relation fondamentale suffira pour le faire bien comprendre au lecteur. Or, le tore étant évidemment équivalent à la différence de ces deux volumes, on voit qu'il faut maintenant quarrer séparément les deux courbes auxiliaires, et ensuite retrancher le second résultat du premier. Dans cette soustraction, les termes communs, d'ailleurs aisément quarrables, devraient disparaître, en sorte qu'il serait superflu de s'en occuper : au contraire, les termes distincts se doubleront, d'après l'opposition des signes, et tout se réduira finalement, selon le principe de Wallis, à quarrer la courbe $z = \sqrt{r^2 - x^2}$, sauf à multiplier le résultat par $4b$, outre le facteur habituel π en dernier lieu. Nous ne pourrions maintenant opérer qu'en série cette quadrature définitive, qui est évidemment celle du cercle générateur, s'il s'agissait d'un segment torique quelconque. Mais, envers le tore entier, le résultat en est déjà connu, suivant la règle élémentaire relative à l'aire du cercle, et qu'il faudra ici appliquer au demi-cercle. On trouvera ainsi la formule finale $V = 2\pi^2 b r^2$, parfaitement conforme à la loi générale de Guldin sur la mesure de tout corps rond par le produit de l'aire génératrice et de la circonférence que décrit son centre de gravité.

Un tel exemple méritait ici une appréciation spéciale, comme propre à caractériser la manière dont il faudra modifier la méthode fondamentale quand la figure proposée, au lieu de s'étendre inférieurement jusqu'à l'axe, suivant notre hypothèse ordinaire, sera circonscrite entre les deux parties d'une même courbe, ou d'ailleurs entre deux courbes distinctes, dont les ordonnées, différeraient d'après un mode analytique quelconque, au lieu de n'être distinguées que par le signe d'un radical.

76. Procédons enfin à la dernière extension générale de notre théorie des quadratures, en l'appliquant à la mesure de la surface courbe qui entoure les corps ronds que nous venons de cuber. On est alors obligé de conserver les éléments coniques engendrés par les côtés élémentaires mm' (*fig.* 46) de la courbe donnée, sans pouvoir aucunement leur substituer les éléments cylindriques correspondants aux parallèles $m'n$ ou $m'q$, entre lesquelles l'élément naturel n'est plus compris. Un élément quelconque de l'aire cherchée sera donc ici mesuré par $2\pi hy$ séc α, en ayant égard à l'expression du n° 74 pour le côté mm', α désignant toujours l'inclinaison de la tangente sur l'axe. D'après une telle formule, une marche semblable à celle déjà employée envers les deux autres extensions fondamentales, conduit aisément à reconnaître que la quadrature de la surface courbe proposée se réduit à celle de l'aire plane correspondante à une courbe auxiliaire dont l'équation se déduirait de celle de la courbe donnée suivant la loi $z = y$ séc α : il faudra seulement multiplier cette aire par le facteur constant 2π.

La loi de transformation générale est ici plus compliquée qu'en aucun autre cas; par suite, cette troisième classe de recherches doit être finalement regardée comme la moins accessible à nos méthodes actuelles, et même aux moyens plus parfaits que fournit l'analyse transcendante. Je ne puis guère citer ici d'autre cas intéressant où elle devienne complétement applicable que celui de la sphère, où, par une compensation éminemment exceptionnelle, les radicaux propres aux deux facteurs y et séc α, au lieu de se combiner, comme de coutume, se détruisent mutuellement; en sorte que, contre l'usage normal, la ligne auxiliaire se trouve alors plus simple que la ligne donnée. En partant de l'équation $y^2 = 2\,rx - x^2$, afin d'obtenir naturellement la zone à une seule base, ou trouve séc $\alpha = \dfrac{r}{y}$; ainsi la ligne auxiliaire est ici $z = r$, c'est-à-dire une simple parallèle à l'axe : il en résulte, suivant nos règles, la formule $S = 2\,\pi\,rx$, parfaitement conforme à la loi connue.

Dans le cas du tore (*fig.* 47), on trouverait aisément, d'après la même équation qu'au numéro précédent, la courbe auxiliaire

$$z = \frac{br}{\sqrt{r^2 - x^2}} \pm r.$$

En étendant sa quadrature jusqu'aux limites horizontales du tore entier, le signe supérieur correspondrait à l'aire résultée de la demi-circonférence concave ADB, et le signe inférieur à celle qu'engendrerait la demi-circonférence convexe AEB. L'aire cherchée dépendra donc de la somme des deux quadratures, sur laquelle le terme distinct $\pm r$ ne saurait influer, en sorte que tout se réduit à doubler le résultat correspondant à l'équa-tion $z = \dfrac{br}{\sqrt{r^2 - x^2}}$. Or, quoiqu'elle échappe directement à *nos* méthodes élémentaires, sauf le recours aux séries, il est aisé de sentir que, en y omettant le facteur b, cette quadrature coïncide avec celle qu'a exigée, au n° 74, la rectification du cercle, laquelle nous est déjà connue envers la circonférence totale, qui se rapporte ici à l'ensemble du tore. D'après cet utile rapprochement, on trouve aisément la formule finale $S = 4\,\pi^2 br$; conformément à la seconde partie de la loi de Guldin sur la quadrature de tout corps rond suivant le produit du contour générateur par la circonférence que décrit son centre de gravité. Il ne faut pas négliger d'ailleurs de remar--

quer, au sujet d'une telle solution, cet exemple évident de l'efficacité naturelle, même spéciale, du point de vue analytique pour le perfectionnement des diverses notions géométriques à l'aide des nouvelles liaisons abstraites qu'il établit entre elles, et qui permettent de faire souvent rentrer les unes dans les autres des questions qui devaient d'abord sembler hétérogènes.

TROISIÈME PARTIE.

DISCUSSION GÉOMÉTRIQUE DES ÉQUATIONS *ALGÉBRIQUES*
A DEUX VARIABLES.

CHAPITRE PREMIER.

Considérations générales.

77. A la manière dont jusqu'ici on s'est borné à concevoir cette partie essentielle de la géométrie plane, elle constitue seulement l'application générale de l'ensemble des méthodes que nous venons d'établir à la détermination caractéristique de la vraie figure d'une courbe d'après son équation. Sans exiger proprement aucun nouveau principe, cette partie ne se distinguera ainsi de la précédente que par la combinaison spontanée et continue des diverses théories qui ont été ci-dessus considérées séparément, et qu'il faut maintenant faire concourir à l'appréciation progressive des formes correspondantes aux différentes équations, en apprenant surtout à perfectionner les unes par les autres ces indications distinctes, qui pourront souvent se suppléer mutuellement. C'est dans le sentiment familier d'une telle solidarité générale que consiste la principale utilité de cette nouvelle étude, communément très-imparfaite, et à défaut de laquelle on ne saurait pourtant obtenir qu'une insuffisante manifestation du véritable esprit de la géométrie analytique.

Pour caractériser d'abord convenablement la marche fondamentale que doit toujours suivre la discussion géométrique des équations, il y faut distinguer ici deux degrés essentiels nécessairement consécutifs, l'un relatif à l'ordonnée, l'autre à la tangente. Le premier degré, base indispensable de l'ensemble de la discussion, consiste surtout, non à examiner minutieusement quelques points particuliers, comme on a coutume de le faire presque au hasard, mais à saisir nettement le mode général de variation de l'ordonnée d'après l'abscisse. Cette appréciation se compose essentiellement de deux parties successives, l'une où l'on détermine d'abord entre quels intervalles l'ordonnée sera réelle, l'autre où l'on discute ensuite en quel sens et avec quel signe varie sa grandeur pour chaque intervalle de réalité, sans plus s'occuper de ceux où elle devient imaginaire. On connaît ainsi, en premier lieu, si la courbe est limitée ou illimitée, continue ou discontinue; en second lieu, si elle est ascendante ou descendante, et si elle traverse ou non les axes coordonnés. Chacune de ces deux parties de la discussion fondamentale de l'ordonnée donne lieu d'ailleurs le plus souvent à un complément naturel, consistant à déterminer, autant que possible, les points particuliers où s'opèrent ces différents passages de la réalité à l'imaginarité, de l'ascension à la descente, d'un côté de l'axe à l'autre côté. Il convient alors de résumer l'ensemble de cette première appréciation par la figure la plus simple qui puisse convenablement satisfaire aux divers renseignements ainsi obtenus; suivant l'important précepte logique, mentionné dans la première partie de ce traité, sur la nécessité d'introduire le plus promptement possible une hypothèse propre à lier tous les documents déjà recueillis, sauf à la modifier ensuite d'après de nouvelles informations.

Quoique cette discussion de l'ordonnée puisse quelquefois suffire à caractériser nettement la vraie figure générale d'une courbe, cependant elle laissera presque toujours, sur le sens effectif de sa courbure, une incertitude radicale, qui ne saurait être dissipée que par un second degré de discussion, relatif au mode de variation de la tangente dans les diverses parties de la ligne. La méthode naturelle que nous avons d'abord employée pour décider si une courbe est concave ou convexe vers un axe, en comparant son ordonnée à celle d'une corde convenablement choisie, conduirait le plus souvent à des calculs beaucoup trop compliqués. Or, cette comparaison spontanée entre deux fonctions distinctes peut être maintenant remplacée par une comparaison équivalente, non moins générale, mais bien plus facile, entre les valeurs successives d'une même fonction, celle qui exprime, en chaque point, le coefficient angulaire de la tangente correspondante. Car, en supposant, pour mieux fixer les idées, que l'ordonnée croisse avec l'abscisse, il est clair que, si la courbe est concave vers l'axe, l'inclinaison de la tangente diminuera toujours, avec ou sans limite d'ailleurs, à mesure que la courbe s'élèvera ; tandis que, si la courbe est convexe, cet angle ira, au contraire, en augmentant. Quand la courbe descend, le symptôme se trouve inverse, mais pareillement décisif : l'angle, dès lors obtus, que fait la tangente avec l'axe se rapproche ou s'éloigne de l'angle droit à mesure que l'abscisse augmente, suivant que la courbe est concave ou convexe. Ainsi, le mode général de variation du coefficient angulaire de la tangente est toujours propre à déterminer le vrai sens de la courbure, sans qu'il convienne d'ailleurs d'arrêter d'avance, à cet égard, aucune formule spéciale, qui ne saurait également s'adapter aux diverses applications.

Ce second degré général de la discussion géométrique des équations indique d'abord certains points remarquables, qui complètent naturellement la discussion de l'ordonnée, en faisant connaître les maxima ou minima des deux variables simultanées, d'après les tangentes parallèles aux axes, comme je l'ai expliqué, en principe, en exposant l'application de la théorie des tangentes à cette importante recherche analytique. Mais, outre ces points, qui appartiennent proprement au premier degré de discussion, la marche des tangentes introduira spontanément la détermination d'une autre sorte de points, qui s'y rapporte spécialement, ceux où la courbure change de sens. Quand une courbe est sinueuse, chacune de ses *inflexions* se trouve, en effet, caractérisée, d'après l'explication précédente, par un état maximum ou minimum de la fonction qui mesure l'inclinaison de la tangente sur l'axe; puisque c'est alors que cette fonction passe de l'accroissement au décroissement, ou en sens inverse selon la position de la figure. On pourra donc découvrir ces points d'inflexion en appliquant au coefficient angulaire de la tangente les méthodes que l'on jugera convenables pour en déterminer les maxima ou minima. Suivant les principes que nous avons établis à ce sujet, on pourrait considérer le caractère analytique de ces points comme consistant, en général, dans l'annulation de la seconde dérivée de la fonction relative à l'ordonnée, sous la réserve habituelle des exceptions propres à cette théorie. Mais, soit que nous puissions immédiatement appliquer un tel caractère, soit que, comme il arrivera le plus souvent, nous soyons forcés de suivre, à cet égard, les détours algébriques, déjà expliqués, qu'impose la faible instruction analytique exigée dans ce traité, ce sera toujours d'après une semblable considération géométrique que nous procéderons ici à la recherche de ces points remarquables.

A ces deux degrés essentiels de la discussion géométrique seule accessible à l'analyse ordinaire, l'analyse transcendante en joindra ultérieurement un troisième, destiné à compléter le second, comme celui-ci aura déjà complété le premier, en appréciant le mode général de variation de la courbure, considérée, non plus seulement dans sa direction concave ou convexe, mais aussi dans son intensité plus ou moins grande. Nous ne pourrons ici instituer, à cet égard, qu'une première ébauche, nécessairement vague et imparfaite, en examinant les changements plus ou moins rapides qu'éprouve l'inclinaison de la tangente. Là où cet angle variera beaucoup dans un petit intervalle, nous jugerons la courbure très-prononcée en général ; quand, au contraire, il changera peu entre deux sinuosités fort écartées, nous conclurons à une faible courbure. Mais ces insuffisantes indications, les seules que fournisse, à ce sujet, l'analyse ordinaire, ne sauraient d'ailleurs nous permettre nullement ni de mesurer ces inégalités de courbure, ni de distinguer ce qui s'y rapporte aux divers points de chaque branche. C'est l'unique aspect sous lequel nos figures devront ici rester ordinairement indécises, jusqu'à ce que l'analyse transcendante ait mis le lecteur en état d'aborder une telle appréciation, où elle est essentiellement indispensable.

Les diverses indications géométriques relatives à nos différentes théories générales viendront d'ailleurs se grouper spontanément, selon leur nature, autour de l'un ou de l'autre de ces deux degrés nécessaires que nous venons de distinguer dans la discussion des équations. A la discussion fondamentale de l'ordonnée, se rattachera naturellement, quand il y aura lieu, la considération des diamètres ainsi que celle des centres. De même la discussion complémentaire de la tangente conduira habituellement à la détermination des asymptotes, quand l'examen de l'ordonnée ne les aura pas directement indiquées.

Suivant ces explications générales sur la marche nécessaire de la saine discussion géométrique des équations, cette troisième partie essentielle de notre étude doit surtout consister en une suite d'exemples convenablement choisis, propres à bien caractériser l'application familière de ces principes incontestables, qui, comme tous les préceptes logiques, malgré leur immédiate évidence, ne sauraient être suffisamment appréciés que d'après un judicieux exercice. Toutefois, afin d'éviter d'inutiles développements, je me bornerai ici aux exemples susceptibles de faire nettement ressortir les diverses difficultés d'un tel travail, en les coordonnant d'ailleurs de manière à permettre aisément la formation de nouveaux cas, dont je réserverai ensuite au lecteur l'examen spontané. Rien n'est plus propre que de pareils exercices, bien conçus et bien dirigés, non-seulement à faire profondément sentir le vrai génie de la géométrie analytique, mais aussi à réaliser directement cette universelle préparation logique qui constitue, au fond, la principale utilité finale de l'initiation mathématique. Car, une telle élaboration tend spécialement au développement rudimentaire de l'esprit d'ensemble, jusqu'ici trop rare chez les géomètres, en habituant à faire exactement converger toutes les diverses déterminations analytiques vers un même résultat synthétique, d'abord confusément entrevu, et ensuite graduellement ébauché, à mesure que les renseignements s'accumulent, en ne compliquant jamais l'hypothèse primitive qu'autant que l'exige la nécessité de satisfaire à toutes les informations recueillies.

78. Pour diriger le choix rationnel des exemples successifs qui doivent ici caractériser la discussion géométrique des équations algébriques, il serait nécessaire d'établir des principes généraux sur la classification naturelle des courbes correspondantes. Or, c'est là que se manifeste, chez les esprits convenablement préparés, l'extrême imperfection actuelle de cette troisième partie essentielle de la géométrie analytique, qui, sous ce rapport, n'est pas encore sortie de l'enfance ; à tel point que la plupart des géomètres, même éminents, n'ont

pas seulement compris jusqu'à présent quels sont , à cet égard, les vrais besoins de la science, faute d'une disposition philosophique qui ne peut être , à ce sujet, suffisamment développée que sous des inspirations logiques émanées des plus hautes parties de l'étude des corps vivants, unique source spontanée des véritables principes relatifs à la théorie universelle des classifications quelconques.

Dès l'origine de la géométrie analytique, les habitudes algébriques ont involontairement conduit à classer les courbes planes d'après les degrés de leurs équations rectilignes, sans qu'on ait jamais examiné directement si ce classement empirique peut aucunement satisfaire aux conditions essentielles que la raison impose en une telle opération. Il est néanmoins évident, en principe, que les motifs qui, en algèbre, ont inspiré et maintenu une telle classification ne sauraient nullement suffire pour la transporter en géométrie. Car, ils se rapportent essentiellement à la difficulté croissante que doit nécessairement offrir , à mesure que le degré s'élève, la résolution des équations, objet final des spéculations algébriques. Or, cette distinction ne comporte, par sa nature, aucune importance géométrique, puisque le lieu d'une équation est, comme nous l'avons reconnu au début de ce traité, radicalement indépendant de sa forme actuelle : en géométrie, l'équation est habituellement conçue résolue, sans qu'il faille s'y enquérir aucunement de l'embarras, purement analytique, que peut susciter la réalisation d'un tel projet. Le degré d'une équation n'a, par lui-même, d'autre influence géométrique que d'indiquer une limite supérieure du nombre de points en ligne droite que comporte la courbe correspondante. Mais cette considération, qui pourrait acquérir une véritable importance, en signalant le nombre des sinuosités, si une telle indication était plus précise, ne peut nullement devenir un principe de classement, vu son incertitude radicale.

Il existe, par exemple, dans tous les degrés pairs, des courbes que, comme les sections coniques, aucune droite ne saurait couper en plus de deux points.

Cette insuffisance nécessaire du classement empirique adopté spontanément par les géomètres pour les courbes algébriques est aisément vérifiable en plusieurs cas décisifs, quoique l'étude comparative de ces diverses figures ne soit pas encore convenablement instituée, ni même judicieusement conçue dans son ensemble. On peut, en effet, constater souvent qu'un tel classement rompt directement toutes les analogies essentielles, et qu'il conduit aussi à de vicieux rapprochements. Dans tous les degrés, et sans même excepter le second, les vrais analogues géométriques de chaque courbe se trouvent fréquemment parmi des lignes de beaucoup d'autres degrés, tandis que celles du degré correspondant en diffèrent, au contraire, essentiellement : double confirmation, spontanément développée dans toute cette troisième partie, de l'inanité radicale d'un tel classement. Malgré l'habitude invétérée, transmise, sous de nouvelles formes, des anciens aux modernes, qui rapproche essentiellement l'ellipse, d'une part de la parabole, et d'une autre part de l'hyperbole, nous allons spécialement reconnaître, au chapitre suivant, que, si l'on considère l'ensemble des rapports, sans se préoccuper d'aucun rapprochement exclusif, les véritables affinités géométriques de la parabole ou de l'hyperbole existent surtout envers certaines courbes dispersées parmi tous les degrés algébriques, bien davantage qu'envers les courbes du second degré. Plus on méditera sur ce grand sujet de philosophie géométrique, à peine entrevu jusqu'ici, mieux on sentira que la classification des courbes planes d'après les degrés de leurs équations n'est pas plus rationnelle, au fond, que ne le serait une classification zoologique fondée sur la couleur ou sur la taille, etc., indépendamment de toute profonde comparaison organique.

Malheureusement, l'état présent de la géométrie ne permet pas de remplacer encore ce vain classement empirique par une conception vraiment rationnelle. Depuis Descartes, on a dû s'occuper exclusivement de constituer, sous son inspiration fondamentale, la géométrie générale proprement dite, en établissant les méthodes analytiques, élémentaires ou transcendantes, propres aux différentes recherches auxquelles toute figure géométrique peut donner lieu. Quant à ce qu'on doit nommer la *géométrie comparée*, qui ne peut résulter que d'une application comparative de l'ensemble de ces méthodes aux diverses formes possibles, l'existence n'en est pas même soupçonnée encore : elle ne pourra d'ailleurs être conçue que lorsqu'une plus forte éducation philosophique aura suffisamment introduit chez les géomètres le sentiment, développé jusqu'ici par les seuls naturalistes, du véritable esprit de la théorie logique des classifications quelconques ; comme je l'ai établi en divers lieux de mon *Système de philosophie positive*. J'expliquerai soigneusement, dans la dernière partie de ce traité, comment la grande conception de Monge sur les familles de surfaces a commencé spontanément à ébaucher la constitution directe de la géométrie comparée. Mais ce germe fondamental, d'ailleurs si mal apprécié jusqu'ici, et dont Lagrange seul a dignement pressenti l'importance, ne convient réellement qu'aux surfaces, et ne saurait fournir aucune indication relative aux courbes. Ainsi, sous cet aspect capital, je ne puis ici que signaler, dans la géométrie actuelle, une immense lacune générale, habituellement inaperçue. L'ordre fondamental de conceptions géométriques qui est naturellement propre à cette troisième partie essentielle de notre étude, et qui pourrait lui procurer à la fois tant d'intérêt philosophique et tant d'extension scientifique, nous manque donc encore totalement.

Dans une telle situation, l'impossibilité évidente d'adopter ici le classement empirique des courbes algébriques suivant les degrés de leurs équations rectilignes, nous impose l'inévitable obligation de recourir à un expédient provisoire, pour coordonner nos divers exemples de discussion géométrique d'après un principe analytique qui, sans pouvoir réellement suffire, puisse toutefois, judicieusement employé, nous mieux guider que cette vaine considération primitive. J'ai cru devoir adopter, à cet effet, la distinction fondée sur le nombre des termes, mais sans l'étendre au delà de quatre, nombre total des diverses sortes de termes propres aux équations algébriques. Nous discuterons donc d'abord les équations binomes, ensuite les équations trinomes, et enfin, sous le nom d'équations polynomes, toutes celles qui contiennent plus de trois termes, quel que soit d'ailleurs leur nombre, qui dès lors n'a plus, en général, aucune haute importance géométrique. Mais, en utilisant une telle distinction, le lecteur ne devra jamais oublier qu'elle repose sur un principe radicalement insuffisant, qui ne peut aucunement dispenser de l'élaboration ultérieure d'un sujet aussi difficile qu'important, dont je voudrais surtout rappeler ainsi la destination caractéristique. Cette classification provisoire ne sera vraiment satisfaisante que pour notre premier ordre, où nous allons, en effet, reconnaître les seuls exemples bien constatés jusqu'ici de l'existence des familles pleinement naturelles parmi les courbes planes.

CHAPITRE II.

Courbes binomes.

79. Cette première classe comprend nécessairement deux sortes d'équations : les unes, de la forme $y^m = ax^n$, composées d'un terme en y et d'un terme en x ; les autres, de la forme $y^m x^n = a$, contenant un terme en x et y avec un terme constant. Quoique le second type puisse algébriquement rentrer dans le premier, en supposant négatif l'un des exposants, la distinction, sous quelque forme analytique qu'on la conçoive, n'en est pas moins indispensable sous l'aspect géométrique. Il en résulte deux familles de courbes essentiellement différentes, qu'on désigne communément par les dénominations de *paraboles* et d'*hyperboles*, empruntés aux genres les plus simples et les mieux connus.

Étudions d'abord la première famille, où la courbe est engendrée par un point dont les distances à deux axes rectangulaires varient de telle manière que deux de leurs puissances soient constamment proportionnelles. De toutes les définitions de courbes, c'est assurément celle qui diffère le moins de la définition analytique de la ligne droite, qui s'y trouverait même comprise en cas d'égalité entre les deux exposants. Aussi, en considérant l'ensemble des aspects géométriques, pourra-t-on reconnaître que ce groupe de courbes planes est, au fond, le plus simple et le mieux connu. Pour l'apprécier convenablement, il faut distinguer deux cas essentiels, selon que les exposants sont tous deux impairs, ou l'un pair et l'autre impair; ils ne peuvent d'ailleurs être simultanément pairs.

Dans le premier cas, représenté par le type $y^{2m+1} = ax^{2n+1}$, d'où $y = \sqrt[2m+1]{ax^{2n+1}}$, la discussion fondamentale de l'ordonnée montre aussitôt que la courbe est toujours illimitée en tous sens et continue, puisque les racines impaires ne sont jamais susceptibles d'imaginarité. En même temps, ces racines ne comportant qu'une seule valeur réelle, de même signe que la puissance correspondante, la courbe se composera de deux branches opposées, situées dans les deux régions impaires du plan ou dans les deux régions paires, selon que le paramètre a sera positif ou négatif. Ces deux parties seront, du reste, parfaitement identiques, puisque le changement simultané du signe des deux coordonnées n'altère nullement l'équation, en sorte que la courbe aura pour centre l'origine, qui sera d'ailleurs un point d'inflexion : la langue géométrique manque ici d'un terme propre à qualifier cette identité entre deux branches opposées, qui coïncideraient d'après un double repli de la figure successivement selon chaque axe ; tandis que le mot *symétrie* y est depuis longtemps consacré à désigner l'identité entre deux branches adjacentes, susceptibles de coïncidence par un seul pli. Enfin, chacune de ces deux moitiés de la courbe s'éloignera continuellement des deux axes à la fois, quoiqu'avec une inégale rapidité, suivant la grandeur relative des deux exposants. Mais, conformément aux réflexions générales du chapitre précédent, on voit que cette première discussion laisse entièrement indécis le sens de la courbure dans l'une ou l'autre branche, qui pourrait être indifféremment concave ou convexe vers l'axe des x, ou même très-sinueuse, sans cesser de satisfaire à l'ensemble des documents ainsi directement émanés de l'ordonnée. On ne peut dissiper cette incertitude que d'après l'examen de la tangente. En appliquant la règle ordinaire, on trouve ici $\tang \alpha = \dfrac{(2n+1)\,ax^{2n}}{(2m+1)\,y^{2m}}$; mais, comme x et y varient en même sens, on ne peut juger la marche d'une telle fonction sans y tout rapporter à la variable indépendante, ce qui donne tang $\alpha = \dfrac{2n+1}{2m+1} \, a^{\frac{1}{2m+1}} \, x^{\frac{2(n-m)}{2m+1}}$. Cette fonction sera évidemment toujours croissante ou toujours décroissante, selon que n sera supérieur ou inférieur à m. Ainsi, la courbe est constamment convexe vers l'axe correspondant au plus haut exposant, et qui constitue sa première tangente : elle n'a jamais d'autre sinuosité que celle relative à son centre, conformément à la figure 48, où l'on a supposé $n > m$. La valeur extrême de tang α étant ainsi nulle ou infinie, on conçoit d'ailleurs que cette courbe ne saurait avoir aucune asymptote rectiligne ; car, elle n'en pourrait dès lors admettre que de parallèles à l'un des deux axes, ce qui ne peut s'accorder avec son extension indéfinie suivant chacun d'eux. Une telle courbe, quel que soit son degré, ne pourra jamais être coupée qu'en un ou trois points par aucune droite, sauf ses tangentes qui auront avec elle deux points communs, l'un de contact, l'autre d'intersection. Les valeurs des deux exposants m et n ne sauraient évidemment exercer qu'une influence secondaire sur sa forme générale, en sorte que toutes les courbes ainsi obtenues, d'après tous les exposants possibles, constitueront certainement un même *genre* pleinement naturel. On ne pourra point cependant les concevoir de même *espèce*, si, comme la raison l'exige, on définit l'espèce, en géométrie comparée, d'après la similitude rigoureuse des figures correspondantes. Il n'y aura donc une véritable identité d'espèce, entre deux courbes de ce genre, qu'autant que les deux exposants y présenteront les mêmes valeurs quelconques, sans aucune autre diversité que celle du paramètre a.

Considérons, maintenant, le cas où l'un des exposants est pair et l'autre impair, suivant le type $y^{2m} = ax^{2m+1}$, d'où

$y = \pm \sqrt[2m]{ax^{2n+1}}$. L'ordonnée devient alors susceptible d'imaginarité, et ne peut être réelle qu'autant que x a le même signe que a : ainsi la courbe est limitée dans un sens et illimitée dans l'autre. En même temps, chaque ordonnée réelle a nécessairement deux valeurs égales au signe près ; en sorte que la courbe se compose encore de **deux** branches, mais placées dans les deux régions adjacentes, et d'ailleurs parfaitement symétriques autour de l'axe qui les sépare, chacune d'elles s'éloignant, du reste, continuellement des deux axes à la fois. Telles sont les indications fondamentales que fournira toujours ici la marche générale de l'ordonnée, quelles que soient les valeurs des deux exposants m et n. Mais la discussion de la tangente va dévoiler la nécessité de distinguer, dans ce cas qui paraît unique, deux genres vraiment différents, selon que le degré de l'équation sera pair ou impair. Car, on obtient alors, pour le coefficient angulaire de la tangente, l'expression finale $\operatorname{tang} \alpha = \dfrac{2n+1}{2m}\, a^{\frac{1}{2m}}\, x^{\frac{2n+1}{2m}-1}$. Si donc l'équation est de degré pair, c'est-à-dire si $2m$ surpasse $2n+1$, l'exposant total de x y étant négatif, cette fonction sera indéfiniment décroissante, et la courbe tournera constamment sa concavité vers son axe, qui constituera sa première normale, comme dans la parabole proprement dite, qui appartient évidemment à ce genre. Quand, au contraire, le degré de l'équation sera impair, la fonction croîtra continuellement et sans limite, en sorte que la courbe deviendra toujours convexe vers son axe qui lui sera tangent. L'origine sera un sommet proprement dit dans le premier cas, et un point de rebroussement dans le second. Du reste, ces deux sortes de courbes ne sauraient comporter davantage que celles du genre primitif, l'existence d'aucune asymptote rectiligne : elles sont d'ailleurs évidemment dépourvues de centre. On aura donc les deux formes générales indiquées par les figures 49 et 50, selon que l'exposant pair sera supérieur ou inférieur à l'exposant impair La première, quel que soit son degré, ne peut être coupée en plus de deux points par aucune droite, en sorte que les tangentes n'y rencontrent qu'une seule fois la courbe; dans la seconde, toute droite coupera en un ou trois points, et chaque tangente en deux points : ces diversités géométriques sont en pleine harmonie avec la notion algébrique relative au nombre constamment pair des racines imaginaires.

Tels sont les trois genres parfaitement naturels qui composent la famille des paraboles, où chaque courbe ressemble certainement davantage, sous les divers aspects essentiels, à toutes celles du même groupe qu'à aucune de celles d'un autre groupe, sans nul égard au degré, dont la faible influence géométrique est réellement bornée à la seule détermination des espèces, conformément aux réflexions générales du chapitre précédent.

80. La seconde famille des courbes binomes ne diffère de la première qu'en ce que la raison directe des deux puissances constamment proportionnelles s'y trouve changée en raison inverse. Mais ce simple changement analytique détermine, sous l'aspect géométrique, une diversité très-prononcée entre les hyperboles et les paraboles. Supposons d'abord, comme dans l'autre cas, que les deux exposants soient impairs, ce qui correspond ici aux hyperboles de degré pair, suivant le type

$$x^{2m+1} y^{2m+1} = a, \qquad \text{d'où} \qquad y = \sqrt[2m+1]{\frac{a}{x^{2n+1}}}.$$

La discussion fondamentale de l'ordonnée sera la même qu'auparavant, quant à la réalité et au signe; en sorte que la courbe se composera encore de deux branches opposées et identiques, ayant toujours l'origine pour centre. Mais, en ce qui concerne la grandeur, la marche sera évidemment inverse; puisque l'ordonnée décroît ici lorsque l'abscisse augmente, et réciproquement, sans que ces variations admettent d'ailleurs aucune limite : chacun des axes est donc alors une asymptote de la courbe. Quant au sens de la courbure, déjà indiqué par ce double asymptotisme pour la majeure partie du cours, il est aisé de reconnaître qu'il ne changera jamais : car, on a

$$\tang \alpha = -\frac{2n+1}{2m+1}\frac{y}{x};$$

et, par suite, ce coefficient angulaire diminue continuellement si x augmente; ce qui exclut toute sinuosité, conformément à la figure 51.

Ce premier genre comprend évidemment l'hyperbole proprement dite, quand les deux exposants sont égaux, en sorte que l'équation soit réductible à la forme $xy=a$, qui serait nécessairement celle de l'hyperbole ordinaire, définie au n° 19, si on prenait pour axes les deux asymptotes que nous lui avons déjà reconnues, comme nous l'expliquerons d'ailleurs spécialement en son lieu. Dans cette espèce primordiale, l'équation présente une propriété très-remarquable, qui ne saurait autrement exister, en vertu de sa symétrie parfaite entre les deux variables. Il importe de remarquer ici, à cette occasion, qu'un tel caractère analytique indique, en général, la symétrie géométrique de la courbe correspondante autour de la bissectrice du premier angle des axes : car, tous les points étant ainsi susceptibles deux à deux de coordonnées réciproques, on en conclut aisément que leurs distances à l'origine sont deux à deux égales et d'ailleurs pareillement inclinées sur cette bissectrice, envers laquelle ils se trouvent donc symétriquement disposés. Comme, en outre, l'équation actuelle ne change pas non plus en changeant y en $-x$ et x en $-y$, un semblable raisonnement prouve que la courbe est aussi symétrique autour de la seconde bissectrice, conformément à l'identité générale des deux branches. On ne peut douter que cette double symétrie ne soit particulière à l'hyperbole du second degré : car, d'après la parité nécessaire qui doit toujours exister entre les deux asymptotes, ces deux bissectrices sont évidemment les seuls *axes* que puisse comporter aucune hyperbole de degré pair ; or, elle ne saurait certainement les admettre qu'en cas d'égalité des deux exposants. Ainsi , les idées de symétrie que rappelle spontanément cette espèce primitive doivent être entièrement écartées pour s'élever convenablement à la vraie notion géométrique du genre correspondant (*).

Examinons maintenant le second genre d'hyperboles , où les deux exposants sont l'un pair et l'autre impair, en sorte que l'équation est alors de degré toujours impair, suivant le type $y^{2m} x^{2n+1} = a$, qui donne $y = \pm \sqrt[2m]{\dfrac{a}{x^{2n+1}}}$. Comme dans le second cas des équations paraboliques, la courbe se composera de deux branches égales et adjacentes , symétriquement disposées autour de l'axe des x. De même que ci-dessus , chacune d'elles aura encore pour asymptotes les deux axes. Quant à la marche des tangentes , elle n'offrira évidemment aucune diversité essentielle , d'après la formule

---

(*) Au sujet de cette espèce exceptionnelle, il convient d'éclaircir ici une contradiction apparente, relative au nombre de points déterminant, qui , d'après l'équation $x^n y^m = a$, doit toujours se borner à quatre dans toutes les courbes hyperboliques, comme dans les courbes paraboliques, conformément à notre théorie fondamentale ; tandis que, d'une autre part, nous l'avons spécialement reconnu égal à cinq pour l'hyperbole ordinaire. Mais ce défaut d'accord tient uniquement à ce que nous ne considérons ici que des hyperboles à asymptotes rectangulaires ; et, si les axes étaient obliques, l'angle des asymptotes n'en serait pas moins donné : ce qui doit naturellement diminuer d'une unité le nombre des conditions déterminantes, qui s'élèverait, en effet, à cinq, envers toutes les hyberboles, si l'on regardait comme indéterminée l'inclinaison de leurs asymptotes.

La même explication dissiperait aussi la contradiction analogue que semblerait offrir ici la théorie de la similitude.

$$\tan \alpha = -\frac{2n+1}{2m}\frac{y}{x},$$ qui continue à exclure toute sinuosité, conformément à la figure 52. Telles sont les seules différences fondamentales qui puissent avoir lieu entre les hyperboles de degré impair et celles de degré pair : leur distinction peut se résumer par l'absence ou l'existence d'un centre.

Nous devons remarquer ici que ce second cas des courbes hyperboliques ne comporte nullement la division qu'a exigée le cas analogue des courbes paraboliques, d'après l'ordre de grandeur des deux exposants. Car, cette distinction, sans aucune influence sur la marche générale de l'ordonnée, ne se rapportait qu'à la tangente, dont le coefficient angulaire devient ici toujours décroissant, quel que soit celui des deux exposants, pair ou impair, qui surpasse l'autre. Ainsi, la famille des hyperboles ne comprend réellement que deux genres, quoique celle des paraboles en contienne trois. Dans le premier genre, de degré pair quelconque, aucune droite ne peut couper l'hyperbole en plus de deux points ; dans le second, de degré impair, l'hyperbole admet trois points en ligne droite : il faut d'ailleurs, en chaque cas, avoir égard aux restrictions nécessaires relatives, d'une part, aux tangentes, de l'autre, aux parallèles aux asymptotes.

Envers ces deux genres d'hyperboles, il convient, pour en mieux concevoir la forme, de déterminer le point le plus rapproché de l'origine actuelle, où se croisent toujours les deux asymptotes. Mais, au lieu d'appliquer à la fonction $x^2 + y^2$, qui exprime le carré de cette distance, la méthode générale des minima, après y avoir réduit les deux variables à une seule conformément à l'équation donnée, on obtiendra une solution beaucoup plus simple en employant ici un principe géométrique de minimum qui, quoique particulier à ce genre de questions, n'en mérite pas moins d'être soigneusement apprécié, à cause de son utilité prononcée en beaucoup d'occasions. C'est le principe évident que le plus court chemin d'un point à une ligne quelconque, d'abord droite et puis courbe, lui est toujours perpendiculaire; ce qui ne saurait certainement offrir aucune difficulté quand le point appartient, comme dans le cas actuel, à la convexité de la courbe. D'après cela, le caractère analytique du point cherché consistera simplement en ce que le coefficient angulaire de la tangente et celui du rayon y soient réciproques et de signe contraire, suivant la loi ordinaire (n° 28). Si donc $x^n y^m = a$ désigne, en général, l'équation d'une hyperbole quelconque, du premier ou du second genre, le point le plus rapproché de l'intersection des asymptotes y sera déterminé par l'équation $\dfrac{n}{m}\dfrac{y}{x} = \dfrac{x}{y}$, d'où $\dfrac{y}{x} = \sqrt{\dfrac{m}{n}}$; ce qui indique aussitôt la direction du rayon correspondant, et dès lors les coordonnées spéciales du point cherché. On voit ainsi que ce point remarquable ne peut jamais être équidistant des deux asymptotes, sauf dans l'hyperbole du second degré, où $m = n$: il sera toujours plus rapproché de l'asymptote relative au plus fort exposant; ce qui est pleinement conforme à nos réflexions antérieures sur la symétrie.

Toutes les courbes de la famille des hyperboles sont, comme celles de la famille des paraboles, exactement quarrables d'après nos méthodes actuelles. En partant de l'équation précédente $x^n y^m = a$, on trouve ainsi $S = a^{\frac{1}{m}} \dfrac{\left(x^{-\frac{n}{m}+1} - 1 \right)}{-\dfrac{n}{m}+1}$, pour l'aire comptée à partir de $x = 1$. Il est digne de remarque que cette aire, étendue jusqu'à chacune des deux asymptotes, est toujours finie d'un côté et infinie de l'autre. Car, en faisant, dans cette formule, les deux hypothèses $x = 0$, $x = \infty$, qui correspondent à ces limites, le terme variable y devient d'abord nul et puis infini, ou réciproquement, selon que son exposant est positif ou négatif, c'est-à-dire, suivant que m est supérieur ou inférieur à n : d'où il résulte que l'aire indéfiniment prolongée a constamment une valeur finie vers l'asymptote relative au plus haut exposant, tandis que sa valeur totale est, au contraire, infinie vers l'asymptote à laquelle se rapporte le moindre exposant. Pour l'hyperbole ordinaire, où les deux exposants sont égaux, la formule devient indéterminée, ce qui tient à un changement de nature de la fonction correspondante, comme je l'expliquerai spécialement en son lieu : nous reconnaîtrons alors que ces deux segments sont pareillement infinis.

Cette première classe de courbes, paraboliques et hyperboliques, la seule jusqu'ici où les conditions nécessaires d'une classification vraiment rationnelle se trouvent suffisamment remplies, doit être envisagée comme offrant le type le plus satisfaisant de la discussion géométrique des équations. On voit ainsi comment la nature des termes d'une équation binome range aussitôt la courbe correspondante dans la famille des paraboles ou dans celle des hyperboles, et comment ensuite l'appréciation comparative des deux exposants détermine aisément auquel des trois genres de la première ou des deux genres de la seconde appartient le lieu proposé. Une telle ébauche spontanée, quoique bornée au cas le plus simple, peut déjà indiquer au lecteur intelligent ce que deviendra sans doute un jour la géométrie comparée, quand cette nouvelle face universelle de la science géométrique, si méconnue maintenant, aura été réellement constituée d'après les conceptions générales qui lui sont propres.

CHAPITRE III.

Courbes trinomes.

81. Le principe provisoire qui, à défaut de tout autre finalement convenable, nous sert ici à classer géométriquement les équations algébriques, d'après le nombre et la nature de leurs termes, cesse déjà d'offrir une suffisante rationalité à partir même des équations trinomes, où l'on n'a plus la certitude qu'il conduise à instituer des groupes pleinement naturels, comme dans le chapitre précédent. Néanmoins, sa judicieuse application y est encore très-utile pour coordonner et varier les divers exemples qui doivent y caractériser les principales difficultés relatives, en général, à la discussion géométrique des équations. Trop peu prononcées envers les courbes binomes, ces difficultés doivent être surtout étudiées dans cette seconde classe, dont l'examen complet suffira certainement au lecteur pour apprendre convenablement à bien discuter les équations à deux variables; ce qui constitue maintenant le but essentiel de cette troisième partie de la géométrie plane, puisque l'imperfection actuelle de la science nous oblige d'ailleurs à y renoncer encore aux spéculations supérieures de géométrie comparée que j'ai dû me borner à y faire entrevoir.

Comme les diverses catégories géométriques sont ici à la fois plus nombreuses et plus étendues qu'à l'égard des équations à deux termes, il ne nous sera pas possible d'épuiser, aussi pleinement qu'au chapitre précédent, l'appréciation détaillée de chacune d'elles. Je me bornerai à compléter cet examen pour la plus simple catégorie, comprenant un terme relatif à chaque variable et un terme constant. Quant aux autres plus compliquées, où les cas se multiplieraient davantage, j'indiquerai seulement un petit nombre d'exemples caractéristiques, laissant au lecteur à poursuivre spontanément, d'après les mêmes distinctions, de telles séries d'études, dont les développements propres nous entraîneraient beaucoup trop loin, sans comporter d'ailleurs aucune suffisante utilité, soit scientifique, soit logique. Au reste, tous les exemples considérés en ce chapitre, quoique relatifs à des exposants déterminés, afin de mieux fixer les idées en facilitant les calculs, seront toujours traités de manière à constituer autant de types des cas analogues que produiraient d'autres exposants quelconques assujettis aux mêmes conditions.

Dans la première classe des équations trinomes, sous la forme $y^m + ax^n = b$, les deux exposants peuvent d'abord être simultanément impairs, et alors égaux ou inégaux : considérons un exemple de chaque sorte.

Premier exemple. Soit l'équation $y^3 + x^3 = 1$. Pour rendre cet exemple plus intéressant, j'y ai supposé, outre l'égalité des exposants, celle des coefficients, en sorte que la courbe devient ainsi symétrique autour de la première bissectrice ; mais j'engage d'avance le lecteur à ne pas attacher trop d'importance à cette particularité, dont l'absence maintiendrait essentiellement, à cette seule symétrie près, la figure générale que nous allons reconnaître ; comme on pourra d'ailleurs le constater aisément d'après un autre exemple comparatif où cet accident n'ait pas lieu.

La formule $y = \sqrt[3]{1 - x^3}$ montre d'abord que, l'ordonnée étant toujours réelle et unique, la courbe sera illimitée en tous sens et continue. Quand x est positif, l'ordonnée reste positive et décroissante de 1 à 0, tant que x ne dépasse pas la valeur

1, après laquelle l'ordonnée devient négative, et dès lors indéfiniment croissante : x négatif la rend constamment positive et la fait croître sans limite. Ainsi la forme la plus simple compatible avec l'ensemble de la discussion de l'ordonnée serait la courbe ponctuée de la figure 53.

D'après le coefficient angulaire de la tangente, $\tang \alpha = -\dfrac{x^2}{y^2}$, les tangentes en A et B sont certainement perpendiculaires aux axes correspondants, en sorte qu'il y a sinuosité : en C, sur la bissectrice qui sert d'axe à la courbe, on a $\tang \alpha = -1$, et ce point est par conséquent un sommet. La courbe est d'ailleurs toujours concave vers l'origine depuis A jusqu'à B, puisque cette fonction continue évidemment à croître entre ces limites. Au delà, on n'en peut plus apprécier la marche que par sa réduction à une seule variable, sous la forme $\tang \alpha = \dfrac{-x^2}{\sqrt[3]{(x^3-1)^2}}$. Or, en divisant les deux termes par x^2, on a $\tang \alpha = \dfrac{-1}{\sqrt[3]{\left(1-\dfrac{1}{x^3}\right)^2}}$, et l'on reconnaît aussitôt que cette fonction, nécessairement d'abord décroissante, à partir de $x = 1$, qui la rendait infinie, ne cesse jamais de diminuer, en tendant vers la limite -1, qui indique la direction de la seconde bissectrice. Il en est de même, en sens inverse, pour x négatif, en sorte que cette limite est commune aux deux parties, qui, après les inflexions A et B, sont dès lors indéfiniment convexes vers cette seconde bissectrice, où il est aisé de reconnaître l'asymptote de la courbe, comme j'ai déjà eu l'occasion de l'expliquer. Ainsi comprise entre une tangente et une asymptote parallèles, cette courbe à double inflexion est maintenant assez caractérisée, outre sa symétrie autour de OC. Sa courbure est évidemment beaucoup plus prononcée entre les deux sinuosités, que dans tout le reste de son cours ; puisque ce faible intervalle fait varier de 90 degrés la direction de la tangente, que le prolongement indéfini de la courbe change ensuite seulement de 45°. En y cherchant, d'après le principe spécial employé au chapitre précédent, le point le plus approché de l'origine, d'où partent déjà les trois normales OA, OC, OB, il est clair que les deux extrêmes doivent correspondre à un minimum puisqu'au delà il y a accroissement, et celle du milieu à un maximum, comme le confirment leurs grandeurs respectives. Cet exemple nous offre l'occasion naturelle de compléter cet utile principe géométrique, en y remarquant que le chemin normal, toujours minimum quand il part de la convexité, est, au contraire, tantôt minimum et tantôt maximum, en partant de la concavité, suivant la position du point de départ sur la normale correspondante : cette distinction, directement évidente envers le cercle, présente d'ailleurs, à l'égard d'une courbe quelconque, de véritables difficultés que l'analyse ordinaire est peu propre à surmonter, et dont le lecteur doit ici ajourner la solution générale.

Il serait superflu d'établir expressément que l'ensemble de la discussion précédente convient essentiellement à toutes les courbes du genre $y^{2m+1} + x^{2m+1} = 1$, avec de simples nuances secondaires résultées du degré.

Deuxième exemple. Supposons maintenant l'équation $y^5 + x^3 = 1$, où les deux exposants impairs sont inégaux. Cette différence ne saurait influer sur la marche générale de l'ordonnée. Quant à la tangente, on a tang $x = -\dfrac{3x^2}{5y^4}$, et de A à B(*fig.* 54), la fonction procède comme ci-dessus, avec les mêmes inflexions, sauf la position de la normale intermédiaire. Mais, au delà de B, on a ici

$$\operatorname{tang} \alpha = \frac{-3x^2}{5\sqrt[5]{(x^3-1)^4}} = \frac{-3}{5\sqrt[5]{x^2 - \dfrac{4}{x} + \dfrac{6}{x^4} - \dfrac{4}{x^7} + \dfrac{1}{x^{10}}}} :$$

cette fonction s'annulant pour x infini, la courbe, constamment concave vers l'axe des x, ne comporte plus d'asymptote de ce côté. En changeant le signe de x, on obtient la même valeur extrême : ainsi, après l'inflexion **A**, où la tangente est parallèle à cet axe, la courbe, d'abord convexe, finit aussi par devenir concave, et sans asymptote possible. Il existe donc à gauche une nouvelle inflexion, correspondante au minimum de la fonction $\dfrac{x^{12} + 4x^9 + 6x^6 + 4x^3 + 1}{x^{10}}$: si l'on y applique la méthode que nous avons établie, on trouvera sans difficulté $x = \sqrt[3]{5}$, pour l'abscisse de ce point remarquable. Cette troisième inflexion et l'absence d'asymptotes distinguent profondément cette courbe d'avec la précédente, en caractérisant l'influence irrécusable de l'inégalité des deux exposants.

Au sujet de cette première comparaison, je dois en général, recommander au lecteur de ne pas se borner, comme on l'a toujours fait jusqu'ici, à discuter isolément chacune des équations qui lui serviront successivement d'exercices, mais de comparer ensuite judicieusement les résultats de chaque discussion avec ceux des cas antérieurs qui seront suffisamment analogues. Cette appréciation comparative augmentera beaucoup l'utilité logique d'une telle étude géométrique, qui, ainsi conduite, pourra, d'après un petit nombre d'exemples bien choisis, faire profondément sentir le véritable esprit de cette partie essentielle de la géométrie plane. Pour garantir la pleine efficacité de semblables comparaisons, il faut toujours les rendre parfaitement nettes, en s'y assujettissant, comme dans les expériences physiques bien instituées, à ne jamais comparer entre eux que des cas géométriques différant sous un seul aspect analytique, dont l'influence finale sera ainsi distinctement caractérisée.

Troisième exemple. Considérons maintenant le cas des deux exposants pairs, en les supposant d'abord égaux, suivant l'exemple $y^4 + x^4 = 1$, où l'égalité simultanée des deux coefficients entraîne d'ailleurs accidentellement la double symétrie de la courbe autour des deux bissectrices. D'après la formule $y = \pm \sqrt[4]{1 - x^4}$, la courbe, déjà symétrique autour des deux axes coordonnés, est évidemment fermée et continue, entre les limites $+1$ et -1 suivant chaque axe; de manière à être contenue dans le carré ABA′B′ (*fig.* 55). Quant à la tangente, son coefficient angulaire $-\dfrac{x^3}{y^3}$ montre clairement que chacun des octants identiques dont la courbe est composée est toujours concave vers son centre, et que les huit points où elle rencontre ses quatre axes géométriques constituent autant de sommets; en sorte qu'elle est finalement inscrite dans un octogone quasi-régulier. Aux deux extrémités de chaque octant, la distance au centre est évidemment, d'après le principe des normales, maximum suivant OC et minimum suivant OB, puisque d'ailleurs on peut reconnaître aisément que OC surpasse OB.

Outre la comparaison de cet exemple avec le premier, afin de bien saisir la grande influence géométrique de la substitution des exposants pairs aux exposants impairs, il est naturel de comparer la courbe actuelle avec le cercle $y^2 + x^2 = 1$, dont il semble d'abord difficile de la bien distinguer géométriquement. Quant à l'ordonnée, on reconnaît ainsi sans incertitude que la courbe est circonscrite au cercle, puisque la fonction $\sqrt[4]{1 - x^4}$ surpasse toujours, entre 0 et 1, la fonction $\sqrt{1 - x^2}$: le maximum d'écartement est sur les bissectrices.

La marche des tangentes confirme cette diversité, en montrant que les huit sommets sont les seuls points de notre courbe où se reproduise le caractère constant de la tangente au cercle, d'être partout perpendiculaire au rayon correspondant. On pourrait donc se figurer grossièrement cette courbe, et les diverses courbes analogues $y^6 + x^6 = 1$, $y^8 + x^8 = 1$, etc. comme provenues d'une sorte d'uniforme dilatation thermométrique d'un cercle métallique encastré dans un châssis non-dilatable $ABA'B'$, qui, empêchant l'éloignement des sommets correspondants, produirait un écartement croissant jusqu'au milieu de chaque intervalle.

Quatrième exemple. Pour avoir complétement apprécié le cas des deux exposants pairs égaux entre eux, il faut y considérer, comme nouvel exemple, l'équation $y^4 - x^4 = 1$, où l'opposition des signes détermine une profonde différence géométrique, qui ne pouvait exister envers des puissances impaires, susceptibles de changer ainsi par suite d'une simple transposition d'un côté à l'autre de l'un des axes coordonnés. Ce contraste doit être essentiellement analogue à celui que nous avons vu, dans la première partie de ce traité, résulter d'un pareil motif algébrique entre l'ellipse et l'hyperbole. Il consiste surtout en ce que la courbe, au lieu d'être fermée et continue, devient illimitée et discontinue; les deux bissectrices, au lieu d'être des axes, deviennent des asymptotes : la courbure de l'ensemble de la courbe est donc, à tous égards, beaucoup moins prononcée que ci-dessus.

Cinquième exemple. Supposons maintenant que les deux exposants pairs soient inégaux, comme dans l'équation $y^2 + x^4 = 1$, qu'il faudra naturellement comparer à $y^2 + x^2 = 1$ et à $y^4 + x^4 = 1$. L'ordonnée, dont la marche générale y sera essentiellement conforme à celle de ces deux cas, y aura d'ailleurs une valeur constamment intermédiaire, en sorte que la courbe se trouvera circonscrite au cercle et pourtant inscrite à celle de la *figure* 55. Quant à la tangente, elle ne comporte ici d'autre remarque essentielle que celle relative à la normale moyenne entre OA et OB, qui cessera dès lors de coïncider avec la bissectrice, conformément au défaut de symétrie selon OC.

Sixième exemple. Considérons encore, à ce sujet, l'équation $y^2 - x^4 = 1$, qui devra être géométriquement comparée, d'une part à la précédente, d'autre part à $y^4 - x^4 = 1$. Envers celle-ci, la différence consistera surtout dans l'absence d'asymptotes rectilignes, d'où résultera une courbure totale plus prononcée. Il serait aisé de constater ici l'asymptotisme avec les deux paraboles $y = \pm x^2$; mais il contribuerait peu à éclaircir la figure générale de la courbe.

Septième exemple. Passons enfin au cas où les deux exposants sont l'un pair et l'autre impair, en supposant d'abord que celui-ci l'emporte, comme dans l'exemple $y^2 + x^3 = 1$, qu'il faudra surtout comparer à $y^3 + x^3 = 1$. La formule $y = \pm \sqrt{1 - x^3}$ indique la limitation de la courbe à droite en A (*fig.* 56), où $x = 1$, et son extension indéfinie à gauche, en restant d'ailleurs toujours symétrique autour de OX. D'après le coefficient angulaire de la tangente $-\dfrac{3x^2}{2y}$, la courbe est évidemment toujours concave vers l'origine entre A et B ou B′ : le principe des normales apprendra aisément que le point de cette partie le plus éloigné de l'origine a pour abscisse $\dfrac{2}{3}$; cette distance maximum excède si peu les minima égaux OA et OB, que de B en B′ la courbe diffère à peine d'un demi-cercle. Mais, au delà, $\tang \alpha = \dfrac{3x^2}{2\sqrt{1 + x^3}} = \dfrac{-3}{2\sqrt{\dfrac{1}{x^4} + \dfrac{1}{x}}}$; or, cette fonction, d'abord nulle aux inflexions B et B′, augmente continuellement et sans limite à mesure que x croît négativement. Ainsi, la partie gauche indéfinie, beaucoup moins courbée que la partie droite, quoique dépourvue d'asymptote, est toujours convexe vers l'axe des abscisses.

Huitième exemple. Il ne reste plus, pour avoir rapidement apprécié tous les cas essentiels de cette première catégorie d'équations trinomes, qu'à y supposer un exposant pair supérieur à un exposant impair, suivant l'exemple $y^4 + x^3 = 1$, qui devra surtout être comparé au précédent et au premier. La marche générale de l'ordonnée y est évidemment la même que ci-dessus. Quant à la tangente, elle n'offrira non plus aucune différence importante du côté des x positifs. Mais, dans la partie gauche indéfinie, on aura

$$\tan g\, \alpha = \frac{-3x^2}{4\sqrt[4]{(1+x^3)^3}} = \frac{-3}{4\sqrt[4]{x + \dfrac{3}{x^2} + \dfrac{3}{x^5} + \dfrac{1}{x^8}}}.$$

Or, la fonction sous le radical, d'abord infinie pour $x = 0$, le devient encore pour $x = \infty$; en sorte que, dans l'intervalle, l'angle α commence par augmenter, mais finit bientôt par diminuer continuellement jusqu'à zéro. Ainsi la courbe, primitivement convexe à gauche, comme dans le cas précédent, ne tarde pas à devenir toujours concave, et enfin parallèle à l'axe, sans comporter d'ailleurs d'asymptote. Outre le couple d'inflexions B et B', il en existe donc un second, peu éloigné du premier, et provenu du degré actuellement pair. Pour trouver sa position précise, il faut obtenir le minimum de la fonction $\dfrac{x^9 + 3x^6 + 3x^3 + 1}{x^8}$. En l'égalant à une ordonnée auxiliaire z, il faudra, suivant notre méthode, chercher une tangente parallèle à l'axe des x dans la courbe correspondante ; ce qui fournira, d'après la règle ordinaire, la condition

$9x^8 + 18x^5 + 9x^2 = 8x^7z$. Ayant ôté la solution $x = 0$ déjà connue, il vient, en substituant la définition de z,

$$9x^6 + 18x^3 + 9 = \frac{8(x^9 + 3x^6 + 3x^3 + 1)}{x^3}.$$ Cette équation finale est très-facile à résoudre, si l'on remarque qu'elle peut être mise sous la forme $9(x^3 + 1)^2 = \frac{8(x^3 + 1)^3}{x^3}$: car, en supprimant le facteur commun inutile à la question, elle devient $9 = \frac{8(x^3 + 1)}{x^3}$; d'où résulte aussitôt $x = 2$, et, par suite, $y = \sqrt{3}$, $\alpha = 150°$, pour le point cherché.

82. La seconde catégorie des équations trinomes comprend celles où, les deux variables restant encore séparées, l'une d'elles entre à la fois dans deux termes et l'autre dans un seul. Cette coexistence de trois exposants doit évidemment y multiplier bien davantage les distinctions géométriques qu'envers le groupe précédent, borné à la comparaison de deux exposants. Aussi me réduirai-je ici à caractériser, par quelques exemples choisis, un petit nombre de ces cas, laissant au lecteur à discuter spontanément tous les autres ; ce qu'il pourra maintenant exécuter sans guide, d'après l'ensemble des habitudes déjà contractées sur la discussion géométrique des équations.

Premier exemple. Considérons d'abord la courbe $y = x^3 - x$, où les trois exposants sont impairs. Par cela même, l'ordonnée y étant toujours réelle et unique, le lieu sera illimité et continu : ses deux branches auront d'ailleurs l'origine à la fois pour centre et point d'inflexion, et chacune d'elles coupera l'axe de x, à droite ou à gauche, à la distance 1. Entre 0 et 1, l'ordonnée, nulle aux deux extrémités de cet intervalle, sera d'abord croissante et puis décroissante, son maximum correspondant à $x = \sqrt{\dfrac{1}{3}}$, suivant la règle des dérivées, ici immédiatement applicable sans difficulté : au delà, l'ordonnée change de signe, et croît dès lors indéfiniment de part et d'autre, conformément à la figure 57. L'examen du coefficient angulaire de la tangente, $\tan \alpha = 3x^2 - 1$, ne laisse aucun doute sur le sens ainsi assigné partout à la courbure, ni sur l'absence totale d'asymptotes : la tangente au centre se confond évidemment avec la seconde bissectrice AA'.

Une comparaison peu approfondie pourrait disposer à confondre une telle forme avec celle qui convient au premier genre des paraboles. Mais un examen plus attentif fera clairement ressortir la différence essentielle des deux cas, d'abord analytiquement, puis géométriquement. Il suffit, pour cela, de rapporter la courbe actuelle aux deux bissectrices, qui s'y trouvent évidemment placées, d'après l'ensemble de la discussion précédente, comme les axes propres à ce genre. Les formules de transposition seront alors $x = \dfrac{x' + y'}{\sqrt{2}}$, $y = \dfrac{y' - x'}{\sqrt{2}}$, ce qui donnera l'équation $x'^3 + 3x'^2 y' + 3x' y'^2 + y'^3 - 2y' = 0$, dont la différence très-prononcée avec celles du chapitre précédent interdit aussitôt tout pareil rapprochement.

Outre cet exemple, où l'exposant impair de l'ordonnée est égal au moindre exposant de l'abscisse, il faudrait, pour avoir vraiment apprécié tous les cas à triple exposant impair, en considérer quatre nouveaux où le premier exposant serait successivement égal au plus grand des deux autres, puis supérieur à celui-ci, ensuite compris entre les deux, et enfin inférieur au plus petit.

Deuxième exemple. Supposons maintenant que, l'unique exposant de l'ordonnée demeurant impair, les deux exposants de l'abscisse deviennent pairs, en prenant, comme seul exemple, parmi tous les cas divers que comporterait cette condition, l'équation très-simple $y = x^2 - x^4$. Après avoir directement reconnu l'illimitation et la continuité du lieu, ainsi que sa symétrie autour de l'axe des y, il est aisé de constater que l'ordonnée, nulle pour $x=0$ et $x=1$, et positive dans l'intervalle, y atteint son maximum $\frac{1}{4}$ pour $x=\sqrt{\dfrac{1}{2}}$: quand elle a traversé l'axe des abscisses, la courbe s'en éloigne indéfiniment. Mais sa vraie figure est plus compliquée que ne l'indique d'abord cette discussion fondamentale. Car, en examinant la marche des tangentes, d'après la loi tang $\alpha=2x-4x^3$, on aperçoit que, outre le maximum, la tangente est aussi dirigée suivant l'axe à l'origine, qui est donc un sommet, et non un point de rebroussement : par suite, il doit exister une inflexion dans l'intervalle. On la déterminera en cherchant le maximum de tang α, ce qui donne immédiatement l'équation

$$2-12x^2=0, \quad \text{d'où} \quad x=\pm\sqrt{\frac{1}{6}}, \quad y=\frac{5}{36}, \quad \text{et} \quad \text{tang}\,\alpha=\frac{2}{3}\sqrt{\frac{2}{3}}.$$

La courbure éprouve ainsi de fortes variations dans l'intervalle ACBOB'C'A' (*fig.* 58), au delà duquel la direction de la tangente ne subit pas jusqu'à l'infini un changement total de 30°, puisque, en A et A', on a tang $\alpha=\mp 2$: il n'existe d'ailleurs, évidemment, aucune asymptote.

Troisième exemple. Comme exemple unique du cas où les trois exposants sont pairs, discutons l'équation $y^2=x^2-x^4$. L'ordonnée, réelle seulement de 0 à 1, atteint son maximum $\frac{1}{2}$ pour la même abscisse que ci-dessus; en sorte que la courbe, symétrique autour des deux axes, et ayant son centre à l'origine, est contenue dans le rectangle ABB'A'C'C (*fig.* 59).

Quant à la tangente, d'après la loi tang $\alpha=\dfrac{1-2x^2}{\sqrt{1-x^2}}$, il est

clair que tous les côtés de ce rectangle touchent la courbe, les uns une fois, les autres deux fois. Il faut surtout remarquer, à cet égard, ce qui concerne le centre, où tang $\alpha=\pm 1$ indique deux tangentes distinctes, dirigées suivant les bissectrices ; comme le confirmerait d'ailleurs la considération spéciale du rapport $\frac{y}{x}$. Cette nouvelle propriété a fait donner le nom de *nœud* à ce point exceptionnel, déjà doublement remarquable ici, à titre de centre et de point d'inflexion. L'ensemble d'une telle discussion ne peut laisser aucun doute sur la figure générale de cette courbe, que sa forme a fait appeler *lemniscate*. Sa courbure est évidemment beaucoup moins prononcée, en général, du nœud O au maximum B que de là au sommet A ; puisque le premier intervalle, quoique supérieur au second, produit une variation totale moitié moindre dans la direction de la tangente.

En substituant, à cette équation, l'équation inverse $y^2 = x^4 - x^2$, il faudrait surtout remarquer, outre le changement accoutumé d'un lieu fermé et continu en un autre illimité et interrompu, le nouveau caractère qu'y prendrait le centre, toujours placé à l'origine. On voit que ce point, loin de réunir plusieurs branches distinctes, se trouverait isolé de tout le reste de la courbe, dont il continuerait cependant à faire partie, comme le point *conjugué* de la conchoïde. Si l'on généralise davantage un tel contraste géométrique, il est aisé de sentir que, en toute équation de la forme

$$y = \varphi(x) \pm \psi(x) \sqrt{f(x)},$$

les abscisses propres à confondre les deux valeurs de y, non par l'annulation de la fonction placée sous le radical, mais par celle du facteur qui le précède, indiqueront des nœuds ou des points isolés selon qu'elles rendront positive ou négative la première fonction $f(x)$, puisque les ordonnées voisines seront dès lors tantôt réelles et tantôt imaginaires. Ainsi, quelque opposées que soient géométriquement ces deux sortes de points, le même caractère analytique pourra leur convenir, avec une simple nuance relative seulement au sens d'une certaine inégalité. Leur différence, quant à la tangente, consistera en ce que son coefficient angulaire, toujours double en l'un et l'autre cas, restera réel pour le premier et deviendra imaginaire pour le second ; comme le confirme aisément l'exemple précédent. Quoique le type analytique que je viens de formuler soit loin d'offrir, à cet égard, toute la généralité convenable, il est pourtant propre à étendre déjà les idées du lecteur sur l'opposition de ces deux points singuliers, autant que le comporte et l'exige ici notre initiation géométrique.

Quatrième exemple. Pour signaler les cas où, l'exposant de l'ordonnée restant pair, l'un de ceux de l'abscisse devient impair, considérons enfin la seule équation $y^2 = x^3 - x^4$. La courbe, tout entière à droite, ne s'y étend que de l'origine jusqu'à $x = 1$, symétriquement autour de l'axe, au-dessus duquel sa plus grande hauteur correspond, suivant la règle des dérivées, à $x = \dfrac{3}{4}$, d'où $y = \dfrac{3}{16} \sqrt{3}$; ce qui la renferme dans le rectangle OBAB′ (*fig.* 60). On a ici tang $\alpha = \dfrac{3x^2 - 4x^3}{2y}$, en sorte que les trois côtés BC, B′C′, et CC′, touchent la courbe : mais, quant au quatrième, en O la direction de la tangente semble d'abord indéterminée. En la cherchant, soit par la substitution de l'ordonnée, qui donne tang $\alpha = \dfrac{3 - 4x}{2} \sqrt{\dfrac{x}{1 - x}}$, soit d'après la considération spéciale du rapport $\dfrac{y}{x}$, il est aisé de reconnaître que la tangente initiale coïncide avec l'axe des abscisses. Si donc, des deux points où cet axe coupe la courbe, l'un A est un sommet proprement dit, l'autre O constitue un point de rebroussement. Ainsi, entre O et B ou B', il doit exister un double point d'inflexion, dont l'abscisse unique correspondra au maximum de tang α, ou à celui de la fonction $\dfrac{x\,(3-4x)^2}{1-x}$, suivant l'esprit des transformations propres à la théorie des maxima, où l'on a toujours le droit de modifier, pour plus de simplicité, les fonctions proposées, pourvu que les maxima ou minima ne cessent point de correspondre aux mêmes valeurs de la variable indépendante.

83. En introduisant, dans les équations trinomes, un terme où les deux variables soient mêlées, on y forme une troisième catégorie générale, qui, pouvant comporter jusqu'à quatre exposants simultanés, doit nécessairement offrir encore plus de diversité que la précédente. J'en examinerai seulement deux exemples très-simples, l'un de degré impair, l'autre de degré pair.

Premier exemple. Soit d'abord la courbe $x^3-xy^2=1$.

D'après la formule $y=\pm\sqrt{x^2-\dfrac{1}{x}}$, elle s'étend indéfiniment à droite, depuis $x=1$, en s'éloignant sans cesse de son axe : à gauche, l'ordonnée, infinie pour $x=0$, ce qui indique l'asymptotisme de l'axe des y, doit premièrement décroître ; mais elle ne tarde pas à augmenter, puisque les accroissements du terme x^2 l'emporteront bientôt sur les diminutions du terme $\dfrac{1}{x}$, et ensuite elle croît jusqu'à l'infini. En considérant de plus près la marche générale de cette fonction, on aperçoit aisément, suivant la méthode subsidiaire des asymptotes, que les deux bissectrices $y=\pm\sqrt{x^2}$ constituent deux autres asymptotes, placées au-dessous de la partie droite de la courbe et au-dessus de sa partie gauche. L'ensemble de ces documents ne laisse ici, vu le degré, aucune incertitude sur l'absence totale de sinuosités et de rebroussements , sans qu'il soit réellement nécessaire de consulter la tangente, sauf pour le maximum d'y, ainsi déterminé par l'équation $3x^2 - y^2 = 0$, qui le place sous un angle de 120° autour de l'origine , au point $x = \sqrt[3]{\dfrac{1}{2}}$, $y = \sqrt[3]{\dfrac{9}{4}}$. Si l'on cherche les points les plus rapprochés de l'origine, où concourent les trois asymptotes, il est aisé de constater, d'après le principe des normales, et en écartant la solution $y = 0$ correspondante au sommet A , qu'ils se trouvent sur les rayons dont le coefficient angulaire est $\sqrt{5}$, un peu au-dessus des minima B et B' de l'ordonnée. Ainsi , la figure 61 caractérise exactement la forme générale de la courbe.

Deuxième exemple. Considérons , en second lieu , la courbe $y^2 - x^2 y^2 = x^2$, où $y = \pm \dfrac{x}{\sqrt{1 - x^2}}$. Évidemment comprise entre les asymptotes $x = 1$, et $x = -1$, elle est illimitée dans le sens vertical, d'ailleurs continue, et symétrique autour des deux axes. Au centre, cette formule indique, d'après le rapport $\dfrac{y}{x}$, l'existence d'un nœud , où la courbe touche les deux bissectrices ; en sorte qu'il serait encore superflu ici d'examiner la marche des tangentes pour constater la justesse de la figure 62. Quant à la courbure, d'abord croissante, puis décroissante, de chaque quart de courbe, elle doit être , en général , peu prononcée, d'après la faible variation totale qu'y éprouve la direction des tangentes.

84. La dernière catégorie des courbes trinomes, celle dont la discussion complète exigerait la plus grande diversité de cas, comprend les équations les plus compliquées, où les variables sont mêlées dans deux termes , le troisième étant dès lors constant. Je m'y bornerai, comme envers la précédente,

à deux exemples choisis, l'un de degré impair, l'autre de degré pair.

Premier exemple. Soit l'équation $xy^2 + y x^2 = 1$, où la symétrie des deux variables indique déjà une courbe symétrique autour de la première bissectrice. La discussion de l'ordonnée

$$y = -\frac{1}{2} x \pm \sqrt{\frac{1}{4} x^2 + \frac{1}{x}},$$

offre ici une nouvelle circonstance préliminaire qu'il importe de remarquer, en ce que la partie rationnelle $-\frac{1}{2} x$, qui précède le double radical, appartient à une droite qui, à raison d'une telle relation algébrique, doit couper en leur milieu toutes les cordes verticales du lieu ; puisque, pour obtenir les deux points correspondants à chaque abscisse, il faudra également porter, de part et d'autre de cette droite, la valeur du radical commun. Ainsi, outre sa symétrie suivant BOB' qui la coupe en C où $x = \sqrt[3]{\frac{1}{2}}$, la courbe aura pour diamètre la droite OA, qu'elle rencontre en A où $x = -\sqrt[3]{4}$, et dont la considération permettra de réduire la discussion essentielle de l'ordonnée à celle du seul radical. Or, ce radical, infini d'abord, de manière à indiquer l'asymptotisme de l'axe vertical, ne tarde pas à devenir croissant, et dès lors sans limites, puisque l'augmentation du terme $\frac{1}{4} x^2$ doit bientôt y surpasser le décroissement du terme $\frac{1}{x}$, qui influe de moins en moins sur la valeur totale. En négligeant ce dernier terme, suivant l'esprit de la méthode subsidiaire des asymptotes, on trouve, autour de l'origine, deux nouvelles asymptotes $y = -\frac{1}{2} x \pm \frac{1}{2} x$, dont l'une

coïncide avec l'axe des abscisses , et l'autre avec la seconde bissectrice. A gauche, le radical devient $\sqrt{\dfrac{1}{4}x^2 - \dfrac{1}{x}}$, et la courbe
se trouve interrompue entre l'asymptote OY et la verticale en
A, au delà de laquelle elle s'étend indéfiniment et sans discontinuité : mais les deux valeurs de l'ordonnée sont alors également positives , en sorte que le lieu ne pénètre pas dans la
troisième région du plan , et se trouve d'ailleurs au-dessous de
l'asymptote oblique, dont l'ordonnée y surpasse la sienne, qui,
à droite, l'emportait. Quoique cet exemple soit l'un des plus
difficiles que puisse offrir la discussion géométrique des équations peu compliquées , le lecteur judicieux ne tardera pas à
sentir que la figure 63 indique la seule forme générale propre
à satisfaire à l'ensemble de ces renseignements divers. L'exa-
men de la tangente, suivant la formule $\tang \alpha = -\dfrac{y}{x}\left(\dfrac{y+2x}{2y+x}\right)$,
n'est indispensable ici qu'envers quelques points remarquables.
En C, sur l'axe du lieu, on a $\tang \alpha = -1$, ce qui confirme que
ce point est un sommet ; en A, sur l'autre diamètre rectiligne,
la tangente est verticale. Pour trouver le minimum de y dans
la partie droite et inférieure , il faut poser $y+2x=0$, d'où résulte aussitôt la direction du rayon correspondant , et ensuite
$x = \sqrt[3]{\dfrac{1}{2}}$; en sorte que ce point D est sur la même verticale
que le sommet C de l'autre branche. Quant au point le plus
rapproché de l'origine, le principe des normales fournit aisément l'équation

$$m^3 + 2m^2 - 2m - 1 = 0,$$

relativement au coefficient angulaire de son rayon. Quoique du
troisième degré, cette équation est facile à résoudre , en utilisant la connaissance antérieure de l'une des trois normales
cherchées , la bissectrice OC, qui y indique la racine $m=1$,

dont la vérification algébrique est d'ailleurs évidente, en écrivant $(m^3-1) + 2m(m-1)=0$. Après l'avoir ôtée, il reste l'équation $m^2+3m+1=0$, qui détermine sans difficulté les deux autres directions, OE et OF.

Deuxième exemple. Considérons enfin, comme dernière courbe trinome, celle qui résulte de l'équation $x^2y^2-xy^2=1$, où $y=\pm\dfrac{1}{\sqrt{x(x-1)}}$. A droite, le lieu commence à l'asymptote $x=1$, au delà de laquelle il s'étend indéfiniment, en se rapprochant toujours de l'axe des abscisses, qui lui constitue une seconde asymptote, aussi bien qu'un axe. Vers la gauche, il n'y a aucune interruption, et les deux axes sont asymptotes. L'ensemble de la courbe est donc nécessairement conforme à la figure 64, puisque le degré empêche d'ailleurs toute sinuosité entre les asymptotes.

Une telle discussion conduit naturellement à soupçonner l'entière identité des quatre parties de la courbe. Pour s'en assurer, il suffit évidemment d'examiner si le point C, situé au milieu de l'intervalle où l'axe coupe les deux autres asymptotes, est réellement le centre du lieu ; ce qui se réduit à y transporter l'origine, afin de voir s'il en résulte la disparition spontanée du terme de degré impair ; ce qui arrive effectivement. L'équation devient ainsi

$$x^2y^2 - \frac{1}{4}y^2 = 1,$$

de manière à rentrer dans la catégorie précédente. Cette nouvelle équation serait donc préférable pour l'étude ultérieure de la courbe. En l'appliquant à la recherche du point le plus rapproché du centre, le principe des normales y donne la condition $\dfrac{4xy}{4x^2-1} = \dfrac{x}{y}$, d'où, après avoir ôté le facteur superflu, il résulte $y^2 = x^2 - \dfrac{1}{4}$, et, par suite, $\left(x^2 - \dfrac{1}{4}\right)^2 = 1$; ainsi, en ce point, on a $x = \dfrac{1}{2}\sqrt{5}$, $y = 1$, et tang$\alpha = -\dfrac{1}{2}\sqrt{5}$. On confirmerait aisément ce résultat par la recherche directe du minimum de $x^2 + y^2$, d'après la méthode algébrique la plus élémentaire, qui serait ici très-praticable.

CHAPITRE IV.

Courbes polynomes

85. Dans l'état d'enfance où se trouve aujourd'hui la géométrie comparée, le principe provisoire qui nous a précédemment servi à classer les courbes algébriques, et qui ne pouvait être pleinement satisfaisant qu'envers les seules équations binomes, cesse d'offrir aucune véritable importance géométrique, quand les équations contiennent plus de trois termes. Aussi, pour ces équations plus compliquées, faut-il nous borner ici à quelques exemples choisis indépendamment de tout classement, et uniquement destinés à faire sentir comment le mode de discussion géométrique caractérisé par les chapitres précédents peut s'étendre à toutes les autres équations algébriques.

Premier exemple. Considérons d'abord la courbe $y^2 = x^2\left(\dfrac{1+x}{1-x}\right)$

D'après la formule $y = \pm x\sqrt{\dfrac{1+x}{1-x}}$, le lieu, symétrique autour de l'axe des abscisses, est limité à droite par l'asymptote $x = 1$, et ne dépasse pas à gauche son intersection avec l'axe, à la distance 1 de l'origine. Il se compose donc de deux parties qui se réunissent à l'origine, l'une à gauche, fermée de toutes parts, l'autre à droite illimitée, verticalement. Le coefficient angulaire de la tangente y est finalement

$$\tan \alpha = \frac{1 + x - x^2}{(1-x)\sqrt{1-x^2}}$$; il devient infini pour $x = \pm 1$, et prend, à l'origine, la double valeur ± 1, d'ailleurs indiquée d'avance par le rapport $\frac{y}{x}$: ainsi, des deux points A et O (*fig.* 65), où la courbe rencontre son axe, le premier est un sommet, le second un nœud, où elle touche les deux bissectrices, au-dessus desquelles s'élève ensuite de plus en plus son cours indéfini. Quant au point culminant de la partie gauche, il correspond à l'équation $1 + x = x^2$, qui donne $x = -\frac{1}{2}(\sqrt{5}-1)$, après avoir écarté la racine positive, comme excédant les limites horizontales du lieu. On ne peut donc plus conserver aucun doute sur la forme générale de la courbe. Sa courbure, très-prononcée dans la portion BAB', l'est beaucoup moins dans le reste de la partie fermée, et diminue encore davantage dans la partie indéfinie. Comme le centre devrait être sur la courbe, en vertu du degré impair, et en même temps sur l'axe des abscisses, à cause de la symétrie, il est clair que cette courbe n'en comporte pas, puisqu'il devrait être placé en O ou en A, contrairement à l'ensemble de la discussion.

Deuxième exemple. Soit maintenant l'équation $y^2 = \dfrac{2x - x^2}{x^2 - 1}$,

d'où $y = \pm \sqrt{\dfrac{x(2-x)}{(x-1)(x+1)}}$; cette décomposition en facteurs est ici destinée à mieux caractériser la marche générale de l'ordonnée. A droite, chaque terme de la fraction renferme un facteur positif, en sorte que y ne sera réel qu'autant que les autres facteurs $2-x$ et $x-1$ auront le même signe, ce qui restreint x entre 1 et 2, puisque ces facteurs ne sauraient d'ailleurs devenir simultanément négatifs. Cette partie de la courbe ne commence donc qu'à l'asymptote CC' (*fig.* 66), et se termine à son intersection B avec son axe. Vers la gauche,

on aurait $y = \sqrt{\dfrac{x(x+2)}{(1+x)(1-x)}}$, et, par conséquent, la courbe ne s'étendrait que de l'origine jusqu'à l'asymptote $x=-1$. D'après le coefficient angulaire de la tangente,

$$\tang \alpha = \frac{x-x^2+1}{2(1-x^2)\sqrt{(2x-x^2)(x^2-1)}},$$ il est aisé de constater

que les points B et O sont des sommets : ainsi, depuis chacun d'eux jusqu'à l'asymptote correspondante, chaque partie de la courbe doit offrir une inflexion, dont le calcul serait ici très-laborieux. La courbe ne saurait d'ailleurs avoir de centre, puisqu'il ne pourrait être qu'en A, milieu entre ces deux sommets, ce qui est évidemment contraire à la discussion. Toutefois les deux parties, droite et gauche, du lieu semblent jusqu'à présent fort analogues. Pour en mieux saisir la vraie relation, il faut y comparer deux ordonnées placées, sur chaque portion, à la même distance du sommet correspondant, en faisant successivement $x=2-t$, $x=-t$; d'où il résulte d'abord $y^2 = \dfrac{t(2-t)}{(1-t)(3-t)}$, et ensuite $y'^2 = \dfrac{t(2+t)}{(1+t)(1-t)}$. Abstraction faite des facteurs communs, la seconde fraction $\dfrac{2+t}{1+t}$ surpasse évidemment la première, comme ayant à la fois, pour $t<1$, un plus grand numérateur et un moindre dénominateur : donc la partie gauche s'élève davantage que la partie droite.

Troisième exemple. Considérons encore la courbe $y = x \pm \sqrt{5x^2-6x-x^3}$. Le terme rationnel, placé devant le radical carré, y indique, comme au n° précédent, pour les cordes verticales, un diamètre rectiligne, coïncidant ici avec la première bissectrice, qui coupe le lieu aux trois points $x = 0$, $x = 2$, $x = 3$. En décomposant la fonction irrationnelle, afin d'en mieux juger la marche, on a $y = x \pm \sqrt{x(x-2)(3-x)}$. Dès lors, la courbe ne peut s'étendre à droite que de la seconde à la troisième intersection avec son diamètre, de A en B (*fig.* 67). Mais à gauche, les deux premiers facteurs étant toujours négatifs, et le dernier toujours positif, la valeur du radical sera constamment réelle et croîtra sans limites. Ainsi la courbe se compose de deux parties, l'une à droite fermée, l'autre à gauche indéfinie, séparées par un intervalle vide, de O à A. Le maximum d'écartement de la première envers son diamètre se déterminera aisément en annulant la dérivée de $5x^2 - 6x - x^3$; ce qui donnera $x = \dfrac{5 + \sqrt{7}}{3}$, l'autre racine se rapportant à une ordonnée imaginaire : en construisant la valeur correspondante du radical, on renfermera cette portion du lieu entre deux parallèles au diamètre. Quant à la tangente, on trouve finalement, d'après nos règles, $\text{tang } \alpha = 1 + \dfrac{10x - 6 - 3x^2}{\sqrt{5x^2 - 6x - x^3}}$; ce qui confirme la position de ces deux tangentes, et la verticalité de celles en O, A et B. Cette fonction devenant infinie pour $x = \infty$, comme le montre la division des deux termes par x^2, on reconnaît ainsi tout à la fois l'absence d'asymptote et l'existence d'une double inflexion à gauche, dont la position précise exigerait un trop long calcul, aussi bien que celle du maximum ou minimum de l'ordonnée à droite. Pour que ces sinuosités soient conciliables avec le degré, qui interdit ici plus de trois points en ligne droite, il suffit que la tangente s'y trouve dirigée de manière à ne pas couper la partie fermée du lieu.

Quatrième exemple. Soit, en dernier lieu, l'équation

$y^4-2x^2y^2-x^4+1=0$, dont la forme indique aussitôt une courbe symétrique autour des deux axes, avec l'origine pour centre. D'après la formule $y=\pm\sqrt{x^2\pm\sqrt{2x^4-1}}$, il faudra d'abord s'assurer de la réalité du radical partiel, ce qui exige seulement $x>\sqrt[4]{\dfrac{1}{2}}$; mais on voit ensuite que, si le premier signe de ce radical donne toujours une ordonnée réelle et indéfiniment croissante, il n'en saurait être de même du signe inférieur, qui rendra bientôt y imaginaire, à partir de la valeur $x=1$, correspondante à $y=0$. Ainsi, le très-petit intervalle horizontal de $\sqrt[4]{\dfrac{1}{2}}$ à 1 exige ici une appréciation spéciale, puisque l'ordonnée s'y trouve quadruple, tandis qu'elle est seulement double dans tout le reste indéfini de la courbe. En considérant, pour plus de clarté, cette courbe comme naissant en A, à sa rencontre avec son axe, il faudra donc concevoir le point décrivant s'avançant d'abord vers l'axe vertical jusqu'en B, d'où il s'en éloigne ensuite à l'infini, conformément à la figure 68. A mesure que x augmente, la valeur du radical partiel tend à se confondre avec $x^2\sqrt{2}$; ce qui indique, autour du centre, deux asymptotes rectilignes, dont le coefficient angulaire est $\pm\sqrt{1+\sqrt{2}}$. Quoique leur existence décide suffisamment du sens de la courbure dans la majeure partie du lieu, l'examen de la tangente est pourtant indispensable, surtout envers la partie BAB'. Or, on a ici $\operatorname{tang}\alpha=\dfrac{x(x^2+y^2)}{y(y^2-x^2)}$; donc la tangente est verticale en A où $y=0$ et en B où $y=x$; en sorte que, dans l'intervalle, il existe une inflexion, dont le calcul serait d'ailleurs trop pénible. En rapportant tout à x, il vient

$$\operatorname{tang}\alpha=\frac{x(2x^2+\sqrt{2x^4-1})}{\sqrt{2x^4-1}\sqrt{x^2+\sqrt{2x^4-1}}}.$$ Si l'on divise les deux

termes par x^3, afin de supposer x infini, cette formule devient

$$\tan \alpha = \frac{2 + \sqrt{2 - \dfrac{1}{x^4}}}{\sqrt{2 - \dfrac{1}{x^4}}\sqrt{1 + \sqrt{2 - \dfrac{1}{x^4}}}},$$

sa valeur extrême est $\dfrac{2 + \sqrt{2}}{\sqrt{2}\sqrt{1 + \sqrt{2}}}$, ce qui reproduit, sous une autre forme, la direction déjà trouvée pour l'asymptote, dont le coefficient linéaire serait d'ailleurs reconnu nul en complétant l'opération, quand même la symétrie ne l'eût pas indiqué d'avance. Quant au point le plus rapproché du centre, le principe des normales donnera ici la condition $\dfrac{x}{y}\left(\dfrac{x^2 + y^2}{x^2 y^2}\right) = \dfrac{x}{y}$, qui n'admet évidemment d'autre solution que $y = 0$, ou le sommet A, à partir duquel la courbe s'éloigne donc continuellement de son centre, même dans la partie AB, où elle s'avance vers l'axe vertical : il est aisé de vérifier, en effet, que la distance OB surpasse un peu OA.

Cet exemple extrême est propre à faire sentir la nécessité d'accorder quelquefois une attention spéciale à de petits intervalles pour discuter convenablement certaines équations : les principaux accidents géométriques se passent ici entre A et B; au delà, la courbure est évidemment très-faible, puisque la direction de la tangente ne varie pas de $45°$ dans tout le reste indéfini de la courbe. On sent toutefois que l'existence de tels intervalles est toujours indiquée par une judicieuse appréciation de la formule qui exprime l'ordonnée; en sorte que de pareils cas n'autorisent nullement à contracter, en général, ces habitudes aveuglément minutieuses qui s'opposent trop souvent aujourd'hui à toute saine discussion des courbes algébriques.

Il serait ici superflu d'examiner géométriquement un plus grand nombre d'équations polynomes : je laisse au lecteur à en multiplier spontanément les exemples, auxquels chacun pourra maintenant appliquer sans difficulté les principes que nous avons désormais assez caractérisés. Afin d'éviter les embarras algébriques trop supérieurs à l'instruction analytique exigée dans ce traité, j'ai considéré exclusivement des équations faciles à résoudre, au moins quant à l'une des variables. Mais, après avoir assez étudié la haute algèbre, il conviendra de poursuivre, sur quelques exemples bien choisis, la discussion géométrique des équations algébriques, sans y dégager aucune coordonnée. Je recommanderai spécialement, à cet égard, la courbe remarquable que Descartes tira de l'équation $y^3 + 3xy + x^3 = 0$. Un très-petit nombre de cas analogues dans les degrés supérieurs caractérisera suffisamment les nouvelles difficultés géométriques qui résultent alors de notre impuissance algébrique, en évitant d'ailleurs avec soin de susciter, à ce sujet, des calculs trop compliqués, dont la fastidieuse influence altérerait beaucoup la principale utilité logique de tels exercices.

86. Quand la géométrie comparée, jusqu'ici à peine entrevue par quelques esprits philosophiques, aura été rationnellement constituée d'après ses véritables principes, on pourra rendre bien plus profitable la discussion géométrique des équations en y introduisant habituellement les questions inverses, aujourd'hui trop peu accessibles, qui consistent à composer des équations correspondantes à des formes générales arbitrairement données. Ces nouveaux problèmes, toujours profondément indéterminés, ne peuvent être maintenant abordés avec quelque succès que dans les cas les plus simples. Je crois pourtant devoir ici en indiquer un exemple, afin de signaler au lecteur intelligent le genre d'exercices le plus propre, sans doute, à faire promptement approfondir l'ensemble de la géométrie

analytique. Supposons qu'il faille composer une équation algébrique dont le lieu puisse ressembler à la courbe de la figure 69. En concevant l'origine placée au sommet O et l'axe des abscisses confondu avec l'axe de la courbe, il sera facile de former l'équation de manière à satisfaire aux conditions de symétrie et d'asymptotisme, en lui donnant la forme $y^2 = \dfrac{f(x)}{\varphi(x)}$, pourvu que le numérateur s'annule avec x et que le dénominateur, devenant infini pour $x = \infty$, soit d'un plus haut degré, la fraction devant d'ailleurs conserver toujours le signe de l'abscisse. Toutes ces indications seraient simultanément remplies, par exemple, d'après la formule

$$y^2 = \frac{ax}{bx^2 + c},$$

où les trois coefficients, supposés toutefois positifs, demeurent encore indéterminés. Une telle fonction assurera, du reste, l'existence d'un point culminant, analogue à B, et dès lors aussi celle d'une inflexion entre B et l'asymptote. Ainsi, les diverses conditions essentielles de la figure sont simultanément satisfaites par cette équation, où la disponibilité des constantes a, b, c, permettra maintenant de remplir les indications numériques relatives à la position et à la hauteur du point culminant. Car, l'indétermination de ces coefficients n'empêche pas d'appliquer complétement ici la règle des tangentes, qui donnera tang $\alpha = \dfrac{a(c - bx^2)}{2(bx^2 + c)\sqrt{ax(bx^2 + c)}}$, où l'on voit d'ailleurs que l'origine est, en effet, un sommet, suivant l'exigence de la figure, et comme l'indiquait déjà le rapport $\dfrac{y}{x}$. On trouve ainsi $x = \sqrt{\dfrac{c}{b}}$, $y = \sqrt[4]{\dfrac{a}{4bc}}$, pour les coordonnées du point culminant. Après l'avoir convenablement placé, on pourra disposer encore d'une constante, en faveur d'une seule condition relative au double point d'inflexion. Si l'on adoptait l'équation plus compliquée

$$y^4 = \frac{a x^3}{b x^4 + c x^3 + d x^2 + c x + f},$$

on pourrait, outre les prescriptions précédentes, remplir aussi toutes les indications propres à l'inflexion B, B', soit quant à ses coordonnées, soit quant à la tangente correspondante : l'une de ces nouvelles constantes resterait même disponible pour quelque autre intention géométrique.

CHAPITRE V.

Discussion spéciale des équations du second degré.

87. Après avoir suffisamment caractérisé, dans les chapitres précédents, la discussion générale des équations algébriques, il faut maintenant compléter cette étude en indiquant spécialement, par un exemple convenable, la manière d'apprécier tous les cas géométriques que peut offrir un genre particulier d'équations, suivant les diverses hypothèses relatives aux coefficients indéterminés qui s'y trouvent. Tel est ici le principal objet de la discussion spéciale à laquelle nous allons soumettre les équations du second degré, et qui d'ailleurs formera, pour l'ensemble de ce traité, une transition naturelle de cette troisième partie à la quatrième, où nous devons étudier particulièrement les courbes de ce degré. Quoiqu'une pareille analyse ait été aussi opérée par Newton envers le troisième degré, et même par Euler à l'égard du quatrième, ces deux cas condui-

sent à des distinctions tellement compliquées, et surtout si nombreuses, qu'il ne convient point de les introduire, à cette fin,
dans l'enseignement élémentaire, où le second degré constitue,
sous ce rapport, un type très-suffisant et complétement appréciable, qui n'aurait d'autre inconvénient que de donner une trop
faible idée des difficultés propres à cet examen complémentaire,
si sa facilité exceptionnelle n'était pas d'avance aisément explicable.

Cette appréciation spéciale serait, par sa nature, très-peu
propre à manifester, suivant un vicieux usage scolastique, les
vrais principes généraux de la discussion géométrique des équations; car, les particularités relatives à ce degré y aplanissent
spontanément presque tous les obstacles essentiels que nous ont
offerts ci-dessus les autres équations algébriques. Mais, ayant déjà
appris, sur des exemples convenables, à surmonter ces difficultés fondamentales, nous pourrons maintenant utiliser pleinement, sans aucun scrupule, ces simplifications exceptionnelles,
dont la judicieuse introduction, loin de compromettre une étude
générale désormais assez caractérisée, doit ainsi réagir, au contraire, sur son perfectionnement total, en y indiquant l'heureux emploi des circonstances particulières qui avaient dû être
précédemment écartées.

88. Afin que le nombre des coefficients de l'équation générale du second degré se trouve exactement conforme aux conditions de la détermination, je supposerai toujours l'un d'eux
égal à l'unité, en faisant toutefois tomber cette particularité
sur le terme le moins important, pour diminuer autant que
possible l'inconvénient de ne pouvoir ainsi représenter immédiatement le cas où ce terme manque, inconvénient d'ailleurs
bien moins grave qu'une fausse insinuation habituelle sur le
nombre de points déterminant. L'équation étant donc

$$ay^2 + bxy + cx^2 + dy + ex = 1,$$

l'expression de l'ordonnée y est

$$y = -\frac{(bx+d)}{2a} \pm \frac{1}{2a} \sqrt{(b^2-4ac)\,x^2 + 2(bd-2ae)\,x + (d^2+4a)}.$$

On voit d'abord ici, comme en plusieurs cas antérieurs, que la partie rationnelle indique un diamètre rectiligne pour les cordes parallèles à l'axe des y. Mais cette indication préliminaire acquiert maintenant beaucoup plus d'importance qu'en aucun autre exemple, si l'on réfléchit qu'elle correspond à l'équation la plus générale de ce degré, tandis que jusqu'ici elle ne s'était manifestée qu'envers des types algébriques très-particuliers relativement aux degrés respectifs. Une telle équation ne pouvant éprouver aucun changement de forme d'après un déplacement quelconque du lieu, qui n'y produirait que de nouveaux coefficients, il s'ensuit que cette propriété géométrique doit, au fond, convenir alors à tous les systèmes de cordes, puisque les ordonnées pourront toujours leur être supposées parallèles en tournant suffisamment les axes. On découvre ainsi, dès le début, indépendamment de toute théorie des diamètres, le caractère peut-être le plus remarquable qui, dans l'ensemble de la géométrie comparée, doive distinguer les courbes du second degré, comme ayant, en tout sens, des diamètres rectilignes. Par un raisonnement inverse convenablement approfondi, on pourrait d'ailleurs se convaincre qu'une telle propriété est, en effet, pleinement caractéristique, en tant qu'exclusivement relative à ces courbes.

La discussion générale de l'ordonnée, encore plus fondamentale ici qu'envers tout autre cas, étant ainsi réduite au seul examen du radical, qui indique la distance verticale de la courbe au diamètre, on est aussitôt conduit à y distinguer deux hypothèses nécessairement différentes, d'abord analytiquement, puis géométriquement, selon que ce radical affecte une fonction de degré impair ou de degré pair, c'est-à-dire suivant que la constante composée $b^2 - 4ac$ est ou n'est pas nulle. Dans la première supposition, la courbe ne rencontrera qu'une seule fois ce diamètre, et par suite tous les autres; puisque, comme ci-dessus, cette remarque doit, au fond, convenir, d'après la généralité de l'équation actuelle, à un diamètre quelconque : dans la seconde, au contraire, le diamètre rencontrera deux fois la courbe ou pas du tout. Il est clair, *à priori*, que la marche générale de l'ordonnée ne saurait être la même en ces deux cas. Considérons d'abord le premier, où l'on a

$$y = - \frac{(bx + d)}{2a} \pm \frac{1}{2a} \sqrt{2(bd - 2ae)x + (d^2 + 4a)}.$$

Le seul terme variable du radical devant alors changer de signe en même temps que x, cette fonction sera toujours réelle d'un côté du point de rencontre de la courbe avec son diamètre, et toujours imaginaire de l'autre côté, suivant le signe du coefficient $bd - 2ae$: dans la partie réelle, sa valeur croîtra indéfiniment en s'éloignant de ce point. Ainsi, ce premier cas correspond à un lieu limité horizontalement d'un côté et illimité de l'autre, sans aucune limite parallèle au diamètre. Nous le désignerons brièvement sous le nom de *parabole*, déjà employé, dès le deuxième chapitre de cet ouvrage, envers une courbe qui appartient évidemment à ce type ; sauf à démontrer bientôt, par la voie ordinaire de la coïncidence des équations, que, réciproquement, toute courbe du second degré bornée dans un sens et indéfinie dans l'autre constitue effectivement une parabole proprement dite, engendrée par un point toujours équidistant d'un point fixe et d'une droite fixe.

Supposons maintenant que la fonction sous le radical soit du second degré, et imaginons que, pour faciliter la discussion, on l'ait décomposée, comme en divers cas antérieurs, en deux facteurs du premier degré. On aura alors

$$y = -\frac{(bx+d)}{2a} \pm \frac{1}{2a}\sqrt{(b^2-4ac)(x-x')(x-x'')},$$

x' et x'' désignant les racines correspondantes à l'annulation du radical, et, par suite, caractérisant les deux intersections de la courbe avec son diamètre. Ici surgit évidemment la nécessité d'une nouvelle distinction, selon que le facteur constant b^2-4ac est négatif ou positif, ce qui, obligeant les deux facteurs variables à être tantôt contraires, tantôt conformes de signe, doit nécessairement affecter beaucoup la marche générale de l'ordonnée. Dans le premier de ces deux nouveaux cas, la courbe sera certainement comprise entre les ordonnées des points où elle rencontre le diamètre, et d'ailleurs continue, puisque toute valeur de x inférieure à x'' et supérienre à x' rendra y réel. Son écartement du diamètre sera, en outre, inévitablement limité; et le maximum du produit $(x-x')(x''-x)$, qui le détermine, correspondra au milieu de ces deux intersections, d'après un théorème familier d'algèbre élémentaire, relatif aux produits dont la somme des facteurs est constante. Ainsi, la courbe est alors renfermée dans un parallélogramme, formé par deux ordonnées et deux parallèles au diamètre : nous la qualifierons d'*ellipse*, sauf à justifier ci-dessous la parfaite convenance de cette dénomination, en ramenant l'équation actuelle au type qu'elle rappelle.

Enfin, quand b^2-4ac est positif, la marche générale du radical devient essentiellement inverse de la précédente; puisque l'ordonnée ne sera jamais réelle entre $x=x'$ et $x=x''$, et le deviendra toujours, au contraire, en deçà de l'une des intersections ou au delà de l'autre : la courbe pourra d'ailleurs maintenant s'écarter à l'infini de son diamètre. Ce lieu sera donc à la fois illimité en tous sens et discontinu, comme l'*hyperbole* proprement dite, dont nous lui appliquerons déjà le nom, que nous reconnaîtrons bientôt rigoureusement convenable.

Telles sont les distinctions successives d'après lesquelles la discussion fondamentale de l'ordonnée démontre naturellement que toute équation du second degré représente géométriquement une parabole, une ellipse, ou une hyperbole, selon que la constante composée $b^2 - 4ac$ est nulle, négative, ou positive. Ce caractère analytique doit donc toujours persister quand la courbe se déplace arbitrairement, quoique les coefficients a, b, c puissent alors changer. Il importe de remarquer, dès l'origine, que le premier cas s'offre spontanément comme plus distinct des deux autres que ceux-ci ne le sont entre eux : cette comparaison sera confirmée, dans la quatrième partie de ce traité, par l'ensemble des propriétés de ces trois courbes.

La seule considération du degré suffit ici, indépendamment de tout examen de la tangente, pour déterminer le sens de la courbure, en indiquant que le lieu doit toujours être concave vers son diamètre, afin de ne jamais présenter plus de deux points en ligne droite.

89. Complétons maintenant cette appréciation fondamentale, en considérant successivement les équations du second degré sous les divers aspects généraux propres aux théories géométriques que nous avons établies.

Quant au nombre de points déterminant, notre distinction principale se soutient évidemment en indiquant que la détermination de l'ellipse ou de l'hyperbole exige cinq points, tandis que quatre suffisent envers la parabole, puisque l'une des constantes arbitraires a, b, c, peut alors disparaître de l'équation, d'après sa subordination spéciale aux deux autres.

Relativement aux tangentes, on a ici

$$\tang \alpha = -\frac{by + 2cx + e}{2ay + bx + d};$$

mais la discussion de cette formule, actuellement inutile pour discerner le sens de la courbure, ne présente quelque intérêt qu'envers les points propres à annuler son numérateur ou son dénominateur, en indiquant les tangentes parallèles aux axes. Encore le résultat pourrait-il même en être aisément prévu : car, les tangentes verticales, par exemple, correspondent à $2ay + bx + d = 0$, ce qui constitue précisément l'équation du diamètre relatif à des cordes verticales ; il s'ensuit donc que, à sa rencontre avec la courbe, la tangente est parallèle à ses cordes. Cette remarque, également convenable au numérateur, peut être facilement étendue à un diamètre quelconque, d'après la considération lumineuse que nous avons déjà employée sur la généralité géométrique de l'équation actuelle. Or, ainsi agrandie, cette relation constante des tangentes aux cordes constitue, sous un autre aspect, une suite nécessaire de la direction de la courbure, indiquée par le degré ; puisque, là où le lieu coupe un diamètre, la tangente ne pourrait cesser d'être parallèle aux cordes correspondantes, qu'autant qu'il y aurait rebroussement, ce qui est évidemment impossible.

En appliquant ici l'une quelconque de nos deux méthodes générales pour la détermination des asymptotes rectilignes, ou même la méthode subsidiaire, d'après l'extraction de la racine, on trouvera, sans difficulté, la double équation

$$y = \left(-\frac{b}{2a} \pm \frac{1}{2a} \sqrt{b^2 - 4ac} \right) x + \left(\frac{bd - 2ae}{\pm 2a \sqrt{b^2 - 4ac}} - d \right).$$

Les deux coefficients y sont imaginaires quand $b^2 - 4ac$ est négatif, comme le cas l'exigeait géométriquement. Ils sont réels, mais incompatibles, si $b^2 - 4ac = 0$; en sorte que la parabole n'a pas non plus d'asymptote : toutefois, la courbe étant alors indéfinie, la valeur du coefficient angulaire y indique, suivant nos principes généraux, la limite constante de la direction des tangentes. L'unité d'une telle limite montre que les deux branches de la courbe , autour de chaque diamètre , tendent à devenir parallèles entre elles à mesure qu'elles s'en écartent. On doit d'ailleurs remarquer que cette commune direction est précisément celle du diamètre déjà obtenu , d'après le coefficient angulaire $-\dfrac{b}{2a}$, également convenable aux deux cas. Mais cette relation pouvait être aisément prévue , puisque les diamètres ne rencontrent alors qu'une seule fois la courbe, ce qui est ici le caractère , en un point quelconque , des droites parallèles à la limite de la direction des tangentes. Un tel rapprochement conduit donc à penser que tous les diamètres de la parabole doivent être parallèles entre eux , comme nous le vérifierons ci-dessous.

Quant à l'hyperbole, l'équation précédente y indique évidemment deux asymptotes toujours distinctes , dont l'intersection correspondrait aux coordonnées

$$x = \frac{2ae - bd}{b^2 - 4ac}, \quad y = \frac{2cd - be}{b^2 - 4ac},$$

que nous verrons bientôt convenir au centre , conformément aux exigences géométriques, qui ne sauraient permettre de placer ailleurs une telle rencontre. Cette diversité de limite entre les directions des deux parties de l'hyperbole séparées par chaque diamètre intérieur, constitue la principale diversité graphique propre à empêcher de confondre jamais l'aspect d'une parabole avec celui d'une demi-hyperbole , quelque grossier que puisse être leur tracé, pourvu qu'il soit judicieux.

Si maintenant on considère les courbes du second degré relativement aux diamètres, on y trouvera aisément, d'après notre seconde méthode, l'équation générale

$$y = -\left(\frac{bm + 2c}{2am + b}\right) x - \left(\frac{dm + e}{2am + b}\right),$$

qui indique, en tous sens, des diamètres rectilignes. Mais cette commune propriété essentielle avait été ci-dessus prévue, indépendamment de toute théorie des diamètres. Nous avons aussi déjà reconnu le parallélisme nécessaire des diamètres de la parabole, que cette équation confirme facilement, en y remarquant que, d'après la relation $b^2 = 4\,ac$, le coefficient angulaire du diamètre devient indépendant de celui m des cordes correspondantes. Quant à l'ellipse ou l'hyperbole, on pourrait ainsi constater la convergence de tous leurs diamètres en un point unique; mais elle sera mieux annoncée ci-dessous par la détermination du centre. Le plus heureux usage que l'on puisse faire ici de l'équation précédente, consiste à l'employer spécialement, d'après la nature rectiligne de tous les diamètres, pour trouver les *axes* de la courbe, en évitant la transposition d'axes indéterminée qu'exige, en tout autre cas, une telle recherche, selon nos explications générales. Il suffit, en effet, de disposer de m afin que le diamètre devienne perpendiculaire à ses cordes, suivant la condition ordinaire

$$m = \frac{2am + b}{bm + 2c}, \quad \text{ou} \quad m^2 + 2\left(\frac{c - a}{b}\right)m - 1 = 0,$$

qui indique deux directions rectangulaires constamment possibles, et d'où résultent les deux droites autour desquelles toute courbe du second degré doit être symétrique. Cependant, en achevant le calcul, on remarquera que, dans le cas parabolique, l'une de ces valeurs est inadmissible, en tant que rendant infini le coefficient linéaire du diamètre correspondant; en sorte que la parabole n'est symétrique qu'en un seul sens, comme l'exigeait évidemment sa figure générale. On pourra également constater ainsi que l'ellipse est rencontrée par ses deux axes, et l'hyperbole par l'un seulement, conformément aux conditions géométriques de continuité ou discontinuité.

La méthode des centres conduirait ici aux coordonnées rapportées ci-dessus, qui sont toujours réelles, et d'ailleurs finies pour l'ellipse ou l'hyperbole. Devenant infinies pour la parabole, elles y confirment l'absence de centre qu'indiquait déjà sa figure générale, et vérifient en même temps le parallélisme précédemment reconnu entre tous ses diamètres.

Enfin, si l'on applique à deux courbes quelconques du second dgré

$$ay^2 + bxy + cx^2 + dy + ex = 1$$
$$a'y^2 + b'xy + c'x^2 + d'y + e'x = 1$$

notre théorie générale de la similitude, il faut substituer, dans la première équation,

$$x' \cos X' - y' \sin X' + \alpha \ \text{et} \ x' \sin X' + y' \cos X' + \beta$$

au lieu de x et y, afin de l'identifier avec la seconde, où l'on aurait d'abord changé x en mx' et y en my'. Mais, sans qu'il soit nécessaire d'exécuter ce long calcul, on voit aussitôt qu'il ne conduira qu'à une seule relation, comme nous l'avons depuis longtemps remarqué. Cela posé, la recherche de cette unique condition de similitude pourra, suivant nos principes généraux, s'accomplir directement sous diverses formes équivalentes, soit linéaires, soit angulaires, dont la plus convenable me semble être ici relative à l'égalité d'inclinaison des deux asymptotes, qui, envers chaque lieu, constituent certainement deux lignes homologues. L'équation ci-dessus rapportée donne, pour un tel angle, la formule tang $V = \dfrac{\sqrt{b^2 - 4ac}}{a+c}$:
ainsi la condition de similitude est

$$(b^2 - 4ac)(a'+c')^2 - (b'^2 - 4a'c')(a+c)^2 = 0.$$

Elle devient constamment identique dans le cas parabolique; en sorte que deux paraboles sont nécessairement toujours semblables. La similitude spontanée de deux cercles s'y vérifie aussi aisément, d'après le double caractère correspondant.

* Quoique la considération géométrique d'où dérive si commodément cette condition semble particulière à l'hyperbole, le résultat doit être étendu, sans aucun scrupule raisonnable, aux deux autres cas, puisque celui qu'on avait d'abord en vue ne se distingue analytiquement par aucune relation précise tendant à restreindre la généralité de l'équation. Même envers les équations elliptiques, où les coefficients angulaires des deux droites considérées deviennent imaginaires, si l'on interprète ces coefficients en y changeant le signe du radical commun, ce qui ne saurait altérer la relation finale, on donnera naissance à deux droites, qui, pour n'être plus alors des asymptotes, n'en constitueront pas moins toujours, envers les deux courbes, des lignes certainement homologues, dont la vraie destination géométrique, indifférente à une telle appréciation, sera d'ailleurs ultérieurement expliquée.

90. Pour compléter la discussion spéciale des équations du second degré, il nous reste à considérer les divers cas singuliers, spontanément écartés ci-dessus, où, quoique offrant le caractère analytique de l'une des lignes précédemment examinées, elles ne représentent réellement aucune courbe. Cette appréciation complémentaire est ici d'autant plus intéressante, qu'elle pourra indiquer les anomalies relatives à toutes les autres équations algébriques, envers lesquelles nous n'avions pu nullement ébaucher auparavant un tel examen.

Envisageons d'abord les équations paraboliques, où, $b^2 - 4ac$ s'annulant, l'ordonnée est exprimée par la formule

$$y = -\frac{(bx+d)}{2a} + \frac{1}{2a}\sqrt{2(bd-2ae)\,x + (d^2+4a)}.$$

Tant que $bd - 2ae$ n'est pas nul, il en résulte une parabole, suivant notre discussion fondamentale. Les cas exceptionnels doivent donc s'y rappporter à l'annulation de cette seconde fonction des coefficients, d'où résulte, en effet, une formule du premier degré

$$y = -\frac{(bx+d)}{2a} \pm \frac{1}{2a}\sqrt{d^2+4a},$$

qui ne saurait jamais convenir à une courbe, et qui indiquera deux droites parallèles, ou une seule droite, ou l'absence totale de lieu géométrique, selon que la troisième constante composée d^2+4a sera positive, nulle, ou négative. A ces trois cas singuliers, correspondent, pour l'équation primitive, les formes

$$(y+px+q)^2 - r^2 = 0, \quad (y+px+q)^2 = 0, \quad (y+px+q)^2 + r^2 = 0,$$

qui sont directement caractéristiques, comme rappelant la décomposition spontanée du premier membre de l'équation en deux facteurs du premier degré, dont les termes variables coïncident, et dont les termes constants sont tantôt inégaux, tantôt égaux, et tantôt imaginaires. Tous les degrés comporteraient évidemment, par de semblables motifs analytiques, des exceptions analogues, sauf les modifications plus variées relatives au nombre des facteurs.

Dans les équations elliptiques, où b^2-4ac est négatif, nous avons discuté la formule

$$y = -\frac{(bx+d)}{2a} \pm \frac{1}{2a}\sqrt{(b^2-4ac)(x-x')(x-x'')}$$

quand les deux racines auxiliaires x' et x'' sont réelles et inégales, c'est-à-dire lorsque le polynome

$$a(ae^2+cd^2-bde+4ac-b^2),$$

formé de l'ensemble des coefficients, est positif : c'est le cas normal de l'ellipse. Supposons donc maintenant que cette condition ne soit pas remplie, et d'abord que ces deux constantes deviennent égales, en vertu de l'annulation de ce polynome. On aura alors

$$y = -\frac{(bx+d)}{2a} \pm \frac{(x-x')}{2a}\sqrt{b^2-4ac},$$

et l'équation ne comportera d'autre solution réelle que celle relative à $x = x'$, qui fait disparaître le radical imaginaire : en sorte que le lieu géométrique se réduira au seul point

$$x = x', y = -\frac{(bx'+d)}{2a}, \text{ ou } x = \frac{2ae-bd}{b^2-4ac}, y = \frac{2cd-be}{b^2-4ac}.$$

Suivant les explications fondamentales placées au début de ce traité, il serait plus exact de regarder l'équation comme ne pouvant être suffisamment représentée, par suite du défaut de peinture des solutions imaginaires : car ce point unique pourra d'ailleurs conserver la même position dans une infinité d'hypothèses différentes sur les coefficients a, b, c, d, e, ainsi assujettis seulement à trois relations pour chaque situation donnée de ce prétendu lieu. En remontant à la composition correspondante de l'équation primitive, on y reconnaît la forme

$$(y + px + q)^2 + (y + p'x + q')^2 = 0,$$

qui borne directement les solutions réelles au seul point commun aux deux droites $y + px + q = 0$ et $y + p'x + q' = 0$.

Rien de pareil ne saurait avoir lieu dans aucun degré impair, d'après la notion algébrique relative à l'existence nécessaire d'une racine réelle en toute équation de degré impair à une seule inconnue. Mais tous les degrés pairs comporteront des accidents analogues, et avec plus de variété, d'après le type général

$$(f(x,y))^{2m} + (\varphi(x,y))^{2n} = 0,$$

qui, manifestant l'impossibilité de détruire l'un par l'autre deux groupes toujours positifs, indiquera, comme seules solutions réelles, les coordonnées communes aux deux lignes $f(x, y)=0$ et $\varphi(x, y)=0$. Dans le second degré, où ces lignes doivent être droites, il n'en peut résulter qu'un point unique. En un degré plus élevé, où elles pourront devenir courbes, ces points isolés pourront se multiplier davantage, jusqu'à une limite toujours déterminée par le nombre des intersections possibles. Ainsi, par exemple, une équation du quatrième degré pourrait ne fournir géométriquement qu'un seul point, ou bien en donner deux, trois et même quatre, suivant les relations des deux courbes $f(x, y) = 0$, $\varphi(x, y) = 0$, alors du second degré, et pouvant offrir jusqu'à quatre points communs sans se confondre.

Nous pouvons ensuite supposer que, dans une équation elliptique, les constantes auxiliaires x' et x'' soient imaginaires, c'est-à-dire que le polynome $a(ae^2 + cd^2 - bde + 4ac - b^2)$, positif pour le cas normal, devienne négatif. En reprenant la formule

$$y = -\frac{(bx+d)}{2a} \pm \frac{1}{2a} \sqrt{(b^2 - 4ac)(x - x')(x - x'')},$$

on sait, par la théorie algébrique des équations du second degré, que la fonction $(x - x')(x - x'')$ reste alors constamment positive, quelle que puisse y être la valeur de x. Donc, $b^2 - 4ac$ étant négatif, on voit que maintenant l'ordonnée sera toujours imaginaire ; en sorte que l'équation n'aura plus aucun lieu géométrique, mais suivant un tout autre mode analytique que dans les équations paraboliques ci-dessus assujetties à la même anomalie. Ce cas, géométriquement exceptionnel, pourra être algébriquement aussi fréquent que le cas normal, en prenant des coefficients au hasard, puisqu'il n'exige entre eux aucune relation précise, et qu'il se distingue seulement par le sens, d'abord imprévu, d'une certaine inégalité. La composition cor-

respondante de l'équation primitive est nettement représentée
par la formule

$$(y+px+q)^2+(y+p'x+q')^2+k^2=0,$$

qui montre directement l'impossibilité d'aucune solution réelle,
même en annulant les deux parties variables.

Toutes les équations de degré pair comporteraient évidemment une semblable anomalie géométrique, suivant le type

$$(f(x,y))^{2m}+(\varphi(x,y))^{2n}+(\psi(x,y))^{2p}+\text{etc}\ldots+k^2=0.$$

Considérons enfin les cas singuliers propres aux équations
hyperboliques, où b^2-4ac est positif. D'après la même formule,

$$y=-\frac{(bx+d)}{2a}\pm\frac{1}{2a}\sqrt{(b^2-4ac)(x-x')(x-x'')},$$

nous avons reconnu l'hyperbole quand les constantes x' et x''
sont réelles et inégales. Supposons-les maintenant égales, selon
l'hypothèse $a(ae^2+cd^2-bde+4ac-b^2)=0$. La formule devient, comme ci-dessus,

$$y=-\frac{(bx+d)}{2a}\pm\frac{(x-x')}{2a}\sqrt{b^2-4ac}.$$

Mais le changement de signe de b^2-4ac y produit un effet
géométrique très-différent, quoique pareillement singulier; car,
l'ordonnée est alors, au contraire, toujours réelle; en sorte que
l'équation admet encore un véritable lieu, à la fois continu et
indéfini. L'anomalie consiste donc ici en ce que ce lieu, cessant
d'être curviligne, se compose de deux droites, qui concourent
nécessairement, au point dont l'abscisse est x'. En remontant
à l'état correspondant de l'équation primitive, on y reconnaît
la forme

$$(y+px+q)^2-(x+p'y+q')^2=0,$$

qui indique aussitôt une décomposition exceptionnelle en deux facteurs du premier degré, relatifs à deux droites non parallèles. Tous les autres degrés, pairs ou impairs, seraient évidemment susceptibles d'accidents analogues.

Si les constantes x' et x'' deviennent imaginaires, en supposant négatif le polynome $a\,(ae^2 + cd^2 - bde + 4ac - b^2)$, il est aisé de reconnaître que ce cas n'est nullement singulier envers les équations hyperboliques, quoiqu'il ait dû l'être pour les équations elliptiques. Car, l'invariabilité du signe de la fonction placée sous le radical de y constitue alors l'ordonnée en état constant de réalité, de manière à faire également naître une courbe indéfinie. On pourrait seulement craindre d'abord que ce lieu ne cessât ici d'être discontinu, puisque l'interruption horizontale, primitivement constatée entre $x = x'$ et $x = x''$, disparaît ainsi nécessairement. Mais il suffit de penser à la signification géométrique des constantes x' et x'' pour reconnaître que cette diversité n'indique réellement aucune modification de forme, et ne tient qu'à un simple accident de situation. En effet, ces racines déterminant les intersections de la courbe avec le diamètre correspondant aux cordes verticales, leur imaginarité actuelle montre que ce diamètre, et par conséquent ses parallèles trop rapprochées, cessent de rencontrer le lieu, dont la discontinuité se retrouve alors suivant les perpendiculaires à cette droite. Il n'existe donc géométriquement aucune différence effective entre ce cas et celui qui nous a servi de type fondamental. On voit que toute leur diversité consiste en ce que la courbe coupe ou ne coupe pas un certain diamètre. Comme la forme générale de l'hyperbole indique évidemment que, du centre placé dans sa convexité, partent indifféremment des diamètres propres à rencontrer la courbe et d'autres qui ne sauraient l'atteindre, suivant les directions des cordes correspondantes, il est clair que cette distinction reste purement relative à la situation de l'hyperbole envers les axes actuels. Ainsi, ce troisième cas des équations hyperboliques n'est réellement pas plus singulier que le premier. Leur distinction est tellement insignifiante, qu'ils pourront aisément coexister, en comparant les deux modes de résolution de l'équation, où x et y peuvent être alternativement dégagés. Car, dans la formule analogue,

$$x = -\frac{(by + e)}{2c} \pm \frac{1}{2c} \sqrt{(b^2 - 4ac)(y - y')(y - y'')},$$

il est aisé de constater que le polynome d'où dépend la réalité ou l'imaginarité des nouvelles constantes auxiliaires y' et y'' ne diffère de celui que nous avons considéré envers x' et x'' que par le changement du facteur monome a en c, le facteur complexe n'éprouvant aucune modification : or, a et c pourraient ici être opposés de signe, en sorte que l'imaginarité de l'un des couples coïnciderait avec la réalité de l'autre ; tandis que, si l'équation était elliptique, a et c auraient nécessairement le même signe, et ces deux hypothèses ne sauraient coexister, comme l'exigeait d'avance leur incompatibilité géométrique.

En résumant l'ensemble de cette discussion complémentaire, on voit que, selon des caractères déterminés : 1° les équations paraboliques comportent trois anomalies distinctes, où elles représentent deux droites parallèles, ou bien une seule droite, ou enfin n'admettent aucun lieu ; 2° les équations elliptiques offrent deux cas singuliers, suivant que le lieu s'y réduit à un point, ou disparaît totalement ; 3° enfin, les équations hyperboliques ne présentent qu'une seule exception géométrique, où le lieu dégénère en deux droites convergentes.

91. Il ne nous reste maintenant qu'à considérer les équations du second degré sous un dernier aspect général, en y étudiant les simplifications qui peuvent y résulter d'un heureux choix des axes rectangulaires. Nécessairement plus prononcées qu'en

aucun autre cas, comme je l'ai indiqué, en principe, au n° 30, ces réductions constitueront d'ailleurs la préparation immédiate · de l'élaboration spéciale à laquelle doit être consacrée la quatrième partie de ce traité, envers les trois courbes que ce chapitre a caractérisées.

Pour mieux apprécier ces modifications analytiques, il faut les partager en deux classes : l'une, relative au déplacement des axes rectangulaires autour d'une même origine quelconque, est essentiellement commune à tous les cas; l'autre, qui se rapporte au simple changement d'origine, produira des effets distincts selon que l'équation sera ou non parabolique.

La première simplification, qui est évidemment la plus importante, comme affectant les termes du plus haut degré, doit surtout consister à séparer les variables. Outre que le terme où elles sont mêlées est ordinairement le plus gênant, il pourra disparaître sans que l'équation cesse de représenter indifféremment les trois courbes; tandis que, si l'un des carrés manquait, $b^2 - 4ac$ étant dès lors toujours positif, l'équation ne pourrait jamais être qu'hyperbolique. Substituons donc, au lieu de x et y, dans l'équation générale

$$ay^2 + bxy + cx^2 + dy + ex = 1,$$

les formules

$$x = x' \cos X' - y' \sin X, \qquad y = x' \sin X' + y' \cos X',$$

afin de disposer de l'angle X' de manière à annuler le coefficient total du terme en $x'y'$. Il en résulte la condition

$$2(a - c) \sin X' \cos X' + b \cos^2 X' - b \sin^2 X' = 0,$$

ou, en introduisant la tangente,

$$\tan^2 X' - 2 \frac{(a - c)}{b} \tan X' - 1 = 0.$$

Cette équation montre que la transformation sera toujours

possible, et que le système rectangulaire propre à y satisfaire sera nécessairement unique, puisque les deux valeurs de tang X' conviendront évidemment à deux droites perpendiculaires entre elles : il n'y aurait indétermination que dans le cas du cercle, où le double caractère $b = 0$, $a = c$, rendrait l'équation totalement identique, conformément aux exigences géométriques. Si, sans accomplir immédiatement cette réduction, on en voulait seulement constater la possibilité constante, on y pourrait parvenir, d'une manière moins directe, mais plus commode, en introduisant d'abord l'angle 2X', à l'égard duquel la condition primitive donnerait aussitôt

$$\tang 2X' = \frac{b}{c - a},$$

formule simple, et facile à retenir, qui d'ailleurs reproduirait aisément celle de tang X', d'après la règle trigonométrique ordinaire.

Au reste, la seule appréciation géométrique d'une telle transformation suffirait pour la représenter d'avance comme possible et déterminée. Car, quand les variables sont séparées, les deux diamètres immédiatement résultés de la résolution de l'équation par rapport à y ou à x, et qui correspondent à des cordes parallèles aux coordonnées respectives, deviennent nécessairement parallèles aux axes opposés, et dès lors perpendiculaires à leurs propres cordes. Ainsi, les axes rectangulaires susceptibles d'une telle propriété doivent être parallèles aux axes géométriques de la courbe, dont l'existence constante, au moins pour l'un d'eux, et la détermination unique, sauf envers le cercle, garantissaient à priori qu'il existerait toujours, autour d'une origine quelconque, un seul système d'axes rectangulaires susceptible de permettre la séparation des variables.

Toute équation du second degré étant ainsi constamment réductible à la forme

$$ay^2 + cx^2 + dy + ex = 1,$$

considérons les simplifications ultérieures que pourra lui faire éprouver, envers les termes inférieurs, un changement convenable d'origine, sans altérer désormais la nouvelle direction des axes. Il faut, à cet effet, distinguer deux cas, selon que l'équation est parabolique ou non parabolique, c'est-à-dire suivant que la courbe manque de centre ou en admet un. Dans le premier cas, le caractère invariable $b^2 - 4ac = 0$ indique d'abord que le terme en xy ne peut s'annuler sans que l'un des carrés ne doive spontanément disparaître. Envers les nouveaux axes rectangulaires, l'équation est donc alors, par exemple,

$$ay^2 + dy + ex = 1.$$

Le déplacement d'origine n'y peut tendre qu'à supprimer le terme du premier degré en y et le terme constant, afin que les deux variables continuent à y coexister. On peut aisément vérifier, en exécutant cette facile opération analytique, qu'une telle réduction est, en effet, toujours possible, à moins que a ou e ne soit nul, ce qui n'aurait lieu que dans l'un des cas singuliers appréciés au n° précédent. L'interprétation géométrique indique clairement cette possibilité permanente : puisque la disparition du terme dy suppose qu'on a pris pour axe des abscisses l'axe géométrique de la parabole, et celle du terme constant que l'origine est placée sur la courbe; en sorte que les deux conditions seront à la fois remplies en transportant l'origine à l'unique sommet que comporte alors le lieu. C'est ainsi que toute équation parabolique du second degré est finalement réductible à la forme

$$y^2 = mx,$$

en assignant aux axes rectangulaires une direction et une position convenables. Une telle réduction constante ne saurait maintenant laisser aucun doute sur la parfaite identité de la courbe correspondante avec celle que nous avons spécialement qualifiée de *parabole* dans la première partie de ce traité.

Quand l'équation

$$ay^2 + cx^2 + dy + ex = 1$$

sera elliptique ou hyperbolique, il sera facile d'y enlever les deux termes du premier degré, en transportant l'origine au centre, dont l'existence est alors reconnue d'avance. Ainsi, toute semblable équation du second degré pourra prendre finalement, envers les deux droites rectangulaires autour desquelles la courbe est symétrique, la forme

$$ay^2 + cx^2 = 1,$$

qui rend désormais irrécusable la coïncidence des lieux géométriques correspondants avec les courbes introduites, dès le début de notre étude, sous les noms spéciaux d'ellipse et d'hyperbole. C'est le type analytique que nous devons habituellement préférer pour la théorie particulière de l'une ou l'autre figure. Toutefois, si l'on désirait conserver aux équations elliptiques ou hyperboliques la faculté de devenir aussi paraboliques, ce qui, quoique rarement convenable, peut néanmoins faciliter certaines opérations communes aux trois courbes, il faudrait, comme ci-dessus, transporter l'origine au sommet, alors tantôt quadruple et tantôt double; ce qui ramènerait l'équation à la forme

$$y^2 = mx + nx^2,$$

indiquant la parabole, l'ellipse, ou l'hyperbole, selon que n serait nul, négatif, ou positif.

Nous avons toujours supposé jusqu'à présent que les nou-

veaux axes demeuraient rectangulaires , ainsi que l'exige ordinairement la simplification de l'étude géométrique , quoique
cette obligation ôte la faculté d'enlever à l'équation un terme
de plus. Mais, afin de compléter ici l'appréciation générale des
réductions que comportent les équations du second degré d'après
un choix convenable des axes coordonnés , il faut examiner
enfin les modifications plus profondes qu'y pourrait produire
la double disponibilité de leurs directions , suivant les formules

$$x = x'\cos X' + y'\cos Y', \quad y = x'\sin X' + y'\sin Y',$$

qui permettraient d'annuler simultanément deux des trois
termes du second degré. Ces termes ne sauraient être que les
deux carrés ; sans quoi l'équation serait parabolique , auquel
cas une telle réduction aurait déjà été mieux accomplie , avec
des axes rectangulaires. Or, quand les deux carrés auront disparu , l'équation présentera nécessairement le caractère hyperbolique. Ainsi, une telle réduction est impossible pour l'ellipse,
dont l'équation ne peut jamais admettre moins de trois termes.
Mais elle convient évidemment à l'hyperbole, à cause de ses
asymptotes. Car, en dirigeant l'un des axes coordonnés parallèlement à l'une d'elles , on sait que l'équation doit manquer
du carré correspondant ; en sorte qu'on éliminera simultanément les deux carrés , en prenant , autour d'une origine quelconque, des axes parallèles aux deux asymptotes. Il est aisé de
vérifier, en effet, par l'exécution de la substitution indiquée,
que les deux équations, d'ailleurs naturellement identiques ,
qui détermineront les angles X' et Y' d'après cette double
condition, assigneront à leurs tangentes des valeurs exactement égales à celles ci-dessus rapportées quant aux coefficients angulaires des asymptotes. Si , en outre, on place l'origine au centre , l'équation de l'hyperbole sera finalement réductible à la forme

$$xy = m^2$$

annonçant aussitôt une courbe asymptotique aux deux axes, qui ne seraient rectangulaires qu'autant qu'on aurait eu d'abord $c = -a$. Quoique leur obliquité ordinaire doive s'opposer à l'emploi habituel d'une telle équation, il n'en est pas moins très-remarquable que l'hyperbole soit susceptible, comme la parabole, mais suivant un tout autre mode analytique ou géométrique, d'une équation simplement binome, tandis que l'équation de l'ellipse doit toujours être au moins trinome. Cette différence nécessaire, imparfaitement appréciée jusqu'ici, conduira peut-être un jour, dans la constitution rationnelle de la géométrie comparée, à rapporter l'ellipse et l'hyperbole à des familles de courbes vraiment distinctes, malgré la grande analogie que vont nous offrir, à beaucoup d'égards, leurs propriétés respectives.

QUATRIÈME PARTIE.

ÉTUDE SPÉCIALE DES COURBES DU SECOND DEGRÉ.

92. La discussion géométrique des équations n'étant, par sa nature, qu'une première ébauche fondamentale de l'ensemble des attributs propres aux courbes correspondantes, la troisième partie de ce traité vient réellement de caractériser l'application combinée de nos diverses théories essentielles à l'étude générale des courbes algébriques. Mais, pour que notre appréciation graduelle du véritable esprit de la géométrie analytique puisse acquérir enfin toute la netteté et la précision convenables, il faut maintenant spécifier davantage cette application, envers quelques-unes des courbes ainsi considérées. Ce but logique sera suffisamment atteint par une étude judicieuse des principales propriétés des trois courbes remarquables qui résultent des équations du second degré; outre la haute utilité scientifique d'une telle connaissance, d'après l'usage capital de ces figures dans les parties élémentaires de la philosophie naturelle, et surtout en astronomie.

D'après le nouveau plan qui caractérise cet ouvrage, une pareille étude ne saurait y offrir aucune difficulté essentielle, puisque nous n'avons plus qu'à y appliquer spécialement des principes généraux pleinement établis; ce qui permettra ici d'abréger beaucoup ce travail, quoiqu'en y comprenant plus de propriétés de ces trois courbes qu'on n'a coutume d'en considérer. Toute l'attention du lecteur devra s'y concentrer sur la simplification spontanée de nos méthodes universelles, et sur l'heureuse interprétation de leurs résultats particuliers. C'est ainsi que cette dernière partie de la géométrie plane doit concourir, à sa manière, à développer le sentiment fondamental de l'harmonie nécessaire entre les conceptions analytiques et les notions géométriques, qui constitue l'unité philosophique de notre enseignement. Sans la réaction logique qui doit résulter ici de ce complément spécial, les théories générales, dans lesquelles consiste surtout la géométrie analytique, resteraient affectées d'une sorte d'uniformité machinale, qu'il importe beaucoup de corriger, en manifestant, sur quelques exemples caractéristiques, le genre de modifications qu'elles doivent subir pour s'adapter le mieux possible aux convenances de chaque cas.

Quelque satisfaisant que soit, à cet égard, le choix des courbes du second degré, il faut y reconnaître franchement une inévitable imperfection historique, consistant dans le défaut radical d'originalité d'une telle application; puisque les principales propriétés que vont nous offrir analytiquement les sections coniques ont été réellement découvertes, par des voies toutes différentes, vingt siècles avant que cette élaboration pût y être opérée. Cette considération est ici destinée surtout à expliquer d'avance le peu de spontanéité que le lecteur pourra remarquer envers certaines notions, que le mode moderne eût difficilement dévoilées, et qu'il a dû se borner essentiellement à vérifier, quand l'ancienne étude de ces courbes a été reprise d'après les méthodes analytiques introduites par la grande rénovation cartésienne. Au reste, ce grave inconvénient didactique peut être aujourd'hui suffisamment évité envers les plus importants théorèmes, que l'analyse ferait naturellement découvrir, s'ils étaient encore ignorés : il ne reste vraiment inévitable que pour quelques propositions accessoires , qui , quoique remarquables , et même utiles, pourraient presque être écartées sans altérer essentiellement la principale destination d'une telle étude. Toutefois, cette sorte de fausse position logique exigerait peut-être , afin de mieux atteindre le but propre de cette quatrième partie de la géométrie plane , qu'on y comprît aussi l'appréciation spéciale de quelques courbes algébriques assez compliquées pour n'avoir pu être convenablement examinées sous l'ancien régime géométrique. Un traité sommaire de la cissoïde me semblerait pouvoir suffire à cet office ; et je me réserve de le joindre à une autre édition de cet ouvrage , si ce nouveau système d'enseignement de la géométrie analytique obtient l'assentiment des professeurs judicieux.

CHAPITRE PREMIER.

Théorie des foyers et des directrices.

93. Avant de procéder directement à l'étude spéciale de chacune des trois courbes du second degré , il faut établir, sous un aspect commun , la seule théorie nouvelle que nous n'ayons pas encore traitée, et qui , étant réellement particulière à ces lignes , ne devait point, en effet, figurer parmi les théories vraiment générales auxquelles était consacrée la seconde partie de cet ouvrage. Quand ce préambule immédiat sera convenablement construit, l'appréciation successive des principales propriétés de la parabole, de l'ellipse, et de l'hyperbole n'exigera plus qu'une simple application judicieuse d'un ensemble de méthodes pleinement élaboré.

On ignore essentiellement quelle fut , dans l'étude originale des sections coniques , la véritable source des notions relatives aux foyers, qui durent constituer historiquement l'une des plus anciennes découvertes sur ce sujet et la base de la plupart des autres. La refonte analytique de cette étude a fait sentir aux géomètres modernes le besoin d'un point de vue commun propre à lier entre elles les idées , jusqu'alors trop diverses , que présentaient, à cet égard , la parabole d'une part, l'ellipse et l'hyperbole de l'autre. Telle est la principale destination de la définition , d'abord purement algébrique , qu'on applique maintenant au *foyer* d'une ligne du second degré , en appelant ainsi un point dont la distance à un point quelconque de là courbe est une fonction rationnelle des coordonnées variables de celui-ci (*). Mais , quoique cet artifice puisse immédiatement suffire pour procéder uniformément à la détermination des foyers dans les trois courbes, il ne saurait remplir assez les conditions essentielles d'une véritable définition, si , suivant un usage trop ordinaire, on ne s'attachait pas à faire convenablement ressortir l'interprétation géométrique de ce caractère analytique. Comme cette corelation générale constitue le nœud principal de toute la théorie des foyers, il importe ici de l'établir soigneusement.

Quand la formule $\sqrt{(y-\beta)^2+(x-\alpha)^2}$, exprimant la distance du foyer cherché à un point quelconque du lieu , sera devenue une fonction rationnelle des coordonnées variables, cette fonction ne pourra être que du premier degré, envers

---

(*) Cette définition est souvent altérée par une restriction vicieuse, consistant à imposer cette obligation de rationalité envers l'une des coordonnées seulement; ce qui ne convient , comme on le verra ci-dessous, qu'à certaines équations du second degré : la distance ne peut être généralement rationnelle qu'en fonction des deux coordonnées à la fois.

une courbe du second, sous la forme $px + qy + r$. Or, une telle expression peut toujours être envisagée géométriquement comme représentant un multiple déterminé de la distance du point variable à une certaine droite fixe $y = hx + k$. Car, cette distance serait exprimée, d'après la règle du n° 29, par la fonction $\dfrac{y - hx - k}{\sqrt{h^2 + 1}}$, qui, multipliée par une constante m, deviendrait exactement identique à la précédente, en prenant

$$m = \sqrt{p^2 + q^2}, \quad h = -\frac{p}{q}, \quad k = -\frac{r}{q};$$

en sorte que l'équation de la droite ainsi introduite, étant dès lors $px + qy + r = 0$, se formerait en annulant l'expression rationnelle de la distance au foyer. D'après l'indispensable introduction d'une telle droite, ordinairement nommée *directrice*, la définition primitive du foyer devient vraiment géométrique, et consiste à concevoir toute courbe du second degré comme le lieu d'un point dont les distances variables à un point fixe et à une droite fixe demeurent constamment proportionnelles. Réciproquement, cette notion géométrique reproduit aussitôt le caractère analytique primordial, puisque cette proportionnalité indique évidemment que la première de ces deux distances est aussi rationnellement exprimable que la seconde.

Une telle explication fondamentale réduit la détermination générale des foyers et des directrices dans les courbes du second degré à mettre l'équation du lieu sous la forme

$$\sqrt{(x - a)^2 + (y - b)^2} = px + qy + r,$$

qui résulte immédiatement de cette définition, désormais à la fois analytique et géométrique. Or, cette transformation n'offre aucune difficulté en la concevant en sens inverse, c'est-à-dire, en ramenant ce nouvel état de l'équation au mode ordinaire

$$ay^2 + bxy + cx^2 + dy + ex = 1,$$

moyennant les cinq conditions de coïncidence

$$\frac{q^2-1}{\alpha^2+\mathfrak{b}^2-r^2}=a,\quad \frac{2pq}{\alpha^2+\mathfrak{b}^2-r^2}=b,\quad \frac{p^2-1}{\alpha^2+\mathfrak{b}^2-r^2}=c,$$

$$\frac{2(\mathfrak{b}+qr)}{\alpha^2+\mathfrak{b}^2-r^2}=d,\quad \frac{2(\alpha+pr)}{\alpha^2+\mathfrak{b}-r^2}=e,$$

qui détermineront suffisamment les cinq constantes inconnues α, $\mathfrak{b}$, p, q, r, relatives au foyer et à la directrice, ainsi qu'au rapport $\sqrt{p^2+q^2}$, qui spécifie la courbe proposée. La distinction primordiale entre les trois courbes du second degré offre des symptômes équivalents dans les deux formes de l'équation ; car, le coefficient composé b^2-4ac équivaut ici à $4(p^2+q^2-1)$; en sorte que le lieu sera parabolique, elliptique, ou hyperbolique, selon que le rapport spécifique $\sqrt{p^2+q^2}$ sera égal, inférieur, ou supérieur à l'unité, conformément à la discussion directe et spéciale du n° 23.

94. Outre ce mode naturel de la double théorie des foyers et des directrices, il importe d'en concevoir un second, qui, quoique moins propre ordinairement à l'usage effectif, offrira ici le grand avantage logique de familiariser déjà le lecteur avec l'un des plus puissants artifices généraux de l'analyse mathématique, communément réservé jusqu'à présent aux plus hautes spéculations géométriques et surtout mécaniques, sous le nom de *méthode des multiplicateurs*, essentiellement due à Lagrange.

En considérant analytiquement la question proposée comme consistant à rendre un carré parfait la fonction

$$(x-\alpha)^2+(y-\mathfrak{b})^2$$

d'après la relation que l'équation primitive

$$ay^2+bxy+cx^2+dy+ex-1=0$$

établit entre les deux variables, la principale difficulté provient de ce qu'on ne saurait avoir ordinairement égard à cette liaison par la simple substitution de y en x ou x en y; puisque la condition proposée ne peut être remplie, en général, qu'autant que la formule de distance continue à renfermer simultanément les deux variables, ainsi que j'aurai lieu d'ailleurs de l'expliquer spécialement ci-après. Cependant, une telle substitution semble d'abord le seul moyen de prendre en suffisante considération la subordination fondamentale de ces variables. Dans cette perplexité, il devient indispensable de généraliser, à cet égard, les conceptions habituelles, en s'élevant à la notion du mode analytique le plus étendu que puisse comporter l'appréciation d'une semblable dépendance. Il consiste ici à ajouter à la fonction $(x-\alpha)^2+(y-6)^2$, qui doit devenir un carré parfait, en prenant convenablement α et 6, un multiple indéterminé de celle qui doit être nulle en vertu de la liaison des deux variables, et à traiter ensuite celles-ci comme si elles étaient pleinement indépendantes, de manière à convertir la question proposée en ce simple problème d'algèbre : rendre un carré parfait le polynome à deux indéterminées

$$(x-\alpha)^2+(y-6)^2+k\,(ay^2+bxy+cx^2+dy+cx-1),$$

d'après certaines valeurs des constantes α, 6 et k. Cette recherche algébrique pourrait s'opérer de plusieurs manières, comme dans le cas analogue très-connu envers un polynome en x seul. Mais, au lieu de procéder par l'extraction de la racine, il est préférable d'employer, surtout ici, la méthode des indéterminées de Descartes, en assimilant le polynome proposé à un carré artificiel $(px+qy+r)^2$. Or, si l'on développe les six conditions ordinaires d'une telle coïncidence, on sentira aisément que, en y éliminant d'abord le multiple auxiliaire k, géométriquement superflu, on retombe nécessairement sur les cinq relations directement établies au n° précédent pour la détermination des constantes α, 6, et p, q, r. Ainsi, ce second mode équivaut finalement au premier, sauf un nouveau circuit analytique, étranger à la recherche géométrique.

Quoique, par ce motif, cette marche ne doive pas être ici employée habituellement, j'attache beaucoup de prix à l'occasion qu'elle m'offre de caractériser, en un cas élémentaire suffisamment important, le grand artifice d'analyse qui lui sert de base. Cet artifice, qui n'a jamais été conçu directement jusqu'ici dans son entière généralité, consiste à ramener, en tout problème analytique, le cas de la dépendance des variables à celui de leur indépendance, en ajoutant, à la fonction qui constitue le sujet de la condition proposée, un multiple indéterminé de celle qui doit s'annuler d'après la liaison des variables considérées. D'abord introduite par Euler dans la plus haute théorie des *maxima* et *minima*, cette conception générale est ensuite devenue, pour Lagrange, l'un des plus précieux moyens de la mécanique analytique. Son légitime usage reposera partout, comme ci-dessus, sur ce qu'une telle adjonction, qui alors n'altère pas l'état de la fonction proposée, confond en un seul mode toutes les manières possibles d'avoir égard à la relation donnée, et permet, en conséquence, de traiter désormais les variables comme indépendantes.

95. Après avoir établi, sous l'une ou l'autre forme générale, la théorie fondamentale des foyers et des directrices, il faut la concevoir, en sens inverse, comme propre à formuler toute condition géométrique relative soit au foyer, soit à la directrice, soit à leur relation mutuelle : ce qui lèvera d'avance, envers les courbes du second degré, les difficultés essentielles que peuvent offrir les problèmes quelconques où l'on introduit de telles conditions.

Si la courbe doit avoir un foyer donné, on supposera connues les constantes α et 6 dans les cinq équations déterminantes du n° 93, où l'élimination de p, q, r conduira dès lors aux deux relations cherchées entre les coefficients a, b, c, d, e, communes à toutes les courbes de même foyer, et propres à déterminer chacune d'elles conjointement avec d'autres prescriptions quelconques. Mais, au lieu de formuler distinctement ces conditions, on n'aura souvent besoin que du type analytique qui leur correspond pour l'équation du lieu, ainsi réduite à ne contenir que trois constantes arbitraires. Or, ce type pourrait être directement formé, sans ce long calcul, d'après l'équation fondamentale

$$(x - \alpha)^2 + (y - \epsilon)^2 = (px + qy + r)^2\,;$$

relative à la propriété focale des courbes du second degré, et où il suffirait alors d'attribuer les valeurs convenables aux coordonnées α et ϵ du foyer, en concevant indéterminées les autres constantes p, q, r, propres à la directrice et au rapport spécifique.

Quand la courbe aura une directrice donnée $y = hx + k$, on joindra, aux cinq formules du n° 93, les conditions $-\dfrac{p}{q} = h$, $-\dfrac{r}{q} = k$, et l'élimination des cinq constantes α, ϵ, p, q, r, fera découvrir les deux relations correspondantes entre les coefficients de l'équation proposée. Si on veut directement constituer celle-ci d'après cette obligation géométrique, elle sera naturellement

$$(x - \alpha)^2 + (y - \epsilon)^2 = m^2 (y - hx - k)^2\,,$$

en supposant indéterminées les trois constantes α, ϵ, m, relatives au foyer et au rapport spécifique.

Lorsque, au lieu d'être entièrement donné, le foyer devra seulement appartenir à une ligne connue $f(x, y) = 0$, il suffira de joindre aux cinq égalités fondamentales la condition correspondante $f(\alpha, \epsilon) = 0$, pour que l'élimination des cinq constantes α, 6, p, q, r, permette d'obtenir la relation convenable entre a, b, c, d, e. Dans le second mode de solution, on emploierait la liaison proposée entre α et 6 à rapporter l'une de ces constantes à l'autre; ce qui permettrait de restreindre suffisamment l'équation focale, de manière à n'embrasser que les courbes susceptibles d'un tel accident.

Pareillement, si la directrice $px + qy + r = 0$, sans être totalement donnée, devait toucher une certaine courbe, ou remplir telle autre condition équivalente, aboutissant à une relation spéciale entre p, q, r, cette nouvelle égalité rendrait possible l'élimination des cinq constantes ordinaires, de manière à manifester la liaison correspondante des coefficients primitifs. Sous la seconde forme, une telle égalité permettrait de rapporter l'une des constantes p, q, r, aux deux autres, de manière à restreindre convenablement l'équation fondamentale.

On procéderait de même envers des conditions qui, au lieu de se rapporter isolément au foyer ou à la directrice, concerneraient leur disposition mutuelle. Quelle que fût la prescription géométrique, aussitôt qu'elle serait directement formulée entre les constantes relatives au foyer et à la directrice, elle pourrait être ainsi convertie, soit en une liaison équivalente des coefficients primitifs, soit en une restriction correspondante du type focal. Il est superflu d'avertir que, si les axes sont disponibles, leur choix judicieux pourra faciliter beaucoup l'accomplissement de ces diverses opérations analytiques.

Au sujet de ces questions composées, qui comportent une grande variété, je crois devoir seulement m'arrêter ici à une mention spéciale envers celles qui concernent les conditions de similitude ou d'égalité des courbes du second degré. Suivant nos principes généraux, la définition focale indique évidemment que deux courbes de ce genre ne seront semblables qu'autant que le rapport constant $\sqrt{p^2 + q^2}$ y aura la même valeur;

et c'est pourquoi je le qualifie habituellement de spécifique. L'égalité des deux courbes exigera, en outre, la coïncidence des distances respectives du foyer à la directrice, représentées par la formule $\dfrac{p\alpha+q6+r}{\sqrt{p^2+q^2}}$. D'après cela, si on voulait formuler la similitude des deux courbes

$$ay^2 + bxy + cx^2 + dy + ex = 1.$$
$$a'y^2 + b'xy + c'x^2 + d'y + e'x = 1,$$

il faudrait identifier les deux expressions correspondantes de p^2+q^2, préalablement déduites des cinq relations du n° 93, et on devrait ainsi reproduire la condition que nous avons déjà obtenue, au dernier chapitre de la troisième partie, par une voie beaucoup plus simple. Quant à l'égalité des deux courbes, il faudrait d'ailleurs exprimer aussi l'identité des deux valeurs correspondantes de la formule $\dfrac{p\alpha+q6+r}{\sqrt{p^2+q^2}}$; et on retrouverait, mais plus péniblement, les deux relations que fournirait directement la méthode générale pour la superposition analytique des courbes quelconques, d'après la coïncidence de leurs équations par une transposition d'axes convenable. En l'un ou l'autre cas, cette méthode spéciale conviendrait mieux sous sa seconde forme, par une juste restriction immédiate de l'équation focale. Car, en posant $\sqrt{p^2+q^2}=n$, et $\dfrac{p\alpha+q6+r}{\sqrt{p^2+q^2}}=m$, on formerait aussitôt l'équation

$$(x-\alpha)^2+(y-6)^2=(x\sqrt{n^2-q^2}+qy+r),$$

relative aux courbes semblables; ou, envers les courbes égales, l'équation plus particulière

$$(x-\alpha)^2+(y-6)^2=(x\sqrt{n^2-q^2}+qy+(mn-\alpha\sqrt{n^2-q^2}-q6))^2.$$

96. Pour compléter suffisamment la théorie des foyers et des

directrices, il reste à y apprécier une méthode subsidiaire, qui résulte spontanément d'une judicieuse modification de la méthode fondamentale envers certaines équations du second degré, d'autant plus importantes à considérer ici séparément qu'elles comprennent les cas usuels auxquels nous devrons spécialement appliquer une telle théorie dans les chapitres suivants.

En considérant l'équation focale

$$(x - \alpha)^2 + (y - \delta)^2 = (px + qy + r)^2,$$

on voit que le terme en xy s'y trouvera communément tant que p et q ne seront pas nuls, c'est-à-dire, géométriquement, quand la directrice ne sera parallèle à aucun des axes coordonnés. C'est pourquoi la distance au foyer ne peut être généralement rationnelle qu'envers les deux variables à la fois, comme je l'ai ci-dessus annoncé afin de prévenir une vicieuse routine. Mais, pour toute équation du second degré où les variables sont séparées, on voit ainsi que la directrice est toujours perpendiculaire à l'un des axes géométriques de la courbe, conformément à la discussion directe du n° 23 , et la distance devient rationnelle en fonction d'une seule coordonnée. D'après cela, on pourra procéder alors plus simplement à la détermination du foyer, et ensuite de la directrice, en ayant égard à l'équation de la courbe par la substitution naturelle de y en x ou x en y dans la formule

$$(x - \alpha)^2 + (y - \delta)^2,$$

qu'il s'agira finalement de rendre un carré parfait, quand on l'aura convenablement développée par rapport à l'unique variable conservée. Or, cette question algébrique ne saurait offrir aucune difficulté essentielle, ni exiger aucun calcul pénible. La fonction ainsi formée sera d'abord irrationnelle ordinairement :

il faudra donc y détruire préalablement un tel obstacle analytique, ce qui tendra à déterminer l'une des deux constantes α, ε; l'autre se déterminera ensuite d'après la condition élémentaire pour les carrés trinomes.

Cette méthode subsidiaire, dont nous ferons naturellement un grand usage, n'a d'autre inconvénient propre que l'incertitude primitive sur le vrai sens de la directrice, que l'on sait seulement devoir être alors parallèle à l'un des deux axes coordonnés. Il en résulte algébriquement l'obligation d'exécuter alternativement les deux substitutions de y en x et de x en y, qui doivent d'abord sembler indifférentes, et dont une seule pourtant convient à la solution actuelle, laquelle pourrait donc échapper à l'adoption arbitraire d'une substitution unique. Mais, malgré cette double opération algébrique, une telle méthode n'en constituera pas moins habituellement, envers les cas qui s'y rapportent, une utile simplification de la marche générale.

CHAPITRE II.

Théorie de la parabole.

97. L'équation $y^2 = mx$, la plus simple de toutes celles dont la parabole soit susceptible, est d'abord très-propre à donner une idée fort nette de la forme générale de cette ligne. Sa discussion directe montre que la courbe, symétrique autour de l'axe des x, s'étend indéfiniment dans le sens des abscisses de même signe que la constante m, que nous supposerons habituellement positive, sans jamais pénétrer de l'autre côté de

l'axe des y, et en s'écartant de plus en plus des deux axes à la fois, mais moins rapidement du premier que du second. Outre que le degré indique déjà suffisamment la direction effective de la courbure, le coefficient angulaire de la tangente, tang $\alpha = \dfrac{m}{2y}$, constate évidemment que la parabole est toujours concave vers son axe, auquel elle tend graduellement à devenir parallèle, quoiqu'elle n'y parvienne jamais exactement; en sorte que ses deux branches divergent de moins en moins entre elles tout en s'écartant de plus en plus, et seraient parallèles à l'infini. Cette tendance continue, et l'absence correspondante d'asymptotes rectilignes, doivent empêcher de jamais confondre, même à l'œil, l'aspect d'une parabole avec celui d'une demi-hyperbole, quelque grossier que soit leur tracé respectif : la courbure totale est, par suite, plus prononcée dans la première figure que dans la seconde, puisque l'ensemble de son cours y fait varier davantage la direction de la tangente.

Si l'on voulait ainsi construire réellement les divers points du lieu, il suffirait de combiner avec chaque abscisse une ordonnée égale à la moyenne proportionnelle entre cette abscisse variable et la longueur constante m, qui caractérise individuellement chaque parabole, et qui, à ce titre, est spécialement qualifiée de *paramètre*. Réciproquement, on peut obtenir, sur une parabole déjà tracée, la grandeur effective de son paramètre, presque aussi facilement qu'on trouve graphiquement le rayon d'un cercle, en le concevant, d'après l'équation fondamentale $y^2 = mx$, comme la distance à l'axe de l'extrémité de la corde menée du sommet sous un angle de 45°. Tout autre point du lieu déterminerait également cette constante, suivant la loi $m = \dfrac{y^2}{x}$; mais celui-ci offre l'avantage d'une construction beaucoup plus simple, qui mérite de devenir familière, pour que l'image du paramètre ne se sépare jamais de celle de la courbe.

Enfin, la parabole étant, après le cercle, la plus simple de toutes les courbes, il convient de remarquer, au sujet de cette équation, le mode facile d'après lequel on pourrait déduire l'une de l'autre, en se rappelant que les longueurs des diverses cordes circulaires menées d'un même point sont liées à leurs projections sur le diamètre correspondant de la même manière que les ordonnées paraboliques dépendent de leurs abscisses. Si donc on prolongeait les ordonnées NP d'un cercle relativement à un diamètre quelconque OCA (*fig.* 70) de manière à les rendre égales aux cordes correspondantes ON, les points M ainsi obtenus formeraient une parabole, dont le paramètre serait égal au diamètre du cercle, et qu'un tel tracé étendrait seulement jusqu'au point D, qui, suivant l'indication précédente, sert à marquer commodément le paramètre. On conçoit d'ailleurs qu'une telle relation de la parabole au cercle, pleinement conforme à la commune absence de condition de similitude, ne contredit pas réellement notre notion sur le nombre de points déterminant ; puisque la position de la parabole doit alors exiger une constante de plus que celle du cercle, afin de fixer le point d'où procède cette construction.

98. Après cette interprétation directe de l'équation simplifiée de la parabole, considérons successivement les diverses propriétés caractéristiques qui, suivant nos méthodes générales, en constituent des conséquences plus lointaines, en commençant par les propriétés focales.

Les variables se trouvant séparées dans l'équation $y^2 = mx$, il faut y appliquer la méthode subsidiaire expliquée à la fin du chapitre précédent, pour déterminer le foyer par substitution de y en x ou, réciproquement, dans la fonction $(x-\alpha)^2 + (y-6)^2$ ou

$$d^2 = x^2 + y^2 - 2\alpha x - 2\beta y + (\alpha^2 + \beta^2)$$

qui doit ainsi devenir un carré parfait. Par la première substitution, on a

$$d^2 = x^2 + (m - 2\alpha)\, x - 2\beta \sqrt{mx} + (\alpha^2 + \beta^2),$$

ce qui montre d'abord que le foyer doit être sur l'axe, afin que d^2 soit rationnel par l'annulation de β. Cela posé, la fonction devient $x^2 + (m - 2\alpha)\, x + \alpha^2$; et, en y appliquant la condition connue pour les trinomes carrés, on trouve $\alpha = \frac{1}{4} m$. Il existe donc, en effet, sur l'axe de la parabole, un unique foyer, à une distance du sommet égale au quart du paramètre. Sa distance rationnelle à un point quelconque de la courbe devient ainsi $d = x + \frac{1}{4} m$; et, en l'annulant, on voit que la directrice est une perpendiculaire à l'axe, pareillement éloignée du sommet, mais en sens inverse : le rapport spécifique $\sqrt{p^2 + q^2}$ est ici évidemment égal à l'unité. Tel est le mode pleinement naturel suivant lequel, la notion générale de foyer une fois admise, l'analyse fait graduellement ressortir de l'équation des courbes du second degré limitées d'un côté et illimitées de l'autre leur conception géométrique comme engendrées par un point toujours équidistant d'un point fixe et d'une droite fixe.

Si, au contraire, on substituait x en y, on ne pourrait que confirmer, sous une autre forme, les résultats précédents. On aurait alors, en effet,

$$d^2 = \frac{y^4}{m^2} + \left(1 - \frac{\alpha}{m}\right) y^2 - 2\beta y + (\alpha^2 + \beta^2).$$

Quoique cette fonction soit spontanément rationnelle, la condition préalable $\beta = 0$ n'y est pas moins indispensable pour qu'elle puisse devenir carrée : car, sa racine devant être du second degré, doit d'ailleurs manquer du terme du premier degré, puisque le polynome lui-même n'en contient pas du troisième. D'après cette première détermination, la fonction se réduit au trinome $\dfrac{y^4}{m^2} + \left(1 - 2\dfrac{\alpha}{m}\right)y^2 + \alpha^2$, qui, en achevant l'opération, reproduira, aussi clairement que ci-dessus, la condition $\alpha = \dfrac{1}{4}\,m$. Ce second mode algébrique de la méthode auxiliaire des foyers n'aboutit donc, comme on devait le prévoir, qu'au retour du premier résultat, sous une forme d'ailleurs peu convenable, puisque la fonction d, étant alors du second degré, ne comporterait plus directement l'interprétation géométrique qui constitue la principale base d'une telle théorie.

Pour se mieux familiariser avec la position du foyer, et par suite de la directrice, il faut remarquer que son abscisse convient à une ordonnée parabolique qui en est le double, et d'ailleurs égale au demi-paramètre. De là résultent de nouvelles manières d'envisager le paramètre d'une parabole, soit comme la corde perpendiculaire à l'axe menée du foyer, soit comme la double distance du foyer à la directrice.

Il serait superflu d'insister ici sur les facilités évidentes que procure la propriété focale de la parabole pour décrire cette courbe par points ou par un mouvement continu.

99. Parmi les nombreux problèmes relatifs à la détermination de la parabole d'après des conditions propres au foyer ou à la directrice, et dont la solution analytique ne saurait maintenant offrir aucune difficulté essentielle au lecteur suffisamment imbu de nos principes généraux, je me bornerai à considérer spécialement, soit à titre d'exemple caractéristique, soit à raison de son utilité réelle, celui où l'on donne, avec deux points de la courbe, son foyer ou sa directrice.

Dans le premier cas, cette question de géométrie abstraite comporte une précieuse destination astronomique, pour déterminer le cours d'une comète d'après deux positions observées, en adoptant l'heureuse approximation parabolique spécialement appliquée par Newton à la seule partie de l'orbite qui puisse être habituellement visible. Supposons donc qu'il s'agisse de faire passer en deux points donnés une parabole ayant un foyer donné, qui, en une telle application céleste, serait le soleil. La propriété focale fera trouver aisément une solution graphique, consistant à construire d'abord la directrice, comme tangente commune aux deux cercles qui, ayant leurs centres respectifs en ces deux points, se couperaient à ce foyer : cette droite une fois trouvée, l'axe, le.sommet, et le paramètre de la parabole en résulteront sans difficulté. On obtiendra ainsi deux paraboles, ordinairement très-différentes de position et même de grandeur, entre lesquelles les indications astronomiques dissiperaient facilement toute indécision. Cette construction indique d'ailleurs, conformément à la nature du problème, que la question ne saurait offrir d'autres cas d'impossibilité que ceux qui tiendraient à la coïncidence de l'un des points donnés avec le foyer ou à la situation des deux points en ligne droite avec le foyer et du même côté.

La solution analytique ne peut présenter aucun embarras, puisqu'elle se rapporte à des conditions déjà spécialement formulées. Si les axes sont disponibles, on la simplifiera beaucoup en plaçant leur origine au foyer donné, et dirigeant l'un d'eux vers l'un des points donnés. On aura alors l'équation

$$y^2 + x^2 = (px + qy + r)^2,$$

où le caractère parabolique donne d'abord la relation $p^2 + q^2 = 1$. Quant aux deux autres conditions propres à déterminer les constantes inconnues p, q, r, elles seront, d'après les deux passages,

$$y'^2 + x'^2 = (px' + qy' + r)^2$$
$$x''^2 = + (px'' + r)^2.$$

Comme les premiers membres de ces équations, relatifs aux distances u' et u'' de ces points au foyer, sont entièrement connus, on pourra ramener ces deux équations au premier degré, sous la forme

$$px + qy' + r = u'$$
$$pu'' + r = u'',$$

et dès lors on y rapportera facilement p et q à r, qui se déterminera finalement par une équation du second degré, résultée de la condition primordiale $p^2 + q^2 = 1$.

A l'occasion de ce problème, je crois devoir établir sommairement une importante notion de philosophie mathématique, jusqu'ici très-confuse, sur la nature des divers symptômes analytiques de l'impossibilité, qu'une aveugle routine algébrique conduit trop souvent à croire indistinctement annoncée par l'imaginarité des inconnues, quoique le mode doive nécessairement varier suivant les cas. D'après l'harmonie fondamentale qui doit toujours régner, en mathématique, entre les appréciations concrètes et les indications abstraites, on peut constamment prévoir de quelle manière l'impossibilité devra être analytiquement manifestée, suivant une judicieuse discussion spéciale, destinée à discerner si les conditions qui la caractérisent sont vagues ou précises; c'est-à-dire, en d'autres termes, si elles correspondent à une simple inégalité ou à une véritable relation d'égalité. L'analyse conduira nécessairement, dans le premier cas, à des valeurs imaginaires, à moins que les valeurs négatives ne fussent pareillement inadmissibles, ce qui arrive rarement en géométrie. Quant au second cas, le symptôme analytique devra changer de nature, et consistera en certaines valeurs réelles spécialement exclues du sujet; le plus souvent cette exclusion déterminée se bornera aux valeurs nulles ou infinies. Tel est le principe philosophique qui doit toujours dominer la discussion effective des solutions analytiques relatives à un ordre quelconque de recherches concrètes.

En l'appliquant à la question actuelle, on reconnaît aussitôt que tous les cas d'impossibilité y sont de nature précise, et que, par conséquent, leur indication algébrique doit résulter de valeurs réelles inadmissibles. Si l'inconnue principale est r, qui désigne géométriquement la distance du foyer à la directrice, il n'y aura d'exclusion que pour les valeurs 0 et ∞. C'est donc par l'une d'elles que l'impossibilité sera toujours annoncée, et jamais d'après l'imaginarité, quoique l'équation en r soit du second degré. L'examen de la solution graphique montre d'ailleurs que cette indication résultera ici de valeurs nulles, et non de valeurs infinies. J'engage le lecteur à confirmer algébriquement une telle prévision rationnelle.

Relativement à ce premier problème, il convient de remarquer, mais uniquement pour l'application astronomique, l'utile simplification que recevrait la solution analytique, si l'on y employait l'équation polaire de la parabole autour du foyer, établie au n° 23, et qui dispenserait spontanément de formuler la condition la plus difficile. Avec les notations actuelles, cette équation serait

$$u = \frac{\frac{1}{2}\,m}{1 - \cos(\varphi + \alpha)},$$

en la modifiant, suivant l'esprit de la question, de manière à diriger arbitrairement l'axe polaire. Le passage de la courbe aux deux points donnés fournira aisément la détermination des deux constantes, linéaire et angulaire, propres à ce type analytique, et qui fixent, l'une la grandeur, l'autre la direction, de la parabole cherchée. En conduisant l'axe polaire vers l'un de ces points, on aurait ainsi les deux relations

$$u' = \frac{\frac{1}{2}m}{1-\cos(\varphi'+\alpha)}, \quad u'' = \frac{\frac{1}{2}m}{1-\cos\alpha},$$

d'où, en éliminant m, on conclura, pour l'angle α, l'équation trigonométrique

$$\frac{1-\cos\alpha}{1-\cos(\varphi'+\alpha)} = \frac{u''}{u'}$$

dont la résolution se simplifiera beaucoup en introduisant les demi-angles, et fera connaître la double inclinaison de l'axe de la parabole sur un tel axe polaire.

Supposons maintenant que le foyer donné soit remplacé par la directrice ; la solution graphique se renversera facilement, en construisant le foyer d'après l'intersection des cercles déjà considérés, et dont les rayons seront alors les distances des deux points à la directrice donnée. Il en résultera encore deux paraboles inégales, quoique parallèles. Quant aux cas d'impossibilité , ils y consisteraient d'abord dans le passage de la directrice à l'un des points donnés, ou dans sa perpendicularité à la droite qui les joint ; mais, outre ces hypothèses relatives à des conditions précises, la question comportera d'autres exceptions, de nature vague, lorsque, par exemple, la directrice tombera entre ces deux points, ou, en général, si ceux-ci sont trop écartés.

La solution analytique sera très-simple, si la disponibilité des axes permet de prendre la directrice donnée pour l'un d'eux, en dirigeant l'autre vers l'un des points donnés. Dans cette hypothèse, l'équation focale devient

$$(x-\alpha)^2 + (y-6)^2 = x^2,$$

et les deux passages y détermineront aisément les coordonnées inconnues du foyer d'après les relations

$$\alpha^2 + 6^2 - 2\alpha x' - 26y' + y'^2 = 0, \quad \alpha^2 + 6^2 - 26y'' + y''^2 = 0;$$

dont la soustraction fournirait une équation du premier degré en α et ϵ, de manière à conduire promptement à une équation · finale du second degré en α, par exemple, distance du foyer à la directrice. La première classe de cas d'impossibilité s'y annoncerait naturellement par des valeurs nulles, et la seconde par l'imaginarité.

En supprimant l'un des deux points donnés, chacun des deux problèmes précédents deviendrait indéterminé, toutefois suivant la juste mesure qui comporte la recherche des lieux géométriques; en assignant, non des positions fixes, mais d'invariables trajets, aux divers points inhérents à la parabole. Le lecteur pourra donc, à ce sujet, s'exercer à découvrir des lieux plus ou moins remarquables, surtout ceux du sommet, ou du point paramétrique.

100. Considérons maintenant les propriétés de la parabole quant aux tangentes. En un point quelconque (x', y') de la courbe $y^2 = mx$, la tangente aura pour équation, suivant la théorie générale,

$$y - y' = \frac{m}{2y'}(x - x').$$

Pour en déduire sa construction, il suffit d'y chercher, en faisant $y = 0$, l'abscisse du point où elle rencontre l'axe, et on trouve $x = -x'$; en sorte que ce point T (*fig.* 71), et le pied P de l'ordonnée sont toujours équidistants du sommet. On énonce communément ce résultat en disant que, dans la parabole, la *sous-tangente* TP est constamment double de l'abscisse du point de contact. Mais la forme la plus remarquable sous laquelle il puisse être présenté, consiste à reconnaître que la *sous-normale* PN est toujours égale à la moitié du paramètre : car, en toute courbe, le triangle rectangle TMN montre que l'ordonnée est moyenne proportionnelle entre la sous-normale et la sous-tangente, d'où PN $= \dfrac{y'^2}{\text{TP}}$; or ici TP $= 2x'$, donc

$\text{NP} = \dfrac{y'^2}{2x'} = \dfrac{m}{2}$. De là résulte, en sens inverse, une nouvelle manière d'envisager le paramètre de la parabole, ainsi rattaché à une tangente quelconque, comme double de la sous-normale.

Au sujet de ce théorème, il convient de remarquer une conséquence spéciale, relative à la première ébauche spontanée d'une importante notion géométrique, que l'analyse transcendante peut seule d'ailleurs convenablement établir. En considérant une normale de plus en plus voisine de l'axe de la parabole, on voit ainsi que le point N où elle le coupe, quoique se rapprochant toujours du sommet, a pour limite le point G, deux fois plus éloigné que le foyer F ; cette extrême position deviendrait donc ici le centre du cercle qui, suivant l'indication générale du n° 44, aurait en O le plus intime contact avec la courbe. Sous un autre aspect, le chemin normal dirigé suivant l'axe, à partir d'un point situé dans la concavité de la parabole, serait un minimum ou un maximum selon que ce point de départ se trouverait avant ou après cette limite G.

Le théorème fondamental que nous venons de remarquer, sous diverses formes, pour la tangente à la parabole, acquiert une nouvelle importance géométrique quand on le combine avec la propriété focale. Car, cette relation OT=OP, donne aussitôt FT ou OT $+ \dfrac{1}{4} m =$ FM ou $x' + \dfrac{1}{4} m$: donc les angles opposés FMT et MTF sont constamment égaux. Ainsi, la tangente à la parabole est la bissectrice de l'angle formé par les deux droites menées du point de contact, l'une au foyer, l'autre perpendiculairement à la directrice. En remarquant d'ailleurs que ces deux droites MF et MQ sont constamment égales, il s'ensuit que la tangente est toujours perpendiculaire sur le milieu de la droite FQ, qui joint le foyer à la projection du point de contact sur la directrice : ce milieu devant sans cesse tomber en K, on voit aussi, comme nouvelle forme de la même relation, que les projections du foyer sur les diverses tangentes forment une ligne droite, qui est la tangente au sommet.

Physiquement envisagée, d'après la loi générale de la réflexion de la lumière ou de la chaleur, cette importante propriété géométrique explique directement l'idée de concentration calorifique que rappelle spontanément le nom de foyer. Car, tout rayon de lumière ou de chaleur qui tomberait sur la parabole, parallèlement à son axe, devrait ainsi se réfléchir toujours vers le foyer, pour maintenir l'égalité nécessaire entre les angles de réflexion et d'incidence formés avec la tangente. De la parabole, cette propriété s'étendrait évidemment au paraboloïde résulté de sa rotation autour de son axe : en sorte qu'un tel miroir est propre à concentrer en un point unique la chaleur que reçoit sa concavité totale dans une même direction, sauf l'inévitable affaiblissement qu'occasionne toute réflexion. En sens inverse, un semblable réflecteur est souvent employé, surtout pour les phares, à rendre parallèles tous les rayons qui divergent d'un même point ; ils peuvent d'ailleurs être ultérieurement concentrés en un autre point, d'après une seconde réflexion analogue, conformément à une célèbre expérience thermologique.

Quant à l'usage purement géométrique d'une telle propriété, elle offre directement l'avantage de s'adapter indifféremment à la construction de la tangente, dans les trois cas élémentaires qui s'y rapportent communément, selon que l'on donne le point de contact, ou la direction, ou un point extérieur. Pour le premier cas, il suffit d'élever une perpendiculaire sur le milieu K de la droite FQ précédemment définie. Il est aisé de vérifier spécialement, à la manière des anciens, qu'une telle perpendiculaire aura, en effet, hors de la parabole tous ses points autres que M ; puisque l'un quelconque N d'entre eux, se trouvant ainsi équidistant de F et de Q, sera nécessairement plus rapproché de la directrice que du foyer, et dès lors extérieur à la courbe. La détermination des tangentes à la parabole ne pouvait donc, sous cette forme, offrir aux anciens aucune difficulté essentielle, aussitôt qu'ils ont pu procéder d'après la propriété focale, qui, dans leur mode d'étude, a dû constituer, à tous égards, le principal obstacle propre à la théorie des sections coniques.

Si maintenant on veut tracer une tangente parallèle à une droite donnée, la droite FQ se trouvera immédiatement déterminable, et par suite la construction précédente s'appliquera également, sans même que l'intervention graphique de la parabole soit indispensable pour marquer le point de contact, qui sera suffisamment assignable d'après sa projection Q sur la directrice. Quant à la solution analytique du même problème, elle consisterait d'abord à trouver l'ordonnée, et dès lors l'abscisse, du point de contact, en renversant la loi primordiale tang $\alpha = \dfrac{m}{2y'}$. Mais on peut aussi traiter directement cette question, d'après le principe des racines égales, en cherchant la relation du coefficient linéaire au coefficient angulaire qui rend la droite $y = ax + b$ susceptible de toucher la courbe $y^2 = mx$: on trouve alors $b = \dfrac{m}{4a}$; d'où résulte l'équation

$$y = ax + \frac{m}{4a},$$

qu'il importe de remarquer comme la plus propre à caractériser une tangente quelconque à la parabole, quand la nature des questions exigera que cette tangente soit surtout considérée suivant sa direction et indépendamment de son point de contact.

Enfin, lorsque la tangente doit partir d'un point extérieur N, la droite FQ peut encore se retrouver aisément, puisque le

point Q, toujours situé sur la directrice, est d'ailleurs à une distance de ce point N égale à NF ; en sorte qu'il résultera de l'intersection de la directrice par le cercle décrit du centre N avec le rayon NF. Cette rencontre, nécessairement double, si le point donné N est vraiment en dehors, déterminera donc les deux droites sur les milieux desquelles doivent être perpendiculaires les tangentes cherchées, dont la construction s'achèvera dès lors comme ci-dessus. On peut remarquer, à ce sujet, que si le point N appartenait à la directrice, ces deux droites auxiliaires, et par suite les deux tangentes, seraient nécessairement rectangulaires : ce qui permet d'envisager la directrice comme décrite par le sommet d'un angle toujours circonscrit à la parabole.

La solution analytique du même problème ne présente aucune difficulté, d'après les explications générales du n° 41, pour trouver les coordonnées du point de contact, en combinant les deux équations

$$y' - \beta = \frac{m}{2y'}(x' - \alpha), \quad y'^2 = mx'.$$

Mais si, sans opérer l'élimination, on voulait construire le résultat en coupant la parabole donnée par le lieu qui correspondrait à la première équation où x' et y' deviendraient variables, il faudrait d'abord la transformer à l'aide de la seconde, afin d'éviter le lieu parabolique qu'elle fournirait spontanément. Ainsi réduite au premier degré, cette équation

$$mx' - 2\beta y' + m\alpha = 0$$

représenterait la droite qui joindrait les deux points de contact cherchés. Il n'est pas inutile d'y remarquer : 1° que le point où elle rencontre l'axe de la parabole resterait invariable si le point de départ des deux tangentes se déplaçait perpendiculairement à cet axe, et aussi envers une autre parabole ayant même axe et même sommet ; puisque l'abscisse — a de ce point est in-dépendante de b et de m; 2° que son intersection avec l'axe des y ne changerait pas si le point de départ se déplaçait en ligne droite avec le sommet ; 3° que la direction de cette corde des contacts demeurerait la même si ce point donné se déplaçait parallélement à l'axe. Ces petites remarques offrent, intrinsè-quement, peu d'intérêt, et encore moins d'importance : mais elles peuvent servir à rendre plus sensible aux commençants l'exacte interprétation géométrique des résultats algébriques, considérés même relativement aux éléments qui n'y entrent pas.

Au sujet d'une telle construction des tangentes menées d'un point extérieur à la parabole, je dois signaler une propriété plus essentielle, commune aux trois courbes du second degré, et tendant à déterminer directement la corde des contacts, d'après deux sécantes quelconques tirées du point donné. En joignant, d'une part latéralement, d'un autre part diagonale-ment, leurs quatre intersections avec la courbe, il en résultera deux couples de droites, qui, par leurs rencontres respec-tives, détermineront finalement deux points, toujours situés sur cette corde, et dès lors suffisants pour la tracer, de ma-nière à en déduire les tangentes cherchées : ce qui constitue certainement, à cet égard, la plus convenable de toutes les solutions graphiques où l'on fait intervenir la courbe. Comme la rencontre des lignes transversales ne saurait jamais manquer, le théorème conserverait toute son efficacité si les lignes laté-rales devenaient parallèles, puisque la droite cherchée aurait alors la même direction. Je laisse au lecteur l'exécution, et même l'institution, des calculs un peu longs qu'exige la dé-monstration analytique de cette proposition remarquable, dont l'origine effective est peu connue. Le principal embarras con-sistera à décider si, dans le choix des axes les plus propres à simplifier une telle opération, on doit préférer la plus simple équation des trois courbes du second degré $y^2 = mx + nx^2$, sauf à compliquer les équations des deux sécantes initiales; ou, au contraire, avoir essentiellement en vue les simplifications relatives à ces deux droites, surtout en les prenant pour axes, à la charge d'employer envers la courbe l'équation la plus générale $ay^2 + bxy + cx^2 + dy + ex = 1$. Si cette délibération préalable est heureusement accomplie, cet exercice analytique deviendra peu laborieux.

101. Parmi les nombreux problèmes auxquels peut donner lieu la considération des tangentes à la parabole, je me bornerai à signaler spécialement, comme types, la détermination d'une parabole d'après deux tangentes, ou une seule et un point, conjointement avec le foyer ou la directrice. La solution graphique consistera surtout, de même qu'au n° 99, à construire d'abord la directrice ou le foyer. Si la parabole, ayant un foyer donné, doit toucher deux droites données, il est aisé de voir que chacune d'elles indiquera un point de la directrice, en prenant, par rapport à elle, le point symétrique du foyer; si l'une de ces tangentes était remplacée par un point, la directrice devrait toucher le cercle qui, y ayant son centre, passerait au foyer : on aura donc, en l'un ou l'autre cas, la directrice, et par suite tout ce qui concerne la parabole, en joignant deux points, ou en menant d'un point une tangente à un cercle; l'impossibilité proviendrait, dans la première question, de conditions précises, tendant à faire passer la directrice au foyer, et, dans la seconde, elle pourrait, en outre, résulter de conditions vagues, relatives à la situation du point intérieurement au cercle. Quand la parabole devrait, au contraire, admettre une directrice donnée, chaque tangente indiquerait un lieu du foyer, savoir la droite formant avec elle un angle égal à celui qu'elle-même ferait avec cette directrice; et dès lors le foyer

résulterait aisément ou de la rencontre de deux pareilles droites, ou de l'intersection de l'une d'elles par le cercle tangent à la directrice qui aurait pour centre un point donné de la courbe.

La solution analytique de ces problèmes ne saurait maintenant offrir aucune difficulté d'institution, d'après nos principes généraux, ni même aucun embarras d'exécution, en choisissant convenablement les axes : les indications précédentes y feront d'ailleurs aisément prévoir la nature algébrique des divers symptômes d'impossibilité, que les commençants pourront utilement vérifier. Si, par exemple, la directrice est donnée, et qu'on y place l'axe des y, l'équation de la parabole sera, comme au n° 99,

$$y^2 - 2\,6y - 2\,\alpha x + (6^2 + \alpha^2) = 0.$$

Dès lors, pour y formuler le contact d'une droite $y = ax$ sur laquelle on aurait choisi l'origine, le principe des racines égales fournira la relation

$$2\,a6 = (a^2 - 1)\,\alpha.$$

En écartant toute autre condition, la parabole serait indéterminée, mais susceptible de lieux, parmi lesquels cette relation indique spontanément celui du foyer : il est aisé d'y reconnaître la droite ci-dessus introduite. Ce cas est remarquable par la nature uniformément rectiligne de tous ces lieux; comme le lecteur peut facilement le constater en passant analytiquement de ce lieu immédiat du foyer à ceux qui en dériveraient, plus ou moins indirectement, pour le sommet, le point paramétrique, etc. Une remarque générale, utile à signaler ici, à cause de son efficacité en divers autres cas analogues, explique aussitôt cette particularité, d'après le principe géométrique qui sert de meilleure base à la théorie analytique de la similitude des courbes : car, les courbes ici comparées étant toujours semblables, d'ailleurs placées parallèlement à cause de la directrice commune, et ayant, en outre, pour centre évident de similitude ou d'homologie l'intersection de cette directrice avec la commune tangente, tous les lieux qui s'y rapporteront seront nécessairement des droites dirigées vers ce point.

Le plus intéressant, à tous égards, des lieux très-multipliés que produirait la parabole considérée quant à ses tangentes, consiste dans la cissoïde, résultée de la projection du sommet sur les tangentes. En discutant directement une telle définition, il est d'abord aisé d'y reconnaître une courbe nécessairement symétrique autour de l'axe de la parabole, commençant au sommet où elle touche cet axe, et finissant à la directrice qui lui est asymptote : cette dernière condition résulte de ce que, la projection d'une distance étant au plus égale à sa longueur, la projection du sommet sur une tangente quelconque ne peut jamais s'écarter de celle du foyer, que nous savons appartenir toujours à la tangente au sommet, que d'une quantité au plus égale à la distance du sommet à la directrice ; une telle prévision est d'ailleurs en harmonie avec la notion de la directrice comme lieu des intersections des tangentes rectangulaires. Si maintenant on cherche l'équation du lieu proposé, soit d'après l'équation de la tangente relative au point de contact, soit d'après celle qui se rapporte à sa direction, on trouvera très-facilement l'équation $y^2 = \dfrac{-x^3}{x + \frac{1}{4}m}$, où l'on reconnaît aussitôt la cissoïde annoncée. En renversant cette importante liaison entre deux courbes que l'on croit d'ordinaire fort hétérogènes, on pourrait déduire la parabole de la cissoïde, comme tangente au système des perpendiculaires menées, en chaque point de celle-ci, aux cordes parties de l'origine : mais cette inversion, où il faudrait analytiquement revenir de l'équation générale des tangentes paraboliques $y = ax + \dfrac{m}{4a}$ à celle de la courbe correspondante exigerait nécessairement l'analyse transcendante. Au reste, une telle connexité mutuelle doit peu étonner entre des courbes qui, au fond, découlent d'une même source géométrique ; puisque nous avons remarqué, au début de ce chapitre, que la parabole peut dériver du cercle tout aussi directement que la cissoïde, quoique suivant une tout autre loi.

Quant aux lieux, en quelque sorte inverses, résultés, au contraire, du déplacement de la parabole elle-même envers certaines tangentes, je me bornerai à considérer, comme type, celui qui correspondrait au sommet d'une parabole invariable mue de manière à toucher constamment deux droites fixes, que je supposerai, pour simplifier, rectangulaires. L'appréciation directe d'une telle définition indique aisément une courbe symétrique autour de ces deux droites, et même de leurs bissectrices, surtout en considérant que la directrice doit, à raison de la perpendicularité de ces tangentes, passer toujours à leur intersection : un examen plus attentif démontre aussi que ces deux droites doivent être asymptotes du lieu cherché, puisque, leur rectangularité ne permet à chacune de contenir le sommet qu'autant que l'autre s'en éloigne à l'infini. Pour trouver l'équation du lieu, la marche la plus analytique consisterait à partir de l'équation focale de la parabole, afin d'y formuler les deux contacts et ensuite le paramètre. On abrégera un peu l'opération si, plaçant les axes selon les deux droites fixes, on remarque le passage nécessaire de la directrice à l'origine : l'équation sera ainsi

$$(x - \alpha)^2 + (y - \beta)^2 = (px + qy)^2$$

en y supposant $p^2 + q^2 = 1$, vu le caractère parabolique. Il suffira dès lors d'y exprimer le contact avec l'un des axes, ce qui donnera la relation $(1 - p^2)\beta^2 = p^2\alpha^2$. Quant au paramètre donné

m, en le concevant double de la distance du foyer à la directrice, on aura la nouvelle condition $p\alpha + q\delta = \frac{1}{2}m$, qui, combinée avec les deux précédentes, permettra d'éliminer p et q, en conservant α et δ. Le lieu du foyer étant ainsi trouvé, on en déduira celui du sommet, en regardant ce point comme situé à la fois sur la courbe et sur la perpendiculaire menée du foyer à la directrice.

Un autre mode, moins complétement analytique que le précédent, mais plus simple, et d'ailleurs assez général pour être imité envers toute autre courbe invariable mue autour de deux droites fixes, consisterait à procéder par inversion, en supposant la parabole immobile, afin de chercher, d'après sa plus simple équation, la relation constante entre les distances de son sommet, de son foyer, ou de tout autre point singulier, à deux tangentes rectangulaires quelconques. En prenant, pour l'une d'elles, l'équation $y = ax + \dfrac{m}{4a}$, alors éminemment convenable, celle de l'autre serait donc $y = -\dfrac{1}{a}x - \dfrac{ma}{4}$. Leurs distances x', y', à l'origine, qui deviendraient finalement, envers les axes déjà indiqués, les coordonnées du lieu du sommet, seraient exprimées par les deux formules

$$x' = \frac{m}{\sqrt{m^2 + 16a^2}}, \qquad y' = \frac{ma}{\sqrt{a^2m^2 + 16}},$$

entre lesquelles l'élimination du coefficient variable a fournirait aisément l'équation cherchée.

Cette seconde solution, dont le principal avantage consiste à dispenser spontanément de formuler l'invariabilité de la courbe mobile, pourrait être présentée sous une autre forme, essentiellement équivalente, d'après les formules relatives à la transposition des axes, en exprimant, dans l'équation $y^2 = mx$

ainsi généralisée, les deux conditions de contact envers les nouveaux axes ; ce qui permettrait, par l'élimination des trois constantes auxiliaires, d'obtenir une équation finale entre les nouvelles coordonnées d'un point quelconque dont les anciennes seraient connues. Mais cette transformation analytique du mode précédent diminuerait sa simplicité, sans pouvoir, au fond, rien ajouter à sa généralité réelle.

102. Tous les problèmes sur les tangentes peuvent suggérer autant de nouvelles questions envers les normales. Quoique ces dernières recherches soient nécessairement assujetties aux mêmes principes que les premières, ce qui dispense d'y insister beaucoup ici, leurs résultats seront cependant plus compliqués ; ainsi, par exemple, tandis que le lieu des intersections des tangentes rectangulaires est, pour la parabole, une ligne droite, celui qui correspond aux normales respectives est une courbe, que j'engage le lecteur à chercher. Je me bornerai à considérer spécialement le plus important de ces nouveaux problèmes, consistant à mener une normale par un point quelconque du plan. Sa solution analytique revient à déterminer le point correspondant de la parabole, d'après l'équation de cette courbe combinée avec la condition $y' - \mathfrak{b} = \dfrac{-2y'}{m}(x' - \alpha)$, qui exprime le passage de la normale au point donné α, $\mathfrak{b}$. On trouve ainsi, pour l'ordonnée d'incidence, l'équation du troisième degré

$$y'^3 + m\left(\frac{m}{2} - \alpha\right)y' - \frac{1}{2}m^2\mathfrak{b} = 0,$$

qui indique algébriquement l'existence d'une seule normale ou de trois, selon les relations des données α, $\mathfrak{b}$. Ces deux cas ordinaires seront séparés par le cas exceptionnel de deux normales, correspondant à l'égalité de deux des racines de cette équation. En cherchant la relation entre α et $\mathfrak{b}$ nécessaire pour cette égalité, soit d'après la méthode employée au n° 43, soit suivant tout autre mode algébrique, on trouvera, plus ou moins commodément, l'équation

$$6^2 = \frac{16}{27m} \left(\alpha - \frac{m}{2} \right)^3.$$

Son lieu géométrique déterminera une courbe d'un côté de laquelle il pourra partir trois normales, tandis que de l'autre on n'en pourra mener qu'une seule : il est d'ailleurs facile d'éviter toute méprise à cet égard, même indépendamment des notions algébriques spéciales, en considérant que si 6 était assez petit, et surtout nul, on pourrait certainement tirer trois normales. Ainsi, la première région est située entre les deux branches de cette courbe auxiliaire, et tout le reste du plan présentera l'autre cas. La courbe, aisée à reconnaître, appartient au troisième genre de la famille générale des paraboles (n° 79), puisque l'équation devient binome en transportant l'origine en G (*fig.* 71), où commence nécessairement le lieu HGH' : il est facile de constater que sa rencontre avec la parabole correspond à une abscisse OL octuple de celle du foyer.

Une suffisante appréciation de la définition précédente peut conduire naturellement à la plus importante propriété de cette courbe auxiliaire, consistant en ce qu'elle touche toutes les normales de la parabole, comme l'indique déjà l'équation envers la première d'entre elles, ou l'axe. Car, si l'une d'elles pénétrait dans sa concavité, il partirait évidemment plus d'une normale de tous les points qui s'y trouveraient compris ; puisque, outre celle-là, il en existerait au moins une autre, correspondante à la moitié adjacente de la parabole : or, cette coexistence deviendrait directement contraire à la destination géométrique d'un tel lieu, de la concavité duquel nous venons de constater qu'il ne saurait émaner jamais qu'une seule normale.

Au reste, il serait aisé de vérifier analytiquement une telle propriété, en cherchant d'abord la relation entre a et b propre à rendre une droite indéterminée $y = ax + b$ normale à la parabole $y^2 = mx$, d'après l'assimilation à l'équation primitive de la normale $y - y' = \dfrac{-2y'}{m}(x - x')$, en procédant comme au n° 43 pour les tangentes. L'équation générale des normales à la parabole deviendrait ainsi finalement, envers l'origine G,

$$y = ax - \frac{1}{4}ma^3\ ;$$

et dès lors on pourrait sans difficulté constater, par les voies ordinaires, que, quel que soit a, cette droite touche constamment la courbe auxiliaire $y^2 = \dfrac{16}{27m}x^3$.

D'après une telle propriété, chaque point de ce lieu pourrait être conçu comme l'intersection de deux normales infiniment voisines, conformément à ce que nous savions déjà pour le seul point initial (n° 100). Il en résulterait donc aussi, envers un point quelconque de la parabole, la détermination du cercle le plus tangent possible, précédemment obtenu à l'égard du sommet seulement. C'est ainsi que l'analyse ordinaire peut ébaucher, en certains cas, une éminente recherche géométrique, d'ailleurs essentiellement réservée, par sa nature, à l'analyse transcendante, sans laquelle cette question ne saurait ordinairement acquérir la netteté et la précision qu'elle a pu ici présenter exceptionnellement au sujet de la parabole.

103. Il faut maintenant apprécier une troisième série de propriétés essentielles de la parabole, celles qui concernent ses diamètres : les principales d'entre elles ont déjà été signalées, dans la troisième partie de ce traité, d'après l'équation la plus générale ; en sorte qu'il suffira d'indiquer ici comment elles ressortent, d'une manière plus simple et plus nette, de l'équation spéciale $y^2 = mx$. En y appliquant notre seconde méthode

des diamètres, ou même la première, elle conduit très-aisément à l'équation $2au = m$, pour un diamètre quelconque, correspondant à des cordes dont le coefficient angulaire est a. On voit ainsi directement que tous les diamètres de la parabole sont des lignes droites, parallèles à son axe. Réciproquement, toute parallèle à l'axe est un diamètre, relatif à des cordes parallèles à la tangente menée de son unique intersection avec la courbe ; car $a = \dfrac{m}{2u}$, indique le coefficient angulaire de la tangente qui correspond à une ordonnée u. L'axe est donc le seul diamètre perpendiculaire à ses cordes, et tous les autres sont de plus en plus obliques aux leurs à mesure qu'ils s'éloignent de lui.

Quand il s'agit de déterminer la parabole d'après des conditions relatives aux diamètres, il faut considérer que chaque diamètre donné, isolément de ses cordes, indique seulement la direction de l'axe ; en sorte que la multiplicité de tels diamètres ne saurait constituer aucune restriction nouvelle. Mais il n'en est plus ainsi lorsqu'on donne en même temps la direction des cordes correspondantes : alors, chacun de ces diamètres fournit une relation distincte $\operatorname{tang} \alpha = \dfrac{m}{2h}$, entre sa distance h à l'axe inconnu et l'obliquité α de ses cordes ; une seconde relation semblable $\operatorname{tang} \alpha' = \dfrac{m}{2h'}$, déterminerait aisément m, aussi bien que h et h', dont la différence est connue, et égale à la distance des deux diamètres donnés. Après avoir ainsi obtenu l'axe et le paramètre de la parabole, il ne resterait d'arbitraire que la position spéciale de son sommet, que de telles conditions ne sauraient jamais fixer ; puisque toutes les paraboles égales placées sur le même axe ont nécessairement tous leurs diamètres communs envers les mêmes systèmes de cordes : si, dans ce cas, on donnait, en outre, un point de la parabole, ou une tangente, il serait aisé de compléter sa détermination.

On peut facilement prévoir la forme que prendrait l'équation de la parabole, en choisissant pour axes un diamètre quelconque et la tangente correspondante. Car, cette condition devant exclure tous les termes contenant la première puissance de l'ordonnée, le caractère parabolique $b^2-4ac=0$ exigerait d'ailleurs que, vu l'absence des $x'y'$, les x'^2 manquassent aussi; enfin, la position de l'origine sur la courbe supposerait la disparition du terme constant. Parmi les six termes propres aux équations du second degré, il n'en pourrait donc subsister que deux, et l'équation conserverait nécessairement la même forme $y'^2 = m'x'$ qu'à l'égard des axes, qui ne se distinguent, à cet égard, que par leur rectangularité. Il serait d'ailleurs facile de prolonger cette prévision jusqu'à déterminer d'avance la valeur du paramètre variable m' d'après la position du diamètre correspondant, indépendamment de tout calcul de transposition d'axes : car, il suffirait ainsi de connaître les nouvelles coordonnées d'un seul point ; or, cela ne présente aucune difficulté envers le sommet, à l'égard duquel la construction des tangentes donne aussitôt $x'=a$, et $y' = \sqrt{b^2+4a^2}$, a et b désignant les anciennes coordonnées de l'origine actuelle ; d'où $m'=m+4a$. Toutes ces indications seront aisément vérifiées en exécutant, suivant les formules ordinaires, le passage des anciens axes aux nouveaux, dont l'un donne $X'=0$, et l'autre $\tang Y'=\dfrac{m}{2b}$. La loi relative à la variation du paramètre m' revient évidemment à le concevoir toujours comme quadruple de la distance de l'origine correspondante au foyer ou à la directrice ; en sorte que le paramètre principal m est le moindre de tous, en tant qu'il correspond à l'origine la plus rapprochée du foyer : il fallait bien d'ailleurs que l'augmentation continue de ce coefficient com-pensât l'obliquité croissante des axes qui s'y rapportent.

Cette nouvelle équation de la parabole doit nécessairement conduire aux mêmes résultats que l'ancienne , pour toutes les déterminations qui n'exigent pas la rectangularité des axes. Il faut surtout le remarquer envers la tangente , quant à l'exten-sion qu'acquiert ainsi le théorème fondamental : la sous-tan-gente est double de l'abscisse. La possibilité de l'appliquer dé-ormais à un diamètre quelconque, facilitera la construction de la tangente , d'abord quand le point de contact est donné , et ensuite dans les deux autres cas élémentaires. Mais la loi remarquable propre à la sous-normale ne comporte pas une pareille généralisation , parce qu'elle suppose des ordonnées perpendiculaires.

Afin de résumer commodément l'ensemble des principales propriétés de la parabole, il convient de les appliquer à une question , d'ailleurs utile , dont toute la difficulté réside dans leur judicieuse combinaison. Elle consiste à reconstruire tous les éléments géométriques d'une parabole d'après une portion tracée de sa circonférence. Quel que soit cet arc , on y pourra toujours mener deux cordes parallèles , dont les milieux dé-termineront d'abord un diamètre , et par suite la direction de l'axe , en sorte qu'il suffirait de trouver un point de celui-ci. Or, le foyer peut être aisément obtenu ; car, la parallèle à ces cordes menée à l'intersection de ce diamètre avec l'arc donné devant être tangente , la propriété caustique de la parabole in-diquera aussitôt une droite allant au foyer cherché : une seconde tangente , et dès lors un second lieu semblable , sera facile à construire , soit de la même manière , soit par la sous-tangente. Le foyer étant ainsi trouvé , on en déduira aisément, l'axe, le sommet, la directrice, et le paramètre.

104. Pour compléter l'étude de la parabole , il ne reste plus

qu'à y considérer ce qui concerne sa quadrature, à laquelle nos méthodes conviennent directement. D'après la règle générale du n° 71, le segment parabolique OMP (*fig.* 72) sera les deux tiers du rectangle OMPQ, formé par les coordonnées extrêmes, et le segment OMQ en sera le tiers. Sous cette dernière forme, ce résultat pourrait être directement obtenu, sans recourir à la méthode analytique, à l'aide d'une comparaison spéciale que je dois signaler. Elle consiste à remarquer que, les abscisses croissant ici comme les carrés des ordonnées, les éléments rectangulaires du segment OMP suivent la même loi que les éléments prismatiques d'une pyramide d'égale hauteur, pareillement décomposée en tranches équidistantes. Il suffit d'étendre cette constante analogie aux limites respectives des deux sommes élémentaires, pour en conclure que la quadrature du segment parabolique équivaut numériquement à la cubature d'une pyramide de même hauteur et de base numériquement équivalente : dès lors, la règle connue sur la mesure de la pyramide conduit aussitôt à celle de ce segment, d'après le tiers du produit de sa base par sa hauteur, conformément à la théorie analytique.

Archimède a découvert cet important résultat sous une forme qui mérite d'être conservée, en considérant l'aire ONM, comprise entre l'arc parabolique OM et sa corde. Cette aire se déduit aisément du segment OMP $= \frac{2}{3}\,xy$, en retranchant le triangle OMP ou $\frac{1}{2}\,xy$. Or, au lieu de comparer le reste $\frac{1}{6}\,xy$ au rectangle OMPQ, Archimède avait été naturellement conduit à introduire le triangle NOM, de même base OM que le segment, et dont le sommet N était placé au point où la tangente est parallèle à cette base commune, c'est-à-dire à l'intersection de la parabole avec le diamètre correspondant à la corde OM ; ce point N était alors assez justement nommé le *sommet* propre du segment parabolique ONM. En opérant cette comparaison, le lecteur reconnaîtra sans difficulté que ce segment est les $\frac{4}{3}$ du triangle correspondant. L'utilité permanente d'un tel énoncé consiste dans son extension spontanée à l'aire HIL comprise entre un arc quelconque de parabole et sa corde. Quelle que soit l'origine H de cet arc, il suffit, en effet, de concevoir la courbe rapportée au diamètre et à la tangente qui y passent : comme l'équation conserve alors la forme primitive $y^2 = mx$, le rapport déduit de celle-ci reste encore applicable, puisque la méthode des quadratures n'exige d'ailleurs nullement la rectangularité des axes. Ainsi, le segment parabolique HIL est toujours les $\frac{4}{3}$ du triangle HIL de même base et de même sommet.

Notre théorie des quadratures fournit aisément la mesure des principaux volumes produits par la révolution de la parabole, soit que le segment OMP tourne autour de OX, ou le segment OMQ autour de OY. Suivant la loi de réduction $z = y^2$, la première cubature dépend de la quadrature de la ligne $z = mx$; d'où il résulte, d'après la règle ordinaire, $V = \dfrac{\pi x^2}{2}$. En comparant ce volume à celui du cylindre produit par la révolution du rectangle OMPQ, on énonce géométriquement ce résultat en disant que le paraboloïde est la moitié du cylindre de même base et de même hauteur. Quant au volume engendré par le segment convexe OMQ autour de la tangente au sommet, il convient, afin de ne pas altérer sans motif la notation habituelle de notre règle, où l'axe de révolution était supposé coïncider avec celui des x, de renverser la situation et l'équation de la parabole. Dès lors, d'après l'équation $x^2 = my$, la loi

de réduction donne ici $z = \dfrac{x^4}{m^2}$ pour la courbe auxiliaire, dont

la quadrature doit déterminer le volume cherché, qu'on trouve

ainsi exprimé par $V = \dfrac{\pi x^5}{5m^2}$. Pareillement comparé au cylindre

circonscrit, il en est seulement le cinquième.

De ces deux cubatures, également accessibles à nos méthodes actuelles, la première avait seule été accomplie par Archimède, et l'on peut assurer que la géométrie ancienne ne permettait pas de trouver la seconde : ce qui est très-propre à faire sentir la supériorité de la marche analytique, qui, même avec des ressources aussi bornées que celles ici employées à cet égard, comporte spontanément une variété d'application géométrique, nécessairement interdite aux plus éminents efforts du génie antique.

La combinaison de ces deux résultats permettrait de déterminer aisément, d'après la règle de Guldin, le centre de gravité du segment OMP, dont les coordonnées seront ainsi $x_{\text{i}} = \dfrac{3}{5} x$,

$y_{\text{i}} = \dfrac{3}{8} y$.

CHAPITRE III.

Théorie de l'ellipse.

105. Une fois ramenée à la forme $p\, x^2 + q y^2 = 1$, p et q étant positifs, l'équation de l'ellipse indique très-clairement la figure générale de cette courbe, composée de quatre parties identiques, s'étendant d'un axe à l'autre, en se rapprochant du second à mesure qu'elle s'éloigne du premier. Entre ces

deux limites, la distance au centre augmente ou diminue sans cesse; en sorte que les sommets de l'ellipse sont les points les plus rapprochés ou les plus éloignés du centre, comme le confirme d'ailleurs la marche des tangentes, d'après le coefficient angulaire tang $\alpha = -\dfrac{px}{qy}$, nul ou infini aux extrémités de chaque quart. Par ce motif, les diamètres rectangulaires correspondants à ces sommets sont justement qualifiées de *grand axe* et *petit axe*. On facilitera habituellement l'interprétation géométrique de l'équation, en les y introduisant comme coefficients, à la place des constantes purement abstraites p et q. En désignant leurs moitiés par a et b, qui indiquent donc les plus grandes valeurs des coordonnées respectives, on aura $p = \dfrac{1}{a^2}$, $q = \dfrac{1}{b^2}$, et l'équation s'écrira

$$\frac{x^2}{a^2} + \frac{y^2}{b^2} = 1 \quad \text{ou} \quad a^2 y^2 + b^2 x^2 = a^2 b^2.$$

Ces deux dimensions caractéristiques, dont le rapport est le même dans toutes les ellipses semblables, sont nécessairement inégales, à moins que l'ellipse ne devienne circulaire : nous supposerons communément $a > b$.

Si l'on voulait déduire de cette équation la description de la courbe par points, il suffirait de dégager $y = \dfrac{b}{a} \sqrt{a^2 - x^2}$, pour construire cette formule par les moyens ordinaires. Mais cette construction peut s'accomplir sous une forme également simple et lumineuse, qu'il importe d'apprécier, en comparant l'ordonnée de l'ellipse, à abscisse égale, avec celle z du cercle circonscrit, dont le grand axe serait le diamètre. Car, on aurait ains

$$y : z :: b : a;$$

d'où il suit que l'ellipse dérive du cercle en y diminuant proportionnellement toutes les ordonnées relatives à un même diamètre. Une telle réduction s'opère spontanément quand on projette le cercle sur un plan, que l'on peut toujours supposer, pour plus de facilité, mené du centre : puisque, en rapportant les deux courbes au commun diamètre, résulté de l'intersection de leurs plans, les ordonnées de la seconde seront les projections de celles de la première sous une même obliquité, dont le cosinus indiquera le rapport des deux axes de l'ellipse ainsi produite. Le même cercle diversement projetté peut donc faire naître des ellipses de toute forme, mais non de toute grandeur, leur grand axe étant toujours égal à son diamètre.

Si l'on comparait l'ellipse au cercle inscrit, ayant pour diamètre le petit axe, on trouverait également, à ordonnée égale, un rapport constant entre les abscisses x et t : en sorte que l'ellipse dérive du cercle en y augmentant proportionnellement toutes les ordonnées relatives à un même diamètre, aussi bien qu'en les diminuant.

D'après cette double comparaison, la construction de l'ellipse par points, quand ses deux axes sont donnés, s'opère facilement à l'aide des deux cercles correspondants. Il suffit de prolonger chaque parallèle à l'un ou à l'autre des axes jusqu'au cercle circonscrit, et de projetter ensuite sur elle l'intersection du cercle inscrit avec le rayon mené de cette extrémité.

Une simple transposition de la proportion précédente, $y : \sqrt{a^2 - x^2} :: b : a$, conduit à une autre description de l'ellipse, par un mouvement continu fort simple. Car, en l'écrivant

$$ y : b :: \sqrt{a^2 - x^2} : a, $$

elle indique directement que, de chaque point de l'ellipse, on peut mener, entre les deux axes, une droite dont les deux parties seraient invariablement égales à b et a. Ainsi, réciproquement, quand une droite invariable glisse entre deux axes rectangulaires, chacun de ses points décrit un quart d'ellipse, dont les demi-axes sont respectivement égaux aux parties opposées de sa longueur : il serait aisé de vérifier spécialement que le milieu décrit, en effet, un cercle.

Cette ancienne génération de l'ellipse doit être aujourd'hui envisagée comme un cas particulier d'une description remarquable, qu'il faut ici caractériser sommairement. Pendant qu'une droite invariable glisse entre deux axes rectangulaires, un point quelconque qui s'y trouve invariablement lié décrit aussi bien une ellipse que les deux points mêmes de la droite. Comme on peut toujours supposer ce point générateur déterminé par ses distances aux deux extrémités de la droite mobile, la question revient à trouver le lieu d'un sommet d'un triangle invariable dont les deux autres sommets décrivent deux lignes données, que nous supposons ici consister en deux droites rectangulaires, afin de nous borner au seul cas intéressant d'une recherche analytique, d'ailleurs facile à généraliser. En prenant pour axes ces deux droites, d'après l'évidente symétrie de l'ensemble du lieu autour de chacune d'elles, et introduisant, comme coordonnées naturelles, ou à titre de variables auxiliaires, l'ordonnée 6 et l'abscisse α des extrémités de la base a du triangle donné on aura pour équation spontanée $6^2 + \alpha^2 = a^2$, d'où il faudra éliminer α et 6 d'après les distances b et c du point décrivant aux deux extrémités de cette base, suivant les conditions évidentes $(x-\alpha)^2 + y^2 = c^2$, $(y-6)^2 + x^2 = b^2$. Il en résulte sans difficulté l'équation rectiligne,

$$2x\sqrt{c^2 - y^2} + 2y\sqrt{b^2 - x^2} = b^2 + c^2 - a^2,$$

dont le second membre deviendrait monome en introduisant l'angle au sommet, suivant la relation trigonométrique ordinaire. Cette équation prend ainsi la forme la plus commode

$$x\sqrt{c^2 - y^2} + y\sqrt{b^2 - x^2} = bc \cos A.$$

La suppression des radicaux l'élèverait au quatrième degré : mais, comme chacun d'eux n'affecte qu'une seule variable, il suffirait, pour la discussion, d'en écarter un seul, par exemple le premier, ce qui donnerait l'équation

$$c^2 x^2 = c^2 b^2 \cos^2 A + b^2 y^2 - 2bc \cos A\, y \sqrt{b^2 - x^2},$$

d'où l'on tire aisément la formule de l'ordonnée

$$y = \frac{c \cos A \sqrt{b^2 - x^2} \pm \sqrt{c^2 x^2 - c^2 x^2 \cos^2 A}}{b}.$$

Il importe ici de remarquer l'accident analytique survenu au second radical, qui devient évidemment rationnel, et égal à $cx \sin A$. Cette circonstance indique algébriquement que notre équation du quatrième degré est réellement décomposable, contre la nature ordinaire des équations à deux variables, en deux facteurs du second degré; d'où résulte géométriquement la duplicité du lieu cherché, qui, loin de constituer une véritable courbe du quatrième degré, ne se compose donc que de l'assemblage de deux ellipses. Un tel caractère, où réside le nœud principal de la question actuelle, y était d'ailleurs facile à prévoir, en pensant à la double situation que peut évidemment prendre le triangle donné autour de chaque position de sa base : en sorte que cette indication nécessaire eût suffisamment annoncé un couple d'ellipses, aussitôt que le calcul avait pu signaler une équation finale du quatrième degré. En poursuivant l'analyse précédente, on trouve facilement

$$b^2 y^2 + c^2 x^2 \pm 2bc \sin A\, xy = b^2 c^2 \cos^2 A$$

pour la double équation elliptique. On en conclut, d'après les règles établies dans le dernier chapitre de la troisième partie, que ces deux ellipses concentriques sont égales et symétriquement placées autour des axes coordonnés, conformément aux exigences géométriques d'une telle génération : la formule

tang $2\mathrm{X}' = \pm \dfrac{2bc \sin \mathrm{A}}{c^2 - b^2}$, qui détermine les directions respectives de leurs axes principaux, confirme directement cette dis-
position mutuelle, en montrant que les deux couples de directions rectangulaires qui en résultent correspondent à des angles
mutuellement complémentaires ou supplémentaires, selon le sens
de la comparaison. Le lecteur y retrouvera d'ailleurs aisément
les indications déjà connues relativement aux deux cas extrêmes, où le triangle devient rectangle ou bien se réduit à sa base.

Enfin, l'appréciation géométrique de l'équation fondamentale
de l'ellipse conduit, sous un nouvel aspect, à une relation très-
remarquable, qui la caractérise essentiellement, entre les directions des deux cordes, dites *supplémentaires*, qui, partant
d'un même point quelconque de la courbe, aboutissent à deux
points diamétralement opposés. Leur rectangularité constante
dans le cercle est remplacée, envers une ellipse arbitraire, par
l'invariabilité du produit des tangentes de leurs inclinaisons sur
l'un ou l'autre de ses axes. En nommant x', y' les coordonnées du commun point de départ, et x'', y'' celles de l'un
des points d'arrivée, ces tangentes, estimées quant au grand
axe, et dès lors égales aux coefficients angulaires des deux
cordes, seront exprimées, suivant la règle ordinaire, par les
fractions $\dfrac{y'-y''}{x'-x''}$ et $\dfrac{y'+y''}{x'+x''}$, dont le produit est $\dfrac{y'^2-y''^2}{x'^2-x''^2}$. Or,
en ayant maintenant égard à l'équation de la courbe, qui donne
les deux relations $a^2 y'^2 + b^2 x'^2 = a^2 b^2$, $a^2 y''^2 + b^2 x''^2 = a^2 b^2$, on
reconnaît aisément, d'après leur simple soustraction, que ce
produit tang θ tang θ' est toujours égal à $-\dfrac{b^2}{a^2}$. Il y aurait une
sorte de pléonasme, ou du moins un défaut réel d'élégance, à
mentionner expressément, dans l'énoncé habituel de ce théorème, cette valeur du produit constant; car, aussitôt qu'on le

proclame invariable, sa valeur effective résulte nécessairement d'un couple quelconque de cordes dont la direction soit facilement appréciable, et surtout de celles qui joignent entre eux les quatre sommets. Quand l'ellipse devient équilatère, on a tang ε tang $\varepsilon' = -1$, conformément à la rectangularité connue des cordes supplémentaires du cercle.

Dans une ellipse quelconque, leur inclinaison varie nécessairement, suivant la formule tang $V = \dfrac{\text{tang } \varepsilon - \text{tang } \varepsilon'}{1 + \text{tang } \varepsilon \text{ tang } \varepsilon'}$, dont le dénominateur est constant, sans que son numérateur puisse l'être. Les facteurs tang ε et tang ε' étant ici toujours opposés de signe, le numérateur, et par suite tang V, varie proportionnellement à la somme de leurs valeurs numériques. Or, leur produit étant constant, le minimum de leur somme doit correspondre à leur égalité, en renversant un théorème élémentaire d'algèbre sur le maximum d'un produit de facteurs à somme constante. Comme cette égalité convient évidemment aux cordes qui joignent une extrémité de l'un des axes aux deux extrémités de l'autre, le losange des quatre sommets indique donc le plus grand angle obtus ou le plus petit angle aigu que puissent former, dans l'ellipse, deux cordes supplémentaires quelconques, dont l'inclinaison peut ainsi varier d'autant plus que la courbe s'écarte davantage de la figure circulaire.

106. Appliquons maintenant à l'ellipse notre théorie des foyers, sous la forme subsidiaire convenable à l'équation actuelle, comme pour la parabole. En substituant y en x dans la formule $d^2 = y^2 + x^2 - 2\varepsilon y + 2\alpha x + (\varepsilon^2 + \alpha^2)$, elle prend la forme

$$d^2 = \frac{b^2}{a^2}(a^2 - x^2) + x^2 - 2\varepsilon \frac{b}{a}\sqrt{a^2 - x^2} - 2\alpha x + (\varepsilon^2 + \alpha^2);$$

ce qui exige préalablement $\varepsilon = 0$, afin qu'elle soit d'abord rationnelle. Ainsi devenue

$$d^2 = \left(1 - \frac{b^2}{a^2}\right) x^2 - 2\alpha x + (\varepsilon^2 + \alpha^2),$$

elle ne sera carrée qu'autant que l'on fera $x = \pm \sqrt{a^2 - b^2}$. Il existe donc, sur le grand axe de l'ellipse, deux foyers symétriquement placés, dont la commune distance au centre, ordinairement qualifiée d'*excentricité*, et communément désignée par c, forme, avec le demi-petit axe, un triangle rectangle ayant pour hypothénuse le demi-grand axe; ce qui permet de les marquer aisément. Si l'on eût, au contraire, substitué x en y, le résultat aurait été, par une évidente analogie, $\alpha = 0$, $\beta = \sqrt{b^2 - a^2}$, qui ne serait admissible qu'autant que b surpasserait a; en sorte que les foyers de l'ellipse ne peuvent jamais être situés que sur son grand axe. Ils ne coïncident entre eux, et avec le centre, que dans le cas circulaire.

En achevant l'opération précédente, leurs distances rationnelles à un point quelconque de la courbe sont exprimées par les deux formules

$$d' = a - \frac{c}{a}\,x, \quad d'' = a + \frac{c}{a}\,x,$$

dont la confrontation fait aussitôt ressortir la principale propriété spéciale de l'ellipse, en montrant l'invariabilité de la somme de ces deux distances variables. La valeur effective de cette somme constante est d'ailleurs inutile à mentionner expressément, puisque les sommets du grand axe, et même aussi ceux du petit, la déterminent immédiatement, dès que sa constance est reconnue. Il serait, du reste, superflu de s'arrêter ici aux moyens évidents que fournit spontanément un tel théorème pour décrire commodément l'ellipse, soit par points, soit par un mouvement continu, qui peut ainsi recevoir diverses formes géométriques.

Quant aux directrices correspondantes à ces deux foyers, l'annulation de cette double formule leur assigne, suivant nos règles générales, la double équation $x = \pm \dfrac{a^2}{c}$, qui indique deux perpendiculaires au grand axe, au delà des sommets, en une position facile à construire. Le rapport spécifique est ici $\frac{c}{a}$, et par conséquent inférieur à 1, conformément à la théorie fondamentale.

On voit que la principale différence entre l'ellipse et la parabole relativement aux foyers ou aux directrices consiste dans leur dualité actuelle opposée à leur unité primitive ; ce contraste est naturellement en harmonie nécessaire avec l'existence ou l'absence d'un centre ou d'un second axe.

En étendant à l'ellipse le problème déjà résolu au n° 99 envers la parabole, et consistant ici à déterminer une ellipse d'après un foyer et trois points, il y acquiert encore plus d'importance astronomique, comme directement relatif à la véritable figure moyenne des orbites planétaires. Sa solution graphique, consistant toujours à construire d'abord la directrice correspondante, résultera de ce que les distances de cette droite aux trois points donnés sont alors proportionnelles à leurs distances connues au foyer donné. Or, chacune de ces deux proportions, isolément envisagée, détermine l'intersection de la directrice avec la droite de jonction des points respectifs : il est aisé de reconnaître, d'après un théorème élémentaire, déjà employé au n° 21, que cette rencontre se trouve sur la bissectrice du supplément de l'angle des deux droites qui vont de ces points au foyer. La directrice étant ainsi obtenue d'après deux de ses points, il sera facile d'achever la construction, en traçant d'abord l'axe focal, puis ses deux sommets et le centre, d'où résulteront aussitôt l'autre foyer, l'autre directrice, et l'autre axe. Quant aux cas d'impossibilité, ils ne pourraient ici tenir qu'à la confusion du foyer avec l'un des points, ou à la disposition de ceux-ci en ligne droite, soit entre tous trois, soit entre deux seulement et le foyer du même côté. Cette construction les manifesterait par le passage de la directrice obtenue, tantôt au foyer, tantôt à l'un des points.

La solution analytique de ce problème s'instituera aisément, comme dans la parabole, d'après l'équation focale

$$y^2 + x^2 = (px + qy + r)^2,$$

si l'on place l'origine au foyer donné. En dirigeant d'ailleurs l'axe des x vers l'un des points, on aura, pour déterminer les trois inconnues p, q, r, les trois relations

$$y'^2 + x'^2 = (px' + qy' + r)^2, \quad y''^2 + x''^2 = (px'' + qy'' + r)^2,$$
$$x'''^2 = (px''' + r)^2,$$

qui pourront aussi être ramenées au premier degré, sous les formes

$$px' + qy' + r = u', \quad px'' + qy'' + r = u'', \quad pu''' + r = u''',$$

où u', u'', u''' désignent pareillement les distances du foyer aux points donnés. Si l'on choisit comme inconnue principale r, d'où résulterait encore, quoique moins directement qu'envers la parabole, la distance $\dfrac{r}{\sqrt{p^2 + q^2}}$ du foyer à la diretrice, les divers cas d'impossibilité, étant tous de nature précise, ne pourront également se manifester que d'après des valeurs réelles inadmissibles, que l'examen de chacun d'eux ferait aisément prévoir.

J'insiste peu d'ailleurs sur la discussion spéciale, soit graphique, soit algébrique, d'un tel problème, qui doit naturellement être repris et complété au sujet de l'hyperbole. C'est alors seulement que sa nature deviendra pleinement appréciable, en le concevant comme nécessairement commun aux trois courbes du second degré.

L'emploi de l'équation polaire relative au foyer y doit pourtant être mentionné ici, comme envers la parabole, à cause de son importance astronomique. D'après le n° 23, cette équation sera

$$u = \frac{a\,(1-e^2)}{1-e\cos(\varphi+\alpha)},$$

en comptant les angles à partir d'un axe incliné de α sur l'axe focal de l'ellipse, et nommant e, selon l'usage astronomique, le rapport spécifique $\dfrac{c}{a}$: car, la distance d (*) du foyer à la directrice est ici $\dfrac{a(1-e^2)}{e}$, en tant qu'égale à la différence de leurs distances respectives $\dfrac{a^2}{c}$ et c au centre. Si l'on a égard aux trois points donnés, dont l'un peut être supposé sur l'axe polaire, cette équation permettra aisément de déterminer d'abord α, puis e, et enfin a, qui caractérisent la direction, la forme, et la grandeur de l'ellipse cherchée, sauf les embarras de l'exécution trigonométrique.

En remplaçant le foyer donné par la directrice, le problème précédent ne sera pas plus difficile à résoudre, soit analytiquement, ce qui est évident, soit même graphiquement, que dans la parabole. Car, afin de trouver le foyer correspondant, chacune des deux combinaisons binaires des trois points donnés fournira encore spontanément, quoique d'une autre manière, un lieu circulaire, d'après la proportionnalité des distances respectives du foyer cherché à ces divers points, comparées avec leurs distances connues à la directrice donnée : la construction

---

(*) Par analogie avec la théorie de la parabole, le double de cette distance est quelquefois qualifié aussi de *paramètre* de l'ellipse, comme constituant le coefficient du terme du premier degré dans l'équation $y^2 = \dfrac{2b^2}{a}\,x - \dfrac{b^2}{a^2}\,x^2$, où l'origine est placée au sommet. Ce paramètre est, de part et d'autre, toujours égal à la double ordonnée relative au foyer. Ses deux caractères, analytique et géométrique, conviennent pareillement à l'hyperbole.

indiquée à la fin du n° 21 déduira ainsi des deux points combinés un cercle ayant pour diamètre la partie de la droite de jonction comprise entre la directrice et le point, aisément assignable, qui divise leur intervalle proportionnellement à leurs distances respectives à cette ligne. Le foyer une fois obtenu par la rencontre de deux pareils cercles, la construction s'achèvera aussi facilement que ci-dessus. Outre les cas précis d'impossibilité tenant au passage de la directrice à l'un des trois points, ou à la disposition rectiligne de ceux-ci, cette solution indiquerait d'ailleurs, comme dans la parabole, des cas vagues correspondants à la non-intersection de ces cercles : la solution analytique devrait reproduire les uns et les autres, suivant leur nature respective.

107. Considérons maintenant les propriétés de l'ellipse quant aux tangentes, d'après l'équation

$$y - y' = -\frac{b^2 x'}{a^2 y'}(x - x'),$$

que notre théorie générale assigne ici à la droite qui touche la courbe en un point x', y'. On en déduit aisément $x = \dfrac{a^2}{x'}$,

pour l'abscisse du point où la tangente rencontre l'axe ; d'où résulterait une construction facile, que l'on rendra plus simple encore, et surtout plus élégante, si l'on remarque que ce résultat, indépendant de b et de y, resterait identique, envers toutes les ellipses de même grand axe, en y considérant des points de contact situés sur la même ordonnée : l'une d'elles étant un cercle, la construction spéciale de sa tangente conduira à celle de toutes les autres. Ainsi, en prolongeant l'ordonnée MP (*fig.* 73) du point donné jusqu'au cercle circonscrit, et menant de cette extrémité N la perpendiculaire NT au rayon correspondant, le point T où elle rencontrera l'axe, conviendra également à la tangente cherchée MT : la figure confirme, en effet, que la distance OT équivaut à $\dfrac{a^2}{x'}$.

De cette première détermination, résulteront la sous-tangente $\mathrm{TP} = \dfrac{a^2 - x'^2}{x'}$, et la sous-normale $\mathrm{PQ} = \dfrac{b^2}{a^2}\, x'$. Au lieu d'être constante, comme dans la parabole, celle-ci est maintenant proportionnelle à l'abscisse du point de contact ; sa limite $\dfrac{b^2}{a}$ sera toujours la moitié du paramètre : elle indiquera pareillement le rayon du cercle qui aurait en A le plus intime contact possible avec l'ellipse ; on trouverait de même $\dfrac{a^2}{b}$ pour le rayon d'un tel cercle à l'autre sommet B, où l'on voit ainsi que la courbure est moindre.

L'appréciation géométrique du coefficient angulaire de la tangente conduit à un théorème remarquable, en généralisant envers une ellipse quelconque la loi relative au cercle. Car, la simple confrontation du coefficient $\dfrac{-b^2 x'}{a^2 y'}$ à celui $\dfrac{y'}{x'}$ du rayon correspondant montre aussitôt que leur produit est toujours égal à $\dfrac{-b^2}{a^2}$: ici l'indication de constance ne suffirait pas, et il convient de mentionner habituellement la valeur effective du produit, qu'aucun cas particulier n'indiquerait aisément. Quand l'ellipse est équilatère, ce théorème reproduit spontanément la perpendicularité connue de la tangente au rayon.

Cette relation devient à la fois plus importante et plus lumineuse, si on la rapproche de la loi analogue relative aux cordes supplémentaires. Le produit constant ayant, des deux parts, la même valeur, il s'ensuit que les deux couples ainsi formés, soit par deux cordes supplémentaires quelconques, soit par une tangente et son rayon, peuvent toujours être rendus parallèles, et doivent offrir d'égales variétés d'inclinaison. Il en résulte aussitôt un moyen très-facile pour tracer la tangente d'après le point de contact ou d'après sa direction, du moins en faisant intervenir l'ellipse dans la construction.

Au sujet de ce rapprochement, il convient de remarquer que le théorème propre à la tangente ne constitue, au fond, qu'un simple cas particulier de celui des cordes supplémentaires, qu'il suffit, en effet, de pousser jusqu'à sa limite naturelle. Que les points d'arrivée des deux cordes demeurant fixes, on fasse indéfiniment rapprocher de l'un d'eux leur commun point de départ; le produit des coefficients angulaires devant rester invariable, sa valeur ne saurait changer lorsque, par la coïncidence finale, l'une des cordes se confondra avec la tangente et l'autre avec le rayon. On voit ainsi comment le théorème des cordes supplémentaires, dont l'importance spéciale est communément trop peu sentie, conduirait sans peine à l'équation de la tangente à l'ellipse, indépendamment de toute méthode générale.

La relation de la tangente aux foyers, éminemment naturelle pour les anciens, ne ressort pas ici de l'équation aussi directement, à beaucoup près, qu'envers la parabole; et si notre étude analytique de l'ellipse était historiquement originale, peut être ignorerait-on encore cette propriété, faute d'avoir été conduit spontanément à la combinaison algébrique correspondante, que les modernes n'emploient réellement qu'à la vérifier. Cette vérification est du reste aisément exécutable, sous les trois formes géométriques, essentiellement équivalentes, que comporte un tel théorème. Son acception la plus connue, et la plus directe chez les anciens, consiste en ce que la tangente à l'ellipse est également inclinée sur les deux droites qui joignent le point de contact aux deux foyers. Il est aisé de le constater d'après les coefficients angulaires de ces droites : car, on trouvera ainsi, réduction faite, pour l'une des inclinaisons, l'expression tang $V = \dfrac{b^2}{cy'}$, qui, changeant de signe et non de valeur envers

l'autre foyer par le changement de c en $-c$, indiquerait très-naturellement une telle relation, si un tel rapprochement était assez motivé. Comme dans la parabole, ce théorème, physiquement interprété, explique aussitôt, quant à la lumière ou à la chaleur, ou même ici au son, la propriété de concentration par réflexion que rappelle spontanément le nom de foyer : les émanations de l'un des foyers seront ainsi réfléchies vers l'autre, soit sur l'ellipse, soit sur l'ellipsoïde allongé résultant de sa rotation autour de l'axe focal.

Sous sa seconde forme, cette propriété consiste en ce que le lieu des propriétés des foyers d'une ellipse sur ses tangentes est un cercle. Il est aisé de saisir la filiation géométrique des deux relations, en considérant que, d'après la notion précédente, une tangente quelconque MT (*fig.* 74), devant être la bissectrice de l'angle NMF formé par l'un des rayons vecteurs avec le prolongement de l'autre, sera perpendiculaire sur le milieu de FN, qui joint l'un des foyers au point N obtenu en prolongeant le rayon vecteur MF' d'une longueur égale à MF. Or, la propriété mutuelle des deux foyers indique aussitôt que la projection K du foyer F sur la tangente tombe à une distance constante du centre, puisque cette distance OK est évidemment la moitié de F'N, ainsi toujours égale à 2 a.

Comme cette seconde forme constituerait, sans doute, du point de vue moderne, la source la plus naturelle du théorème dont il s'agit, je crois devoir en indiquer distinctement l'explication analytique. Il convient d'y préférer, pour la tangente, l'équation $y = mx + \sqrt{a^2m^2 + b^2}$, que fournit directement le principe des racines égales, et qui, indépendante du point de contact, est mieux adaptée que notre équation primitive à toute spéculation étrangère à la position spéciale de ce point. La

perpendiculaire menée du foyer sera donc représentée par l'é-
quation $y = -\dfrac{1}{m}(x-c)$, qui permettra d'éliminer aisément m,
de manière à former l'équation du lieu des projections du foyer
sur les tangentes. On la trouvera ainsi du quatrième degré,
mais bicarrée ; en y dégageant y^2, on y reconnaîtra, après les
réductions convenables, le produit de deux équations du second degré $y^2 + x^2 - a^2 = 0$, et $y^2 + (x-c)^2 = 0$; celle-ci ne
fournissant aucune ligne, l'autre indique seule la courbe cherchée, qui est évidemment le cercle circonscrit à l'ellipse.

Enfin, la troisième forme géométrique de cette relation des
tangentes aux foyers consiste en ce que les distances des deux
foyers à une tangente quelconque sont inversement proportionnelles, sans qu'il faille mentionner expressément la valeur
effective de leur produit constant, spontanément évidente aux
quatre sommets, snrtout à ceux du petit axe, où les deux facteurs sont égaux. Pour voir comment ce théorème, d'ailleurs
facile à constater analytiquement, dérive du précédent, il suffit
de mener du centre une parallèle OI et une perpendiculaire OH
ou q sur la tangente ; alors, en nommant p et p' les distances
FK et F'K' des deux foyers à cette tangente, une proposition
élémentaire bien connue, suite immédiate du théorème de
Pythagore, donnera aussitôt, dans le triangle OF'K', envers le
côté OF' ou c, la relation

$$c^2 = p'^2 + a^2 - 2p'q,$$

puisque le côté OK' est maintenant reconnu toujours égal à a :
or, la distance auxiliaire q étant la moyenne entre p et p', cette
relation devient finalement $pp' = a^2 - c^2 = b^2$, suivant l'énoncé
ci-dessus.

De ces trois formes équivalentes d'une même loi, la première
est la mieux adaptée à la construction de la tangente, soit d'a-

près le point de contact, soit d'après sa direction, soit enfin d'après un point extérieur. Quant au premier cas, il suffit, comme on l'a vu plus haut, de mener du point donné M une perpendiculaire sur la ligne FN, précédemment définie. On peut aisément constater, à la manière des anciens, que tous les autres points de cette droite seront extérieurs à l'ellipse, en tant qu'équidistants de F et N ; puisque la somme de leurs distances aux deux foyers, ainsi équivalente, pour chacun d'eux K', à K'F'$+$KN, surpassera évidemment le grand axe, que cette construction représente par F'N. Cette conséquence est tellement spontanée que, dans l'ellipse comme dans la parabole, la découverte d'une pareille propriété des tangentes a dû être facile aux anciens, une fois qu'ils ont connu le théorème fondamental sur les foyers.

S'il faut mener une tangente parallèle à une droite donnée, le renversement de cette construction fera retrouver sans difficulté le point N, d'où tout découle, comme situé sur une perpendiculaire menée à cette droite de l'un des foyers et sur le cercle décrit de l'autre avec le rayon $2a$. De même, quand on donnera un point extérieur K', ce cercle servira pareillement à déterminer ce point N, par l'intersection d'un autre cercle décrit de K' avec le rayon K'F. En ces deux cas, la construction pourra s'achever, y compris même la détermination des points de contact, sans aucune participation de la courbe.

La solution analytique de ces deux problèmes ne mérite pas de nous arrêter. J'y indiquerai seulement, quant au dernier, une transformation analogue à celle déjà remarquée envers la parabole, et tendant aussi à déterminer la corde qui joint les deux points de contact cherchés. Si, dans l'équation

$$6 - y' = - \frac{b^2 x'}{a^2 y'} (x - x')$$

qui, combinée avec $a^2y'^2 + b^2x'^2 = a^2b^2$, doit alors fournir les coordonnées inconnues x' et y' d'après les cordonnées connues α et ϵ, on considérait les premières comme variables, le lieu correspondant serait naturellement elliptique, et dès lorsraphiquement inadmissible. Mais, en ayant égard à la seconde condition, la première peut s'abaisser au premier degré, et devient, sous la forme $a^2\epsilon y' + b^2\alpha x' = a^2b^2$, l'utile équation de la corde de contact, dont la construction conduirait aisément à la solution graphique du problème, si on y admettait la participation de l'ellipse. La direction de cette corde et ses rencontres avec les axes peuvent suggérer diverses propositions secondaires, analogues à celles déjà signalées envers la parabole, et que le lecteur développera aisément.

108. Parmi les nombreux problèmes relatifs aux tangentes de l'ellipse, il convient spécialement de remarquer ici celui qui concerne le lieu du sommet d'un angle invariabledont les côtés touchent constamment la courbe, surtout quand cet angle est droit. L'équation $y = mx + \sqrt{a^2m^2 + b^2}$ est très-propre à cette recherche, en y considérant les deux valeurs de m qui correspondraient à des valeursdonnées de x et y, ce qui lui fait prendre la forme

$$m^2 - 2\,\frac{xy}{x^2 - a^2}\,m + \frac{y^2 - b^2}{x^2 - a^2} = 0.$$

Si, d'après ses racines, on formule l'inclinaison des deux tangentes, suivant la loi $\dfrac{m' - m''}{1 + m'm''} = \operatorname{tang} V$, on en déduira aisément l'équation du quatrième degré qui convient au lieu demandé. Dans le cas, seul utile à spécifier, où les tangentes sont rectangulaires, le dernier terme de l'équation précédente conduit aussitôt à $y^2 + x^2 = a^2 + b^2$, qui indique un cercle, dont le rayon est d'ailleurs superflu à retenir, puisque les tangentes aux sommets l'annoncent spontanément.

La considération de ce lieu circulaire rendrait très-facile la détermination spéciale des rectangles maximum et minimum circonscriptibles à l'ellipse, et dès lors inscriptibles à un tel cercle. Car, sous ce dernier aspect, le maximum correspondrait évidemment au carré, si toutefois celui-ci peut être circonscrit à l'ellipse : pour s'en assurer, il suffit de remarquer que, d'après une symétrie nécessaire, ses côtés doivent être inclinés de 45° sur les axes ; or, en faisant $m = \pm 1$ dans l'équation de la tangente, son coefficient linéaire coïncide, en effet, avec le rayon du cercle précédent, ce qui décide la convenance de cette solution. Quant au minimum, il faut discerner, entre tous les rectangles circonscrits à l'ellipse et inscrits au cercle, celui dont les côtés diffèrent le plus, ce qui revient à combiner les tangentes les plus éloignées du centre avec les plus rapprochées ; d'où résulte aussitôt le rectangle construit sur les deux axes.

Pour résoudre ce double problème d'une manière vraiment analytique, susceptible d'imitation envers toute autre courbe, il faudrait, à l'équation $y = mx + \sqrt{a^2 m^2 + b^2}$ d'une tangente quelconque, joindre les trois autres

$$y = mx - \sqrt{a^2 m^2 + b^2}, \quad y = -\frac{1}{m} x + \sqrt{\frac{a^2}{m^2} + b^2},$$

$$y = -\frac{1}{m} x - \sqrt{\frac{a^2}{m^2} + b^2},$$

qui représentent celle qui lui est parallèle et les deux qui lui sont perpendiculaires. Dès lors, par un calcul facile, quoiqu'un peu long, on formulerait, d'abord les intersections mutuelles des quatre côtés du rectangle correspondant, ensuite leurs longueurs, et enfin l'aire de cette figure, relativement à la seule constante indéterminée m. Cette formule une fois obtenue, l'application, sous telle forme qu'on jugera convenable, de la théorie des maxima et minima y conduira aisément à la solution demandée. La fonction se trouvant être ici du quatrième degré, mais bicarrée, on y pourra même appliquer la méthode algébrique primordiale, en résolvant d'abord la question plus étendue qui consiste à circonscrire, à une ellipse donnée, un rectangle équivalent à un carré donné.

Quelques autres lieux intéressants peuvent être déduits de la considération des tangentes à l'ellipse, en y projetant, soit sur les tangentes, soit aussi sur les normales, les divers points singuliers, tels que le centre, les foyers, les sommets, etc. Je m'arrêterai seulement au cas de la projection du centre sur les normales. On y formerait aisément l'équation du lieu, d'après l'équation ordinaire de la normale $y - y' = \dfrac{a^2 y'}{b^2 x'}(x - x')$, combinée avec celle du rayon perpendiculaire $y = -\dfrac{b^2 x'}{a^2 y'}\, x$, en éliminant les variables auxiliaires x' et y' par la relation $a^2 y'^2 + b^2 x'^2 = a^2 b^2$. Mais il convient mieux d'y employer une nouvelle forme générale de l'équation de la normale, analogue à celle qui vient de nous servir pour la tangente, c'est-à-dire relative à son seul coefficient angulaire. En procédant par assimilation, comme je l'ai indiqué déjà envers la parabole, on trouvera aisément que l'équation

$$y = mx + \frac{c^2 m^2}{\sqrt{a^2 + b^2 m^2}},$$

représente ainsi une normale quelconque à l'ellipse. Si l'on y élimine m, d'après l'équation $y = -\dfrac{1}{m}\, x$ du rayon perpendiculaire, on obtient aussitôt, pour le lieu cherché, l'équation du sixième degré

$$(a^2 y^2 + b^2 x^2)(y^2 + x^2)^2 = c^4 x^2 y^2,$$

dont la discussion directe serait embarrassante, mais qui devient facilement appréciable par l'introduction des coordonnées polaires. On trouve ainsi finalement l'équation polaire

$$u^2 = \frac{c^4 \sin^2 \varphi \cos^2 \varphi}{a^2 \sin^2 \varphi + b^2 \cos^2 \varphi},$$

très-propre à caractériser nettement la forme générale de chacune des quatre parties symétriques qui composent ce lieu remarquable. Le rayon vecteur, nul pour $\varphi = 0$ et $\varphi = 90°$, ce qui indique au centre deux tangentes confondues avec les axes de l'ellipse, atteint son maximum $a - b$ quand $\tang \varphi = \sqrt{\dfrac{b}{a}}$, comme l'indique la résolution de cette équation en sens inverse.

109. Nous devons maintenant considérer les propriétés de l'ellipse relativement aux diamètres. En appliquant ici l'une ou l'autre de nos deux méthodes générales à ce sujet, on trouve aisément l'équation $y = -\dfrac{b^2}{a^2 m}\, x$, envers un diamètre quelconque, correspondant à des cordes dont le coefficient angulaire est m. Cette équation montre aussitôt, conformément à nos indications antérieures, que tous les diamètres d'une ellipse sont des lignes droites qui convergent au centre. Mais sa spéciale appréciation géométrique fait, en outre, découvrir une propriété remarquable, résultée de la liaison $mm' = -\dfrac{b^2}{a^2}$, ainsi établie entre les coefficients angulaires simultanés d'un diamètre quelconque et de ses cordes. La symétrie analytique d'une telle relation indique géométriquement que les diamètres de l'ellipse sont réciproques les uns des autres, ou, suivant l'expression usitée, d'ailleurs un peu vague, *conjugués* : car, si l'on mène du centre deux droites dont les coefficients angulaires soient ainsi liés, chacune d'elles passera aux milieux des cordes parallèles à l'autre. Cette constante réciprocité constitue, quant

aux diamètres, la principale différence entre l'ellipse ou l'hyperbole et la parabole : elle est évidemment en harmonie nécessaire avec l'existence ou l'absence d'un centre.

Plus spécialement envisagée, cette liaison fondamentale des diamètres conjugués de l'ellipse reproduit de nouveau la relation d'abord observée quant aux cordes supplémentaires, et étendue ensuite à la subordination de chaque tangente à son rayon ; en sorte que, d'après ce rapprochement, ces trois couples de droites peuvent toujours devenir parallèles, et comportent les mêmes diversités d'inclinaison, déjà appréciées envers le premier. Il en résulte surtout une construction fort simple pour déterminer, à l'aide de l'ellipse, deux diamètres conjugués formant un angle donné, en cherchant des cordes supplémentaires qui leur soient parallèles, au moyen d'un cercle capable de cet angle et décrit sur un diamètre quelconque. Son intersection avec l'ellipse donnée, ailleurs qu'aux extrémités de cette base, marquera le point de départ des cordes cherchées, de manière à indiquer aisément les diamètres demandés. Cette rencontre ne sera possible qu'autant que l'inclinaison proposée tombera entre les limites convenables, qui, suivant la loi précédente, correspondent aux diamètres parallèles aux cordes des quatre sommets, et dès lors dirigés selon les diagonales du rectangle des axes : l'angle donné ne pourra donc s'écarter de 90° que jusqu'à l'angle aigu ou obtus dont la moitié aurait $\frac{b}{a}$ pour tangente ou pour cotangente.

Dans cet intervalle, la construction indiquera toujours deux systèmes symétriquement placés, qui ne coïncideront que lors des deux cas extrêmes, dont l'un se rapporte aux axes de l'ellipse, et l'autre à ce dernier couple de diamètres, offrant le maximum d'obliquité.

La correspondance générale des diamètres conjugués aux

cordes supplémentaires, quoiqu'elle ne soit communément envisagée que comme le simple résultat d'un rapprochement algébrique, n'offre pourtant rien d'accidentel, et comporte directement une explication géométrique qu'il importe d'apprécier, parce qu'on y peut voir la vraie source spéciale de l'ensemble des notions relatives aux diamètres de l'ellipse, indépendamment de toute théorie générale. Il suffit de remarquer, d'après la définition des cordes supplémentaires, que la parallèle menée du centre à une corde quelconque passe nécessairement au milieu de sa conjuguée : or, le théorème primitif des cordes supplémentaires nous apprend que, si des cordes sont parallèles, leurs supplémentaires doivent l'être aussi ; donc la droite menée du centre parallèlement à une corde arbitraire passe toujours aux milieux de toutes celles qui sont parallèles à sa supplémentaire ; d'où résulte aussitôt la démonstration simultanée de la nature rectiligne des diamètres de l'ellipse, de leur convergence au centre, et de leur réciprocité nécessaire. Ainsi, le théorème des cordes supplémentaires, qui, sous un aspect, nous avait déjà fourni la base essentielle de la théorie spéciale des tangentes à l'ellipse, est également propre, d'un autre point de vue, à y fonder entièrement la théorie des diamètres. Ce double rapprochement, inaperçu jusqu'ici, tend à représenter une telle notion comme étant peut-être la plus fondamentale de toutes celles qui concernent particulièrement l'ellipse : son office réel, dans l'ensemble de l'étude de cette courbe, est au moins aussi important que celui de la propriété focale.

En rapportant l'équation de l'ellipse à un couple quelconque de diamètres conjugués, il est aisé de prévoir qu'elle conservera nécessairement la même forme qu'envers les axes primitifs, qui ne se distinguent, à cet égard, que par leur rectangularité caractéristique ; car, l'équation ne pourra dès lors contenir la première puissance d'aucune des deux coordonnées, afin que chacune d'elles puisse admettre deux valeurs égales et contraires pour une même valeur de l'autre, conformément à leur commun attribut géométrique. On vérifie effectivement cette prévision, par la substitution des formules ordinaires de transposition,

$$x = x' \cos X' + y' \cos Y', \, y = x' \sin X' + y' \sin Y',$$

pourvu qu'on y ait égard à la relation nécessaire

$$\tang X' \, \tang Y' = -\frac{b^2}{a^2},$$

sans laquelle les deux diamètres ne seraient pas conjugués, et qui annulera spontanément le coefficient total du seul terme contenant à la fois la première puissance de l'une et de l'autre variable. Quant aux coefficients des termes restants, ils peuvent toujours devenir analogues à ceux de l'équation primitive

$$a^2 y^2 + b^2 x^2 = a^2 b^2,$$

en introduisant aussi les distances du centre aux intersections de la courbe avec les nouveaux axes, sous les noms semblables de a' et b', de manière à former, envers un système quelconque de diamètres conjugués, l'équation finale $a'^2 y'^2 + b'^2 x'^2 = a'^2 b'^2$. L'exécution du calcul de transposition déterminerait spontanément les expressions de ces constantes linéaires a' et b' en fonction des constantes angulaires correspondantes,

$$a'^2 = \frac{a^2 b^2}{a^2 \sin^2 X' + b^2 \cos^2 X'}, \, b'^2 = \frac{a^2 b^2}{a^2 \sin^2 Y' + b^2 \cos^2 Y'}.$$

Mais ces formules, nécessairement similaires, peuvent d'ailleurs être directement obtenues, comme devant coïncider, par leur nature, avec l'équation polaire de l'ellipse relative au centre.

D'après la relation fondamentale tang X' tang $Y' = -\dfrac{b^2}{a^2}$,

tandis que l'un des diamètres conjugués se raccourcit en s'éloignant du grand axe, l'autre s'allonge en s'écartant du petit axe; en sorte qu'il existe une situation intermédiaire où leurs longueurs sont égales : elle correspond évidemment au cas où les deux angles X' et Y' sont supplémentaires; les deux diamètres s'y trouvent symétriquement placés, et dès lors dirigés suivant les diagonales du rectangle des axes; c'est-à-dire qu'ils coïncident avec ceux où nous avons déjà reconnu le maximum d'obliquité. Ce système remarquable, le plus important de tous après celui des axes proprement dits, présente donc, envers celui-ci, un parfait contraste, soit quant à l'inclinaison, soit quant au rapport des longueurs. Sa position dans l'ellipse représente exactement celle des asymptotes dans l'hyperbole, comme on le confirmera spécialement au chapitre suivant, quoiqu'il n'existe d'ailleurs aucune analogie géométrique entre les deux couples de droites. Le seul rapprochement analytique auquel ils puissent donner lieu, consiste en ce que l'équation de la courbe peut, à leur égard, être réduite, de part et d'autre, à ne plus contenir qu'une seule constante arbitraire : mais la diversité nécessaire des deux équations respectives, dont l'une a la forme $x^2 + y^2 = r^2$, et l'autre $xy = m^2$, empêche une telle conformité d'avoir aucun effet géométrique de quelque importance. Néanmoins, il convient de noter ici que l'ellipse est susceptible d'une équation analogue à celle du cercle, mais envers un système unique d'axes qui ne peuvent jamais y devenir rectangulaires, et dont le degré d'obliquité caractérise naturellement l'espèce d'ellipse dont il s'agit; celle-ci différera d'autant plus du cercle que cette inclinaison s'écartera davantage de l'angle droit, en exacte conformité avec les notions antérieures sur la condition de similitude, puisque la tangente de la moitié d'un tel angle représente le rapport des deux axes de l'ellipse. On peut d'ailleurs calculer aisément, par les formules précédentes, en y faisant tang $X' = \dfrac{b}{a}$, la valeur de l'unique constante r que contiendrait alors l'équation de l'ellipse, et que l'analogie conduirait à nommer spécialement le *rayon* de cette courbe : on trouve ainsi $r^2 = \dfrac{1}{2}(a^2 + b^2)$;

ce qui lie directement ce rayon à la corde du quart d'ellipse, suivant la même loi que dans le cercle.

Les longueurs variables des diamètres conjugués de l'ellipse, comparées, soit entre elles, soit à l'obliquité correspondante, donnent lieu à deux importants théorèmes spéciaux, qui méritent de conserver le nom de leur immortel auteur Apollonius, le plus grand géomètre de l'antiquité après Archimède. Quant au premier, le point de vue moderne y conduirait très-naturellement s'il était encore ignoré. Car, les longueurs a' et b', subordonnées, suivant les formules précédentes, aux angles X' et Y', ne sauraient être indépendantes l'une de l'autre qu'autant que ces deux angles le seraient aussi : mais la liaison nécessaire de ceux-ci indique évidemment, entre a' et b', une relation constante, qu'on découvrira aisément en substituant, dans la condition angulaire tang X' tang $Y' = -\dfrac{b^2}{a^2}$, les expressions de tang X' et tang Y' en a' et b'. L'exécution normale de ce calcul, sans aucun vain artifice, conduit finalement à

$$a'^2 + b'^2 = a^2 + b^2.$$

Ainsi, le premier théorème d'Apollonius consiste en ce que, dans l'ellipse, la somme des carrés de deux diamètres conjugués quelconques est constante. Sous forme graphique, cet énoncé revient à dire que, si, à l'extrémité de chaque demi-diamètre, on élève une perpendiculaire égale à son conjugué, le point correspondant appartiendra toujours au cercle déjà reconnu pour être le lieu des intersections des tangentes rectangulaires.

Quant au second théorème d'Apollonius, il faut, ce me semble, avouer avec franchise que la marche moderne n'y conduirait point spontanément, s'il n'était pas préalablement découvert : en sorte que la démonstration analytique doit ici consister en une pure vérification, qu'il convient alors de simplifier le plus possible, en vue de la relation à constater, qui est $a'b' \sin Y'X' = ab$. Il suffit, pour cela, de multiplier entre elles les expressions précédentes de a'^2 et b'^2, afin d'y transformer ensuite le dénominateur d'après la condition fondamentale $\tang X' \tang Y' = -\dfrac{b^2}{a^2}$, mise d'abord sous la forme

$$a^2 \sin X' \sin Y' + b^2 \cos X' \cos Y' = 0,$$

et ensuite élevée au carré. Le théorème ainsi vérifié consiste donc géométriquement dans la constance remarquable de l'aire du parallélogramme construit sur deux diamètres conjugués quelconques, quoique ses angles et ses côtés varient sans cesse.

Ces deux relations spéciales $a'^2 + b'^2 = a^2 + b^2$, $a'b' \sin V = ab$, peuvent être utilisées, en sens inverse, pour déterminer commodément la longueur des axes de l'ellipse d'après un système arbitraire de diamètres conjugués, donnés à la fois de grandeur et d'inclinaison. Il serait d'abord facile d'en déduire directement a et b, en résolvant une équation bicarrée. Mais il convient mieux, par un artifice aisément inspiré, d'y prendre spécialement pour inconnues $a-b$ et $a+b$, dont les valeurs y résulteront de combinaisons très-simples, suivant les formules

$$(a-b)^2 = a'^2 + b'^2 + 2a'b' \sin V, \quad (a+b)^2 = a'^2 + b'^2 - 2a'b' \sin V,$$

dont la construction est surtout commode, si on les compare à la relation connue qui détermine un côté de triangle d'après les deux autres et l'angle compris. On trouve ainsi $a-b$ comme constituant le troisième côté d'un triangle facile à tracer, où les deux côtés a' et b' comprennent un angle complémentaire de l'inclinaison donnée V ; $a+b$ s'obtient ensuite en remplaçant cet angle par son supplément, afin de changer le signe du cosinus correspondant.

Une telle construction dissipe d'avance la seule grave difficulté graphique que pût offrir le problème essentiel par lequel nous terminerons l'étude de l'ellipse aussi bien que celle de la parabole, en tant que très-propre à y rappeler le souvenir des principales propriétés, dont il exige uniquement la judicieuse application collective. Qu'il s'agisse donc, comme pour la parabole, de reconstruire tous les éléments géométriques d'une ellipse d'après un arc quelconque. Deux couples distincts de cordes parallèles y détermineront d'abord le centre par l'intersection des diamètres correspondants, presqu'aussi commodément que dans le cercle. On pourra ainsi avoir deux diamètres conjugués, dont l'un sera naturellement connu de longueur comme de position d'après sa rencontre spontanée avec l'arc donné ; quant à l'autre b', un seul point de cet arc le déterminera facilement, suivant l'équation correspondante de la courbe

$$a'^{2}y'^{2}+b'^{2}x'^{2} = a'^{2}b'^{2},$$ d'où résulte la formule $b' = \dfrac{a'y'}{\sqrt{a'^{2}-x'^{2}}},$

facile à construire. Cela posé, la construction d'Apollonius conduira, comme ci-dessus, à trouver les longueurs des axes a et b. Dès lors, la considération du lieu des projections des foyers sur les tangentes permettra d'achever aisément la solution, d'après la détermination des foyers ; puisque le cercle circonscrit, qui contient toutes ces projections, peut être maintenant décrit, et qu'il est d'ailleurs facile de tracer les deux tangentes indispensables, en menant de l'extrémité de chaque diamètre une parallèle à son conjugué.

110. Il ne nous reste plus à considérer dans l'ellipse que les

propriétés relatives à la théorie des quadratures. L'application directe de nos méthodes élémentaires à l'équation $a^2 y^2 + b^2 x^2 = a^2 b^2$, ou $y = \dfrac{b}{a} \sqrt{a^2 - x^2}$, ne pourrait nous fournir qu'en série l'expression générale de l'aire du segment elliptique. Mais, en supposant connue la mesure du cercle, au moins en totalité, cette équation ramène aussitôt, d'après le principe de Wallis, la quadrature de l'ellipse à celle du cercle circonscrit ; puisque les segments respectivement compris entre les mêmes limites auront alors, aussi bien que les ordonnées correspondantes, un rapport constant, égal à celui des axes de l'ellipse. Ce rapport est d'ailleurs spécialement conforme ici à la considération de l'ellipse comme projection du cercle, eu égard à la règle ordinaire pour projeter une aire plane : au reste, ces deux manières d'établir une telle comparaison sont essentiellement équivalentes. Ainsi, l'aire du cercle circonscrit étant exprimée par πa^2, celle de l'ellipse entière se mesurera par $\pi\, ab$; en sorte que l'ellipse est moyenne proportionnelle entre les deux cercles inscrit et circonscrit, ou équivaut à un cercle dont le diamètre serait moyen proportionnel entre ses deux axes. Il est aisé d'en conclure la détermination d'une ellipse semblable à une ellipse donnée et équivalente à un cercle donné.

Notre théorie des quadratures fournit aisément la mesure des deux ellipsoïdes, l'un allongé, l'autre aplati, produits par la révolution d'une ellipse autour de ses axes. Autour du grand axe, suivant la loi $z = y^2$, la courbe auxiliaire sera la parabole $z = \dfrac{b^2}{a^2} (a^2 - x^2)$, dont l'aire $S = \dfrac{b^2}{a^2} \left(a^2 x - \dfrac{x^3}{3} \right)$, donne aussitôt la formule $V = \pi \dfrac{b^2}{a^2} \left(a^2 x - \dfrac{x^3}{3} \right)$, pour le volume du segment d'ellipsoïde, compris entre deux plans perpendiculaires à l'axe, menés, l'un du centre, l'autre à la distance x. En y faisant $x = a$, on trouve finalement que l'ellipsoïde entier est mesuré par $\frac{4}{3}\pi b^2 a$. Un calcul semblable conduirait à un résultat analogue $\frac{4}{3}\pi a^2 b$ envers l'autre ellipsoïde. On voit que l'ellipsoïde allongé est moindre que l'ellipsoïde aplati, suivant le rapport du petit axe au grand. Ces deux volumes ne coïncideraient que pour une ellipse équilatère, en reproduisant spontanément la cubature connue de la sphère.

CHAPITRE IV.

Théorie de l'hyperbole.

111. L'équation simplifiée de l'hyperbole, $px^2 + qy^2 = 1$, ne diffère de celle de l'ellipse qu'en ce que les deux coefficients p et q y sont nécessairement opposés de signe ; ce qui correspond géométriquement à ce que, des deux droites autour desquelles la courbe est symétrique, l'une continue à la rencontrer, mais l'autre ne la coupe plus ; en sorte qu'il n'existe alors qu'un seul couple de sommets, au lieu de deux. Nous supposerons habituellement que les abscisses x se rapportent à l'axe *tranverse*, et les ordonnées y à l'axe *non transverse*. On pourra introduire algébriquement, comme dans l'ellipse, la longueur $2a$ du premier, qui désignera pareillement la distance des deux sommets, en posant $p = \frac{1}{a^2}$. Mais c'est seulement par une pure analogie algébrique, qui d'abord semble dépourvue d'interprétation géométrique, qu'on fera aussi $q = -\frac{1}{b^2}$, de manière à donner à l'équation de l'hyperbole la forme habituelle

$$\frac{y^2}{b^2} - \frac{x^2}{a^2} = -1, \quad \text{ou} \quad a^2 y^2 - b^2 x^2 = -a^2 b^2,$$

qui ne diffère de celle de l'ellipse que par le simple changement de b^2 en $-b^2$: toutefois, on va reconnaître que, quoique moins directe que celle de a, la signification graphique de b est cependant tout aussi nette et précise.

En discutant cette équation, on reproduit aisément le contraste que nous a déjà présenté si souvent une telle opposition de signe, substituant un lieu illimité et interrompu à une courbe fermée et continue. Le sens de la courbure y est indiqué, outre le degré, par la marche générale du coefficient angulaire de la tangente tang $\alpha = \dfrac{b^2 x}{a^2 y}$, qui, d'abord infini au sommet, diminue ensuite constamment, comme le montre la substitution de y en x, suivie de la commune division par x. Sa limite de diminution $\pm \dfrac{b}{a}$ annonce la direction des deux asymptotes, que l'on sait d'avance assujetties à passer au centre : la méthode subsidiaire le confirme d'ailleurs clairement, d'après l'équation $y = \pm \dfrac{b}{a} \sqrt{x^2 - a^2}$. Cette détermination représente ces droites comme coïncidant spontanément avec les diagonales du rectangle construit sur les deux axes de l'hyperbole, de manière à occuper ici la place qui, dans l'ellipse, est affectée aux diamètres conjugués égaux. Réciproquement envisagée, une telle construction fournit spontanément la meilleure interprétation géométrique de l'axe non transverse $2b$, dès lors égal à la partie de la tangente au sommet comprise entre les deux asymptotes. Au reste, en mettant l'équation de l'hyperbole sous la forme $\dfrac{b^2}{a^2} x^2 - y^2 = b^2$, on pourrait généraliser cette appréciation, en regardant b comme une moyenne proportionnelle entre les deux distances $\dfrac{b}{a} x + y$ et $\dfrac{b}{a} x - y$ d'un point quelconque de la courbe aux deux asymptotes, estimées parallèlement à cet axe non transverse : une pareille détermination conviendrait aussi envers l'axe transverse, mais sans offrir communément autant d'utilité.

L'angle variable des asymptotes, ainsi dépendant du rapport des axes, spécifie la forme de chaque hyperbole. Quand il est droit, l'hyperbole se nomme *équilatère*, puisque a et b sont alors égaux. Cette espèce remarquable remplirait, envers les autres hyperboles, le même office que le cercle à l'égard des ellipses quelconques, si elle pouvait nous être aussi connue : mais sa forme, guère plus facile à concevoir que celle d'une hyperbole non équilatère, doit aujourd'hui faire attacher peu d'intérêt à son étude spéciale, en sorte qu'il serait superflu d'insister ici sur l'équivalent de la comparaison qui nous a permis de déduire graphiquement l'ellipse du cercle. Suivant que l'axe transverse sera plus grand ou plus petit que l'axe non transverse, l'hyperbole se trouvera comprise dans l'angle aigu ou dans l'angle obtus des asymptotes, et dès lors moins ou plus ouverte que l'hyperbole équilatère.

Comme il importe de se familiariser beaucoup avec la notion des asymptotes, dont l'image doit devenir inséparable de celle de l'hyperbole, il convient de les concevoir aussi sous un autre aspect géométrique, en tant que lignes naturelles de démarcation entre les droites qui, tirées du centre, rencontrent la courbe et celles qui ne la coupent pas. Si on cherche l'intersection d'un rayon quelconque $y = mx$ avec l'hyperbole, les coordonnées communes,

$$x = \frac{ab}{\sqrt{b^2 - a^2 m^2}} \quad \text{et} \quad y = \frac{mab}{\sqrt{b^2 - a^2 m^2}},$$

indiqueront que la rencontre aura lieu quand il sera au-dessous de l'asymptote, et cessera lorsqu'il passera au-dessus, après s'être éloignée à l'infini pour l'asymptote elle-même.

Les deux autres courbes du second degré ayant été, dans les deux chapitres précédents, spécialement rattachées au cercle, il n'est pas inutile de remarquer aussi que l'hyperbole en dérive indirectement, par l'intermédiaire de la parabole. Cette dérivation peut d'abord s'établir d'après le même mode suivant lequel la parabole a déjà été tirée du cercle. Il est aisé de constater, en effet, qu'une parabole se transformera en hyperbole, si on y prolonge les ordonnées de manière à les rendre égales aux cordes correspondantes menées du sommet. Mais on ne peut ainsi produire qu'une hyperbole équilatère, dont l'axe serait égal au paramètre de la parabole : il faudrait y redoubler de plus en plus la même construction pour en déduire d'autres hyperboles, de moins en moins équilatères à mesure que ces modifications graphiques se multiplieraient davantage. A ce mode géométrique trop restreint ou trop indirect, il convient de joindre une autre génération qui, de la même parabole, fait aisément découler toutes les espèces d'hyperboles. Elle consiste à regarder l'hyperbole comme le lieu du sommet d'un angle invariable dont les deux côtés touchent continuellement une parabole fixe. On obtient ainsi, envers les axes ordinaires de la parabole $y_2 = mx$, l'hyperbole

$$y^2 - \operatorname{tang}^2 V . x^2 - \frac{1}{2} m (2 + \operatorname{tang}^2 V) x = \frac{m^2}{16} \operatorname{tang}^2 V,$$

qui convient également à l'angle V et à son supplément, en sorte que cette génération permet d'obtenir la totalité de la courbe. Il est d'ailleurs facile d'en construire les sommets, soit d'après son équation, soit en cherchant les points de l'axe où la tangente à la parabole forme avec lui un angle moitié de V ou de son supplément. L'inclinaison de ses asymptotes sur cet axe commun des deux courbes est évidemment égale à l'angle donné. On voit par là, conformément à la théorie générale de la similitude, que les hyperboles de même espèce correspondront au mouvement du même angle autour de diverses paraboles : chaque parabole, au contraire, donnera naissance à toutes les figures hyperboliques en y faisant mouvoir différents angles, quoique les axes de ces hyperboles doivent d'ailleurs, à raison d'une telle communauté d'origine, conserver entre eux quelque relation constante, inutile à déterminer ici.

Au reste, il faut peu s'étonner que les trois courbes du second degré puissent ainsi, directement ou indirectement, dériver du cercle, puisqu'elles en sont historiquement issues, sous leur nom antique de sections coniques, par une construction en relief il est vrai, mais pourtant fort simple, comme nous le reconnaîtrons au chapitre suivant : il fallait bien que cette source primitive trouvât quelque équivalent plan.

112. Quoique l'étude de l'hyperbole, si elle était immédiate, dût naturellement offrir un peu plus de difficulté que celle de l'ellipse, elle se simplifie beaucoup quand on ne l'aborde qu'après celle-ci, puisque l'analogie des équations dispense alors de reproduire les divers calculs relatifs aux recherches vraiment communes, en se bornant à en modifier les résultats par le simple changement de b^2 en $-b^2$, pour n'insister spécialement que sur les modifications géométriques correspondantes. Appliquons d'abord cette marche didactique au théorème des cordes supplémentaires, dont nous avons reconnu, envers l'ellipse, la haute importance, et qui doit ici persister essentiellement, à titre de conséquence directe de la commune équation.

La modification qu'il y éprouve consiste en ce que le produit constant des deux coefficients angulaires devient alors positif : comme le losange des sommets disparaît, on doit maintenant mentionner expressément la valeur propre $\dfrac{b^2}{a^2}$ de ce produit, qu'aucun couple particulier ne pourrait plus indiquer assez aisément, si ce n'est à la limite. Ce changement de signe annonce que les deux angles correspondants sont ici simultanément aigus ou obtus, tandis que, dans l'ellipse, ils étaient toujours d'espèce différente : on voit sans peine qu'une telle distinction est en harmonie spontanée avec la diversité fondamentale des deux figures. Il en résulte que maintenant l'un des deux facteurs est supérieur et l'autre inférieur à $\frac{b}{a}$; d'où il suit, géométriquement, que, de deux cordes supplémentaires quelconques, l'une est plus oblique à l'axe transverse et l'autre moins oblique que les asymptotes. Cette différence est la suite nécessaire de la distinction spontanément établie entre les cordes intérieures, joignant deux points de la même branche d'hyperbole, ou comprises dans la concavité, et les cordes extérieures, allant d'une branche à l'autre, ou tracées dans la convexité. On voit dès lors que l'inclinaison mutuelle des cordes supplémentaires n'est plus assujettie, pour l'hyperbole, à aucune limite : en partant de deux cordes rectangulaires, qui sont parallèles aux axes, on pourra, sur la même base, poser des couples offrant tous les degrés d'obliquité, jusqu'au parallélisme rigoureux, relatif aux cordes parallèles à l'asymptote : il est facile de vérifier, en effet, que le cercle d'après lequel on obtiendrait ici, comme envers l'ellipse, deux cordes supplémentaires formant un angle donné, ne pourrait jamais cesser de rencontrer la courbe.

Si l'hyperbole devient équilatère, ce théorème subit une modification, beaucoup moins remarquable qu'à l'égard de l'ellipse, mais pourtant digne de mention : elle consiste en ce que les inclinaisons de deux cordes supplémentaires quelconques sur l'axe de la courbe sont alors toujours complémentaires.

Pour mieux caractériser, envers l'hyperbole et l'ellipse, la vraie nature, trop peu sentie aujourd'hui, d'un tel théorème, il faut maintenant le convertir en définition directe de ces courbes, ainsi décrites par un point dont les lignes de jonction à deux points fixes forment, avec une droite fixe, deux angles ayant toujours des tangentes inversement proportionnelles. En nommant φ et ψ ces deux angles variables, l'équation naturelle du lieu serait donc $\tang \varphi \tang \psi = k$. Quel que soit le signe de ce produit constant, la discussion préalable indique d'abord une courbe ayant toujours pour centre le milieu entre les deux points fixes, et même nécessairement symétrique autour de la parallèle et de la perpendiculaire qui y sont menées à la droite fixe. La distinction des deux cas s'y présente ensuite spontanément, selon que k est négatif ou positif. Car, dans la première hypothèse, la courbe, qui coupera toujours l'un de ses axes, pourra également couper l'autre; les deux angles φ et ψ étant alors d'espèce différente, les deux droites mobiles ne pourront jamais devenir parallèles, et le lieu sera fermé aussi bien que continu. Si, au contraire, k est positif, ces angles seront toujours de même espèce, et susceptibles d'égalité; en sorte que le lieu, nécessairement illimité, sera, en outre, discontinu, comme ne pouvant plus rencontrer à la fois ses deux axes. Quant au passage à l'équation rectiligne, il ne peut offrir aucune difficulté, surtout envers de tels axes. En appelant p et q les coordonnées correspondantes de l'un des points fixes, on aura $\tang \varphi = \dfrac{y-q}{x-p}$, $\tang \psi = \dfrac{y+q}{x+p}$; ce qui conduit à l'équation $y^2 - kx^2 = q^2 - kp^2$, où l'on reconnaît aussitôt l'ellipse ou l'hyperbole, et qui d'ailleurs indique le passage du lieu aux deux points donnés, déjà géométriquement expliqué au sujet de l'ellipse.

113. L'application de la théorie des foyers à l'équation simplifiée de l'ellipse nous a fourni les deux systèmes $\epsilon = 0$, $\alpha = \sqrt{a^2 - b^2}$, et $\alpha = 0$, $\epsilon = \sqrt{b^2 - a^2}$, dont chacun est tour à tour seul acceptable, selon la grandeur relative des deux dimensions a et b. Pour l'hyperbole, le changement de b^2 en $-b^2$ indique, au contraire, que le second ne peut jamais convenir, et que le premier subsiste toujours, quel que soit l'ordre de grandeur

des axes. Les deux foyers sont donc ici constamment placés sur l'axe transverse, et non sur le grand axe. En général, tout ce qui, pour l'ellipse, s'appliquait au grand axe, convient, pour l'hyperbole, à l'axe transverse, et de même envers le second axe respectif. Quand on a besoin d'une dénomination commune afin de désigner la droite qui, dans l'hyperbole, joint les deux sommets, et, dans l'ellipse, constitue le plus long diamètre, le nom d'axe focal se présente donc naturellement, comme seul également propre aux deux cas.

Suivant la modification précédente, l'excentricité c vaut ici $\sqrt{a^2 + b^2}$, et représente la distance du centre de l'hyperbole au point où l'asymptote coupe la tangente au sommet : les foyers se trouvent donc situés au delà des sommets, tandis que ceux l'ellipse les précédaient. Mais cette diversité ne fait que maintenir une conformité plus essentielle, consistant en ce que, de part et d'autre, les foyers tombent toujours dans la concavité de la courbe, suivant les conditions nécessaires de la notion primitive. Une telle différence ne constitue donc qu'une nouvelle conséquence, facile à prévoir, du contraste fondamental des deux figures.

En formulant les distances rationnelles,

$$d' = \frac{cx}{a} - a, \; d'' = \frac{cx}{a} + a,$$

du foyer à un point quelconque de la courbe, il faut ici renverser, envers la première, l'ordre de soustraction convenable à l'ellipse, puisque c et x sont alors supérieurs à a. Il en résulte que la différence de ces distances variables devient maintenant constante au lieu de leur somme, conformément à notre distinction primordiale des deux courbes. La position des directrices est également déplacée, puisque leur commun écartement du centre $\frac{a^2}{c}$ est ici moindre que a ; en sorte qu'elles tombent entre les sommets, et non au delà. Mais, comme envers les foyers, cette modification maintient une conformité nécessaire, afin que, des deux parts, les directrices résident dans la convexité de la courbe, qu'elles ne doivent jamais couper. Enfin, le rapport spécifique $\dfrac{c}{a}$ surpasse désormais l'unité, conformément au contraste déjà apprécié au n° 23.

Si nous reprenons, envers l'hyperbole, le problème, d'abord traité pour l'ellipse, qui consiste à déterminer la courbe d'après un foyer et trois points, nous en pourrons maintenant compléter la solution, soit graphique, soit analytique, toujours assujettie à la même marche. Quant à la première, la construction déjà expliquée supposait tacitement que la directrice cherchée devait constamment laisser les trois points donnés d'un même côté, comme l'exige nécessairement l'ellipse, et aussi la parabole. Mais, pour l'hyperbole, il en peut être autrement, et dès lors ce tracé ne donne pas toutes les solutions admissibles : il faut ici, envers chacun des points de la directrice ainsi déterminés, accepter en outre la position comprise entre les deux points donnés correspondants, et que marque, sur la droite de jonction, la bissectrice de l'angle dont nous avions considéré seulement le supplément. Il en résulte finalement quatre solutions : les trois nouvelles ne peuvent jamais convenir qu'à des hyperboles; la première seule sera hyperbolique, elliptique, ou même parabolique, selon que la directrice obtenue se trouvera plus rapprochée, plus éloignée, ou aussi écartée des points donnés que l'est le foyer.

L'appréciation analytique ne semble pas d'abord susceptible de reproduire cette inévitable pluralité, surtout quand on ramène au premier degré les trois équations de condition, comme nous avons dû le faire au n° 106. Mais, avec plus d'attention, on reconnaît aisément l'exacte correspondance nécessaire des deux modes de solution, en considérant que, dans cette utile réduction, chacun des membres connus u', u'', u''' pouvait également être pris avec le signe —, et que le choix spontané du signe + n'était nullement motivé. Si donc, sans altérer les formules obtenues, on a convenablement égard à une telle ambiguïté, il sera facile de leur procurer toute l'extension convenable à la pleine appréciation du problème proposé. On pourrait même craindre d'obtenir ainsi huit solutions au lieu de quatre, s'il n'était évident que, cette ambiguïté devant être essentiellement relative, elle se trouvera suffisamment représentée par le signe alternatif de deux des trois distances données u', u'', u''', en attribuant arbitrairement à l'autre un signe fixe.

Cette considération est la seule qu'il importât ici d'indiquer expressément, au sujet des divers problèmes relatifs aux foyers, et qui d'ailleurs se résoudront, pour l'hyperbole, de la même manière qu'envers l'ellipse, sans exiger maintenant aucune nouvelle explication, analytique ou géométrique.

114. Relativement aux tangentes, les propriétés de l'hyperbole sont essentiellement les mêmes que celles de l'ellipse, le changement fondamental de b^2 en $—b^2$ ne pouvant exercer, à cet égard, qu'une influence très-secondaire. L'équation ordinaire de la tangente est ici $y—y'=\dfrac{b^2x'}{a^2y'}\,(x—x')$: il en résulte, comme dans l'ellipse, $x=\dfrac{a^2}{x'}$, pour son intersection avec l'axe focal ; seulement x' étant maintenant supérieur à a, et pouvant croître indéfiniment, ce point tombe toujours entre le sommet adjacent et le centre, en se rapprochant continuellement de celui-ci, avec lequel il se confond quand le contact a lieu à l'infini, conformément aux indications fournies par l'asymptote.

Entre la direction de chaque tangente et celle du rayon cor-

respondant, il existe une relation analogue à celle de l'ellipse ,
$\tan \alpha \, \tan \alpha' = \dfrac{b^2}{a^2}$: mais les deux facteurs de ce produit constant
ont alors le même signe , et deviennent susceptibles d'exacte
coïncidence, quand les deux droites se confondent avec l'asymptote ; en tout autre cas , le coefficient angulaire de la tangente
est supérieur et celui du rayon est inférieur au coefficient angulaire de l'asymptote. La comparaison aux cordes supplémentaires subsiste essentiellement , et comporte la même prévision
directe , ainsi que des conséquences équivalentes , sous de pareilles modifications respectives. A la distinction de ces cordes
en intérieures et extérieures , correspond l'existence actuelle
de limites , inférieure ou supérieure, pour les inclinaisons de la
tangente ou du rayon sur l'axe focal : la tangente ne peut être
parallèle qu'aux cordes intérieures et le rayon aux autres.
Enfin, la possibilité d'une obliquité quelconque , reconnue ici
envers le premier couple , peut être également constatée et
expliquée à l'égard du second.

Quant à la propriété de la tangente à l'ellipse par rapport aux
foyers , elle n'éprouve , sous sa forme la plus usuelle , d'autre
modification réelle , dans l'hyperbole , que celle qui y résulte
nécessairement de la nouvelle figure générale , exigeant ici
que la tangente tombe toujours entre les deux foyers, au lieu
de les laisser du même côté; en sorte qu'elle devient alors la
bissectrice de l'angle même des deux rayons vecteurs, et la
normale celle de son supplément ; les positions de ces droites
étant ainsi échangées , comparativement au cas primitif. Il
serait superflu de s'arrêter expressément aux conséquences
graphiques de cette propriété , pour tracer la tangente , quand
on donne successivement son point de contact , sa direction ,
ou un point extérieur : ces trois constructions sont spontanément analogues à celles du chapitre précédent. Au sujet du

dernier cas , il peut seulement devenir utile de déduire , soit d'une telle figure , soit de la solution analytique , la distinction des deux modes d'incidence des deux tangentes menées du point donné , qui tomberont sur la même branche d'hyperbole ou sur les branches opposées, selon que ce point sera compris dans ceux des angles des asymptotes qui contiennent la courbe ou dans leurs suppléments. Enfin , la situation actuelle de la tangente entre les deux foyers modifierait notablement les suites physiques de cette propriété , relativement à la réflexion , par l'hyperbole ou par l'hyperboloïde correspondant, des émanations issues de l'un des foyers ; la convergence vers l'autre foyer n'affecterait plus alors les droites elles-mêmes , mais leurs simples prolongements : cette diversité , qui n'aurait aucune influence quant à la lumière , ferait disparaître la concentration caustique, qui exige un concours réel , et non purement géométrique.

Sous la seconde forme essentielle , la plus spontanément analytique, ce théorème ne peut subir ici aucune modification , puisque l'équation $y^2+x^2=a^2$ du lieu des projections des foyers sur les tangentes dans l'ellipse ne contient pas b^2. Ce lieu est donc toujours un cercle, ayant encore pour diamètre l'axe focal : seulement , au lieu d'être circonscrit à la courbe , il lui est maintenant inscrit : le calcul et la figure s'accordent à cet égard. En considérant les asymptotes comme des tangentes , on y peut aisément constater la confirmation spéciale de leur commune participation à cette loi.

La troisième forme géométrique de cette propriété n'éprouve réellement aucune modification dans l'hyperbole : la valeur effective du produit constant des distances des deux foyers à une tangente quelconque y est pareillement indiquée par les sommets , et en outre par l'asymptote, seule tangente qui soit alors équidistante des deux foyers.

C'est ici le lieu de mentionner un problème intéressant, que j'ai omis envers l'ellipse, afin d'éviter toute répétition superflue, mais qui, par sa nature, convient également aux deux courbes, et même, en certains cas, à la parabole. Il consiste à déterminer une courbe du second degré d'après son foyer et trois tangentes. Sa solution analytique ne présente aucune difficulté, et n'exige aucune explication nouvelle. Quant à la solution graphique, elle dépend de la considération des projections du foyer donné sur les tangentes. Lorsque ces trois projections seront exceptionnellement en ligne droite, la courbe sera une parabole, dont la détermination ultérieure a déjà été expliquée en son lieu. En tout autre cas, on tracera le cercle correspondant, et, selon que le foyer donné s'y trouvera intérieur ou extérieur, on aura une ellipse ou une hyperbole : son axe focal étant ainsi obtenu, de grandeur et de position, il sera aisé d'achever la construction, conformément à la nature de la courbe. Si l'ensemble des données était disposé de manière à faire passer ce cercle auxiliaire par le foyer connu, cette indication se rapporterait évidemment à un nouveau cas d'impossibilité, autre que ceux relatifs au parallélisme des trois tangentes, ou à leur concours en un même point, ou à la situation du foyer sur l'une d'elles.

Au sujet des lieux plus ou moins remarquables qui résultent de la considération des tangentes à l'ellipse, il faut seulement noter, envers l'hyperbole, la modification de celui qui se rapporte aux intersections des tangentes rectangulaires. Son équation devient ici $x'^2+y'^2=a^2-b^2$, en sorte que sa nature géométrique reste la même, le rayon du cercle étant seulement changé. Mais ce changement se trouve tel que, si l'hyperbole est plus qu'équilatère, ce lieu n'existe plus, après s'être réduit au centre pour l'hyperbole équilatère elle-même. On peut aisément expliquer ces résultats, en considérant que, lorsque l'hy-

perbole est contenue dans l'angle obtus des asymptotes , aucun
point du plan ne saurait fournir de tangentes rectangulaires :
puisque les deux tangentes qui en émanent forment toujours
un angle supérieur à celui-là ou inférieur à son supplément
selon la situation de ce point, d'après la remarque déjà signalée
sur les incidences respectives des deux tangentes correspondantes : l'hyperbole équilatère ne comporte d'autres tangentes
rectangulaires que celles tirées du centre, c'est-à-dire les
asymptotes.

115. La nature des diamètres , et leur réciprocité ou conjugaison , n'éprouvent aucun changement essentiel en passant de
l'ellipse à l'hyperbole , soit qu'on les découvre analytiquement,
soit qu'on les déduise spécialement du théorème des cordes supplémentaires. Seulement, la relation fondamentale entre les
directions de deux diamètres conjugués quelconques subit ici
la modification que nous avons déjà appréciée envers les cordes
supplémentaires , et ensuite à l'égard d'une tangente comparée
à son rayon. Par rapport aux diamètres , elle indique que les
deux droites de chaque couple , alors contenues dans la même
région du plan , sont toujours situées , l'une au-dessous, l'autre
au-dessus, des asymptotes : en sorte que l'une d'elles rencontre
la courbe et l'autre ne peut la couper, conformément aux
exigences géométriques de sa figure générale. Les deux coefficients angulaires tendant ainsi vers l'égalité , les deux diamètres
comportent une obliquité quelconque , et se rapprochent continuellement l'un de l'autre en s'écartant des axes correspondants , de manière à admettre l'asymptote comme leur limite
commune. Il est d'ailleurs évident que la distinction des
diamètres en transverses et non-transverses correspond spontanément à celle de leurs cordes en intérieures et extérieures.

D'après les motifs déjà expliqués pour l'ellipse , en rapportant l'hyperbole à deux diamètres conjugués quelconques , son

équation prendra finalement la même forme qu'envers ses axes,
$a''^2 y''^2 - b''^2 x''^2 = -a''^2 b''^2$, les constantes a''^2 et b''^2 étant pareillement exprimées par les formules

$$a''^2 = \frac{a^2 b^2}{b^2 \cos {}^2 X' - a^2 \sin {}^2 X'}, \quad b''^2 = \frac{a^2 b^2}{a^2 \sin {}^2 Y' - b^2 \cos {}^2 Y'}$$

qui résultent, soit du calcul de transposition, soit de l'équation polaire relative au centre. Le coefficient b', propre au diamètre non transverse, n'a d'abord, comme b lui-même, qu'une définition purement abstraite : mais elle devient tout aussi aisément susceptible d'interprétation concrète, à l'aide des asymptotes. Car, leur équation ne pouvant être affectée par l'obliquité des axes, sera toujours, envers un système quelconque de diamètres réciproques, $y' = \pm \dfrac{b'}{a'} x'$, et donnera semblablement $y' = \pm b'$, pour $x' = a'$: en sorte que la longueur d'un diamètre non transverse équivaudra encore à la partie de la tangente parallèle qu'interceptent les asymptotes. On pourrait d'ailleurs continuer aussi à regarder sa moitié comme une moyenne proportionnelle entre les distances d'un point quelconque de l'hyperbole aux deux asymptotes, estimées parallèlement au diamètre cherché.

Pour mieux lier les notions géométriques relatives aux diverses longueurs des diamètres non transverses, il convient de considérer la courbe résultée de leurs extrémités. La formule précédente de b'^2 en fournit spontanément l'équation polaire, qui, convertie, suivant le mode ordinaire, en équation rectiligne, conduit enfin à $a^2 y^2 - b^2 x^2 = a^2 b^2$. Ce résultat indique une hyperbole, nommée quelquefois la *conjuguée* de la première ; leurs axes sont les mêmes, mais en sens inverse, conformément à la définition. Elles ont donc les mêmes asymptotes, dont chacune d'elles occupe les angles interdits à l'autre : leur figure est habituellement opposée, et elles ne coïncident que dans le cas équilatère. On peut aisément constater que ces deux courbes ont nécessairement les mêmes diamètres, mais toujours par contraste : en sorte que leur office spontané pour représenter distinctement les longueurs des diamètres non transverses se trouve nécessairement mutuel. Si l'on s'habitue à ne pas séparer de l'image d'une hyperbole, celle, non moins naturelle, de sa conjuguée, les deux sortes de diamètres deviendront également intelligibles.

Les longueurs des deux diamètres conjugués étant chacune illimitée et d'ailleurs croissant à la fois, il est impossible que le premier théorème d'Apollonius ne soit pas profondément modifié envers l'hyperbole, où il devient, en effet, $a'^2 - b'^2 = a^2 - b^2$, suivant le changement accoutumé. Il en résulte que jamais a' et b' ne peuvent être égaux, à moins que a ne soit égal à b, auquel cas a' équivaut toujours à b'. Ainsi, en aucun sens, il n'existe, dans l'hyperbole, un système spécial de diamètres conjugués, caractérisé par une égalité de longueur qui n'est jamais possible qu'autant que la courbe devient équilatère, et qui alors a lieu indifféremment. On sait déjà, en effet, que la position des diamètres égaux de l'ellipse correspond à celle des asymptotes de l'hyperbole, lesquelles ne sauraient constituer mutuellement aucun couple de diamètres conjugués, puisque chacune d'elles représente à la fois les deux éléments d'un tel couple.

Quant au second théorème d'Apollonius, $a'b' \sin V = ab$, il ne peut subir ici aucune modification, d'après la compensation des changements simultanés qu'y éprouvent b et b'. Cette persistance analytique s'explique géométriquement, malgré l'illimitation commune des longueurs a' et b', par la suppression nécessaire de toute limite d'obliquité : à mesure que les deux diamètres s'allongent à la fois en se rapprochant tous deux de l'asymptote, la diminution, non moins indéfinie, de leur angle permet de concevoir que l'aire du parallélogramme correspondant demeure invariable, quoique sa constance soit alors encore plus remarquable que dans l'ellipse.

Au sujet de ces deux théorèmes, il convient de noter ici que la modification nécessaire du premier y interdit l'emploi de l'artifice spécial qui, pour l'ellipse, nous avait conduits à simplifier beaucoup la détermination, soit algébrique, soit surtout graphique, de la longueur des axes d'après deux diamètres conjugués quelconques, donnés de grandeur et de position. Mais, en ajournant un peu cette solution, de manière à pouvoir y employer le nouvel ordre de propriétés, éminemment caractéristique, que présente l'hyperbole envers ses asymptotes, on reconnaîtra ci-dessous que l'ensemble de cette recherche, comporte finalement encore plus de simplification dans l'hyperbole que dans l'ellipse, quand on y emploie judicieusement, de part et d'autre, les moyens les plus convenables.

116. En considérant l'équation des asymptotes de l'hyperbole rapportées à deux diamètres conjugués quelconques,
$$y' = \pm \frac{b'}{a'} \, x',$$
on aperçoit d'abord l'entière généralisation de leur construction primitive, en reconnaissant, d'après l'hypothèse $x' = a'$, qu'elles coïncident toujours avec les diagonales du parallélogramme construit sur ces diamètres. Mais, une plus complète appréciation géométrique de la même équation conduit ensuite à un théorème très-remarquable, qui constitue réellement la plus importante propriété spéciale de l'hyperbole. On y voit, en effet, que chaque valeur de l'une des coordonnées x' ou y' donne toujours à l'autre deux valeurs égales envers les deux asymptotes. Cela posé, toute transversale tirée au hasard dans le plan de l'hyperbole pouvant y être regardée comme parallèle à quelque diamètre, transverse ou non transverse, le

conjugué de celui-ci passera donc constamment au milieu de la partie de cette droite comprise entre les asymptotes : or, le milieu de la corde, extérieure ou intérieure, que cette même droite forme dans l'hyperbole étant aussi situé nécessairement sur ce dernier diamètre, il s'ensuit que les deux portions de la transversale interceptées, des deux parts, entre la courbe et l'asymptote, telles que MN et $M'N'$ (*fig.* 75) ou LD et $L'D'$, ont sans cesse une égale longueur.

Cette belle propriété fournit spontanément le moyen le plus simple pour décrire par points un hyperbole, d'après les asymptotes, et un point donné M, d'où il suffira de mener une transversale quelconque NN' entre les deux asymptotes, afin d'y reporter, à partir de l'une, sa portion MN marquée par l'autre, de manière à obtenir le second point M' de la courbe qui s'y trouve situé : chacun des points ainsi marqués pourra d'ailleurs devenir, à son tour, le centre d'une pareille construction, pour éviter la confusion graphique inhérente à l'accumulation d'un trop grand nombre de lignes autour d'un même point.

Quoique une telle description doive, par sa nature, être jugée caractéristique, il importe cependant de le constater expressément, en déduisant l'équation de l'hyperbole de cette seule propriété. Mais, auparavant, il convient de simplifier ici l'équation naturelle $M'N' = MN$, soit pour sa discussion directe, soit pour le passage à l'équation rectiligne, en la remplaçant par la relation, évidemment équivalente, $M'E = NB$, entre deux longueurs dont la direction est invariable, et que déterminent les parallèles menées respectivement de M et M' aux asymptotes opposées. Sous cette forme mieux appréciable, cette définition indique d'abord que la distance $M'E$ du point décrivant M' à la droite donnée OX peut diminuer autant qu'on voudra, sans cependant s'annuler autrement qu'à l'infini, comme la longueur NB elle-même, à mesure que la transversale NN' tend vers la direction OX : ainsi, indépendamment de toute notion antérieure, le lieu cherché doit être asymptotique à chacune des deux droites fixes. On voit aussi que le point donné M en doit faire partie, en considérant la transversale qui y aurait son milieu, et qui dès lors y deviendrait une tangente, d'après la coïncidence spontanée des deux points M et M'.

Pour transformer cette équation naturelle, M'E=NB, en équation rectiligne, il convient de diriger les axes suivant les deux droites fixes OX et OY, en vertu de leur asymptotisme. En désignant par x' et y' les coordonnées correspondantes du point variable M', et par α et 6 celles du point donné M, l'équation de la transversale sera

$$y - 6 = \frac{y' - 6}{x' - \alpha}\,(x - \alpha),$$

et il faudra exprimer que la valeur de $y - 6$ qui y correspond à $x = 0$ équivaut constamment à y'. On trouve ainsi l'équation $x'y' = \alpha 6$, qui annonce évidemment l'hyperbole.

En considérant directement la forme que doit prendre l'équation de l'hyperbole par rapport à ses deux asymptotes, il est aisé de prévoir, comme je l'ai indiqué au n° 91, qu'elle contiendra seulement le terme en xy et le terme constant, puisque les deux termes propres à chaque variable doivent à la fois disparaître, d'après l'asymptotisme de l'axe correspondant. Cette équation $xy = m^2$ indique géométriquement que le parallélogramme MPOB, construit sur les coordonnées asymptotiques d'un point quelconque M de l'hyperbole, a une aire invariable : c'est sous cette forme que les anciens connaissaient, à leur manière, cette relation nécessaire. Si l'on considère en particulier le losange ainsi formé au sommet, et dont le côté équivaut évidemment, d'après les notions antérieures, à la demi-distance du foyer au centre, on reconnaît que cette constante m représente ici la demi-excentricité. L'ensemble de ces prévisions est aisément confirmé par l'exécution du calcul de transposition qui, en partant de l'équation primitive, $a^2 y^2 - b^2 x^2 = -a^2 b^2$, relative aux axes de l'hyperbole, fournit, par rapport aux asymptotes, l'équation $xy = \dfrac{a^2 + b^2}{4}$, suivant les formules ordinaires

$$x = x' \cos X' + y' \cos Y', \quad y = x' \sin X' + y' \sin Y',$$

en ayant égard aux hypothèses actuelles,

$$\operatorname{tang} Y' = \frac{b}{a}, \quad \operatorname{tang} X' = -\frac{b}{a}.$$

Cette équation $xy = m^2$ serait plus propre qu'aucune autre, à raison de sa simplicité supérieure, à l'étude spéciale de la courbe, si les axes correspondants étaient rectangulaires : mais cela n'a lieu, comme on sait, que pour l'hyperbole équilatère, dont l'étude particulière ne mérite plus aujourd'hui une attention séparée. Envers tout autre cas, les inconvénients attachés à l'obliquité de tels axes font plus que compenser ordinairement l'aptitude algébrique d'une telle équation, sauf envers les recherches géométriques où la rectangularité des axes ne constitue aucun avantage important. On peut remarquer ici cette exception au sujet des tangentes, dont le coefficient angulaire, ainsi devenu $-\dfrac{y'}{x'}$, fournira un résultat fort simple relativement à la sous-tangente correspondante, maintenant égale à l'abscisse asymptotique du point de contact. Toutefois, il faut reconnaître que cette notion ne constitue, au fond, qu'une conséquence facile du théorème des transversales, qui, poussé jusqu'à sa limite, indique aussitôt l'égalité constante des deux parties de la tangente comprises entre le point de contact et les deux asymptotes : en sorte que cette propriété caractéristique de l'hyperbole y fournit spontanément la meilleure solution spéciale du problème des tangentes. Nous allons bientôt apprécier, pour la question plus importante des quadratures, l'avantage essentiel que présente, à certains égards, la simplicité supérieure de l'équation asymptotique de l'hyperbole.

Le judicieux emploi des propriétés relatives aux asymptotes rend plus facile envers l'hyperbole qu'envers l'ellipse la construction finale suivant laquelle on détermine graphiquement tous les éléments géométriques de la courbe, d'après une portion quelconque de sa circonférence. On commencera, comme dans l'ellipse, par tracer, à l'aide de deux couples distincts de cordes parallèles, un système de diamètres conjugués, dont la longueur se trouvera spontanément connue ainsi, quant à celui qui sera transverse, et ensuite aisément assignable pour l'autre, à l'aide d'un des points de l'arc donné, selon nos explications antérieures. Mais, après ce préambule graphique commun aux deux courbes, tout le reste de la construction pourra prendre ici une marche plus simple que dans l'ellipse, en déterminant aussitôt les asymptotes, par les diagonales du parallélogramme correspondant aux deux diamètres obtenus. Cela posé, la direction des axes de l'hyperbole résultera immédiatement de la bissection des deux angles asymptotiques, et la longueur de chacun se trouvera finalement sous plusieurs formes commodes, surtout comme moyen proportionnel entre les distances d'un point de l'arc aux deux asymptotes, mesurées parallèlement à l'axe cherché, ou entre la coordonnée correspondante de ce point et celle de l'intersection de sa tangente avec cet axe, etc., de manière à fournir aisément divers modes de vérification pour l'ensemble du tracé.

117. Parmi les nombreux problèmes, déterminés ou indéterminés, que suggère naturellement la théorie de l'hyperbole,

il suffira d'en choisir ici quelques-uns, qui permettront au lecteur de multiplier spontanément ces utiles exercices.

Considérons d'abord la détermination d'une hyperbole d'après une asymptote et trois points. La loi des transversales y indique aussitôt une commode solution graphique, fondée sur la construction préalable de la seconde asymptote, dont ce théorème fournit aisément deux points, à l'aide des deux cordes qui joignent l'un des points donnés aux deux autres, prolongées d'abord jusqu'à l'asymptote connue. Quant à la solution analytique, on la simplifiera beaucoup, si les axes sont disponibles, en prenant pour axe des y l'asymptote, et faisant passer l'axe des x par deux des points : l'obliquité de tels axes n'apportera d'ailleurs aucun obstacle à cette recherche, d'après la nature des conditions proposées. L'équation de l'hyperbole sera ainsi, en vertu de l'asymptotisme,

$$bxy + cx^2 + ex = 1.$$

En ayant égard aux abscisses x'' et x''' des deux premiers points donnés, lesquelles devront devenir les racines de l'équation $cx^2 + ex = 1$, et formulant ensuite le passage à l'autre point x', y', on obtiendra finalement

$$c = -\frac{1}{x''x'''}, \quad e = \frac{x''+x'''}{x''x'''}, \quad b = \frac{x''x'''+x'^2-x'(x''+x''')}{x'y'x''x'''}.$$

D'après ces formules, tous les cas d'impossibilité seront nécessairement de nature précise, conformément aux indications géométriques ; elles deviendraient infinies, si x'' ou x''' s'annulaient, ce qui placerait l'un des deux premiers points sur l'asymptote ; en outre, la troisième pourrait l'être aussi, d'après l'annulation de x' ou y', d'où résulterait la situation de l'autre point ou pareillement sur l'asymptote ou en ligne droite avec les précédents. On doit enfin remarquer le cas de $b = 0$, qui n'est pas plus admissible que ceux-là : il y faut considérer le numérateur comme équivalent au produit $(x'-x'')(x'-x''')$, en sorte que cette hypothèse revient à $x'=x''$ ou $x'=x'''$, c'est-à-dire que l'une des deux cordes menées du dernier point aux deux premiers deviendrait parallèle à l'asymptote donnée. Les analogues graphiques de ces divers symptômes d'impossibilité sont faciles à apprécier.

Supposons maintenant que deux des points qui précèdent soient remplacés par le sommet. En le considérant comme équidistant des deux asymptotes, la construction restera presqu'aussi facile pour trouver d'abord la seconde asymptote, ainsi tangente à un cercle aisément assignable, et passant encore en un point connu : seulement, ce tracé signale ici, outre les cas précis d'impossibilité déjà remarqués, un cas vague tenant à la situation de ce point dans ce cercle. La solution analytique devra maintenant faire préférer des axes rectangulaires, l'asymptote et sa perpendiculaire au sommet. En partant de la même équation que ci-dessus, l'abscisse d de ce dernier point, et les coordonnées x', y' du premier, y fourniront d'abord les deux conditions

$$cd^2 + ed = 1, \quad bx'y' + cx'^2 + ex' = 1,$$

qu'il faudra compléter en caractérisant analytiquement le sommet. Pour cela, le mode le mieux en harmonie avec l'ensemble de la question actuelle, consiste à exprimer l'équidistance aux deux asymptotes, comme dans la solution graphique. Car, ici, la méthode subsidiaire conduit aussitôt, par une division mo-

nome, à l'équation de la seconde asymptote $y = -\dfrac{c}{b}x - \dfrac{e}{b}$,

dont la distance au sommet donné fournit aisément la troisième condition cherchée $2cd + e^2 = b^2 d^2$. Les deux premières permettraient sans difficulté la réduction préalable de c et e à la seule inconnue $b^{\cdot}$, dès lors déterminée par une équation du second degré, que j'engage le lecteur à discuter.

En supprimant, dans cette question, le second point donné x', y', elle devient indéterminée, mais suivant la juste mesure qui comporte la recherche des lieux. Proposons-nous de trouver celui des foyers. Les axes précédents restent très-convenables, d'après l'évidente symétrie d'un tel lieu. Mais, quoique l'équation ci-dessus permît, sans doute, suivant nos principes généraux, ou conformément à la construction spéciale, l'introduction du foyer, il est préférable d'employer un autre type analytique, directement fondé sur l'équation focale

$$(y-6)^2 + (x-\alpha)^2 = (px+qy+r)^2,$$

où les conditions d'asymptotisme donneraient d'abord $q=1$, $r=-6$, pour la suppression nécessaire des termes en y seul. Ainsi devenue, comme précédemment,

$$2pxy + (p^2-1)x^2 + 2(\alpha-p6)x = \alpha^2,$$

le passage au sommet donné y fournirait une première condition $(p^2-1)d^2 + 2(\alpha-p6)d = \alpha^2$, qu'il resterait à compléter d'après le caractère d'un tel point. Parmi les divers modes qu'il comporte, le plus simple consisterait ici dans la rectangularité entre la tangente correspondante et la droite qui va de ce point au centre $x=0$, $y=6-\dfrac{\alpha}{p}$. Cette seconde relation étant une fois formée, elle permettrait d'éliminer p à l'aide de la première, de manière à fournir l'équation cherchée $y^2 = \dfrac{d^2(x-d)}{x+d}$, par un calcul dont je laisse l'exécution au lecteur.

La définition de ce lieu indique naturellement, en ayant égard aux notions spéciales, une description par points, qui conduirait plus simplement à l'équation précédente, et qui d'ailleurs annonce déjà la figure générale d'une telle courbe.

Car, en considérant l'asymptote donnée comme le lieu spontané du centre, chaque position C de ce point déterminerait la position correspondante du foyer F (*fig.* 76) par l'intersection de la droite CD qui le réunirait au sommet fixe D avec un cercle décrit de C et passant en E, où la perpendiculaire DE à l'axe variable de l'hyperbole coupe l'asymptote OY. D'après cela, quand cet axe CD tend vers sa limite horizontale OX, l'ordonnée FP, toujours inférieure à DO ou *d*, tend à lui devenir égale, suivant la constante similitude des triangles FDP et EOD, dont les hypoténuses tendent alors vers l'égalité. Ainsi, la partie droite de la courbe cherchée est symétriquement comprise entre deux asymptotes horizontales, BG et B'G', menées à la distance *d* de son axe OX. Une comparaison analogue montrera, en sens inverse, que ces asymptotes conviennent aussi à la partie gauche, correspondante au second foyer F', dont l'ordonnée F'P' décroîtra simultanément, en tendant vers sa limite inférieure *d*. Si maintenant on rapproche, au contraire, l'axe variable DC de sa limite verticale DI, on voit que le foyer F tendra vers le sommet donné D, tandis que l'autre foyer s'avancera continuellement vers la verticale opposée D'L', qu'il ne cessera pourtant de dépasser qu'à l'infini ; en sorte que la seconde portion du lieu, interrompue de OY à I'L', se trouvera symétriquement comprise entre des asymptotes rectangulaires. Le lecteur reconnaîtra facilement la conformité de l'équation ci-dessus obtenue avec la figure générale que notre définition graphique assigne ainsi à cette courbe remarquable du troisième degré.

En renversant la question précédente, on est conduit à chercher le lieu des sommets de toutes les hyperboles ayant une même asymptote et un foyer commun. Si, par un motif évident de symétrie, on rapporte encore l'hyperbole à l'asymptote donnée et à la perpendiculaire menée du foyer donné, son équation sera, d'après le type focal, et eu égard à l'asymptotisme,

$$2pxy + (p^2-1)x^2 + 2dx = d',$$

d désignant la distance du foyer à l'asymptote, et p le coefficient variable de la directrice. On introduira ici le sommet comme étant à la fois sur l'hyperbole et sur la perpendiculaire $y = \dfrac{1}{p}(x-d)$, menée du foyer à la directrice ; ce qui, par l'élimination de p, conduira aisément à l'équation cherchée $y^2 = \dfrac{x^2(d-x)}{d+x}$, déjà discutée dans la troisième partie de ce traité. La description spéciale, dont cette courbe serait encore plus facilement susceptible que la précédente, confirmerait clairement la forme résultée de cette équation, qui pourrait d'ailleurs être ainsi obtenue très-simplement.

Si, dans ce dernier problème, on remplaçait le foyer donné par une directrice, il serait superflu de chercher aucun des lieux correspondants ; car, la théorie de la similitude indique d'avance, envers toutes les hyperboles ayant une asymptote et une directrice communes, qu'il n'en pourra jamais résulter que des lieux rectilignes, convergeant tous vers l'intersection de ces deux droites.

118. Il ne nous reste plus maintenant à considérer l'hyperbole que relativement à sa quadrature. En partant de l'équation aux axes $y = \dfrac{b}{a}\sqrt{x^2-a^2}$, la mesure du segment hyperbolique ne deviendrait accessible à nos méthodes élémentaires que sous forme de série : seulement on aperçoit aussitôt, comme dans l'ellipse, d'après le principe de Wallis, la réduction spontanée du cas général à celui de l'hyperbole équilatère, dont il sera dès lors permis de s'occuper exclusivement, quoique cette simplification n'offre ici aucun avantage impor-

tant. Mais , en considérant l'équation asymptotique $xy = m^2$, on peut y découvrir une loi très-remarquable pour l'aire correspondante SDMP (*fig.* 77) , comptée du sommet. Si l'on transporte l'origine en D , conformément à nos habitudes de quadrature , cette équation devient $y = \dfrac{m^2}{m + x}$, et le développement du quotient en série , donne aisément

$$y = m - x + \frac{x^2}{m} - \frac{x^2}{m^2} + \text{etc.}$$

Il en résulte , pour l'aire cherchée, la série très-simple

$$\frac{S}{m^2} = \frac{x}{m} - \frac{1}{2}\left(\frac{x}{m}\right) + \frac{1}{3}\left(\frac{x}{m}\right)^3 + \text{etc.},$$

où l'algèbre apprend à reconnaître le développement du logarithme népérien de $1 + \dfrac{x}{m}$. On trouve ainsi finalement , en revenant à l'ancienne origine des abscisses , la formule $S = m^2 l\left(\dfrac{x}{m}\right)$, d'après laquelle ce segment hyperbolique, d'où tout autre pourrait dériver, croît comme le logarithme du rapport de ses deux abscisses extrêmes.

Cet important résultat peut être essentiellement confirmé, indépendamment de notre théorie générale des quadratures , par une appréciation spéciale de la somme des rectangles élémentaires qu'on substituerait d'abord au segment SDMP, en y considérant divers points intermédiaires M', M'', etc., dont nous ne fixons pas encore la répartition. Si x', y' et x'', y'', etc. désignent les coordonnées de ces sommets auxiliaires , les rectangles successifs auront pour mesure $r = y'(x' - m)$, $r' = y''(x'' - x')$, $r'' = y'''(x''' - x'')$, etc. En y rapportant les ordonnées aux abscisses , d'après l'équation $xy = m^2$, on aura finalement

$$r = m^2 \left(1 - \frac{m}{x'}\right), \quad r' = m^2 \left(1 - \frac{x'}{x''}\right), \quad r'' = m^2 \left(1 - \frac{x''}{x'''}\right), \quad \text{etc.}$$

Or, ces expressions montrent que tous ces rectangles partiels deviendraient équivalents, en faisant croître les abscisses intermédiaires, ou décroître les ordonnées correspondantes, en progression géométrique, comme pour notre première méthode élémentaire de quadrature, quelle que fût d'ailleurs la raison de cette progression. Dans une telle hypothèse, un second segment hyperbolique MPNQ équivaudrait nécessairement au premier, si son ordonnée finale NQ était en progression géométrique avec les ordonnées extrêmes SD et MP de celui-ci ; puisqu'on y pourrait ainsi inscrire un pareil nombre de rectangles égaux à ceux de la série primitive, en tant que leurs hauteurs prolongeraient la même progression, la relation constante de ces deux sommes analogues devant d'ailleurs s'étendre jusqu'à leurs limites respectives. L'aire SDMP augmente donc en progression arithmétique, quand son abscisse finale OP croît en progression géométrique ; ce qui est exactement conforme à la loi analytique obtenue ci-dessus, suivant la correspondance fondamentale entre la marche des logarithmes et celle des nombres. Toutefois, cette considération spéciale est moins complète que notre appréciation générale, en ce que la loi de variation des aires hyperboliques n'y assigne pas la mesure propre de chaque segment, mais seulement son rapport effectif à un segment initial, dont la détermination resterait alors inaccomplie.

On voit ainsi comment la quadrature de l'hyperbole ordinaire, que nous avons vue, au n° 80, échapper, au moins directement, à la règle analytique qui convient à toutes les autres hyperboles, est assujettie à une loi distincte, qui rentre pourtant, à sa manière, dans cette commune formule, quand on y applique les moyens propres à l'évaluation des symboles indéterminés. Si l'on considère l'ensemble de l'aire hyperbolique, depuis le sommet jusqu'à l'une ou à l'autre asymptote, les deux démonstrations précédentes annoncent pareillement que ces deux aires, actuellement égales, sont toutes deux infinies, soit comme proportionnelles au logarithme d'un nombre infiniment grand, soit comme augmentant indéfiniment par degrés équivalents; tandis que, envers toute hyperbole d'un plus haut degré, nous avons reconnu que l'une d'elles est finie et l'autre infinie.

Notre théorie des quadratures fournit aisément la mesure des volumes résultés de la rotation de l'hyperbole autour de chacun de ses axes. Si l'on considère d'abord l'hyperboloïde discontinu, produit autour de l'axe transverse, il faudra, pour ne pas troubler nos habitudes analytiques, porter l'origine au sommet, où seulement commence le segment générateur, en adoptant l'équation $y^2 = \dfrac{b^2}{a^2}(x^2 + 2ax)$. D'après la règle ordinaire, qui ramènera cette cubature à la quadrature d'une parabole, on trouvera ainsi la formule $V = \pi \dfrac{b^2}{a^2} x^2 \left(\dfrac{1}{3} x + a \right)$, analogue à celle du segment sphérique. Quant à l'hyperboloïde continu, correspondant à la révolution de la courbe autour de son axe non transverse, on pourra conserver l'équation ordinaire $a^2 y^2 - b^2 x^2 = -a^2 b^2$, en y dégageant x au lieu d'y, puisque la rotation se fait maintenant dans l'autre sens. Le résultat, dépendant encore de la quadrature de la parabole, sera dès lors $V' = \pi \dfrac{b^2}{a^2} y \left(\dfrac{1}{3} y^2 + b^2 \right)$.

CHAPITRE V.

Appréciation des courbes du second degré comme sections coniques.

119. Après avoir suffisamment étudié les principales propriétés de la parabole, de l'ellipse, et de l'hyperbole, il nous reste à considérer ces trois courbes sous un dernier aspect commun, plus propre qu'aucun autre à faire nettement saisir l'ensemble de leur figure, en y voyant, suivant la notion initiale des anciens, les sections d'un cône ou d'un cylindre par un plan diversement situé. Toute ligne peut être envisagée, d'une infinité de manières, comme l'intersection de deux surfaces ; et, quand celles-ci peuvent être facilement conçues, en tant que résultant du mouvement de lignes plus simples, aucune description directe ne peut aussi clairement caractériser la forme d'une courbe qu'une telle pénétration : c'est ainsi, entre autres, que les courbes du n° 22 sont surtout appréciables à titre de sections planes d'un tore. En partant de la ligne droite et du cercle, naturellement indiqués dans une foule de phénomènes journaliers, les premières courbes régulières que l'esprit humain ait réellement inventées furent, en effet, imaginées d'après ce mode, quand les géomètres grecs pensèrent à combiner entre elles les plus simples surfaces engendrées par ces deux lignes primordiales.

S'il s'agissait ici de considérer, en général, toutes les intersections de surfaces propres à produire les courbes du second degré, la question exigerait nécessairement la géométrie à trois dimensions. Mais, devant nous borner à la combinaison la plus propre à perfectionner l'étude de ces lignes, cette appréciation complémentaire, sans appartenir spontanément à la géométrie plane, y peut aisément rentrer, à l'aide d'un artifice spécial, qui, généralisé autant que possible, s'étendrait également aux sections planes de toute surface de révolution. Nous l'appliquerons seulement au cylindre et au cône considérés en géométrie élémentaire, c'est-à-dire à la fois circulaires et droits, et qui, comme on sait, deviennent alors exceptionnellement les plus simples corps ronds. Quoique le premier cas soit facilement compris dans le second, et malgré que le cylindre ne puisse fournir que l'une de nos trois courbes, son image plus claire encore et plus familière doit nous déterminer à l'envisager d'abord distinctement.

En concevant un cylindre engendré par une droite AN (*fig.* 78), autour d'un axe parallèle IL, les sections planes de cette surface sont immédiatement connues, comme envers tout autre corps rond, quand elles sont perpendiculaires à l'axe : or, c'est en partant de tels cercles, que, par une méthode spéciale, on peut découvrir la nature ou former l'équation de la coupe qui résulterait d'un plan quelconque, sans sortir réellement du domaine de la géométrie à deux dimensions. Quel que soit ce plan, la section sera nécessairement toujours symétrique autour de sa trace AB sur le plan qui lui serait mené perpendiculairement par l'axe de la surface : quant au cylindre en particulier, la courbe aura d'ailleurs pour centre évident le point où son plan coupe cet axe. Plaçons donc en ce point l'origine de deux axes rectangulaires situés dans le plan de cette courbe, et dont l'un coïncide avec cette trace. Afin de trouver la relation d'une abscisse quelconque OP à l'ordonnée correspondante, il suffit de mener par P, perpendiculairement à l'axe du cylindre, un plan auxiliaire, qui coupera la surface suivant un cercle dont CPD sera le diamètre : dès lors, cette ordonnée, spontanément commune aux deux courbes, fournira, d'après la seconde, la relation constante $y^2 = PD \times PC$, qu'on peut ici considérer comme l'équation naturelle de la section oblique. Pour en déduire l'équation définitive, il ne reste plus qu'à rapporter les facteurs PD et PC à l'abscisse OP ou x, à l'aide des constantes du problème, qui sont le rayon r du cylindre et l'inclinaison α de son axe sur le plan coupant. Or, la somme de ces deux lignes étant connue, tout se réduit à calculer PD, d'après le triangle PAD, qui donne

$$PD = AP \sin \alpha = (AO - x)\sin \alpha = \left(\frac{r}{\sin \alpha} - x \right) \sin \alpha = r - x \sin \alpha.$$

Il en résulte aussitôt l'équation de la courbe cherchée

$$y^2 + x^2 \sin^2 \alpha = r^2.$$

Cette section est donc toujours une ellipse, dont le petit axe équivaut constamment au diamètre du cylindre, le rapport des axes y étant égal au sinus de l'inclinaison de son plan sur l'axe de la surface. Tel est le mode le plus simple d'après lequel on puisse nettement se représenter une ellipse. On voit ainsi que, sur un même cylindre, on pourra concevoir des ellipses de toute forme, en changeant l'obliquité des coupes, mais non de toute grandeur. L'excentricité est ici égale à la projection OE du demi-grand axe OA sur l'axe du cylindre ; ce qui permettra de marquer aisément les foyers.

120. Considérons maintenant le cas du cône, principal objet de ce chapitre, en concevant cette surface comme engendrée par la rotation d'une droite G'SG invariablement liée à l'axe fixe C'SC, qu'elle rencontre toujours en S : chaque cône sera suffisamment défini par l'angle constant θ de cette génératrice avec cet axe. En supposant que la figure 79 soit tracée dans le plan mené par l'axe du cône perpendiculairement à celui de la section cherchée, nous rapporterons cette courbe à deux axes

rectangulaires, dont l'un AX coïncide, de même qu'envers le cylindre, avec l'intersection de ces deux plans : nous placerons d'ailleurs, pour plus d'uniformité, l'origine au point A, où l'on peut aisément constater que la tangente à la courbe sera constamment perpendiculaire à son axe géométrique AX. Cela posé, en menant, comme ci-dessus, par l'extrémité P d'une abscisse quelconque, une section auxiliaire, perpendiculairement à l'axe de la surface, on aura pareillement $y' = \mathrm{PD} \times \mathrm{PE}$; sauf à exprimer en x ces deux facteurs variables, à l'aide des données, linéaire et angulaire, qui définissent le plan coupant, d'après la distance d du sommet de la courbe au sommet du cône et l'inclinaison α de son axe géométrique sur la génératrice SA. Or, le triangle APD fournit immédiatement l'expression de $\mathrm{PD} = x \dfrac{\sin \alpha}{\cos 6}$. Quant à PE, on le rapportera provisoirement à PB ou $\mathrm{AB} - x$, dans le triangle PBE, qui donne

$$\mathrm{PE} = (\mathrm{AB} - x)\, \frac{\sin(\alpha + 26)}{\cos 6},$$

en évaluant l'angle B d'après le triangle BAS : ce dernier triangle permet ensuite d'éliminer

$$\mathrm{AB} = \frac{d \sin 26}{\sin(\alpha + 6)}.$$

Il en résulte finalement, pour la courbe cherchée, l'équation

$$y^2 + \frac{\sin \alpha \sin(\alpha + 26)}{\cos^2 6}\, x^2 - 2d \sin \alpha \tang 6 . x = 0.$$

La section d'un cône par un plan est donc toujours une courbe du second degré : c'est en cela que consiste ici notre proposition principale; car, d'après cette notion, l'inspection directe de la figure permet aisément de caractériser les situations propres à fournir successivement la parabole, l'ellipse et l'hyperbole. D'après la règle analytique ordinaire, ces trois cas correspondront à $\alpha + 26 = 180°$, $\alpha + 26 < 180°$, $\alpha + 26 > 180°$; ce qui indique le plan coupant, soit comme parallèle à la génératrice opposée, soit comme la rencontrant au-dessous du sommet S, soit enfin comme la rencontrant au-dessus de ce point : on voit, en effet, que le lieu sera dès lors limité d'un côté et illimité de l'autre, ou fermé de toutes parts, ou enfin illimité et discontinu entre les deux nappes du cône. En concevant ainsi les trois courbes du second degré, l'ellipse se présente d'abord spontanément, puis la parabole, et ensuite l'hyperbole, en s'écartant graduellement de la section perpendiculaire à l'axe, qui constitue ici le point de départ naturel : la situation parabolique devient alors la commune limite des situations elliptiques et des situations hyperboliques. Pour les anciens, qui ne considéraient habituellement que des sections perpendiculaires aux génératrices, ces trois lignes exigeaient chacune un cône différent : la parabole correspondait au cône rectangle, où l'angle des génératrices opposées est droit, l'ellipse au cône acutangle, et l'hyperbole au cône obtusangle.

On peut envisager l'équation précédente comme représentant aussi les sections cylindriques, en y supposant nul l'angle du cône ε ; mais il faut alors transformer le dernier coefficient, afin d'éviter l'indétermination qu'y produit d'abord l'hypothèse simultanée de d infini, en remplaçant cette longueur par une autre qui doive rester finie, telle que la distance r du sommet de la section à l'axe de la surface, laquelle équivaut à $d\sin\varepsilon$. En faisant ensuite $\varepsilon = 0$, on obtient l'équation $y^2 + \sin^2\alpha . x^2 - 2r\sin\alpha . x = 0$, qui ne peut plus représenter qu'une ellipse, conformément au n° précédent, où l'origine, maintenant au sommet, était au centre.

Quoique l'artifice employé dans ces deux cas doive être bientôt remplacé par les méthodes générales que fournit spontanément la géométrie à trois dimensions pour toutes es intersections de surfaces quelconques, cependant, comme il est toujours utile, au moins logiquement, de généraliser autant que possible chaque procédé scientifique, il convient de sentir que celui-ci est plus étendu qu'on ne le suppose ordinairement, et qu'il devient essentiellement applicable à tous les corps ronds, d'après la connaissance préalable de leur courbe méridienne. Pour s'en mieux convaincre, le lecteur devra l'appliquer à quelque autre surface de révolution suffisamment simple, en étudiant ainsi, par exemple, les sections planes du paraboloïde.

121. Afin d'éclaircir autant que possible la notion des courbes du second degré comme sections coniques, il faut maintenant retrouver sur le cône les principaux éléments géométriques que nous a successivement offerts l'étude spéciale de chacune d'elles.

Cette appréciation finale est d'abord très-facile envers la parabole, dont l'équation est ici $y^2 = 4d\sin^2 6 . x$, d'après l'hypothèse caractéristique $\alpha + 26 = 180°$. De cette expression de son paramètre, on peut aisément déduire la construction conique de son foyer, où l'on doit ainsi voir la projection, sur l'axe de la parabole, de la projection du sommet de cette courbe sur l'axe du cône. Il en résulte, réciproquement, un mode fort simple pour transporter, sur un cône donné, une parabole donnée : car, en y regardant la distance du foyer au sommet comme la base d'un triangle rectangle dont l'angle opposé soit égal à celui du cône, l'hypoténuse de ce triangle mesurera la distance du sommet de la parabole à l'axe du cône; ce qui permettra de placer facilement la section.

Quant à l'ellipse, on déterminera ses axes en comparant l'équation générale du n° précédent à celle de cette courbe rapportée au sommet,

$$y^2 + \frac{b^2}{a^2} x^2 - 2 \frac{b^2}{a} x = 0,$$

ce qui donne

$$\frac{b^2}{a^2} = \frac{\sin \alpha \sin (\alpha + 2\delta)}{\cos^2 \delta}, \quad \frac{b^2}{a} = d \sin \alpha \, \operatorname{tang} \delta.$$

De la combinaison de ces deux relations, il résulte les formules

$$a = \frac{d \sin \delta \cos \delta}{\sin (\alpha + 2\delta)}, \quad b = d \sin \delta \sqrt{\frac{\sin \alpha}{\sin (\alpha + 2\delta)}}.$$

La première indique que le grand axe de l'ellipse est toujours la droite AB, résultant de l'intersection de son plan avec celui qui lui est mené perpendiculairement par l'axe du cône, suivant les évidentes indications du sujet. Quant à la seconde, l'interprétation conique en est moins directe; mais il est aisé d'y reconnaître le demi-petit axe comme une moyenne propor. tionnelle entre les distances des deux extrémités A et B du grand axe à l'axe du cône. En combinant convenablement ces deux déterminations, on en déduirait la construction conique des foyers : mais on peut aussi l'obtenir immédiatement avec plus de simplicité, de manière à mieux éclaircir l'ensemble d'une telle concordance. Il faut remarquer que, d'après ces notions, la distance des foyers est toujours égale à la partie AN ou BR de la génératrice comprise entre les deux plans perpendiculaires à l'axe du cône, qui circonscrivent l'ellipse considérée : cette relation résulte d'un théorème élémentaire, peu connu et d'ailleurs peu utile, constituant une conséquence indirecte du théorème de Pythagore, et consistant en ce que, dans tout trapèze isocèle tel que ANBR, le carré de la diagonale équivaut au carré du côté égal plus le rectangle des côtés inégaux. Si donc on porte sur AB, de part et d'autre de son milieu, la moitié de AN, on y marquera les deux foyers de l'ellipse.

En renversant les relations précédentes, il devient facile, réciproquement, de placer, sur un cône donné, une ellipse donnée. Graphiquement, on peut d'abord reproduire aisément, dans le plan de l'ellipse, les triangles ANB et BRA, en prenant pour base commune la distance entre les foyers, et pour angle adjacent le complément de l'angle du cône ou le supplément de ce complément, le côté opposé étant d'ailleurs égal au grand axe : les troisièmes côtés ainsi obtenus indiqueront les doubles des distances de l'axe du cône aux deux sommets A et B de l'ellipse proposée ; ce qui permettra de la placer facilement. Cette construction montre la question comme toujours possible quels que soient l'ellipse et le cône, puisque ces triangles ne pourront jamais offrir le cas d'impossibilité, le côté opposé à l'angle donné y étant constamment supérieur au côté adjacent. Un même cône quelconque peut donc fournir toutes les ellipses imaginables : autour d'un sommet fixe A, il présentera tous les degrés d'ellipticité, en y faisant varier l'inclinaison α, depuis la direction circulaire du plan coupant jusqu'à sa situation parabolique : ensuite, pour chacun de ces degrés, les dimensions varieront à volonté en transportant parallèlement la section à une distance convenable du sommet du cône.

Si, au lieu d'accomplir graphiquement cette double détermination, on veut l'opérer algébriquement, il suffira de renverser les deux relations fondamentales, en y concevant donnés a et b, afin d'y chercher α et d. La seconde inconnue résulterait aisément de la première, qu'il s'agit donc de dégager dans l'équation trigonométrique $\dfrac{\sin\alpha\sin(\alpha+2\delta)}{\cos^2\delta} = \dfrac{b^2}{a^2}$. On la simplifiera beaucoup en y transformant le numérateur, d'après un théorème connu, en $\dfrac{1}{2}(\cos^2 2\delta - \cos 2(\alpha+\delta))$, ce qui donnera pour l'angle auxiliaire $2(\alpha+\delta)$, le résultat fort simple

$$\cos 2(\alpha+\delta) = 2\cos^2\delta\left(1 - \frac{b^2}{a^2}\right) - 1,$$

où l'on peut aisément vérifier la constante possibilité de la question , cette formule ayant toujours une valeur, non-seulement réelle, mais inférieure à l'unité, suivant les conditions d'un tel mode.

Considérons enfin le cas de l'hyperbole, envers laquelle il est facile de constater d'abord la permanence essentielle de toutes les notions précédentes au sujet des divers éléments géométriques qui lui sont communs avec l'ellipse , c'est-à-dire les deux axes et l'excentricité. La seule appréciation spéciale qui doive ici nous arrêter concerne les asymptotes , dont il importe de sentir nettement l'interprétation conique. On y est naturellement conduit , soit par la figure, soit d'après l'équation , en remarquant que leur inclinaison sur l'axe transverse de l'hyperbole doit être la même pour toutes les sections parallèles, qui, géométriquement , seront toujours semblables , ou, analytiquement , auront des axes proportionnels. Dès lors, en faisant graduellement rapprocher le plan coupant du sommet du cône, sans jamais changer sa direction , on atteindra finalement une limite où la situation des asymptotes deviendra irrécusable , quand la section se réduira à ces droites , d'après le passage du plan au sommet. Telle est donc l'origine conique des asymptotes de l'hyperbole , toujours parallèles aux génératrices suivant lesquelles le cône est coupé par un plan mené de son sommet parallèlement à celui de la section. On peut d'ailleurs vérifier cette construction, en reconnaissant, d'après la formule ordinaire des angles trièdres, que chacune de ces génératrices forme , avec l'axe de l'hyperbole , un angle égal à celui dont la tangente est $\dfrac{b}{a}$ ou $\dfrac{1}{\cos b}\sqrt{\sin\alpha\sin(\alpha+2b)}$: car , en considérant l'angle trièdre dont les arêtes seraient ces deux droites et l'axe du cône , l'un de ses angles dièdres se trouverait droit , et compris entre deux faces , dont l'une serait

$6+\alpha-180°$, et l'autre constituerait l'inclinaison cherchée φ, la troisième face étant 6; il en résulterait donc

$$\cos 6 = \cos \varphi \cos (6+\alpha-180°),$$

d'où l'on conclut une expression de tang φ exactement équivalente à la précédente.

Suivant ces notions, il existe, sur chaque cône, une limite nécessaire pour le degré d'ouverture des diverses sortes d'hyperbole qu'on y peut tracer, puisque l'écartement des asymptotes ne saurait ainsi excéder jamais celui des génératrices opposées : l'hyperbole la plus ouverte correspond donc toujours à un plan parallèle à l'axe du cône ; en sorte que, en dépassant cette situation maximum, l'hyperbole, au lieu de s'éloigner davantage de la figure parabolique, qui avait constitué son point de départ, s'en rapprocherait nécessairement. Cette prévision directe est pleinement conforme aux conditions de possibilité qu'exige alors le problème, déjà résolu envers l'ellipse, consistant à placer, sur un cône donné, une courbe donnée. En effet, dans la détermination graphique, les triangles analogue à ANB et BRA ne seront plus toujours possibles, puisque le côté opposé à l'angle connu s'y trouvera maintenant inférieur au côté adjacent. La limite aura lieu quand ces triangles deviendront rectangles, ce qui exige $\cos 6 = \dfrac{a}{c}$, d'où tang $6 = \dfrac{b}{a}$; en sorte que l'angle du cône doit être au moins égal au demi-angle des asymptotes de l'hyperbole, conformément à la règle précédente. La solution trigonométrique reproduirait, à sa manière, la même condition, en donnant alors, d'après le changement accoutumé de b^2 en $-b^2$, la formule

$$\cos 2(\alpha+6) = 2\cos^2 6 \left(1 + \frac{b^2}{a^2}\right) - 1,$$

qui, sans cesser d'être réelle, peut maintenant acquérir une valeur supérieure à l'unité, si cos 6 y excède $\dfrac{a}{c}$.

Telles sont les diverses notions essentielles relatives à l'appréciation spéciale des courbes du second degré comme sections du cône circulaire droit. Quoiqu'il ne convienne plus aujourd'hui de reprendre, de ce point de vue, suivant le mode antique, l'étude entière de ces lignes, il faut cependant y remarquer l'origine très naturelle de plusieurs déterminations importantes. Cela est surtout sensible pour la théorie de la similitude, d'après la considération élémentaire de la constante ressemblance géométrique des diverses sections parallèles d'une pyramide, et par suite d'un cône : il en résulte aussitôt que deux paraboles sont constamment semblables, comme pouvant toujours se placer parallèlement sur un même cône ; au contraire, deux ellipses ou deux hyperboles ne le seront qu'autant que leurs plans pourront ainsi devenir parallèles, ce qui, d'après les formules précédentes, exige que leurs axes soient proportionnels ou leurs asymptotes également inclinées. On conçoit aussi que, sous cet aspect conique, la question des tangentes ne saurait jamais offrir, envers ces trois courbes, aucune autre difficulté réelle que celle de transformer une construction dans l'espace en construction plane ; puisque la tangente à la section se trouve alors déterminée spontanément, en chaque point, par l'intersection du plan de la courbe avec le plan tangent à la surface, aisément assignable d'après la tangente correspondante à la base circulaire du cône.

122. La destination propre à ce chapitre complémentaire a dû nous y réduire à l'examen du cône droit, comme étant la plus simple surface d'où puissent résulter les trois courbes du second degré. Mais il n'est pas inutile de remarquer, en terminant, que l'artifice adopté conviendrait aussi au cône circulaire

oblique, quoique ce ne soit plus une surface de révolution, du moins en nous bornant à y considérer des sections perpendiculaires au plan principal du cône, c'est-à-dire, à celui mené par l'axe perpendiculairement au plan de la base, et contenant dès lors les deux génératrices maximum et minimum. En procédant exactement comme ci-dessus, on y trouvera, pour l'équation analogue de la section qui fait un angle α avec l'une de ces génératrices, d désignant toujours la distance de son sommet à celui du cône,

$$y^2 + \frac{\sin \alpha \sin (\gamma + \delta - \alpha)}{\sin \gamma \sin \delta}\, x^2 - d\, \frac{\sin \alpha \sin (\gamma + \delta)}{\sin \gamma \sin \delta}\, x = 0,$$

le cône étant alors défini d'après les deux angles distincts γ et δ que forment ces génératrices extrêmes avec le plan de la base. La conséquence la plus intéressante que fournisse maintenant une telle équation, se rapporte à la détermination des sections circulaires. On y voit que, pour obtenir un cercle, il faut supposer $\sin \alpha \sin (\gamma + \delta - \alpha) = \sin \gamma \sin \delta$; d'où résultent les deux solutions $\alpha = \gamma$, $\alpha = \delta$, dont l'une indique, à l'ordinaire, un plan parallèle à la base, et l'autre correspond, par exception, à une certaine section oblique, que les anciens qualifiaient judicieusement d'*anti-parallèle* : ces deux directions ne sauraient coïncider qu'autant que le cône deviendrait droit.

Cette proposition remarquable, qu'il convient de noter ici à raison de son utilité spéciale en plusieurs occasions, surtout en géographie, ne constitue d'ailleurs, comme on le reconnaîtra bientôt, qu'un simple cas particulier de la propriété générale d'après laquelle toutes les surfaces du second degré, à l'exception d'une seule, comportent toujours deux sortes de sections circulaires, dont les plans ne se confondent que quand la surface est de révolution.

CHAPITRE VI.

Application générale de l'étude des courbes planes à la *construction* des équations déterminées.

123. En terminant l'étude élémentaire de la géométrie plane, d'abord générale, puis · spéciale, il importe de caractériser sommairement l'application naturelle de l'ensemble des notions ainsi acquises à la *construction* des équations à une seule inconnue. Au début de ce traité, nous avons considéré la construction des formules proprement dites fournies par la résolution des équations, et consistant dans la simple substitution des opérations graphiques aux calculs arithmétiques indiqués pour l'évaluation de chaque résultat. Il s'agit maintenant d'une transformation, à la fois plus difficile et plus importante, où la figure doit suppléer à l'ensemble total de l'élaboration abstraite, soit numérique, soit surtout analytique, d'une équation qu'on ne saurait résoudre, et dont les racines réelles seront pourtant graphiquement assignables. Cette utile conversion, si souvent destinée à compenser, quoique incomplétement, l'extrême imperfection nécessaire de la résolution des équations, consiste à concevoir ces racines comme les abscisses propres aux intersections de deux lignes convenablement choisies, d'après deux équations à deux variables susceptibles de reproduire l'équation proposée $f(x) = 0$ par l'élimination de la variable auxiliaire y. Une telle condition fondamentale peut être, analytiquement, remplie d'une infinité de manières : puisque, au couple quelconque d'équations qui y aurait satisfait, on pourrait toujours en substituer beaucoup d'autres équivalents, dus à deux combinaisons distinctes, mais d'ailleurs arbitraires, de ces équations primitives. Il est même aisé de sentir que cette indétermination subsisterait encore après avoir choisi à volonté l'une des deux équations auxiliaires $\varphi(x, y) = 0$: car, il suffirait, par exemple, de prendre l'autre suivant le type $\varphi(x,y) . \psi(x,y) + f(x) = 0$, où le second facteur $\psi(x,y)$ désigne une fonction tout à fait quelconque; sans que ce mode analytique soit, à cet égard, le plus complet, il est assez étendu pour faire ici hautement ressortir l'extrême diversité des systèmes de construction propres à chaque cas. Sous l'aspect géométrique, cette variété est encore mieux évidente; outre la faculté de combiner les abscisses cherchées avec des ordonnées arbitraires, il est clair surtout que, après avoir fixé les intersections proposées, on y peut faire passer, d'une infinité de manières, toutes les sortes de lignes qui exigent un plus grand nombre de points pour leur détermination.

Cette double appréciation indique suffisamment que toute la difficulté de ces constructions consiste essentiellement à y employer les lignes les plus convenables au but que l'on se propose. Si, comme il arrive souvent, la figure n'est introduite qu'à titre d'artifice logique, ce qui constitue, au fond, la haute utilité d'une telle transformation, on tiendra moins à simplifier son tracé effectif qu'à rendre sa conception plus directe et plus spontanée. Dans ce dessein, le meilleur mode consiste ordinairement à combiner une ligne droite avec la courbe correspondante à l'équation donnée, en considérant, par exemple, suivant la forme la plus usitée, les racines réelles de $f(x) = 0$ comme les abscisses des points où la courbe $y = f(x)$ rencontre l'axe des x. Mais, quoique ce mode soit constamment le plus naturel, il faudra presque toujours l'écarter quand, au contraire, il s'agira d'utiliser finalement la figure dans la détermination effective des racines considérées : on préfère alors compliquer un peu l'une des deux lignes introduites afin de pouvoir davantage simplifier l'autre, suivant une loi de compensation nécessaire ci-après expliquée.

124. Pour apprécier convenablement cette application fondamentale de l'ensemble de la géométrie plane, il importe de la concevoir habituellement comme également convenable à tous les genres possibles d'équations déterminées, aussi bien transcendantes qu'algébriques. Soit à construire, par exemple, l'équation x tang $x = 1$. Au lieu du mode naturel, qui exigerait la considération d'une courbe trop compliquée $y = x$ tang x, on pourra d'abord combiner la courbe trigonométrique, facile à concevoir, $y =$ tang x, avec l'hyperbole équilatère $xy = 1$. Mais un peu de réflexion fait aisément sentir que cette dernière courbe pourrait être remplacée par une simple ligne droite, sans que la première devînt réellement plus difficile à tracer : car, il suffirait de considérer la courbe $y = \dfrac{1}{\text{tang } x} = \cot x$ comme coupée par la bissectrice $y = x$; or, cette courbe n'est autre, au fond, que la précédente, déplacée horizontalement de $\dfrac{\pi}{2}$, et tournée en sens contraire. Une telle ligne étant composée d'une infinité de filets identiques, compris chacun entre deux asymptotes verticales, et dont les centres ou inflexions se succèdent, à intervalles égaux, sur l'axe horizontal, la figure indiquera nettement une infinité de racines réelles, tendant de plus en plus à se confondre avec les abscisses des asymptotes voisines, conformément à la discussion abstraite de l'équation proposée.

Considérons encore, dans l'autre classe des équations transcendantes, le cas fort simple $x \log x = a^2$. Ici le mode le plus convenable consistera à combiner la logarithmique $y = \log x$ avec l'hyperbole $xy = a^2$; si on remplaçait, comme ci-dessus, cette dernière courbe par la droite $y = x$, on serait alors forcé d'employer la courbe transcendante $y = \dfrac{a^2}{\log x}$, dont la complication supérieure ferait plus que compenser la simplification inhérente à cette substitutution. En conservant donc le premier système, il sera facile de reconnaître que l'équation proposée admet une seule racine réelle.

Soit enfin l'équation $x + \sin x = a$. Le meilleur mode y consistera évidemment à couper la courbe des sinus $y = \sin x$, composée d'une infinité d'ondulations égales et alternatives, dont les centres ou inflexions sont équidistants, par la droite $y = a - x$, parallèle à la seconde bissectrice, et qui déterminera ordinairement trois intersections de part ou d'autre de l'axe horizontal, sauf le cas du contact, qui ne pourrait avoir lieu qu'autant que le terme donné a serait un multiple impair de π. Cette dernière appréciation résulte aisément de la considération spéciale de la tangente à l'origine, évidemment confondue ici avec la première bissectrice, d'après la limite naturelle du rapport $\dfrac{y}{x}$.

125. Envers les équations algébriques proprement dites, les différents systèmes de construction sont nécessairement assujettis à une condition fondamentale qu'il importe de connaître, d'après le théorème d'algèbre qui assigne, comme limite supérieure du degré de l'équation finale, le produit des degrés des équations à deux inconnues entre lesquelles s'accomplit l'élimination. Suivant cette notion générale, les degrés des deux lignes employées à construire chaque équation déterminée doivent donc former toujours un produit au moins égal au degré de celle-ci. Par conséquent, si l'une de ces lignes est droite, l'autre sera nécessairement du même degré au moins que l'équation proposée. C'est pourquoi, afin d'obtenir une simplification moyenne, à peu près équivalente à l'égard des deux lignes introduites, on doit communément préférer, quand il s'agit d'une construction effective, d'élever le degré de l'une pour

pouvoir abaisser celui de l'autre. Appliquons maintenant ces notions générales aux équations des quatre premiers degrés.

Dans le premier, les deux lignes peuvent évidemment, suivant cette loi, être de simples droites, et ce cas correspond, en effet, à la construction des formules rationnelles, d'ailleurs entières ou fractionnaires, toujours réductible à un certain assemblages de quatrièmes proportionnelles, suivant les explications spéciales du n° 15.

Quant à l'équation du second degré $x^2 + px + q = 0$, l'une des deux lignes devra nécessairement cesser d'être droite, et devenir au moins une section conique. Le mode le plus naturel consisterait à combiner la parabole $y = x^2 + px$ avec l'horizontale $y = -q$. Mais cette courbe peut être aisément remplacée par un cercle, que couperait l'axe des x. Car, en faisant $y = 0$ dans l'équation générale du cercle $(x - \alpha)^2 + (y - \beta)^2 = r^2$, elle devient $x^2 - 2\alpha x + (\alpha^2 + \beta^2 - r^2) = 0$, de manière à pouvoir représenter, d'une infinité de manières, toute équation du second degré, en posant $\alpha = -\dfrac{1}{2}p$, $r = \sqrt{\dfrac{1}{2}p^2 - q + \beta^2}$, β restant arbitraire, et pouvant toujours rendre r réel. Si l'on place le centre sur l'axe horizontal, la construction reproduit spontanément la formule algébrique ordinaire, pour le cas des racines réelles.

Considérons maintenant les équations du troisième et du quatrième degré, qui, suivant la remarque initiale de Descartes, peuvent, sous cet aspect, être simultanément appréciées, comme exigeant naturellement les mêmes moyens graphiques. On ne pourra plus les construire par la combinaison d'une droite et d'un cercle, ni par celle de deux cercles, qui, d'après une exception spéciale fondée sur la nature algébrique des équations circulaires, n'a pas, au fond, plus d'étendue analytique, puisque la soustraction de deux équations de ce genre en fournit une du premier degré. Le mode le plus simple consistera donc ici dans l'intersection de deux sections coniques, dont l'une pourra être prise arbitrairement. Soit l'équation $x^3 + px^2 + qx = r$. On y peut employer, par exemple, la parabole $x^2 = y$, et l'hyperbole $xy + py + qx = r$, ou l'hyperbole plus compliquée $xy + px^2 + qx = r$: en ajoutant ou retranchant entre elles les deux équations primitives, ou leurs multiples quelconques, on pourra d'ailleurs substituer à ces courbes une infinité d'autres couples de sections coniques. Il en serait de même pour l'équation du quatrième degré $x^4 + px^3 + qx^2 + rx = s$, où, en posant d'abord $x^2 = y$, on aurait ensuite $y^2 + pxy + qy_1 + rx = s$ ou $y^2 + pxy + qx^2 + rx = s$.

126. A l'égard des équations du troisième et du quatrième degré, il faut maintenant apprécier spécialement le mode très-remarquable suivant lequel Descartes a finalement constitué leur construction effective, en montrant que, du moins après quelques préparations faciles, elle peut toujours résulter de la combinaison d'une parabole donnée avec un cercle convenablement choisi, de manière à dépendre du tracé le plus praticable que puisse, évidemment, comporter un pareil cas. Cette explication n'est directement relative qu'aux équations du quatrième degré : mais il sera facile ensuite d'y ramener constamment celles du troisième, en y introduisant artificiellement un nouveau facteur arbitraire $x - a$, qu'on prend communément égal à x, pour plus de simplicité : l'intersection factice ainsi surajoutée devra être soigneusement écartée de la figure définitive.

Soit donc seulement à construire, de cette manière, l'équation

$$x^4 + px^3 + qx^2 + rx = s.$$

Comme la généralité du mode proposé ne doit évidemment, dépendre que de la disposition relative des deux courbes, et non de la situation de chacune envers les axes coordonnés, on pourra toujours adopter la forme la plus simple de l'équation parabolique, pourvu que l'équation circulaire reste pleinement générale. Toutefois, il faut remarquer que la parabole doit pouvoir s'étendre horizontalement dans les deux sens, afin que toutes les racines réelles de l'équation proposée puissent être pareillement construites, quel que soit leur signe. Il faudra donc employer, pour l'équation parabolique, la notation inusitée $x^2 = my$. Sa combinaison avec le type circulaire $(x - \alpha)^2 + (y - 6)^2 = R^2$ fournit l'équation finale

$$x^4 + (m^2 - 26m)\, x^2 - 2m^2\alpha x + m^2 (\alpha^2 + 6^2 - R^2) = 0.$$

Or, en la confrontant à la proposée, on reconnaît aussitôt que leur identification ne saurait devenir possible tant que celle-ci contient le terme en x^3, qui manque à l'autre. Ce mode graphique exige donc une certaine préparation algébrique, d'ailleurs peu gênante, consistant à faire d'abord disparaître ce terme, par le changement de x en $x - \dfrac{p}{4}$, qui équivaut géométriquement à déplacer l'origine de $\dfrac{p}{4}$ vers la gauche. Ainsi, la construction relative à l'équation convenablement préparée conviendra aussi à l'équation primitive, à l'aide d'un égal déplacement inverse de l'origine correspondante.

En supposant maintenant que l'équation proposée soit déjà privée de son second terme, la comparaison précédente donne, pour les éléments géométriques du cercle cherché, les formules

$$6 = \frac{1}{2}\, m - \frac{q}{2m}, \quad \alpha = -\frac{r}{2m^2}, \quad R = \frac{1}{2m^2}\sqrt{r^2 + m^2(m^2 - q)^2 + 4m^2 s}.$$

Les coordonnées du centre resteront toujours réelles et finies, quel que soit m : le rayon pourra l'être aussi, quand même s serait négatif, sans qu'il en résulte, pour ce paramètre, aucune autre restriction que celle relative à une certaine limite inférieure. A une parabole quelconque, on pourra donc constamment adapter un cercle, de manière à construire toute équation du quatrième degré convenablement préparée. Quand cette équation résultera d'une équation primitive du troisième degré, il convient de remarquer que, suivant le mode le plus ordinaire, le cercle passera toujours à l'origine, qui constitue alors l'intersection factice, finalement superflue, d'après la multiplication préalable par x : on pourra donc, en ce cas, borner la construction à la détermination du centre, sans aucun besoin de calculer spécialement le rayon, de manière à rendre inutile la plus compliquée de ces trois formules.

Dans l'usage matériel d'un tel procédé graphique, la faculté de choisir à volonté le paramètre de la parabole acquerrait beaucoup d'importance réelle, en permettant de dispenser d'abord de la plus pénible partie de chaque construction particulière par l'uniforme introduction d'une seule parabole soigneusement exécutée d'avance, et qui, diversement combinée avec des cercles convenables, pourrait également convenir à toutes les équations successives du troisième ou du quatrième degré.

L'intersection des deux courbes aura lieu habituellement en un ou deux couples de points, ou sera totalement impossible. Ces trois cas, pareillement normaux, seront séparés par deux sortes de cas exceptionnels relatifs au contact, et comportant une seule rencontre ou trois. Il est aisé de sentir la concordance spontanée de ces diverses indications géométriques avec la notion algébrique sur la conjugaison nécessaire des racines imaginaires.

Appliquons, par exemple, ce mode spécial à l'équation de la trisection de l'angle $x^3 - \frac{3}{4}x + \frac{b}{4} = 0$, où b désigne le sinus de l'angle donné, et x celui de son tiers. En l'élevant au quatrième degré, par l'introduction du facteur x, la réduction préalable s'y trouve spontanément établie, et les coordonnées du centre du cercle sont $\epsilon = \dfrac{7}{8}$, $\alpha = -\dfrac{b}{8}$, si l'on prend le paramètre de la parabole égal à l'unité, c'est-à-dire au rayon trigonométrique. Envers une parabole tracée d'avance, cette relation servira, au contraire, à ajuster convenablement ce rayon, et, par suite, la ligne donnée b, d'après le mode que j'ai expliqué en son lieu pour la détermination graphique de ce paramètre.

Soit encore l'équation très-simple $x^3 = 2a^3$, qui se rapporte directement au problème de la publication du cube. La préparation algébrique y est pareillement spontanée, et l'on trouve alors $\epsilon = \dfrac{1}{2}m$, $\alpha = \dfrac{a^3}{m^2}$; en sorte que le cercle sera très-facile à construire, même en laissant m quelconque par rapport à a.

En multipliant de tels exercices, le lecteur devra s'attacher, soit à y comparer judicieusement ce mode spécial avec les divers autres systèmes graphiques, soit aussi à y faire suffisamment concorder les indications particulières de la figure avec celles que fournit directement l'appréciation algébrique de chaque cas. Sous ce dernier aspect, il serait aisé, par exemple, de constater, envers les deux équations précédentes, que la construction y confirme l'existence nécessaire de trois racines réelles dans la première, et de deux racines imaginaires dans la seconde, quelles que soient les données respectives.

GÉOMÉTRIE ANALYTIQUE

A TROIS DIMENSIONS.

PREMIÈRE PARTIE.

INTRODUCTION GÉNÉRALE.

CHAPITRE PREMIER.

Notions fondamentales.

127. Notre étude élémentaire de la géométrie analytique n'en caractériserait point suffisamment le véritable esprit fondamental, si nous ne consacrions pas la fin de ce traité à apprécier sommairement son indispensable extension à la théorie générale des surfaces courbes, en tant qu'elle reste accessible à l'analyse ordinaire. Outre sa propre importance scientifique, ce dernier ordre de conceptions doit exercer spontanément une heureuse réaction logique sur l'ensemble de la géométrie plane, dont les principales notions, ainsi considérées finalement d'un point de vue supérieur, deviendront à la fois plus simples et plus systématiques. Quoique cette étude des surfaces n'ait été méthodiquement instituée que depuis un siècle environ, et qu'elle doive être jusqu'ici beaucoup moins développée que celle des lignes ; elle constitue évidemment, par sa nature, un sujet bien plus vaste en même temps que plus difficile, puisque les surfaces comportent nécessairement plus de variété que les lignes. Celles-ci, en effet, résultant du mouvement d'un simple point, ne peuvent différer entre elles que par la loi d'un tel déplacement ; tandis que, outre cette source de diversité, qui alors devient même plus étendue, les surfaces se distinguent surtout les unes des autres d'après la nature des lignes génératrices. Mais l'essor plus récent de cette partie de la géométrie, sous l'accomplissement essentiel de la grande rénovation cartésienne, a dû d'abord y faire ordinairement prévaloir de meilleures habitudes logiques, et y restreindre aussi les études actuelles aux spéculations les plus générales; en sorte que, malgré sa complication et sa fécondité supérieures, nous pourrons ici la caractériser suffisamment à l'aide d'un développement beaucoup moindre que celui qu'a exigé la géométrie plane. Ses conceptions ne constituent d'ailleurs, à divers égards, qu'une simple extension de celles qui sont propres à la théorie des lignes ; or, notre exposition en ayant fait directement ressortir l'esprit général, le lecteur n'éprouvera aucune grave difficulté à les modifier spontanément d'après cette nouvelle destination. Ainsi, en vertu des avantages inhérents au plan qui caractérise ce traité, cette dernière étude géométrique y devient naturellement susceptible d'une forte condensation, en nous bornant à y indiquer rapidement tout ce qui est essentiellement analogue aux notions déjà établies, et réservant nos explications spéciales pour les seules considérations qui soient vraiment propres à la géométrie à trois dimensions.

Quoique la théorie des surfaces constitue son principal objet, elle est aussi destinée nécessairement à compléter et à généraliser la théorie des lignes, que nous avons dû réduire jusqu'ici aux courbes planes. Or, l'importance et la simplicité de ce cas ne doivent pas empêcher de reconnaître combien il est parti-

culier dans l'ensemble total des figures curvilignes. Car, si les
courbes cylindriques, par exemple, étaient étudiées aussi spécialement que celles qu'on peut tracer sur un plan, elles
offriraient certainement autant de diversité au moins : il en
serait de même parmi les courbes coniques, ou sphériques, etc.
Toutes ces formes si variées restent encore enveloppées sous
la commune dénomination de *courbes à double courbure*, relative au caractère fondamental qui les sépare des courbes
planes : en partant de l'état rectiligne d'un fil parfaitement
flexible en tous sens, celles-ci résulteront d'une simple *flexion*
proprement dite, laissant tous les éléments du fil dans un
même plan ; tandis que les autres, s'écartant davantage de la
figure initiale exigeront, en outre, une véritable *torsion*,
changeant, en chaque point, la direction du plan de deux
éléments consécutifs. Malgré que l'usage de ce terme expressif
tende habituellement à dissimuler l'extrême diversité naturelle
des lignes correspondantes, on sent néanmoins qu'il existe
nécessairement parmi elles bien plus de variété qu'entre les
courbes planes, quoique les géomètres s'en soient jusqu'ici
beaucoup moins occupés. L'étude même des lignes ne saurait
donc acquérir, en géométrie plane, toute la plénitude et la
généralité convenables, outre que les seules figures qu'on y
considère ne peuvent d'ailleurs y être envisagées dans leurs
plus vastes relations mutuelles. Néanmoins, l'appréciation des
courbes n'est presque jamais qu'accessoire en géométrie à trois
dimensions, où la plupart des conceptions analytiques, soit
élémentaires, soit transcendantes, ne concernent directement
que les surfaces, à l'étude desquelles on rattache les spéculations sur les lignes. Toutefois, on ne doit pas oublier que, dans
le développement historique de la géométrie moderne, ce
dernier ordre de considérations a constitué, entre la géométrie
plane et la géométrie à trois dimensions, une sorte de transition

naturelle, dont la première ébauche remonte jusqu'à Descartes, et qui tendrait à se reproduire spontanément dans la marche générale de l'initiation individuelle, si l'essor direct des plus larges pensées géométriques n'y permettait aujourd'hui une évolution plus rapide.

128. Il faut d'abord établir ici, comme en géométrie plane, la conception préliminaire des systèmes de coordonnées, sans laquelle, de part ni d'autre, les idées géométriques ne sauraient devenir réductibles à des idées numériques, seul sujet immédiat des spéculations analytiques.

Cet indispensable préambule consiste maintenant à déterminer un point dans l'espace par l'intersection de trois surfaces, dont la nature et le mode de variation caractérisent le système de coordonnées adopté, et dont une seule condition restée arbitraire indique, en chaque cas, la coordonnée correspondante.

Dans le système rectiligne proprement dit, qui, encore plus que pour la géométrie plane, mais d'après de pareils motifs, doit ici être presque exclusivement employé, ces trois surfaces sont toujours des plans respectivement parallèles à trois plans fixes, que nous supposerons ordinairement rectangulaires, et qui se coupent selon trois droites, dès lors rectangulaires aussi, que l'on désigne également sous le nom d'*axes*. Les coordonnées de chaque point sont ses distances à chacun de ces plans coordonnés, mesurées suivant l'axe extérieur, et le plus souvent sur ce même axe, où elles représentent d'ailleurs les projections respectives de la distance du point à l'*origine* commune des plans ou axes fixes : on peut en outre, les former par deux projections successives du point proposé M (*fig.* 80), sur l'un des plans coordonnés, et de cette projection N sur l'un des axes de ce plan ; ce qui est surtout propre à mieux indiquer la liaison mutuelle des trois coordonnées. Quant à la manière dont leurs valeurs combinées déterminent la position du point correspondant, elle revient à concevoir celui-ci comme le sommet opposé à l'origine dans le parallélipipède construit sur les axes avec des côtés égaux aux coordonnées respectives : en s'aidant de la construction analogue en géométrie plane, on peut aussi employer les coordonnées x et y, que nous supposerons habituellement horizontales, à déterminer, suivant le mode ordinaire, la projection horizontale N du point cherché, dont la hauteur verticale sera indiquée ensuite par la troisième coordonnée z. Ces trois coordonnées sont évidemment susceptibles de signe, et il est indispensable d'y avoir égard, afin de distinguer suffisamment les huit régions dans lesquelles l'espace est divisé par les trois plans fixes indéfiniment prolongés en tous sens, et dont chacune pourrait également convenir à un même groupe de valeurs de x, y, z, si la considération du signe ne dissipait l'ambiguïté géométrique propre à chaque distance.

L'unique système qui, à défaut du précédent, soit quelquefois employé, comme en géométrie plane, mais encore plus rarement, sous le nom de *polaire*, consiste à déterminer un point, dans l'espace, d'après sa distance u à un point fixe O (*fig.* 81) et les deux angles φ et ψ formés par cette droite variable avec deux axes fixes O φ, O ψ, que nous supposerons communément rectangulaires et horizontaux. Chaque point M résulte alors de l'intersection d'une sphère, à centre fixe, dont le rayon variable est indiqué par la valeur de la coordonnée linéaire u, avec deux cônes circulaires droits, ayant respectivement pour axes fixes les deux axes polaires, et dont les angles variables sont égaux aux valeurs correspondantes des deux coordonnées angulaires φ et ψ. On adopte quelquefois, surtout en mécanique, dans la théorie analytique des rotations, un système, que l'extrême pénurie de notre langage géométrique conduit aussi à qualifier ordinairement de polaire, et qui pourtant diffère beaucoup du précédent, quoiqu'il soit, comme lui, réellement analogue au système plan ainsi nommé. Il consiste à déterminer d'abord la projection horizontale N du point proposé d'après ses coordonnées polaires planes r et α, pour aboutir ensuite au point M à l'aide de l'inclinaison θ de son rayon vecteur sur un axe perpendiculaire au plan correspondant : cette troisième coordonnée est la seule vraiment commune aux deux systèmes, en tant qu'elle assujettit aussi le point à faire partie d'un cône dont l'axe est fixe ; mais les deux premières correspondent à de nouvelles surfaces, l'une indiquant un cylindre vertical au lieu d'une sphère, et l'autre un plan vertical au lieu d'un cône. Toutes les difficultés que pourrait, en général, présenter l'exacte appréciation comparative des divers systèmes de coordonnées dans l'espace seront toujours faciles à dissiper de la même manière, par un judicieux examen respectif de la nature et du mode de variation des surfaces introduites.

Outre ces systèmes de coordonnées, seuls usités, la géométrie analytique à trois dimensions en pourrait évidemment adopter une infinité d'autres, dont la variété y est nécessairement encore plus étendue qu'en géométrie plane, vu la multiplicité et la complication supérieures des lieux ainsi combinés. Si, par exemple, on déterminait un point d'après ses distances à trois pôles, il résulterait de l'intersection de trois sphères à centres fixes et à rayons variables. De même, en introduisant les distances de chaque point à trois axes donnés, il se trouverait à la rencontre des trois cylindres variables construits autour de ces axes. Mais il serait superflu d'insister ici sur des explications directement dépourvues de toute utilité scientifique, et dont l'office logique est déjà rempli spontanément par l'entière généralité que le lecteur a imprimée habituellement à une telle notion en géométrie plane.

129. Cette conception préliminaire permet d'apprécier immédiatement la correspondance fondamentale entre les surfaces

et les équations, instituée d'abord par Clairaut, suivi d'Euler, d'après une heureuse extension de la grande idée mère que Descartes avait fondée un siècle auparavant.

Quand un point se déplace arbitrairement dans l'espace, ses trois coordonnées constituent des variables entièrement indépendantes. Mais si, sans avoir un trajet déterminé, il se trouve assujetti à rester sur une certaine surface quelconque, celle-ci tiendra lieu naturellement de l'une de celles qui correspondent aux coordonnées adoptées, dont deux seulement suffiront alors à l'entière détermination de chaque position, en sorte que la troisième résultera nécessairement des autres, suivant une équation correspondant à la propriété commune aux divers points de la surface proposée, et dès lors susceptible de représenter analytiquement cette surface, dont les moindres variations géométriques, même les plus simples déplacements, affecteront plus ou moins une telle équation, où d'égales valeurs des deux variables indépendantes devraient procurer des valeurs nouvelles à la variable dépendante. C'est le même principe fondamental que dans la géométrie plane, avec une innovation capitale, relative à l'indépendance simultanée de deux variables, qui résulte ici de l'indétermination supérieure des lieux considérés : l'étude des surfaces constitue habituellement la première source historique et le meilleur type dogmatique d'une telle pluralité, qui a tant agrandi l'ensemble des spéculations analytiques. Toute surface rigoureusement définie d'après une propriété commune à tous ses points est donc représentée analytiquement par une équation à trois variables entre leurs coordonnées quelconques. Dans le système rectiligne, nous supposerons habituellement, pour simplifier le discours, de manière même à faciliter accessoirement la pensée, que les deux coordonnées horizontales x et y soient les variables indépendantes, et que la fonction proposée se rapporte à l'ordonnée verticale z.

Il serait superflu d'expliquer formellement, à ce sujet, que, comme en géométrie plane, l'équation de chaque lieu sera relative à la nature des coordonnées employées, mais d'ailleurs pleinement indépendante, pour chaque système, de la diversité des définitions.

Nous reconnaîtrons bientôt que, la géométrie comparée étant aujourd'hui beaucoup plus avancée envers les surfaces qu'envers les courbes, l'art de former les équations propres aux diverses surfaces est déjà susceptible de certaines règles générales, dont l'étude constituera le principal objet de notre élaboration actuelle, et qui ne comportaient aucun équivalent dans la géométrie à deux dimensions. C'est pourquoi nous pouvons dégager cette introduction de toute série d'exemples préliminaires relative à cette formation, qui doit être ensuite soigneusement appréciée. J'en indiquerai seulement ici, pour fixer les idées, un très-petit nombre, directement résultés de la formule élémentaire, d'ailleurs indispensable à connaître, qui détermine la distance de deux points dans l'espace d'après leurs coordonnées rectilignes.

Si les axes sont rectangulaires, ce qui constitue le seul cas vraiment usuel, il suffira de concevoir, du point le plus bas, une horizontale menée à la rencontre de la verticale de l'autre point : le triangle rectangle ainsi construit, et dont la distance cherchée sera l'hypoténuse, présentera deux côtés connus, l'un égal à la différence des ordonnées verticales des deux points, et l'autre à la distance de leurs projections horizontales, préalablement assignable d'après la formule analogue de géométrie plane. Conformément au théorème de Pythagore, la distance de deux points est donc exprimée, dans l'espace, comme sur un plan, par la racine carrée de la somme des carrés des différences de leurs coordonnées respectives : seulement cette formule se compose ici de trois parties au lieu de deux. En supposant les axes obliques, la formule devrait être beaucoup plus compliquée, et deviendrait

$$d^2 = (x''-x')^2 + (y''-y')^2 + (z''-z')^2$$
$$+ 2(x''-x')(y''-y')\cos XY + 2(x''-x')(z''-z')\cos XZ$$
$$+ 2(y''-y')(z''-z')\cos YZ,$$

suivant une application très-simple du principe des projections, que j'aurai bientôt lieu d'indiquer spécialement.

D'après la formule précédente, on peut immédiatement former l'équation de la sphère, si l'on définit cette surface, selon sa plus simple propriété, comme le lieu des points équidistants de son centre. Il en résulte aussitôt l'équation

$$(x-a)^2 + (y-b)^2 + (z-c)^2 = r^2,$$

envers des axes rectangulaires, par rapport auxquels a, b, c, désignent les coordonnées du centre : tel est le type analytique fondamental qui doit faire invariablement reconnaître la sphère, quelle que puisse être la diversité de ses définitions géométriques.

On pourrait ainsi, par exemple, manifester aisément la nature sphérique de la surface qui comprend tous les points de l'espace éclairés par deux lumières, en généralisant la recherche du n° 21. En plaçant l'origine à l'un des points fixes, et dirigeant l'axe des z vers l'autre, cette définition fournit immédiatement, d'après la formule des distances, l'équation

$$a\left(x^2+y^2+(z-d)^2\right) = b\left(x^2+y^2+z^2\right),$$

qui, comparée à la précédente, fait aussitôt reconnaître la sphère indiquée à la fin du n° cité.

La même formule conduirait aussi facilement à l'équation du quatrième degré

$$(x^2+y^2)^2 + 2(x^2+y^2)(z^2+d^2) + (z^2-d^2)^2 = m^4,$$

pour le lieu des points de l'espace dont les distances à deux pôles sont inversement proportionnelles, en généralisant la définition du n° 22.

130. Quant à la représentation analytique des lignes dans l'espace, notre principe fondamental, sur l'exacte appréciation du degré d'indépendance des variables propre à chaque cas, démontre directement qu'elle doit ici s'accomplir suivant un tout autre mode qu'en géométrie plane. Car, le trajet du point décrivant se trouvant alors fixé, une seule de ses trois coordonnées reste arbitraire, et les deux autres en résultent nécessairement à la fois, la ligne donnée suppléant naturellement aux deux surfaces qui leur correspondent ordinairement. Or, une équation unique ne pouvant jamais déterminer qu'une variable unique, ce lieu plus restreint ne pourra donc être analytiquement caractérisé que par un couple d'équations, dont chacune, à cet égard, serait isolément insuffisante, et qui subordonneront, par exemple, les deux coordonnées horizontales x et y à l'ordonnée verticale z, que nous y supposerons habituellement indépendante. Ce dualisme indispensable, qui constitue une profonde différence entre la géométrie à trois dimensions et la géométrie plane relativement à la théorie analytique des lignes, correspond géométriquement à la considération de toute ligne comme l'intersection de deux surfaces, respectivement résultées de l'interprétation séparée de chaque élément d'un tel couple analytique. Rien n'est plus propre que cette notion fondamentale à faire déjà sentir nettement que l'étude des surfaces constitue surtout le sujet naturel de cette seconde moitié de la géométrie générale, où l'analyse ne peut exprimer les idées de lignes que d'après une combinaison indirecte et compliquée. Si jamais les divers ordres de courbes à double courbure, soit cylindriques, soit coniques, soit sphériques, etc., sont aussi spécialement étudiés que les courbes planes, il faudra,

sans doute, en revenir, à leur égard, comme pour celles-ci, à l'usage d'une seule équation à deux variables, envers des coordonnées convenablement choisies, en chaque cas, d'après la nature de la commune surface considérée : telles seraient, par exemple, quant aux courbes sphériques, des coordonnées sphériques analogues à celles employées en géographie et en astronomie. Mais, tant que toutes les sortes de lignes resteront assujetties, dans l'espace, à une même appréciation analytique, on ne saurait éluder la nécessité de représenter analytiquement chacune d'elles par la coexistence de deux équations à trois variables, quels que doivent être évidemment les graves inconvénients d'un mode aussi pénible et aussi détourné.

Un tel dualisme analytique comporte nécessairement, envers chaque ligne, une infinité de formes différentes dans un même système de coordonnées ; car, les deux équations primitives n'étant alors considérées que relativement à leurs solutions communes, on en pourra déduire une foule de combinaisons distinctes, dont deux quelconques constitueraient un couple équivalent au premier, quoique composé d'éléments différents. Géométriquement, cette diversité nécessaire devient encore plus sensible, puisque la même ligne pourra toujours résulter d'une infinité d'intersections de surfaces, celles-ci n'étant assujetties qu'à faire partie de celles sur lesquelles on peut tracer la ligne considérée. On utilisera souvent une telle variété, conçue suivant toute son extension, en choisissant les surfaces dont les équations peuvent être le plus simplement formées : c'est ainsi, par exemple, que, de toutes les combinaisons géométriques propres à produire le cercle, celle de la sphère avec le plan s'adaptera mieux qu'aucune autre à l'expression analytique de cette courbe dans l'espace. Mais, quels que soient les avantages réels de cette multiplicité, elle devient, sous un nouvel aspect, la source nécessaire d'une fâcheuse ambiguïté, particulière à la géométrie à trois dimensions, où l'on est ainsi exposé fréquemment à juger distinctes des lignes qui pourtant coïncident, quand les deux équations de la première, quoique séparément différentes de celles de la seconde, constituent pourtant un couple, géométrique ou analytique, pleinement équivalent.

Il importe donc d'apprécier maintenant, avec toute la généralité convenable, le procédé fondamental, trop étroitement conçu jusqu'ici, d'après lequel on peut réparer cet inévitable inconvénient, en organisant un mode invariable propre à faire toujours reconnaître, sans aucune équivoque, chaque ligne spéciale dans un même système de coordonnées. En considérant d'abord ce procédé sous le simple aspect analytique, il consiste, en général, à séparer, par une double élimination, les deux fonctions que contiennent simultanément les deux équations primitives, $f_1(x, y, z) = 0$ et $f_2(x, y, z) = 0$, de la ligne proposée. Puisque, en effet, les valeurs de z déterminent alors celles de x et y, on conçoit que l'ambiguïté n'existe qu'en vertu du mélange de ces deux fonctions, qui peut s'opérer d'une infinité de manières. Si on les sépare, en éliminant, tantôt y, tantôt x, entre les deux équations données, ces deux résultats $x = \varphi(z)$ et $y = \psi(z)$, ou $\varphi(x, z) = 0$ et $\psi(y, z) = 0$, se retrouveront nécessairement toujours les mêmes, du moins au fond, quel que soit celui des divers couples équivalents d'où ils aient pu être successivement tirés : toute différence réelle, soit envers tous deux, soit même quant à un seul, constaterait certainement la discordance effective des combinaisons correspondantes.

Pour mieux apprécier la destination de cette double élimination, il nous reste à concevoir son interprétation géométrique, qui varie inévitablement selon le système de coordonnées adopté. Dans le système rectiligne, l'équation débarrassée de l'une des variables doit convenir, non-seulement aux divers points de la ligne proposée, mais aussi à tous ceux des droites indéfinies qui s'y dirigeraient parallèlement à cette coordonnée, et dont l'ensemble formerait la surface cylindrique qui servirait à projeter la ligne sur le plan des deux coordonnées que renferme exclusivement une telle équation. Ainsi, ce mode analytique consiste, géométriquement, à choisir uniformément, parmi l'infinité de surfaces contenant chaque ligne donnée, les deux cylindres correspondants à ses deux projections verticales; leur combinaison sera toujours pleinement caractéristique, puisque, constamment uniques pour une même ligne, ils ne peuvent d'ailleurs nullement varier sans la faire aussi changer nécessairement. On voit que la préférence spontanément accordée à ce couple géométrique, entre tous ceux qui auraient pu également caractériser chaque lieu, doit surtout résulter de la plus grande facilité qu'on trouve à y aboutir analytiquement, de quelque autre combinaison qu'on soit d'abord parti. Telle est la principale destination de ce système, primitivement suggéré par la considération des deux projections, d'où Descartes faisait dépendre la détermination de chaque courbe à double courbure. Mais, en conservant cette appréciation initiale, il importe de sentir toujours que chacune de ces équations à deux variables $\varphi(x,z) = 0$ et $\psi(y, z) = 0$, représente, à proprement parler, l'ensemble du cylindre projetant, et non la seule projection correspondante, qui exigerait, en outre, que, par une restriction expresse ou tacite, on supposât nulle la variable qui n'y entre pas. A quelques abréviations de langage qu'on puisse être graduellement conduit, il ne faut jamais oublier que, dans l'espace, toute équation isolée, même à une variable unique, représente nécessairement une surface, et qu'aucune ligne ne peut s'exprimer que par la combinaison de deux équations.

Enfin, quant à cette notion fondamentale, qui n'a pu trouver d'analogue en géométrie plane, il convient, pour en mieux saisir l'esprit géométrique, d'en considérer aussi l'interprétation d'après un autre système de coordonnées, afin d'en écarter le caractère absolu qui l'altère communément. Dans le premier des deux systèmes polaires, par exemple, la double élimination ci-dessus expliquée, et qui aura toujours le même office analytique, conduira à deux équations $f_1(u, \varphi) = 0$, $f_2(u, \psi) = 0$, dont chacune, pouvant également convenir à toutes les positions résultées de la rotation d'un point quelconque de la ligne proposée autour de l'axe polaire correspondant, représentera, non plus un cylindre, mais une surface de révolution. La séparation analytique des deux fonctions angulaires φ et ψ de la variable linéaire u, consistera donc alors, géométriquement, à concevoir chaque ligne comme l'intersection des deux corps ronds qu'elle produirait en tournant successivement autour des deux axes polaires. Si l'on eût au contraire, éliminé u, l'équation entre les deux angles eût indiqué un cône ayant pour base la courbe proposée et dont le sommet resterait uniformément fixé au pôle.

Telles sont les notions fondamentales qui démontrent que, quoique, dans l'espace, comme sur un plan, la pensée géométrique de ligne corresponde toujours à la conception analytique d'une seule variable indépendante, ces deux cas généraux diffèrent profondément en ce que la ligne, d'abord caractérisée par une fonction unique, ne peut l'être maintenant que par un couple de fonctions de cette commune variable, mutuellement solidaires à cet égard, et dont chacune isolément conviendrait à une certaine surface, de nature appropriée à celle du système de coordonnées adopté.

131. Réciproquement envisagée, l'idée mère de la géométrie analytique à trois dimensions consiste à concevoir la représen-

tation nécessaire de toute équation à trois variables, en chaque système de coordonnées, par une surface déterminée, que cette première définition abstraite caractérise toujours suffisamment. En considérant, par exemple, le système rectiligne ordinaire, il est d'abord aisé de concevoir que le lieu géométrique doit être alors plus étendu qu'une simple ligne, pour correspondre à l'indétermination supérieure d'une telle équation, où deux des variables restent indépendantes, ce qui permet au point décrivant de tenir une route entièrement arbitraire suivant chacun des deux axes horizontaux, sa hauteur verticale étant seule fixée d'après sa projection horizontale. Mais on peut établir plus clairement cette notion fondamentale, et de manière à caractériser la marche générale propre à la discussion géométrique des équations à trois variables, en s'aidant convenablement des discussions déjà accomplies en géométrie plane.

Supposons, en effet, que, dans l'équation quelconque $f(x, y, z) = 0$, on attribue à l'une des variables, z par exemple, une certaine valeur constante c, elle se réduira ainsi à deux variables, sous la forme $f(x, y, c) = 0$, dès lors restreinte aux points du lieu que contiendrait le plan horizontal $z = c$: or, en cet état, elle représentera une certaine ligne, que la géométrie plane nous fera connaître, et qui changera nécessairement, au moins de position, quand cette constante c, qui y figure à titre de paramètre plus ou moins influent, prendra une nouvelle valeur. Le lieu géométrique de l'équation proposée se montre donc composé, non d'une ligne, mais d'une infinité de lignes, régulièrement superposées par couches horizontales, et constituant, dans leur ensemble, une véritable surface, d'ailleurs fermée ou illimitée, continue ou discontinue, suivant que les valeurs constantes de z seront ou non assujetties à certaines limites, supérieures ou inférieures, hors desquelles l'équation $f(x, y, c) = 0$ ne comporterait aucune ligne, comme n'ayant plus de solutions réelles, selon nos explications antérieures. Toute surface pouvant être engendré par une ligne déterminée mais mobile, que nous qualifierons habituellement de *génératrice*, glissant, d'après une loi donnée, sur une autre ligne fixe, que nous nommerons *directrice*, le lieu géométrique de l'équation proposée résultera du mouvement de la ligne $f(x, y, c) = 0$, dont la nature dépend surtout du mode suivant lequel cette équation contient x et y, et dont le genre de variation se rapporte à sa composition en z : il suffira d'assujettir cette ligne à rencontrer toujours, par exemple, l'une des traces verticales de la surface cherchée, qu'on déterminera en annulant y ou x. Si les trois variables n'entrent pas semblablement dans l'équation, les trois sortes de coupes de la surface correspondante par des séries de plans parallèles aux trois plans coordonnés ne seront pas également propres à donner une idée claire de sa génération, et il faudra faire entre elles un choix plus ou moins important. Quelquefois, d'ailleurs, les plus simples sections résulteraient de plans parallèles dirigés obliquement aux axes coordonnés. Il pourra même arriver que les coupes les mieux comparables correspondent à des plans non parallèles, dont la succession serait réglée, par exemple, comme tournant autour d'une certaine droite, ou selon toute autre loi, Enfin, pour indiquer déjà, à cet égard, la plus vaste conception géométrique, il faut considérer, en général, que la série de surfaces auxiliaires la plus propre à fournir des sections nettement appréciables pourra, quoique rarement, ne pas se composer de plans, mais plutôt de sphères, ou de cylindres, ou de cônes, etc., suivant la nature de la surface cherchée. Mais, quel que soit le mode de réduction de la discussion des surfaces à celle des lignes, on voit ainsi que le lieu géométrique de toute équation à trois variables se présentera toujours, plus ou moins clairement, comme engendré par une ligne déterminée, ordinairement plane, glissant, suivant une loi connue, sur une certaine directrice.

La seconde partie de ce traité élémentaire de géométrie analytique à trois dimensions montrera bientôt que l'élaboration naissante de la géométrie comparée d'après la grande conception de Monge a déjà permis de soumettre aujourd'hui à quelques véritables règles cette discussion générale des équations de surfaces, aussi bien que leur formation ; ce qui doit ici nous dispenser essentiellement, sous l'un et l'autre aspect, des deux séries d'exercices qui ont été indispensables, en géométrie plane, pour caractériser suffisamment un ordre de considérations qui n'y est point réductible encore à de vrais principes rationnels. Je vais donc me borner maintenant, quant à la discussion, comme je l'ai fait ci-dessus quant à la formation, à des exemples fort simples, uniquement destinés à éclaircir ce que les explications précédentes pourraient offrir de trop abstrait.

Soit, d'abord, l'équation $x^2 + y^2 + z^2 = 1$, qui, quoique évidemment comprise dans un type connu, doit être actuellement considérée indépendamment de toute notion antérieure. En y supposant z constant, il en résulte la courbe $x^2 + y^2 = 1 - c^2$; ainsi les coupes horizontales du lieu sont toujours des cercles ayant leurs centres sur l'axe vertical, et dont les rayons décroissent à mesure qu'on s'éloigne du plan des xy, jusqu'à la hauteur 1, où le cercle se réduit à son centre, après quoi la courbe n'existe plus, de manière à indiquer les limites verticales de la surface, d'ailleurs symétrique autour du plan horizontal. Ces caractères annoncent clairement une surface de révolution autour de l'axe des z, en sorte qu'il ne reste plus qu'à déterminer son méridien, servant à diriger le mouvement du cercle générateur : il suffit, pour cela, de faire $y = 0$, ce qui donne à la trace verticale de la surface cherchée, $x^2 + z^2 = 1$, une figure également circulaire, ayant aussi son centre à l'origine.

L'ensemble de ces indications successives ne permet pas de méconnaître la nature sphérique du lieu proposé.

Considérons ensuite l'équation $z = xy$. Des coupes horizontales y fourniraient des hyperboles équilatères, dont le centre resterait sur l'axe vertical, et dont les asymptotes demeureraient parallèles aux axes horizontaux : leurs sommets, toujours contenus dans le plan bissecteur, $y = x$, de l'angle des deux plans verticaux, formeraient une parabole, ayant son sommet à l'origine, son axe confondu avec celui des z, et un paramètre égal à 2, d'après sa projection verticale $x^2 = z$. Mais la nature de l'équation proposée indique aussitôt que des sections parallèles aux autres plans coordonnés seraient ici préférables, puisqu'elles consisteraient en de simples lignes droites $z = cx$, pour $y = c$: cette nouvelle génératrice, constamment parallèle au plan des xz, quoique sa direction soit variable, rencontre d'ailleurs toujours l'axe des y. On déterminera la meilleure directrice correspondante en cherchant la trace de la surface sur un plan parallèle à celui des yz, par exemple le plan $x = d$, qui donnera $z = dy$, d'où il résulte également une droite. La plus simple génération de cette surface consiste donc, en résumé, à faire mouvoir, sur deux droites fixes qui ne se rencontrent pas, une droite parallèle à un plan fixe. Ce mouvement peut d'ailleurs s'opérer, évidemment, de deux manières différentes, puisque, l'équation étant symétrique entre x et y, ce qui a été remarqué ci-dessus envers l'un des plans verticaux convient également à l'autre.

Examinons enfin la surface $z^2 = xy$. Ses sections horizontales seraient encore des hyperboles équilatères, analogues aux précédentes : mais le lieu de leurs sommets, qui correspondent toujours au plan bissecteur $y = x$, se compose maintenant de deux droites menées, à l'origine, sous un angle de 45°, autour de l'axe vertical, comme l'indique la nouvelle projection verticale $z = \pm x$. L'ensemble de cette appréciation indique déjà suffisamment un cône droit, à base hyperbolique horizontale, et dont le sommet se trouve à l'origine. Mais la nature de ce lieu, que n'éclairciraient pas des coupes parallèles aux deux autres plans coordonnés, ressortira surtout de l'examen des sections verticales opérées en tous sens autour de l'axe de z : car, l'un quelconque de ces plans, analytiquement caractérisé d'après sa trace horizontale $y = ax$, déterminera toujours deux lignes droites passant constamment à l'origine, conformément à la seconde projection $z = \pm x \sqrt{a}$.

Sans multiplier davantage de tels exemples, j'engage le lecteur à s'exercer spontanément à ces discussions de surfaces, en partant d'équations un peu plus compliquées, mais pourtant assez simples pour que l'élaboration analytique n'absorbe pas l'attention principale, qui doit alors rester concentrée sur l'appréciation combinée des divers documents géométriques empruntés à l'étude des figures planes. Ce genre d'exercices, dont l'utilité logique dépend surtout de leur spontanéité, est encore plus propre que la discussion des équations à deux variables à faire convenablement ressortir le véritable esprit de la géométrie analytique, en régularisant l'interprétation géométrique du mode de composition de ces équations, même envers chacun des paramètres qu'on y supposait d'abord constants.

Après avoir considéré, en général, l'appréciation géométrique de toute équation à trois variables, il serait superflu de s'arrêter formellement au cas d'un couple quelconque de pareilles équations, puisque la ligne, qui en constitue nécessairement le lieu, y est aussitôt définie par l'intersection des deux surfaces séparément résultées de chacune des deux équations proposées. L'interprétation concrète ne saurait être directe qu'à l'égard d'une seule équation. Un tel assemblage ne peut exiger, en géométrie analytique, d'autres principes propres que les notions déjà établies sur la manière de dissiper régulièrement l'ambiguïté fondamentale qui s'y rattache. Toute la discussion géométrique de chaque couple spécial n'y doit offrir d'autre difficulté nouvelle que le choix des plus simples surfaces susceptibles de contenir la ligne considérée, et qui peuvent différer souvent de celles qu'indiquent les deux équations primitives, dès lors ultérieurement remplacées par d'heureuses combinaisons mutuelles.

132. Dans l'espace, comme sur un plan, notre système de géométrie analytique se trouve nécessairement assujetti à des imperfections fondamentales, à la fois géométriques et analytiques, qu'il conservera probablement toujours, mais envers lesquelles il suffit ici d'indiquer sommairement la simple extension des remarques déjà soigneusement expliquées au n° 8, et qui n'ont maintenant besoin d'aucune élaboration nouvelle.

Sous l'aspect géométrique, l'institution actuelle des équations est radicalement vicieuse, pour les surfaces aussi bien que pour les lignes, en ce qu'elle ne permet point de représenter analytiquement une portion de lieu, ni par suite un lieu discontinu, composé de diverses parties de figures distinctes. Il en résulte quelquefois une imparfaite harmonie entre nos équations et les définitions correspondantes, qui devient surtout fâcheuse envers les phénomènes naturellement relatifs à de tels assemblages, comme, par exemple, quand on étudie l'équilibre ou le mouvement des températures dans un polyèdre quelconque.

Du point de vue analytique, la représentation géométrique des équations à trois variables est souvent incomplète, puisqu'on n'y tient aucun compte des solutions imaginaires, qui fréquemment y prédominent, et qui même y peuvent être exclusives. Outre les conséquences ordinaires d'une telle imperfection, lorsqu'une équation ne fournit aucun lieu quelconque ou indique seulement des points isolés, il faut ici remarquer une nouvelle anomalie, consistant en ce que le lieu géométrique, cessant d'être une surface, suivant le principe fondamental, peut devenir une simple ligne, si l'équation est constituée de manière à se décomposer en deux autres, auxquelles doivent simultanément satisfaire toutes ses solutions réelles. Tel serait le type

$$(\varphi(x, y, z))^{2m} + (\psi(x, y, z))^{2p} = 0,$$

dont l'analogue en géométrie plane, ne fournissait que quelques points incohérents, mais qui maintenant semble comporter un véritable lieu géométrique, la ligne commune aux deux surfaces $\varphi(x, y, z) = 0$ et $\psi(x, y, z) = 0$. Il faut toutefois remarquer que ce prétendu lieu n'est pas plus caractéristique que l'autre de l'équation d'où il provient; puisque la même ligne pourrait évidemment résulter d'une infinité d'autres équations de cette nature, analytiquement très-distinctes, quoiqu'admettant les mêmes solutions réelles.

Outre cette double imperfection radicale, qu'on peut justement reprocher à notre système de géométrie analytique, où elle altère, à divers égards, la relation fondamentale entre le concret et l'abstrait, quoiqu'il soit d'ailleurs presqu'impossible d'y remédier convenablement, une critique exagérée a quelquefois conduit à attribuer vicieusement à ce système une impuissance logique dont il ne doit pas philosophiquement répondre, en tant que certainement inhérente à la nature du sujet, et non à l'insuffisance de nos conceptions mathématiques. J'ai surtout en vue le défaut de représentation géométrique des équations assez indéterminées pour contenir au delà de trois variables, et envers lesquelles la géométrie ne saurait fournir aucune exacte interprétation concrète, qu'il faudrait alors

emprunter à des phénomènes plus compliqués, et par suite
plus variés, tels que ceux du mouvement, si cette complication supérieure ne devait pas, au contraire, être plutôt considérée comme constituant un obstacle insurmontable à l'efficacité logique d'une telle peinture, qui ne saurait vraiment
éclaircir des relations dès lors destinées à rester exclusivement
abstraites. Toutefois, on a fait quelques tentatives partielles
sur l'interprétation géométrique des équations à quatre variables, en les concevant relatives, non plus à des surfaces, mais
à des volumes, suivant le progrès naturel d'une telle indétermination. Il n'est pas inutile ici d'apprécier sommairement de
tels efforts pour vérifier spécialement qu'ils ne sont susceptibles
d'aucun succès vraiment fondamental, et que le nombre trois,
indiqué par les dimensions nécessaires de l'étendue comme par
les coordonnées propres aux positions les plus indéterminées,
limite inévitablement le degré d'indépendance des variables
qui peuvent régulièrement coexister dans les équations purement géométriques.

En considérant la quatrième variable comme un paramètre
susceptible de valeurs successives, l'équation $f(x, y, z, t) = 0$
représentera, en coordonnées rectilignes et rectangulaires, par
exemple, une certaine surface, de nature déterminée; mais
dont la position changera, ainsi que la grandeur ordinairement,
à l'imitation de ce que nous avons remarqué ci-dessus en passant de deux variables à trois. Le lieu géométrique de l'équation proposée se montrera donc formé d'une suite de couches
superficielles, régulièrement disposées, selon la composition de
l'équation par rapport à t, que l'on pourra compter suivant
un quatrième axe, alors purement factice, également incliné
sur les trois premiers, pour simplifier l'image. Mais ce sera
seulement dans quelques cas particuliers qu'un tel ensemble de
surfaces constituera un véritable volume, exactement circon-

scrit, et non une masse confuse, le plus souvent même remplissant l'espace entier. Cet assemblage ne saurait devenir suffisamment net qu'autant que les surfaces partielles seront fermées et que les valeurs de la quatrième coordonnée se trouveront limitées. Telle serait, par exemple, l'équation $x^2+y^2+z^2+t^2=1$, qui, mise sous la forme $x^2+y^2+z^2=1-t^2$, indique une suite de sphères concentriques, dont le rayon décroîtra de 1 à 0, à mesure que t augmentera de 0 à 1, et deviendrait ensuite imaginaire : on pourrait donc, en effet, se représenter l'ensemble des solutions réelles de cette équation, comme géométriquement relatif au volume total de la plus grande de ces sphères, qui enveloppe toutes les autres ; le rayon de chaque couche sphérique et la valeur du paramètre variable t, se correspondraient ici suivant une construction assez facile pour que cette peinture comportât quelque efficacité, scientifique ou logique, si ces cas étaient plus fréquents. Mais, en considérant l'équation analogue $x+y+z+t=1$, qui paraît encore plus simple, les diverses valeurs de t, dès lors nullement restreintes, en feraient sortir une série indéfinie et continue de plans parallèles entre eux, qui, pouvant ainsi passer en un point quelconque, ne sauraient constituer d'autre assemblage que l'espace entier, de quelque manière que t pût être géométriquement apprécié. On sent que la même confusion résulterait uniformément de la plupart des équations de ce genre, qui, par conséquent, ne comporteraient aucune véritable peinture géométrique.

Cette nécessité fondamentale, qui limitera toujours à deux variables indépendantes le degré d'indétermination analytique que la géométrie peut régulièrement apprécier, est, en réalité, d'autant moins regrettable que toute correspondance ultérieure, lors même qu'on la jugerait possible, deviendrait naturellement presque aussi inutile, comme artifice logique, à la pure analyse, qu'elle le serait d'abord évidemment, comme moyen scientifique, à l'investigation géométrique. On peut remarquer, en effet, que la peinture des fonctions à deux variables indépendantes, quoique pleinement praticable, comporte déjà, en vertu de sa complication supérieure, beaucoup moins d'efficacité logique pour faciliter les spéculations analytiques correspondantes que ne le permet l'heureux usage des lieux géométriques envers la théorie abstraite des fonctions d'une seule variable.

133. Afin de compléter cette introduction fondamentale à l'ensemble de la géométrie à trois dimensions, il faudrait maintenant motiver la préférence unanime qu'on a toujours accordée spontanément au système des coordonnées rectilignes, et même aux axes rectangulaires. Mais cette préférence repose ici nécessairement sur les raisons générales déjà examinées, à cet égard, en géométrie plane, et qui n'exigent maintenant aucune nouvelle appréciation, sauf l'importance supérieure des moyens de simplification envers une étude naturellement plus difficile. Cet évident surcroît de motifs deviendrait surtout sensible en opposant au système adopté l'un ou l'autre des deux systèmes polaires, que des convenances spéciales conduisent quelquefois à lui substituer temporairement, malgré la fâcheuse complication des constructions élémentaires qui s'y rapportent. En géométrie pure, la formation des équations de surfaces, aussi bien que leur discussion, ne s'opérera donc jamais qu'avec des coordonnées rectilignes, à moins que la science ne parvînt à ce degré de spécialité, qui n'existe point encore, et qui peut-être sera toujours écarté, où l'on étudierait particulièrement des formes, analogues à celles des spirales, dont les types analytiques ne deviendraient suffisamment simples qu'à l'aide des coordonnées polaires. Quant à la rectangularité des axes rectilignes, les mêmes motifs la représenteront spontanément

au lecteur comme étant ici encore plus convenable que dans la géométrie plane, où nous avons quelquefois employé utilement des axes obliques, ce qui n'a réellement lieu, en aucun cas important, dans la géométrie à trois dimensions.

Il ne nous reste donc plus maintenant qu'à constituer, envers cette nouvelle étude générale, les théories préliminaires analogues à celles de la géométrie plane, et qui deviennent aussi indispensables envers les surfaces qu'à l'égard des courbes. Ces théories, d'ailleurs naturellement plus difficiles, seront ici au nombre de trois ; car, entre la théorie de la ligne droite et celle de la transposition des axes, la géométrie à trois dimensions exige nécessairement qu'on interpose la théorie analytique du plan. Telles sont les destinations respectives des trois chapitres qui vont successivement compléter cette introduction générale.

CHAPITRE II.

Théorie analytique de la ligne droite dans l'espace.

134. Nous devons d'abord établir la plus simple forme générale des équations de la ligne droite. Or, parmi l'infinité d'intersections de surfaces propres à produire cette ligne, la plus convenable, sous le double aspect géométrique et analytique, doit évidemment consister dans la combinaison de deux plans. Mais ce mode spontané semble d'abord présenter, à cet égard, une sorte de cercle vicieux, puisque la formation générale de l'équation du plan suppose, à son tour, la représentation analytique de la ligne droite, comme l'expliquera spécialement le chapitre suivant. La seule issue régulière d'une telle difficulté élémentaire résulte d'un choix judicieux entre les divers plans qui contiennent une même droite, en préférant deux de ceux qui sont parallèles aux axes coordonnés, et dont l'équation doit, à ce titre, suivant nos explications fondamentales, être indépendante de la variable correspondante, de manière à coïncider avec l'équation plane de la projection de la ligne sur le plan des deux autres axes. On voit que ce système n'est autre que celui des deux cylindres projetants, qui, toujours destiné à caractériser finalement chaque ligne, est rarement le plus propre à former ses équations initiales : c'est peut-être ici le seul cas important où ce mode doive être, à cet égard, préféré à tout autre. Si, par exemple, on projette successivement la droite parallèlement aux deux axes horizontaux, on aura aussitôt les deux équations fondamentales

$$x = az + \alpha \quad \text{et} \quad y = bz + 6,$$

dont l'ensemble constitue le plus simple type général qui puisse analytiquement représenter une ligne droite dans l'espace, et auquel tous les autres modes analytiques seront nécessairement réductibles d'après les transformations convenables.

Ce type devant devenir aussi usuel que celui qui lui correspond en géométrie plane, il importe de se familiariser beaucoup avec la signification concrète des quatre constantes arbitraires a, b, α, 6, qu'il contient. D'abord le nombre de ces paramètres, deux fois plus multipliés que dans le cas plan, représente toujours, mais d'une nouvelle manière, le nombre des points qu'exige la détermination de la droite : car, d'après la dualité actuelle des équations de toute ligne, chaque passage en un point donné fournit maintenant deux relations entre les constantes qui s'y rapportent, et dont le nombre devait par conséquent devenir double de celui des points déterminants. Le même contraste analytique aura lieu nécessairement envers toute autre ligne susceptible d'être alternativement considérée sur un plan et dans l'espace, le nombre total des paramètres y devant généralement être doublé pour le second cas, afin de maintenir la fixité du caractère géométrique relatif à la détermination.

En second lieu, la loi d'homogénéité indiquerait suffisamment que deux de ces quatre constantes, a et b, sont nécessairement angulaires, tandis que les deux autres, α et 6, sont linéaires, si déjà la géométrie plane n'avait rendu très-familière cette indispensable distinction élémentaire. Quant à l'interprétation géométrique de ces divers paramètres, nos habitudes antérieures ne l'indiquent nettement qu'envers les projections respectives, d'où il faut indirectement remonter à la droite elle-même. Toutefois, cette dernière relation peut aisément devenir directe à l'égard des coefficients linéaires α, 6, qui désignent évidemment les coordonnées de la trace horizontale de la droite proposée. Mais, pour les coefficients angulaires a, b, il faut se borner à concevoir chacun d'eux comme la tangente de l'angle formé par la projection correspondante avec l'axe vertical, ou, si l'on veut, par le plan projetant avec l'autre plan vertical des coordonnées. La direction même de la droite dans l'espace dépend nécessairement à la fois de ces deux constantes, suivant une loi très-simple, qui sera ci-dessous expliquée, et dont l'inversion permettra d'ailleurs de se les représenter commodément d'après cette direction.

De même qu'en géométrie plane, la théorie analytique de la ligne droite doit ici consister essentiellement à déterminer ces quatre paramètres quand, sans être immédiatement donnés, ils doivent résulter de certaines conditions élémentaires, dont l'expression est assez usuelle pour mériter qu'on la formule d'avance, et qui d'ailleurs coïncident exactement avec celles déjà appréciées pour le cas plan.

135. Sous l'un et l'autre aspect, il faut d'abord former les équations d'une droite assujettie à passer par deux points donnés. Le premier passage fournira les deux relations $x' = az' + \alpha$ et $y' = bz' + \beta$, qui, permettant de rapporter les coefficients linéaires aux angulaires, conduiront au type

$$x - x' = a\,(z - z'), \quad y - y' = b\,(z - z'),$$

aussi usuel qu'en géométrie plane pour représenter toutes les droites menées d'un même point. En ayant égard au second passage, on y déterminera finalement les constantes angulaires par les formules

$$a = \frac{x'' - x'}{z'' - z'}, \quad b = \frac{y'' - y'}{z'' - z'},$$

identiques à celles du cas plan, et dès lors susceptibles de la même explication trigonométrique, puisque chaque projection verticale de la droite cherchée contient nécessairement les projections correspondantes des deux points donnés.

D'après ce premier problème, quand de nouveaux points de l'espace devront être en ligne droite avec les deux premiers, chacun d'eux, comparé à l'un de ceux-ci, fera naître analytiquement deux conditions, consistant toujours dans une double proportionnalité entre les différences respectives des trois coordonnées de tous deux.

Considérons maintenant la seconde question essentielle, relative à la détermination analytique de l'angle de deux droites dans l'espace. Par sa nature, une telle recherche est, comme en géométrie plane, nécessairement trigonométrique, d'après son évidente spécialité : seulement elle offre ici plus d'embarras, parce que les angles donnés n'y sont pas, à beaucoup près, aussi simplement liés à l'angle demandé. Comme il doit d'ailleurs demeurer indépendant des coefficients linéaires, nous pourrons remplacer les deux droites données par leurs parallèles menées de l'origine, sans considérer, du reste, si les lignes primitives se rencontrent ou non, ce qui n'affecte nullement leur inclinaison mutuelle, toujours également indispensable à mesurer. D'après ce préambule, la solution trigonométrique consiste à considérer, sur les deux droites données, $x=az$, $y=bz$, et $x=a'z$, $y=b'z$, deux points arbitraires, dont les ordonnées verticales, z et z', resteront quelconques, et à résoudre, par rapport à l'angle cherché, le triangle ainsi résulté de trois côtés aisément appréciables par la formule des distances. Les indéterminées auxiliaires z et z' devant s'éliminer spontanément à la fin du calcul, pour que la grandeur de l'angle ne dépende pas de la longueur de ses côtés, on évitera commodément d'en surcharger les opérations, si on use du droit évident de les choisir égales entre elles et à l'unité. On sait que la formule trigonométrique convenable est ici

$$\cos V = \frac{d^2 + d'^2 - D^2}{2dd'},$$

en nommant d, d', et D les distances des deux points artificiels à l'origine et entre eux, lesquelles sont exprimées, d'après les coordonnées respectives 1, a, b et 1, a', b', par

$$d^2 = a^2 + b^2 + 1, \quad d'^2 = a'^2 + b'^2 + 1, \quad D^2 = (a-a')^2 + (b-b')^2.$$

Il en résulte aussitôt la formule cherchée,

$$\cos V = \frac{aa' + bb' + 1}{\sqrt{(a^2 + b^2 + 1)(a'^2 + b'^2 + 1)}},$$

qui mérite d'être retenue comme éminemment usuelle.

En faisant successivement coïncider la seconde droite avec chacun des trois axes coordonnés, on en déduit aisément les formules spéciales

$$\cos Z = \frac{1}{\sqrt{a^2 + b^2 + 1}}, \quad \cos Y = \frac{b}{\sqrt{a^2 + b^2 + 1}}, \quad \cos X = \frac{a}{\sqrt{a^2 + b^2 + 1}},$$

pour les inclinaisons de la première sur ces axes. Ces trois angles ne sauraient être indépendants entre eux, puisque, en général, deux angles quelconques déterminent suffisamment une direction. De telles formules l'indiquent assez en ne faisant dépendre les trois inclinaisons que des deux données a et b, dont l'élimination y fera découvrir leur relation constante. On aperçoit aussitôt que cette élimination s'accomplira spontanément en ajoutant les carrés de ces trois égalités, d'où résulte le théorème très-usuel

$$\cos {}^2X + \cos {}^2Y + \cos {}^2Z = 1,$$

ou, sous une forme moins connue, mais utile à noter aussi,

$$\sin {}^2X + \sin {}^2Y + \sin {}^2Z = 2.$$

Au reste, ces deux énoncés algébriques peuvent être succinctement réunis en un seul énoncé vulgaire : la somme des carrés des cosinus ou des sinus des angles formés par une droite quelconque avec trois axes rectangulaires est nécessairement constante. Il y aurait, en effet, un vrai pléonasme logique à mentionner expressément la double valeur de cette constante, évidemment indiquée, en chaque cas, par la coïncidence de la droite avec l'un des axes. Cette liaison remarquable, directement appréciée, constitue d'ailleurs, sous sa première forme, une suite peu éloignée du théorème fondamental de Pythagore. En effet, il suffit de considérer le cosinus d'un angle comme la projection d'un de ses côtés, dont la longueur serait égale au rayon trigonométrique 1, sur l'autre côté : dès lors, les trois cosinus proposés représentent les projections de la droite donnée sur les trois axes proposés ; ils constituent donc les arêtes d'un parallélipipède rectangle dont cette droite serait la diagonale ; ce qui conduit aussitôt, par une double application de ce théorème, à la relation précédente.

Réciproquement envisagées, les formules ci-dessus permettent d'exprimer les deux coefficients angulaires d'une droite quelconque d'après ses inclinaisons sur les trois axes rectangulaires, suivant la loi, très-usuelle aussi, surtout en mécanique,

$$a = \frac{\cos X}{\cos Z}, \quad b = \frac{\cos Y}{\cos Z}.$$

Cette loi fort simple conduit à mettre notre formule principale de cos V sous une nouvelle forme très-remarquable, due à Euler, en opérant la même transformation envers les deux droites considérées : on trouve ainsi

$$\cos V = \cos X \cos X' + \cos Y \cos Y' + \cos Z \cos Z';$$

ou, en français, le cosinus de l'angle de deux droites équivaut à la somme des produits des cosinus de leurs inclinaisons respectives sur trois axes rectangulaires quelconques.

D'après le problème précédent, il est facile d'apprécier la relation qui doit exister entre les coefficients angulaires de deux droites pour qu'elles forment un angle donné. Il suffit ici de mentionner le cas de leur perpendicularité, ainsi caractérisée par la condition

$$aa' + bb' + 1 = 0,$$

analogue à celle de la géométrie plane, quoique plus compliquée, mais qui ne peut plus déterminer l'une des directions par l'autre, conformément aux indications géométriques respectives. Toutefois, cette détermination doit exceptionnellement s'accomplir quand on suppose $V = 0$, ou $\cos V = 1$, puisqu'alors il y a parallélisme : l'algèbre exprime cette anomalie en présentant la relation correspondante sous la forme

$$(a - a')^2 + (b - b')^2 + (ab' - a'b)^2 = 0,$$

qui, envers les valeurs réelles, se décompose nécessairement en deux conditions, $a'=a$, $b'=b$, pleinement conformes à la nature du cas.

Examinons enfin le troisième élément essentiel de la théorie analytique de la ligne droite, en déterminant l'intersection de deux droites d'après leurs équations. Le principe fondamental est ici nécessairement le même qu'en géométrie plane, puisque tout point commun à deux lieux quelconques doit nécessairement satisfaire à leurs équations simultanées, quel qu'en puisse être le nombre. Mais, dans l'espace, l'application normale de ce principe uniforme conduit spontanément à une nouvelle appréciation, qu'il importe de remarquer déjà sur ce premier exemple : car, chaque ligne, droite ou courbe, ayant maintenant deux équations, le nombre des conditions qui doivent déterminer les coordonnées communes est alors doublé, tandis que le nombre de ces inconnues a seulement augmenté de moitié ; en sorte que l'harmonie du problème se trouve désormais rompue, à moins d'une concordance spéciale entre l'une des quatre relations et l'ensemble des trois autres, sans laquelle la question serait contradictoire. Or, cette considération analytique correspond, géométriquement, à l'impossibilité actuelle de toute rencontre entre deux lignes quelconques, si elles ne satisfont à une certaine condition mutuelle, consistant, pour deux droites, à appartenir au même plan, et toujours analytiquement représentée par la relation résultée de l'élimination des trois coordonnées communes entre les quatre équations des deux lignes. Cette importante notion de géométrie à trois dimensions aura bientôt un office très-étendu dans la théorie générale des surfaces courbes. En l'appliquant maintenant au seul cas de deux droites quelconques,

$$x=az+\alpha, \quad y=bz+\varepsilon, \quad \text{et} \quad x=a'z+\alpha', \quad y=b'z+\varepsilon',$$

la condition de rencontre est finalement $\dfrac{\alpha'-\alpha}{\varepsilon'-\varepsilon}=\dfrac{a'-a}{b'-b}$; ou, en français, les différences respectives des coefficients linéaires doivent être proportionnelles à celles des coefficients angulaires. Quand elle sera remplie, les coordonnées de l'intersection cherchée seront

$$z = \frac{a' - \alpha}{a - a'}, \quad x = \frac{a\alpha' - a'\alpha}{a - a'}, \quad y = \frac{b(\alpha' - \alpha) + 6(a - a')}{a - a'};$$

en les supposant infinies, on reproduirait les caractères connus du parallélisme, du moins eu égard à la relation préalable. Ces formules ne doivent pas d'ailleurs être retenues : il sera préférable d'en retrouver l'équivalent spécial en chaque occasion.

136. Tels sont, dans l'espace, comme sur un plan, les seuls éléments vraiment indispensables à la théorie analytique de la ligne droite. Parmi les nombreuses questions composées qui peuvent résulter de la combinaison de ces trois problèmes essentiels, je me bornerai à en examiner deux, analogues à celle déjà considérée en géométrie plane, quoique leurs formules deviennent ici à la fois plus compliquées et moins usuelles : outre l'application ultérieure dont elles seront quelquefois susceptibles, elles constitueront maintenant des types suffisants de ces exercices secondaires, que le lecteur pourrait ensuite multiplier spontanément.

Déterminons d'abord, comme dans le cas plan, la distance d'un point donné (x', y', z') à une droite donnée

$$(x = az + \alpha, \quad y = bz + 6).$$

En suivant la même marche qu'alors, il faudra préalablement former les équations de la perpendiculaire correspondante,

$$x - x' = a'(z - z'), \quad y - y' = b'(z - z'),$$

d'après les deux conditions

$$a'a + b'b + 1 = 0, \quad \frac{x' - a'z' - \alpha}{y' - b'z' - 6} = \frac{a' - a}{b' - b},$$

qui expriment qu'elle forme un angle droit avec la ligne donnée et qu'elle la rencontre, conformément aux règles du n° précédent. Quand ces deux équations du premier degré auront fait connaître a' et b', on calculera, comme ci-dessus, les coordonnées du pied de la perpendiculaire, et sa distance au point donné en résultera finalement, suivant la formule ordinaire.

Sans accomplir cette laborieuse combinaison analytique de nos trois questions essentielles, on peut trouver plus commodément l'expression de la longueur cherchée p, par une solution spéciale, fondée sur sa comparaison avec la distance d du point donné à un point quelconque de la droite donnée, par exemple, à sa trace horizontale : car, en nommant V l'inclinaison, aisément appréciable, de cette droite sur cette distance auxiliaire, on aura évidemment $p = d \sin V$. On facilitera l'opération en prenant pour origine provisoire le point o, α, 6, ainsi choisi, sauf à revenir ensuite à l'origine primitive, par le changement final de x en $x - \alpha$ et y en $y - 6$. Dans cette hypothèse

$$d = \sqrt{x^2 + y^2 + z^2}, \text{ et } \cos V = \frac{ax + by + z}{\sqrt{(a^2 + b^2 + 1)(x^2 + y^2 + z^2)}},$$

d'où il résultera $p = \sqrt{x^2 + y^2 + z^2 - \frac{(ax + by + z)^2}{a^2 + b^2 + 1}}$. En développant et réduisant, on trouvera finalement, après avoir rétabli l'ancienne origine, la formule

$$p = \sqrt{\frac{(x - az - \alpha)^2 + (y - bz - 6)^2 + \big(a(y - 6) - b(x - \alpha)\big)^2}{a^2 + b^2 + 1}},$$

beaucoup plus compliquée que son analogue plan, mais pourtant assez symétrique pour être aisément retenue, si elle était assez usuelle pour le mériter. Il convient d'y remarquer que la distance d'un point à une droite n'est plus, en général, une fonction rationnelle des coordonnées du point, comme en géométrie plane. Un tel caractère est particulier au cas plan, envers lequel la loi précédente indique spontanément cette exception spéciale : car, si la droite et le point sont tous deux situés dans le plan des xz, il y faudra faire $b = 0$, $\varepsilon = 0$, et $y' = 0$, ce qui y réduira à une seule les trois parties de son numérateur, dès lors devenu un carré parfait, de manière à reproduire exactement la formule $p = \dfrac{x - az - \alpha}{\sqrt{a^2 + 1}}$ du n° 28.

Considérons, en second lieu, la question qui consiste à déterminer la moindre distance de deux droites données. Elle comporte, dans son ensemble, deux solutions fort distinctes, dont le contraste spontané est propre à bien manifester le vrai caractère des méthodes pleinement analytiques en géométrie générale. La première consiste à appliquer analytiquement le principe géométrique qui représente la distance cherchée comme devant se mesurer sur la perpendiculaire commune aux deux droites données, $x = az + \alpha$, $y = bz + \varepsilon$, et $x = a'z + \alpha'$, $y = b'z + \varepsilon'$. D'après cette notion initiale, tout se réduit à former, suivant l'ensemble des règles précédentes, les équations de la droite inconnue, $x = a''z + \alpha''$ et $y = b''z + \varepsilon''$, afin de calculer ensuite ses intersections avec les droites proposées, d'où la formule des distances conduira finalement à la longueur demandée. Les deux conditions de rectangularité fourniraient ainsi les relations

$$aa'' + bb'' + 1 = 0 , \quad a'a'' + b'b'' + 1 = 0 ,$$

propres à déterminer d'abord a'' et b'' : dès lors, la double rencontre déterminera aussi les coefficients linéaires α'' et ε'', suivant deux autres équations du premier degré

$$\frac{\alpha'' - \alpha}{a'' - a} = \frac{\varepsilon'' - \varepsilon}{b'' - b} , \quad \frac{\alpha'' - \alpha'}{a'' - a'} = \frac{\varepsilon'' - \varepsilon'}{b'' - b'} .$$

Cela posé, le reste du calcul, quoique très-laborieux, ne pourrait offrir aucune difficulté. On voit que cette première solution est vraiment analytique dans son exécution, qui apprécie isolément chacune des conditions du problème ; mais elle ne l'est point réellement dans son institution, qui repose sur un principe géométrique antérieur, particulier au cas de deux droites.

Au contraire, l'ensemble de la seconde solution présente un caractère pleinement analytique, clairement manifesté par une généralité décisive, qui constitue, à cet égard, le meilleur critérium. Nous allons, en effet, y procéder à la recherche proposée, sans aucune notion géométrique antérieure, sous la seule impulsion de la théorie universelle des minima, et de la même manière que si, au lieu de deux droites, il s'agissait de comparer, à cet égard, deux courbes quelconques. La marche de cette solution analytique consiste à chercher les ordonnées verticales, z et z', des deux points les plus rapprochés, d'après la condition que la fonction

$$d^2 = (z - z')^2 + (az - a'z' + (\alpha - \alpha'))^2 + (bz - b'z' + (\beta - \beta'))^2$$

ou

$$z^2(1 + a^2 + b^2) + z'^2(1 + a'^2 + b'^2) - 2zz'(1 + aa' + bb') + 2(a(\alpha - \alpha')$$
$$+ b(\beta - \beta'))z + 2(a'(\alpha' - \alpha) + b'(\beta' - \beta))z' + (\alpha - \alpha')^2 + (\beta - \beta')^2,$$

qui exprime le carré de leur distance, soit un minimum. Or, notre théorie des minima est directement applicable sans difficulté à ce polynome du second degré, qui comporterait même l'usage facile de la méthode algébrique la plus élémentaire. Quant à la pluralité actuelle des variables indépendantes, elle ne peut constituer, envers de telles recherches, aucun obstacle fondamental : car, le minimum doit évidemment subsister à l'égard de chaque variable isolée, quelle que soit la valeur constante de l'autre. Cette nouvelle institution du problème n'a donc, en général, d'autre influence naturelle que de fournir deux conditions, destinées à déterminer les deux inconnues simultanées. Elles se formeront ici en annulant les deux dérivées de ce polynome séparément relatives à z et à z', dont les valeurs dépendront ainsi de deux équations du premier degré,

$$z(1 + a^2 + b^2) - z'(aa' + bb' + 1) = a(\alpha' - \alpha) + b(\beta' - \beta),$$
$$z'(1 + a'^2 + b'^2) - z(aa' + bb' + 1) = a'(\alpha - \alpha') + b'(\beta - \beta').$$

Une fois calculées, leur substitution dans la formule primitive de d^2 fournira sans difficulté l'expression, d'ailleurs compliquée et inusitée, de la distance cherchée. Puisque les points les plus rapprochés auront été ainsi déterminés préalablement, aucune partie essentielle de la question ne se trouvera négligée. On y pourrait même, à titre de complément alors accessoire, obtenir finalement les équations de la droite suivant laquelle se mesure la moindre distance, et de manière à reconnaître analytiquement sa rectangularité constante envers les deux droites données, si l'esprit général de cette seconde solution conduisait réellement à instituer une telle comparaison, essentiellement propre à un autre mode d'appréciation de l'ensemble du problème.

Au sujet de cette question, je dois enfin avertir que, quand on s'y borne à la stricte évaluation de la moindre distance, sans s'occuper de la détermination effective des points correspondants, cette formule peut résulter d'une troisième solution, mieux calculable, à cet égard, que les deux précédentes, et que j'aurai lieu d'expliquer dans le chapitre suivant.

CHAPITRE III.

Théorie analytique du plan.

137. L'équation rectiligne du plan peut d'abord être indirectement établie, avec toute la généralité convenable, sans considérer aucune génération de cette surface, en cherchant, en sens inverse, le lieu géométrique de l'équation complète du premier degré à trois variables, $ax + by + cz = d$. En y supposant z constant, pour étudier les coupes horizontales, $ax + by = d - ch$, on voit aussitôt que ce seront toujours des lignes droites, parallèles entre elles; en sorte que ce lieu se range spontanément parmi les surfaces cylindriques. Reste donc à découvrir la loi géométrique suivant laquelle varie le coefficient linéaire de cette génératrice, en lui assignant une directrice quelconque, par exemple l'une des traces verticales de la surface : or cette trace, correspondante à $y = 0$ ou $x = 0$, est évidemment aussi une ligne droite. Ainsi, l'ensemble de cette facile discussion montre nettement le lieu cherché comme engendré par une droite qui glisse parallèlement sur une autre droite; ce qui caractérise irrécusablement le plan. Toute équation du premier degré à trois variables représente donc, en coordonnées rectilignes, une surface plane, les axes étant d'ailleurs rectangulaires ou obliques.

Si maintenant l'on considère que l'équation précédente renferme trois constantes arbitraires, dont l'entière disponibilité permet de faire passer son lieu plan par trois points quelconques de l'espace, on concevra, réciproquement, que tout plan est susceptible d'une pareille équation, dont le lieu pourrait ainsi se confondre complétement avec lui, puisque deux plans coïncident totalement quand ils ont trois points communs non en ligne droite. Nous connaissons donc déjà, indépendamment de la génération du plan, la forme nécessaire de son équation rectiligne.

Dans l'usage de cette équation générale, il convient de réduire habituellement à l'unité l'un des coefficients, afin que leur nombre effectif soit toujours en pleine harmonie avec celui des points qu'exige la détermination de la surface. Il en résultera deux formes distinctes, qu'il n'est pas inutile de comparer sommairement, selon que cette exception facultative affectera le terme constant ou l'un des termes variables. La première forme $ax + by + cz = 1$, offre une plus complète symétrie algébrique, puisque les trois coordonnées y sont semblablement traitées ; mais elle est, géométriquement, moins convenable, parce que l'interprétation concrète des trois constantes y est trop détournée, et même trop uniforme : car, chacune d'elles est réciproque à la distance de l'origine au point où le plan proposé rencontre l'axe correspondant. Aussi préférerons-nous communément la seconde forme, $z = ax + by + c$, où la loi d'homogénéité annonce aussitôt que les coefficients a et b sont angulaires, tandis que c est linéaire, conformément à l'explication spéciale qui montre c comme désignant la distance de l'origine à l'intersection du plan avec l'axe vertical, pendant que a et b indiquent les tangentes des inclinaisons de ses deux traces verticales sur le plan horizontal. Cette distinction spontanée entre les idées de direction et de distance, non moins nécessaire dans la théorie analytique du plan que dans celle de la ligne droite, constitue l'un des motifs principaux en faveur de ce mode usuel ; car, l'autre mode, vu sa trop grande uniformité, mêle vicieusement ces deux sortes d'indications géométriques.

138. Ayant ainsi établi l'équation générale du plan indépendamment de sa génération, il importe d'apprécier comment elle peut être directement formée d'après les diverses manières dont cette surface résulterait du mouvement d'une ligne droite. Quoique cette appréciation ne soit pas strictement indispensable à la théorie analytique du plan, réduite à sa vraie destination propre, elle offrira spontanément le précieux avantage didactique de familiariser déjà le lecteur avec la marche fondamentale, qui, dans la seconde partie de notre étude, devra diriger la formation des équations qui représentent les principales familles de surfaces, parmi lesquelles le plan peut indifféremment se ranger, en y modifiant convenablement les seules directrices.

Le premier mode consiste à regarder le plan comme une surface cylindrique, ayant pour base une ligne droite. Dans cette hypothèse, soient $x = az + \alpha$ et $y = bz + \beta$, les équations de la génératrice, ou a et b seront constants, en vertu du parallélisme, tandis que les coefficients linéaires varieront d'une position à l'autre, suivant une loi correspondante à la condition de rencontre continuelle de cette droite mobile avec la directrice donnée $x = a'z + \alpha'$, $y = b'z + \beta'$. Cette loi

$$\frac{\beta' - \beta}{\alpha' - \alpha} = \frac{a' - a}{b' - b},$$

constitue une sorte d'équation naturelle du lieu cherché entre les deux paramètres variables α et β. Pour en déduire l'équation demandée, il suffit d'y rapporter ceux-ci aux coordonnées définitives x, y, z, d'après les équations de la génératrice. On obtiendra ainsi une équation qui, convenant à un point quelconque de cette droite mobile dans une position quelconque, représentera nécessairement le lieu engendré par son mouvement. Cette substitution de $x - az$ et $y - bz$, à la place de α et β, fournira évidemment une équation complète du premier degré, conformément au type ci-dessus démontré. Le nombre des constantes arbitraires y surpassera notablement celui des coefficients qui en seront formés ; ce qui induit à penser que ces six constantes pourraient prendre de nouvelles valeurs, sans que le lieu éprouvât aucun changement, pourvu que leurs fonctions relatives aux trois coefficients restassent invariables. Or, cette circonstance analytique est spontanément en harmonie avec un certain degré naturel d'indétermination géométrique inhérent à une telle définition du plan : car, la directrice y pourrait d'abord changer, comme envers toute autre surface, à la seule condition d'appartenir au lieu considéré ; mais, en outre, la génératrice elle-même pourrait indifféremment affecter l'une quelconque des directions du plan, par une exception particulière au cas actuel, et que ne sauraient offrir les cylindres curvilignes, où la direction des génératrices est toujours unique.

Considérons, en second lieu, le plan d'après sa génération conique, par le mouvement d'une droite autour d'un point fixe, quand sa directrice devient elle-même rectiligne. Si x', y', z', désignent les coordonnées du sommet donné, les équations de la génératrice seront ainsi $x-x'=a'(z-z')$, $y-y'=b'(z-z')$, les coefficients angulaires y étant maintenant variables. Leur relation constante dépendra, comme ci-dessus, de la condition de rencontre perpétuelle de cette droite avec la directrice connue, $x=az+\alpha$, $y=bz+\delta$. Dans cette relation $\frac{a-a'}{b-b'}=\frac{x'-a'z'-\alpha}{y'-b'z'-\delta}$, il faudra pareillement substituer les expressions de a' et b' en x, y, z, tirées des équations de la génératrice, en commençant toutefois par supprimer les termes communs en $a'b'$, qui sembleraient élever vicieusement le résultat au second degré. On trouvera encore, suivant ce mode, une équation complète du premier degré, où l'excès du nombre des constantes arbitraires sur celui des coefficients qui en sont composés représentera aussi ce qu'une telle définition renferme d'indéterminé géométriquement, soit quant à la directrice, qui pourrait y varier sans faire changer le lieu, comme envers tout autre cône, soit même quant au sommet, qui, unique pour un cône curviligne, pourrait, exceptionnellement, être ici placé en un point quelconque du lieu.

Envisageons maintenant le plan comme une surface de révolution, engendrée par la rotation d'une droite autour d'un axe auquel elle demeure constamment perpendiculaire en un même point. Si x', y', z', désignent les coordonnées de ce pôle donné, et $x - x' = a(z-z')$, $y - y' = b(z-z')$, les équations de l'axe considéré, la génératrice aura pour équations $x - x' = a'(z - z')$, $y - y' = b'(z - z')$, en concevant ses coefficients angulaires variant selon la loi de rectangularité $aa' + bb' + 1 = 0$, où il suffira de substituer leurs expressions en x, y, z, afin d'obtenir l'équation définitive du lieu proposé. Cette équation sera donc

$$z = -ax - by + (z' + ax' + by').$$

Quoique, collectivement envisagée, elle contienne, sans doute, comme dans les deux modes précédents, plus de constantes arbitraires que de coefficients indéterminés, une appréciation plus attentive montre, au contraire, que l'indétermination correspondante n'affecte alors nullement les deux coefficients angulaires, et concerne seulement le coefficient linéaire; en sorte que, parmi les données de cette génération, a et b ne pourraient aucunement changer sans altérer le lieu, tandis que x', y', z', y pourraient indifféremment recevoir une infinité de valeurs distinctes, pourvu que la fonction $z' + ax' + by'$ demeurât invariable. Or, toutes ces nuances analytiques sont en pleine harmonie avec les indications géométriques, puisque l'axe d'un plan ne peut avoir qu'une seule direction, tandis que le pôle peut être pris à volonté sur la surface.

Au sujet de l'équation précédente, il convient de remarquer spécialement la vérification analytique qu'elle offre spontanément d'une utile proposition géométrique, sur la rectangularité nécessaire entre les projections quelconques d'une droite et les traces correspondantes d'un plan qui lui est perpendiculaire. Car, en comparant, par exemple, la trace

$$z = -ax + (z' + ax' + by'),$$

obtenue en faisant $y = 0$, avec la projection $x - x' = a\,(z - z')$ de l'axe sur le plan des xz, le symptôme ordinaire de géométrie plane montre aussitôt que ces deux lignes sont rectangulaires.

La génération précédente se lie naturellement à une quatrième manière d'envisager le plan, qui serait susceptible de conduire directement à l'équation de cette surface, conçue comme le lieu général des points de l'espace équidistants de deux pôles donnés x', y', z' et x'', y'', z''; ce qui fait rentrer le plan dans la surface également éclairée par deux lumières, pour le cas particulier de l'égalité. Cette définition fournit aussitôt, d'après la formule des distances, l'équation

$$(x - x')^2 + (y - y')^2 + (z - z')^2 = (x - x'')^2 + (y - y'')^2 + (z - z'')^2,$$

où les termes du second degré se détruisent spontanément, et dont la composition confirmera ensuite aisément que le plan est perpendiculaire sur le milieu de la droite qui joint les deux pôles, conformément à la nature géométrique d'une telle formation, qui pourrait ainsi coïncider immédiatement avec le mode ci-dessus considéré.

Concevons enfin le plan comme une surface réglée ou rectiligne, sous l'aspect le plus étendu, en le supposant engendré par une droite qui glisse arbitrairement sur deux autres susceptibles d'intersection. Il faut ici remarquer d'abord que le

mouvement d'une droite quelconque n'est, en général, suffisamment défini d'après des directrices qu'autant que celles-ci
sont au nombre de trois, sans quoi le lieu serait nécessairement
vague, la génératrice y pouvant, avec deux directrices seulement, affecter, en chaque point de l'une d'elles, une infinité
de directions aboutissant à l'autre. Or, par une exception tout
à fait particulière au plan, cette surface est, au contraire, suffisamment déterminée en faisant mouvoir à volonté une droite
sur deux autres qui se rencontrent, parce qu'une droite qui a
deux de ses points dans un plan les y a tous. Soient donc

$$x = az + \alpha, \, y = bz + \beta \quad \text{et} \quad x = a'z + \alpha', \, y = b'z + \beta',$$

les deux directrices données, entre lesquelles on supposera
préalablement la relation nécessaire $\dfrac{\alpha' - \alpha}{\beta' - \beta} = \dfrac{a' - a}{b' - b}$: leur double rencontre continue avec la génératrice fournira les deux
conditions analogues $\dfrac{\alpha'' - \alpha}{\beta'' - \beta} = \dfrac{a'' - a}{b'' - b}$ et $\dfrac{\alpha'' - \alpha'}{\beta'' - \beta'} = \dfrac{a'' - a'}{b'' - b'}$, entre
les quatre paramètres, alors simultanément variables, contenus
dans les équations de celle-ci, $x = a''z + \alpha''$, $y = b''z + \beta''$. Pour
que l'ensemble de ces quatre équations permît d'éliminer complétement a'', b'', α'', β'', de manière à fournir l'équation du
lieu, une cinquième relation, correspondante à une troisième
directrice, serait, en général, indispensable. Mais, par une
anomalie algébrique, exactement équivalente à l'exception géométrique spécialement signalée envers le plan, on trouvera ici
que, si l'on dirige ce calcul de façon à éliminer seulement trois
de ces paramètres, le quatrième disparaîtra spontanément,
pourvu toutefois que l'on ait suffisamment égard à la relation
préalable ci-dessus formulée entre les deux directrices.

139. L'équation générale du plan étant complétement établie,
la théorie analytique préliminaire qui s'y rapporte est propre-

ment destinée, comme envers la ligne droite, à déterminer les trois constantes, angulaires et linéaire, qu'elle contient, lorsque, sans être immédiatement données, elles doivent résulter de diverses conditions élémentaires suffisamment usuelles, qui se réduisent encore essentiellement aux trois considérations fondamentales de passage, d'inclinaison, et d'intersection, déjà appréciées dans la double théorie de la ligne droite.

Considérons d'abord la détermination de l'équation d'un plan assujetti à passer par trois points donnés. En ayant égard au premier point, la relation $z' = ax' + by' + c$ permettra de rapporter le coefficient linéaire aux angulaires, de manière à fournir le type analytique très-usuel de tous les plans qui contiennent un même point, $z - z' = a(x - x') + b(y - y')$. On y déterminera ensuite les deux constantes a et b d'après les deux autres passages, qui, ainsi combinés avec le premier, fournissent les conditions

$$z'' - z' = a(x'' - x') + b(y'' - y'), \; z''' - z' = a(x''' - x') + b(y''' - y').$$

Si l'on achève l'opération, dont le résultat général ne mérite pas d'ailleurs d'être retenu, on pourra constater aisément que l'indétermination des formules finales correspond au cas où les trois points donnés sont en ligne droite, conformément aux exigences géométriques.

On pourrait présenter cette première question fondamentale sous une nouvelle forme, en assujettissant le plan à passer par un point donné et à contenir une droite donnée. Sans doute, ce second cas rentrerait aisément dans le précédent, en exprimant que le plan cherché passe en deux points arbitraires de cette droite, ceux, par exemple, où elle rencontre deux des plans coordonnés ; ce qui suffirait assurément, d'après une notion géométrique très-familière, pour garantir que tout le reste de la ligne s'y trouverait aussi. Mais il importe beaucoup d'apprécier ici la manière dont l'analyse peut directement exprimer, indépendamment de toute considération antérieure, que le plan $z = ax + by + c$ contient la droite $x = mz + \alpha$, $y = nz + 6$: car, le lecteur commencera ainsi à sentir, sur un premier exemple caractéristique, le mode suivant lequel nous devrons ultérieurement faire passer, en général, une surface quelconque par une ligne donnée, l'opération actuelle reposant déjà spontanément sur le même principe fondamental, suivant l'attribut nécessaire de toutes les conceptions vraiment analytiques. Or, pour que la droite soit entièrement contenue dans le plan, il faut analytiquement que les coordonnées horizontales de l'une satisfassent à l'équation de l'autre, en laissant l'ordonnée verticale tout à fait arbitraire : ainsi, la substitution de $mz + \alpha$ et $nz + 6$ au lieu de x et y doit rendre identique l'équation du plan, dès lors devenue

$$z = (am + bn) z + (a\alpha + b6 + c) ;$$

ce qui fournit les deux relations $am + bn = 1$, $a\alpha + b6 + c = 0$, sans lesquelles l'équation précédente spécifierait l'unique intersection de la droite et du plan, qui doit ici devenir indéterminée. La première de ces deux conditions caractéristiques, indépendante des coefficients linéaires de la ligne et de la surface, indique séparément leur parallélisme ; quant à la seconde, elle signifie, en elle-même, que la trace horizontale de la droite appartient à la trace horizontale du plan : en sorte que l'appréciation géométrique explique nettement comment la combinaison de ces deux caractères analytiques constitue exactement la situation proposée.

Dans une telle corelation de l'abstrait au concret, le degré de l'équation finale en z exerce une influence géométrique qu'il importe de bien saisir : car, il y faut voir l'indication analytique du nombre de points qu'une droite doit avoir sur un plan pour y être entièrement contenue ; puisque toute équation du premier degré à une seule inconnue qui comporte deux solutions distinctes est nécessairement satisfaite par toute autre hypothèse quelconque, ce résultat analytique signifie qu'une droite appartient complétement à un plan quand elle y a seulement deux points. Cette appréciation ne fait, sans doute, ici que confirmer un axiome géométrique très-connu. Mais il suffirait de la généraliser entièrement, ce qui ne susciterait aucune difficulté nouvelle, suivant le privilége naturel des vraies conceptions analytiques, pour en tirer une importante détermination, souvent ignorée, quant au nombre de points qu'une droite, ou même ensuite toute autre ligne donnée, doit avoir en commun avec une surface quelconque, afin d'y être entièrement contenue. D'après le même principe, ce nombre serait nécessairement égal à trois envers une surface du second degré, et, en général, surpasserait d'une unité le degré de la surface considérée : car, la substitution analogue des coordonnées horizontales de la droite fournirait une équation finale en z du même degré que celle de cette surface ; en sorte que cette équation deviendrait inévitablement identique si elle admettait des solutions distinctes en nombre supérieur, même d'une seule unité, à ce degré. Envers une courbe quelconque, le nombre analogue excéderait toujours d'une unité le degré de l'équation correspondante en z, alors dépendant à la fois du degré de la surface et de celui de la ligne, suivant une loi algébrique d'ailleurs trop peu connue pour qu'on en puisse d'avance formuler le résultat général.

Le second élément essentiel de la théorie analytique du plan consiste à déterminer l'angle de deux plans d'après leurs équations $z = ax + by + c$ et $z = a'x + b'y + c'$. Cette question ne peut être traitée qu'en ramenant une telle inclinaison à celle de deux droites, suivant les règles géométriques fondamentales. Mais ces règles fournissent, à cet égard, deux modes très-distincts, entre lesquels le choix analytique est loin d'être indifférent. En adoptant celui que la géométrie indique d'abord, les droites auxiliaires résulteraient de la rencontre des deux plans donnés avec un troisième plan, mené, d'un point quelconque, de l'origine, par exemple, perpendiculairement à leur intersection ; ce qui conduirait à un calcul très-laborieux, que je recommande seulement à titre d'exercice scolastique. Suivant l'autre mode, au contraire, les droites sont faciles à obtenir analytiquement, comme étant respectivement perpendiculaires aux deux plans donnés : une remarque ci-dessus expliquée leur assigne ainsi aussitôt les équations

$$x = -az, \quad y = -bz \quad \text{et} \quad x = -a'z, \quad y = -b'z.$$

Telle est la seule difficulté nouvelle que puisse offrir la question actuelle, dès lors ramenée à la formule du chapitre précédent sur l'inclinaison de deux droites, sans qu'il convienne ici de s'arrêter spécialement à une répétition algébrique qu'il vaudra mieux opérer à l'instant du besoin : avec nos notations actuelles, la formule serait d'ailleurs littéralement la même qu'envers deux droites. On en tirerait naturellement de pareilles conséquences pour les angles de chaque plan avec les plans coordonnés, et, par suite, une semblable transformation pour l'angle de deux plans quelconques d'après leurs inclinaisons simultanées sur trois plans rectangulaires. La relation constante entre ces trois inclinaisons serait ici susceptible d'une nouvelle interprétation géométrique, que je dois expressément signaler, à cause de son utilité réelle en plusieurs occasions intéressantes. Car, en considérant la projection d'une aire plane sur un plan quelconque, le cosinus de l'inclinaison est représenté, d'après un théorème trigonométrique bien connu, par le rapport de l'aire projetée à l'aire inclinée : si donc on substitue de pareils rapports aux trois cosinus considérés dans la relation $\cos^2 X + \cos^2 Y + \cos^2 Z = 1$, elle conduira à reconnaître que le carré de toute aire plane équivaut toujours à la somme des carrés de ses projections simultanées sur trois plans rectangulaires; en sorte que, d'après nos explications antérieures, cette proposition remarquable constitue, au fond, une simple conséquence indirecte du grand théorème de Pythagore.

Quant à l'angle d'une droite, $x = mz + \alpha$, $y = nz + \epsilon$, avec un plan, $z = ax + by + c$, il serait encore plus facile de le ramener aussi à celui de deux droites, soit en comparant la droite donnée à sa projection sur ce plan, soit, ce qui sera analytiquement bien plus commode, en substituant également au plan sa normale $x = -az$, $y = -bz$, pourvu qu'on prît ensuite le complément de l'inclinaison obtenue. La formule fondamentale du chapitre précédent conduirait ainsi à

$$\sin V = \frac{1 - ma - nb}{\sqrt{(a^2 + b^2 + 1)\,(m^2 + u^2 + 1)}}.$$

On y vérifie aussitôt la condition ci-dessus trouvée pour le parallélisme entre la droite et le plan : quant au cas de rectangularité, la relation se décomposerait spontanément en deux autres, suivant un mode algébrique déjà expliqué.

Enfin, le dernier élément indispensable à la théorie analytique du plan consiste à déterminer l'intersection de deux plans d'après leurs équations. Cette question est aussitôt résolue que posée, puisque la droite cherchée se trouve analytiquement exprimée par la coexistence de ces deux équations, suivant les explications fondamentales de l'avant-dernier chapitre. Si, d'ailleurs, de ce premier couple analytique, on veut passer, comme il conviendra ordinairement, au couple final des plans projetants, cette transformation n'offrira aucune difficulté propre à la recherche actuelle, et s'accomplira régulièrement, en chaque cas, d'après la double élimination prescrite, qu'il serait inutile ici de formuler d'avance.

Il ne sera pas plus difficile de déterminer l'intersection d'une droite et d'un plan, en combinant leurs trois équations simultanées pour obtenir les trois coordonnées du point commun.

Ces deux questions se résolvent évidemment, en ce cas, selon le même mode analytique qu'envers toute autre sorte de lieux géométriques, surfaces ou lignes.

140. Parmi les nombreuses recherches composées qui, dans la théorie analytique du plan, peuvent résulter de la combinaison de ces trois problèmes indispensables, il faut ici, comme envers la ligne droite, distinguer surtout, soit à titre de type, soit en vertu de son utilité réelle, la détermination de la distance p d'un point (x', y', z') à un plan $(z = ax + by + c)$. D'après les équations de la perpendiculaire correspondante,

$$ x - x' = -a\,(z - z'),\; y - y' = -b\,(z - z'), $$

on peut calculer les coordonnées de son pied ; mais, comme la longueur cherchée dépend seulement de la différence de ces coordonnées à celles du point donné, on abrégera sensiblement l'opération algébrique en écrivant d'abord l'équation du plan sous la forme $z - z' = a\,(x - x') + b\,(y - y') + d$, d désignant provisoirement le polynome connu $ax' + by' + c - z'$. On trouvera ainsi la formule très-usuelle

$$ p = \frac{ax' + by' + c - z'}{\sqrt{a^2 + b^2 + 1}}, $$

assez simple pour être aisément retenue, et dont le souvenir se liera d'ailleurs profondément à celui de la formule analogue en géométrie plane, qui en constitue naturellement une simple modification spéciale. Il serait facile de l'obtenir trigonométriquement de la même manière que celle-ci, à l'aide du triangle rectangle formé par le prolongement de la verticale du point donné jusqu'au plan donné. On y remarque, comme dans le cas plan, qu'elle est rationnellement composée en fonction des coordonnées du point. Au reste, la rationalité de cette formule et l'irrationalité de celle du chapitre précédent pour la ligne droite étaient susceptibles de prévision géométrique, en considérant, de part et d'autre, le lieu naturel des points équidistants, dont l'équation doit être évidemment du premier degré à l'égard du plan et du second envers la ligne droite.

La formule précédente fournirait commodément l'équation du plan bissecteur de l'angle de deux plans donnés, en y voyant le lieu des points équidistants de ceux-ci ; ce qui, en quelques occasions utiles, éviterait de longs circuits algébriques.

On peut aussi l'appliquer heureusement, en un cas plus important, pour obtenir l'expression de la moindre distance de deux droites données, abstraction faite des points correspondants, comme je l'ai annoncé à la fin du chapitre précédent. Il suffit, en effet, de substituer à cette distance celle, évidemment équivalente, d'un point arbitraire de l'une des droites au plan qui lui serait mené parallèlement par l'autre. En utilisant convenablement ce qu'un tel calcul renferme de facultatif, on trouvera sans peine la formule finale

$$\frac{(a-a')\,(\beta-\beta')-(b-b')\,(\alpha-\alpha')}{\sqrt{(a-a')^2+(b-b')^2+(ab'-a'b)^2}}.$$

Sa composition satisfait aussitôt à l'évidente condition de s'annuler spontanément quand les deux droites se rencontrent : je laisse au lecteur le soin d'y apprécier le cas exceptionnel du parallélisme, où elle semble d'abord devenir indéterminée.

Toute autre explication spéciale serait ici superflue envers les questions composées relatives à la théorie analytique du plan, et qui, essentiellement inapplicables, ne peuvent offrir d'utilité didactique qu'à titre de simples exercices, dont l'efficacité résulte surtout de leur spontanéité. J'engage seulement le lecteur à chercher ainsi, d'après les coördonnées de quatre points quelconques de l'espace, soit le volume du tétraèdre correspondant, soit les rayons des deux sphères qui lui seraient inscrite et circonscrite : sans même achever ces laborieux calculs, leur institution nette exercera utilement à la combinaison familière des trois éléments essentiels de la théorie préliminaire que nous venons d'établir.

CHAPITRE IV.

Théorie de la transposition des axes dans l'espace.

141. La nature et la destination de cette dernière théorie préliminaire comportent ici les mêmes réflexions générales qu'en géométrie plane : il n'y a maintenant de nouveau que la plus grande difficulté d'établir les formules correspondantes et leur complication supérieure. Sans revenir expressément sur des explications que chaque lecteur étendra spontanément, il est clair qu'une telle théorie doit être aussi indispensable à l'étude générale des surfaces qu'à celle des lignes, soit pour découvrir l'identité des lieux géométriques malgré la diversité de leur représentation analytique quand la différence ne résulte que des situations respectives, soit pour simplifier autant que possible l'équation propre à chaque lieu en assignant aux axes la position la plus favorable; le premier office continue d'ailleurs à être ordinairement plus important que le second. Quant au nombre nécessaire des constantes arbitraires que doivent contenir les nouvelles formules de transposition, il devient naturellement plus grand que pour le cas plan : le déplacement de l'origine, qui correspond toujours à la translation des lieux, introduira trois éléments linéaires ; le changement de direction des axes exigera, en général, la considération de six angles, puisque, dans l'espace, toute direction se détermine naturellement par deux angles ; mais, si l'inclinaison des axes demeure la même qu'auparavant, ce qui représente, en sens inverse, la rotation des lieux, ces six angles arbitraires se réduiront spontanément à trois, les inclinaisons données suppléant aux trois autres. Ainsi, en principe, ces formules contiendront nécessairement six constantes arbitraires, trois linéaires et trois angulaires, lorsqu'on les emploiera à la comparaison géométrique de deux équations distinctes ; elles en renfermeraient, au contraire, jusqu'à neuf, trois linéaires et six angulaires, quand on les appliquerait à la simplification algébrique de chaque équation isolée. Toutefois, même pour cette seconde destination, les constantes disponibles ne sont pas habituellement plus nombreuses que pour la première, parce qu'on préfère ordinairement maintenir la rectangularité des axes ; quoique leur obliquité permît, sans doute, de supprimer trois termes de plus, elle complique tellement l'interprétation géométrique qu'on doit ici l'éviter encore plus soigneusement qu'en géométrie plane.

En procédant, comme au n° 30, d'après la décomposition naturelle de la question fondamentale, considérons d'abord le simple changement d'origine. Les nouveaux axes étant parallèles aux anciens, il est clair que les deux coordonnées analogues d'un point quelconque auront entre elles une différence constante, égale à l'intervalle des plans fixes où elles aboutissent respectivement, et représentant le déplacement d'origine correspondant. Ainsi, les formules de transposition seront encore

$$x = x' + a, \quad y = y' + b, \quad z = z' + c,$$

a, b, c, désignant les anciennes coordonnées de la nouvelle origine, et se trouvant, par conséquent, affectées, en chaque cas, d'un signe indispensable, sans l'appréciation duquel ces formules manqueraient de généralité.

Le changement de direction des axes autour de la même origine, qui constitue la principale difficulté d'un tel sujet, offre ici plus d'embarras qu'en géométrie plane, où la solution trigonométrique était presque aussi facile à instituer qu'à exécuter, tandis que maintenant elle exigerait naturellement de pénibles comparaisons entre des lignes appartenant à des plans différents. Ces obstacles sont assez graves pour susciter l'application d'un nouveau principe géométrique dû à Carnot, et qui, d'ailleurs très-utile en beaucoup d'autres recherches, dissipe heureusement toutes les complications de la question actuelle. Il consiste en ce que, si l'on projette, sur un axe quelconque, un contour rectiligne fermé, d'ailleurs plan ou gauche, la projection de chaque côté sera toujours égale à la somme algébrique des projections de tous les autres. Exposons d'abord l'explication générale de cette importante relation.

Par sa nature, il suffit de l'avoir constatée envers un simple triangle pour acquérir aussitôt le droit de l'étendre successivement à un polygone quelconque, formé d'une suite de triangles contigus, qui peuvent d'ailleurs être situés en des plans différents. Afin d'en mieux caractériser la notion, bornons-nous donc à considérer ce cas fondamental, quoique la démonstration pût directement convenir à tout contour fermé. On évitera toute obscurité, à cet égard, si l'on apprécie préalablement, en général, la double manière dont peut être comptée, d'après la loi du signe concret, la projection de chaque côté, évidemment susceptible d'inversion selon le sens dans lequel on parcourt l'une et l'autre ligne. Cette opposition de signe est fidèlement traduite par l'expression algébrique de la projection, proportionnellement au cosinus de l'inclinaison du côté sur l'axe : car, le signe de ce cosinus change spontanément suivant celle des deux extrémités que l'on regarde comme initiale, en concevant l'autre comme finale, puisque l'angle avec l'axe, toujours compté dans le même sens, suivant le précepte trigonométrique, augmente alors de 180°.

D'après cet éclaircissement préalable, le principe des projections linéaires ne peut offrir aucune difficulté, en considérant la succession nécessaire des projections de deux côtés consécutifs, comparées à la projection du troisième côté du triangle correspondant. La seconde projection se juxtaposera ou se superposera à la première, selon que le second côté fera, comme le premier, un angle aigu avec l'axe, ou bien un angle obtus : or, la projection du troisième serait alors, évidemment, tantôt la somme, tantôt la différence géométrique de ces deux premières projections, dont elle représentera donc toujours la somme algébrique, en ayant égard aux signes simultanés des cosinus. Même quand le second côté prend une direction perpendiculaire à l'axe, auquel cas sa projection n'altère nullement celle du premier, la relation subsistera encore, puisque le terme correspondant s'annulera spontanément. On voit que, dans un tel énoncé, il faut considérer le dernier côté comme ayant la même origine que le premier ; si on l'estimait naissant de son autre extrémité, c'est-à-dire suivant le parcours naturel du circuit total, sa projection changerait de signe, et le théorème consisterait en ce que la somme des projections de tous les éléments d'un contour fermé reste constamment nulle envers un axe quelconque.

L'importance de ce principe géométrique m'engage à indiquer une autre manière générale de l'envisager, qui pourra dissiper ou prévenir, à cet égard, toute confusion. Si l'on substitue à l'axe considéré un plan qui lui soit perpendiculaire, et qui d'ailleurs laisse du même côté tous les points proposés, il est clair que la projection de chaque ligne sur l'axe primitif se trouvera représentée par l'excès de distance à ce plan d'une de ses extrémités comparée à l'autre : la double manière d'instituer cette comparaison d'éloignement correspond spontanément au double sens de la projection. Or, en parcourant successivement tous les sommets d'un contour fermé, triangulaire ou polygonal, plan ou gauche, l'écartement progressif envers un tel plan, toujours augmenté algébriquement des divers écartements partiels, doit nécessairement se retrouver nul quand, après avoir parcouru le circuit entier, on sera revenu au point de départ. De là résulte la relation proposée, d'abord sous sa seconde forme, et par suite aussi sous la première, en renversant le mode d'estimation propre au dernier côté, comparé à l'ensemble des autres.

142. Il est maintenant facile de déduire de ce principe les formules propres au changement de direction des axes, dans l'espace, autour d'une même origine, surtout en supposant les anciens axes rectangulaires, ce qui constitue le seul cas usuel, hors duquel il serait ici superflu de statuer, quoique la marche fût essentiellement semblable. Car, envers des axes quelconques, les trois coordonnées OP', P'M', N'M (*fig.* 82) d'un même point peuvent être regardées comme formant un quadrilatère gauche, fermé par la distance OM de ce point à l'origine, et auquel on peut appliquer le principe des projections. D'un autre côté, la projection de cette diagonale OM sur chacun des axes OX, OY, OZ, équivaut évidemment à l'ordonnée correspondante du point M. Si donc on considère le quadrilatère ainsi formé des nouvelles coordonnées x', y', z', et qu'on le projette successivement sur les anciens axes des x, des y, et des z, on obtiendra aussitôt les formules cherchées,

$$x = x' \cos X'X + y' \cos Y'X + z' \cos Z'X$$
$$y = x' \cos X'Y + y' \cos Y'Y + z' \cos Z'Y$$
$$z = x' \cos X'Z + y' \cos Y'Z + z' \cos Z'Z ,$$

en adoptant, pour les neuf angles ainsi introduits spontanément, la lumineuse notation de Carnot, fondée sur la coexistence des deux lettres qui indiquent les deux côtés de chaque angle. En géométrie plane, nous avons pu perfectionner cette notation, sans la rendre moins expressive, parce que, tous les angles considérés se trouvant alors formés avec une même droite, la mention formelle de celle-ci devenait superflue, et la désignation pouvait se réduire à une seule lettre, relative au côté variable. Mais, dans l'espace, une telle abréviation ne comporterait plus assez de clarté : quant à l'usage de lettres insignifiantes , ses inconvénients géométriques surpassent beaucoup ses avantages algébriques.

L'apparente simplicité des formules précédentes tient à l'emploi d'un trop grand nombre d'angles , qui ne sauraient jamais être envisagés comme indépendants les uns des autres, même quand l'inclinaison des nouveaux axes resterait arbitraire : puisque chacun de ceux-ci y a été déterminé par ses inclinaisons sur les trois axes anciens , dont deux suffisent évidemment. Ainsi , l'usage de ces formules doit toujours être accompagné de la considération effective des relations nécessaires qui existent entre ces angles , et qui sont, d'après l'avant-dernier chapitre,

$$\cos^2 X'X + \cos^2 X'Y + \cos^2 X'Z = 1$$
$$\cos^2 Y'X + \cos^2 Y'Y + \cos^2 Y'Z = 1$$
$$\cos^2 Z'X + \cos^2 Z'Y + \cos^2 Z'Z = 1.$$

En outre, quand les nouveaux axes seront pareillement rectangulaires, la règle d'Euler fournira trois autres relations

$$\cos X'X \cos Y'X + \cos X'Y \cos Y'Y + \cos X'Z \cos Y'Z = 0$$
$$\cos X'X \cos Z'X + \cos X'Y \cos Z'Y + \cos X'Z \cos Z'Z = 0$$
$$\cos Y'X \cos Z'X + \cos Y'Y \cos Z'Y + \cos Y'Z \cos Z'Z = 0,$$

dont la combinaison avec les précédentes permettrait de réduire les formules de transposition à ne contenir que trois angles indépendants, conformément à la nature de la question. Ces deux groupes des relations indispensables au passage habituel d'un système d'axes rectangulaires à un autre pourraient aussi prendre une forme inverse, en comparant, dans le premier, les inclinaisons simultanées de chacun des anciens axes sur les trois nouveaux, et en formulant, dans le second, la rectangularité des anciens axes entre eux, d'après ces mêmes inclinaisons.

143. On peut établir les formules précédentes, ainsi que les conditions qui s'y rapportent, suivant un autre mode général, purement analytique, qu'il importe maintenant de caractériser en considérant immédiatement le cas le plus étendu, où les axes changent à la fois d'origine et de direction. Cette marche, éminemment rationnelle, due à Lagrange, repose sur l'évidente appréciation de la nature nécessaire de telles formules, qui doivent être du premier degré, sous la forme

$$x = a + mx' + ny' + pz',$$
$$y = b + m'x' + n'y' + p'z',$$
$$z = c + m''x' + n''y' + p''z',$$

afin que leur substitution ne puisse pas altérer le degré de l'équation de chaque lieu, degré qui ne saurait changer avec la situation. Si on conservait, à cet égard, quelque incertitude, il suffirait de considérer que ces formules sont nécessairement communes à toutes les équations possibles, en tant que relatives à chaque point isolément envisagé, à quelque lieu qu'il puisse appartenir : d'après ce motif irrécusable, la permanence effective du degré envers certains lieux particuliers, dont on connaît le type analytique le plus général, convenable à toutes leurs positions quelconques, comme à l'égard du plan ou de la sphère, etc., démontrerait complétement que les formules de transposition doivent être ainsi constituées, même quand on n'aurait constaté qu'un seul exemple semblable.

La difficulté étant alors réduite à déterminer les coefficients constants des expressions précédentes, on y parvient aisément, suivant la marche ordinaire, par l'examen direct de quelques cas particuliers suffisamment connus. Quant aux termes indépendants de x', y', z', et qui, d'après la loi d'homogénéité, doivent géométriquement être linéaires, ils constituent évidemment les valeurs de x, y, z, pour $x'=0$, $y'=0$, $z'=0$; et par conséquent, ils désignent nécessairement les anciennes coordonnées de la nouvelle origine, comme on l'avait autrement trouvé ci-dessus. D'ailleurs, leur mode d'association analytique à l'ensemble des autres termes indique clairement que la variation totale résultée des changements simultanés d'origine et de direction, est la somme des variations partielles dues à chaque sorte de transposition successive. On peut donc, pour déterminer les coefficients des termes variables, simplifier les formules en y concevant la fusion des termes indépendants dans le premier membre, sans diminuer nullement la généralité de cette opération, envers des constantes dont la loi d'homogénéité annonce déjà la nature purement angulaire. Cela posé, les trois coefficients de x', par exemple, s'obtiendront aisément, d'après une hypothèse propre à réduire les seconds membres à m, m', m'', c'est-à-dire, en faisant $y'=0$, $z'=0$ et $x'=1$. Ainsi, ces trois constantes équivalent aux coordonnées anciennes d'un point pris sur l'axe des x', à la distance 1 de la commune origine. Or, si l'on considère, d'une part, que ces coordonnées peuvent être regardées comme les projections de cette distance sur les anciens axes, et d'une autre part, que ces projections sont mesurées par les cosinus des angles correspondants, on reconnaîtra finalement que m, m' et m'', désignent respectivement les cosinus des angles de l'axe des x', avec les trois axes des x, des y et des z. Par une semblable détermination envers les coefficients de y' et de z', on achèverait de reproduire exactement les formules fondamentales du n° précédent.

Quant aux six relations nécessaires des neuf constantes angulaires, elles résulteraient simultanément de ce que la fonction $x^2 + y^2 + z^2$ doit rester invariable en changeant le système des axes rectangulaires, comme exprimant diversement la distance d'un même point quelconque à la commune origine. Or, si on développe cette condition $x^2 + y^2 + z^2 = x'^2 + y'^2 + z'^2$, d'après les formules précédentes, on trouvera aussitôt les deux groupes de relations cherchés,

$$m^2 + m'^2 + m''^2 = 1, \quad n^2 + n''^2 + n''^2 = 1, \quad p^2 + p''^2 + p''^2 = 1,$$
$$mn + m'n' + m''n'' = 0, \quad mp + m'p' + m''p'' = 0, \quad np + n'p' + n''p'' = 0.$$

Lorsque les nouveaux axes sont obliques, le second groupe est modifié, conformément à la formule correspondante des distances (*) $x'^2 + y'^2 + z'^2 + 2x'y'\cos X'Y' + 2x'z'\cos X'Z' + 2y'z'\cos Y'Z'$: il est digne de remarque que cette modification reproduit spon-

---

(*) Au sujet de cette formule des distances, dans l'espace, en coordonnées obliques, il convient de noter la facilité de formation qu'y offrirait le principe des projections, en considérant d'abord la relation résultée du triangle analogue à celui que nous avons considéré envers des axes rectangulaires. On aurait ainsi, en premier lieu, $d^2 = (z'' - z')^2 + d^2 + 2(z'' - z')d\cos\alpha$, d désignant la distance des projections horizontales correspondantes, et α son inclinaison sur l'axe des z. La formule plane déjà établie donnerait ensuite $d^2 = (y'' - y')^2 + (x'' - x')^2 + 2(y'' - y')(x'' - x')\cos YX$. Quant au dernier terme $2(z'' - z')d\cos\alpha$, il suffit alors d'y envisager le facteur $d\cos\alpha$ comme mesurant la projection de d sur l'axe vertical : car, en la comparant à celles des horizontales $y'' - y'$ et $x'' - x'$, le principe des projections permettra aussitôt de la remplacer par $(y'' - y')\cos YZ + (x'' - x')\cos XZ$, ce qui achève d'établir la formule cherchée.

tanément le théorème d'Euler $\cos X'Y' = mn + m'n' + m''n''$, dès lors conçu d'une manière purement analytique.

144. Pour compléter la théorie de la transposition des axes, il nous reste maintenant à considérer une indispensable transformation angulaire, destinée à dispenser de toute relation étrangère aux formules fondamentales, en rapportant tous leurs coefficients primitifs à trois angles seulement, dès lors pleinement indépendants. Sans doute, une telle réduction n'exigerait ici aucune appréciation nouvelle, si on prenait ces trois angles parmi les neuf déjà introduits, et entre lesquels nous avons établi six équations supplémentaires, qui permettraient d'exprimer les uns d'après les autres. Mais, à l'inspection de ces relations, on voit que les six expressions finales qu'elles fourniraient se trouveraient trop compliquées pour une destination aussi usuelle, à cause des dénominateurs, et surtout des radicaux, dont elles seraient surchargées. Si donc, on devait conserver les angles primitifs, il serait encore préférable de les garder tous, en se résignant à prendre chaque fois en considération effective ces six conditions nécessaires, plutôt que d'altérer autant la simplicité des formules générales en les y insérant ainsi d'avance implicitement. Telle est la seule marche qu'il faudrait habituellement suivre, quelque pénible qu'elle soit réellement, sans l'heureuse idée d'Euler qui, étendant à la géométrie abstraite un usage depuis longtemps familier en astronomie, a irrévocablement dissipé cette fâcheuse alternative en choisissant trois nouveaux angles auxquels tous les précédents peuvent se rapporter selon des formules très-simples, dont l'introduction dispense désormais, à cet égard, de toute équation accessoire.

Ce mode consiste à déterminer la situation du nouveau système rectangulaire envers l'ancien en considérant d'abord l'angle φ formé avec l'axe primitif des x par l'intersection des deux plans $x'y'$ et xy, ensuite l'inclinaison mutuelle θ de ces plans, et enfin l'angle ψ de leur intersection avec le nouvel axe des x'. Un tel procédé ne constitue, au fond, qu'une imitation judicieuse de l'usage universel des astronomes qui, depuis Hipparque, caractérisent la situation relative des diverses orbites planétaires, d'après la direction de leur trace sur le plan de l'écliptique, leur obliquité par rapport à celui-ci, et l'inclinaison de leur axe sur la ligne des nœuds. Quoi qu'il en soit de l'originalité d'un tel système angulaire, on ne peut méconnaître sa pleine efficacité analytique, puisque la formule fondamentale de la résolution des angles trièdres ou des triangles sphériques,

$$\cos a = \cos b \cos c + \sin b \sin c \cos A,$$

suffira toujours directement pour y exprimer très-simplement les huit angles primitifs, le neuvième ZZ' étant ici seul conservé, sous le nouveau nom de θ, comme égal à l'inclinaison mutuelle des deux plans $x'y'$ et xy. Tout se réduit, en effet, envers chacun de ces angles, à considérer l'angle trièdre dont il forme une face, et dont l'arête opposée est toujours l'intersection auxiliaire OT (*fig.* 82) de ces deux plans. Ainsi, pour transformer $\cos X'X$, premier coefficient de la formule de x, on aura, dans l'angle trièdre $X'XT$,

$$\cos X'X = \cos \varphi \cos \psi + \sin \varphi \sin \psi \cos \theta;$$

on calculera de même $\cos Y'X$ d'après l'angle trièdre $Y'XT$, et on pourrait même le déduire du précédent, par le changement de ψ en $90° + \psi$: quant à $\cos Z'X$, l'angle trièdre correspondant $Z'XT$ aura une face rectangulaire $Z'T$, ce qui simplifiera la formule de transformation, en la réduisant au second terme, qui donnera $\cos Z'X = \sin \varphi \cos (90° + \theta) = - \sin \varphi \sin \theta$. Les trois coefficients propres à la formule de y se trouveront comme les précédents, et pourront d'ailleurs en dériver, si on y remplace partout φ par 90°$+\varphi$. Enfin, la transformation sera encore plus facile quant à z, à cause de la rectangularité spontanée d'une des faces de chaque angle trièdre, le dernier coefficient étant d'ailleurs conservé. C'est ainsi que les formules de transposition prennent aisément leur forme définitive, heureusement affranchie de toute relation extérieure,

$$x = x' (\cos \varphi \cos \psi + \sin \varphi \sin \psi \cos \theta) +$$
$$+ y' (-\cos \varphi \sin \psi + \sin \varphi \cos \psi \cos \theta) - z' \sin \varphi \sin \theta + a$$
$$y = x' (-\sin \varphi \cos \psi + \cos \varphi \sin \psi \cos \theta) +$$
$$+ y' (\sin \varphi \sin \psi + \cos \varphi \cos \psi \cos \theta) - z' \cos \varphi \sin \theta + b$$
$$z = x' \sin \psi \sin \theta + y' \cos \psi \sin \theta + z' \cos \theta + c.$$

145. Nous devons, enfin, apprécier une importante modification spéciale de ces formules générales, destinée à rapporter l'équation d'une courbe plane à des axes pris dans son plan, de manière à permettre d'étudier désormais cette ligne d'après une équation unique, suivant le mode plan. Si les nouveaux axes des x' et des y' appartenaient au plan, supposé connu, de la courbe donnée, $f_{1,}(x, y, z) = 0$, $f_{2}(x, y, z) = 0$, il suffirait alors de substituer les formules précédentes dans l'une ou l'autre de ces équations, ce qui, en ce cas, serait indifférent, et d'y faire ensuite $z' = 0$, ce qui devrait tenir lieu, d'après l'hypothèse, de la seconde équation. Mais, on peut d'abord abréger beaucoup l'ensemble de ce calcul, en supposant $z' = 0$ avant d'accomplir la substitution, quand la courbe est réellement plane, et que son plan est préalablement déterminé, comme nous le concevons en ce moment. De plus, la disponibilité des nouveaux axes rectangulaires dans ce plan permet d'opérer une simplification encore plus importante, en plaçant leur origine sur l'axe vertical, et dirigeant l'un d'eux parallèlement à la trace horizontale du plan de la courbe, de manière à annuler, d'une part les constantes linéaires a et b, d'une autre part

l'angle ψ. L'ensemble de ces modifications réduit les formules primitives à celles-ci

$$x = x' \cos \varphi + y' \sin \varphi \cos \theta, \quad y = - x' \sin \varphi + y' \cos \varphi \cos \theta,$$
$$z = y' \sin \theta + c,$$

qui ne contiennent que trois données, une linéaire et deux angulaires, relatives au plan de la courbe considérée. On conçoit qu'elles doivent être fort usuelles dans toute la géométrie à trois dimensions, où l'étude des surfaces exige presque toujours l'appréciation de leurs sections planes, qui ne saurait devenir suffisamment nette qu'autant qu'on pourra l'accomplir d'après une seule équation, directement correspondante au plan de chaque courbe. Il faut d'ailleurs concevoir que, quoique la situation ainsi assignée aux nouveaux axes doive être, en général, la plus propre à faciliter, envers de telles courbes, la transition analytique de la géométrie à trois dimensions à la géométrie plane, elle pourra n'être pas toujours la plus convenable, soit géométriquement, soit analytiquement, à l'examen spécial de chacune d'elles. Mais, une fois que cette étude aura été ramenée au mode plan, les changements d'axes qu'elle pourrait ultérieurement exiger s'opéreront suivant les règles ordinaires de la géométrie plane, et leur considération deviendrait entièrement étrangère à notre sujet actuel, où il s'agissait uniquement d'instituer, le plus simplement possible, ce passage indispensable.

L'utilité prononcée de ces formules spéciales m'engage à indiquer au lecteur le moyen de les établir directement, sans les déduire des formules générales de transposition. Or, en écartant le déplacement d'origine, qui n'y peut susciter aucune difficulté, leur formation immédiate est naturellement suggérée par l'analogie spontanée des deux premières avec celles qu'indique la géométrie plane pour changer la direction des axes rectangulaires ; car, celles-ci n'en diffèrent réellement que par le changement de y' en $y'\cos\theta$, sauf un renversement de signes, purement facultatif, envers l'angle φ, ici compté en sens inverse du cas plan. D'après cette indication, qu'on imagine, dans le plan xy, un axe auxiliaire OU (*fig.* 82) perpendiculaire à l'axe OT, qui est maintenant celui des x'; les formules planes que je viens de rappeler permettront de passer des coordonnées x et y aux coordonnées x' et u de la projection horizontale H du point N' que l'on considère arbitrairement sur le plan $x'y'$; dès lors, le triangle rectangle N'HQ fournira aisément le moyen d'élimi ner u ou HQ, et aussi d'exprimer la troisième coordonnée z ou N'H, d'après l'hypoténuse N'Q ou y' et l'angle connu N'QH ou θ; ce qui reproduira exactement les formules précédentes.

146. Quand la courbe donnée $f_1(x, y, z)=0$, $f_2(x, y, z)=0$, sera réellement plane, mais sans qu'on en soit averti, son plan étant d'ailleurs encore inconnu, la méthode précédente restera pareillement applicable, en y concevant alors indé- terminées les trois constantes φ, θ et c, ce qui n'empêchera nullement la substitution de nos formules. Seulement, cette substitution, qui n'était d'abord indispensable qu'envers l'une des deux équations proposées, devra maintenant s'accomplir dans toutes deux, afin de constater la nature plane de la courbe considérée et de déterminer son plan, d'après l'identi- fication totale des deux résultats par des valeurs convenables des constantes disponibles φ, θ et c. Lorsque cette coïncidence ne saurait s'établir de quelque manière qu'on dispose de ces trois éléments du plan supposé, il sera démontré que la courbe en question n'est pas véritablement plane.

Cette opération analytique pouvant s'accomplir entièrement sans que les coefficients des deux équations primitives soient déterminés, pourvu que l'indétermination ne s'étende pas aux exposants, une telle méthode, poussée jusqu'à sa plus grande extension fondamentale, permettra de résoudre un problème important de géométrie générale, en découvrant analytiquement les conditions, de situation ou de grandeur, sous lesquelles l'intersection de deux surfaces quelconques, données d'espèce, deviendra une courbe plane. Il suffira, en effet, après avoir disposé de φ, θ et c, de manière à satisfaire à trois des relations de coïncidence ci-dessus prescrites, de substituer leurs valeurs dans les autres relations de ce genre, qui exprimeront alors les conditions propres aux coefficients des deux surfaces en cas d'intersection plane.

Soient, par exemple, les deux cylindres, elliptiques ou hyperboliques, $x^2 + pz^2 = q$, $y^2 + mz^2 = n$. Les deux substitutions indiquées conduiront aux relations de coïncidence

$$\frac{\cos\varphi\sin\varphi\cos\theta}{\cos^2\varphi} = -\frac{\sin\varphi\cos\varphi\cos\theta}{\sin^2\varphi},$$

$$\frac{\sin^2\varphi\cos^2\theta + p\sin^2\varphi}{\cos^2\varphi} = \frac{\cos^2\varphi\cos^2\theta + m\sin^2\theta}{\sin^2\varphi},$$

$$\frac{cp\sin\theta}{\cos^2\varphi} = \frac{cm\sin\theta}{\sin^2\varphi}, \quad \frac{pc^2 - q}{\cos^2\varphi} = \frac{mc^2 - u}{\sin^2\varphi},$$

la première donne $\theta = 90°$, la seconde $\operatorname{tang}\varphi = \sqrt{\dfrac{m}{p}}$, et la troisième laisse c indéterminé; ainsi, quand l'intersection est plane, son plan est vertical et passe par l'axe des z, sous un angle connu avec l'axe des x. D'après ces éléments, la quatrième relation fournit la condition cherchée $pn = mq$, qui signifie géométriquement que les deux bases, d'abord de même espèce, doivent avoir des axes verticaux d'égale longueur, quels que soient d'ailleurs leurs axes horizontaux.

SECONDE PARTIE.

THÉORIE GÉNÉRALE DES SURFACES COURBES,

D'APRÈS LEUR CLASSIFICATION ANALYTIQUE PAR FAMILLES VRAIMENT NATURELLES.

PRÉAMBULE.

147. Toutes les théories générales que nous avons établies dans la seconde partie de la géométrie plane, s'étendent naturellement à la géométrie à trois dimensions, soit pour les surfaces, soit pour les lignes, sans exiger ici aucune nouvelle explication fondamentale. Le régime didactique ordinaire oppose seul de véritables obstacles à cette extension spontanée, en dissimulant la généralité intrinsèque des principales conceptions de la géométrie analytique, sous leur vicieuse adhérence à quelques cas spéciaux. Mais, ces divers principes ayant été, dans ce traité, conçus et exposés d'une manière pleinement générale, tout lecteur qui les aura suffisamment compris pourra, de lui-même, les appliquer, sans aucune difficulté sérieuse, à cette nouvelle destination, en y opérant, d'ailleurs, quand il le faudra, les modifications convenables. Cette facile élaboration spontanée, qui constitue l'un des avantages essentiels de la marche que j'ai établie, me permettra ici d'abréger beaucoup l'étude analytique des surfaces, en la réduisant surtout aux seules conceptions qui lui sont vraiment propres, et qui n'ont aucun analogue en géométrie plane : en même temps ces notions supérieures, trop souvent inaperçues jusqu'à présent au milieu d'une foule de détails superflus ou déplacés, seront ainsi plus nettement saisies et plus complétement appréciées. Je vais donc me borner maintenant, quant aux différentes théories déjà traitées en géométrie plane, à quelques rapides indications caractéristiques, destinées, soit à faciliter, à leur égard, le travail personnel du lecteur, soit à y signaler quelques modifications dont nous aurons lieu ensuite de considérer l'application usuelle.

La première d'entre elles, relative au nombre de points déterminant s'étend directement aux surfaces, aussi bien dans sa méthode subsidiaire que dans ses principes fondamentaux, sans exiger aucun autre amendement que celui naturellement relatif au nouveau nombre des coordonnées, et qui prescrira de compter désormais chaque point singulier comme équivalent, pour la détermination d'une surface quelconque, non plus à deux points ordinaires, mais à trois. Envers les lignes, la modification est plus profonde et plus délicate, à cause de la dualité actuelle de leur expression analytique, dont l'influence, quoique toujours facile à prévoir, a été, sous ce rapport, mal appréciée quelquefois. Nous avons eu déjà l'occasion de la caractériser pour la ligne droite, de manière à indiquer nettement sa tendance générale. Il faut surtout y remarquer que le nombre de points déterminant, à l'égard d'une courbe quelconque, est alors la moitié de celui des constantes arbitraires ou des coefficients indéterminés propres au couple analytique le plus simple et le plus général dont elle soit susceptible, puisque chaque passage fournit maintenant deux relations au lieu d'une seule. Ce nombre total de constantes ou de coefficients doit donc être toujours pair, et il y aurait un contre-sens grossier à le supposer jamais impair : s'il se présentait d'abord comme tel, ce serait un motif suffisant d'assurer, ou que les équations n'ont pas toute la généralité convenable, ou qu'elles contiennent quelque paramètre superflu. Par exemple, en concevant le cercle d'après la rencontre d'une sphère et d'un plan, ce qui constitue, dans l'espace, son meilleur mode d'expression analytique, ses équations semblent être

$$(a-\alpha)^2+(y-6)^2+(z-\gamma)^2=r^2, \; z=ax+by+c ;$$

mais, puisqu'elles renferment sept constantes arbitraires, l'une d'elles est certainement inutile : en effet, quoique le plan doive être unique, la sphère ne l'est pas, et pourrait varier sans faire changer le cercle ; il faut donc restreindre assez cette surface pour qu'elle devienne aussi déterminée que l'autre. On y parvient commodément en assujettissant son centre à faire partie du plan considéré ; en sorte que les équations du cercle prennent finalement la forme pleinement convenable

$$(x-\alpha)^2+(y-6)^2+(z-\gamma)^2=r^2, \; z-\gamma=a\,(x-\alpha)+b\,(y-6),$$

qui offre d'ailleurs accessoirement l'avantage géométrique de ne contenir que des constantes directement relatives à la courbe proposée. Un tel éclaircissement sur ce cas usuel indique assez comment il faudrait procéder envers tout autre.

Notre théorie des tangentes aux courbes planes conduit aisément à former l'équation du plan tangent à une surface quelconque, en concevant ce plan comme le lieu naturel de toutes les tangentes aux diverses sections planes de la surface autour du point considéré. Or, cette notion géométrique, familière en géométrie descriptive, peut être fondée, indépendamment de toute analyse, sur la considération directe de la normale, immédiatement caractérisée par sa propriété de minimum. Dès lors, la formation de l'équation du plan tangent ne peut offrir aucune difficulté, puisqu'elle se réduit aussitôt à exprimer qu'il contient deux droites, préalablement obtenues comme tangentes à deux courbes convenablement choisies sur la surface proposée $f(x, y, z) = 0$. Les coupes les plus favorables résulteront des plans $y = y_i$, $x = x_i$, menés, du point de contact donné (x_i, y_i, z_i), parallèlement à deux des plans coordonnés : leurs équations propres seront, respectivement, $f(x, y_i, z) = 0$, $f(x_i, y, z) = 0$; elles découleront de celle de la surface, en y supposant constants y ou x. Ainsi, les équations des tangentes correspondantes deviendront, d'après notre règle fondamentale,

$$y = y_i, \; x - x_i = -\frac{f'_{z_i}}{f'_{x_i}}(z - z_i), \text{ et } x = x_i, \; y - y_i = -\frac{f'_{z_i}}{f'_{y_i}}(z - z_i).$$

Pour que ces droites soient contenues dans le plan cherché $z - z_i = a\,(x - x_i) + b\,(y - y_i)$, ses coefficients angulaires a et b devront être respectivement égaux aux fractions $-\dfrac{f'_{x_i}}{f'_{z_i}}$ et $-\dfrac{f'_{y_i}}{f'_{z_i}}$. L'équation du plan tangent sera donc finalement

$$f'_{z_i}(z - z_i) + f'_{y_i}(y - y_i) + f'_{x_i}(x - x_i) = 0.$$

On en déduira facilement les équations de la tangente à une courbe quelconque, analytiquement représentée, de la manière la plus générale, par le couple $\varphi(x, y, z) = 0$, $\psi(x, y, z) = 0$, en concevant géométriquement cette tangente comme l'intersection des plans tangents menés, du point considéré, aux deux surfaces correspondantes. Si l'on employait le système des cylindres projetants, on ramènerait plus directement la question à la géométrie plane, puisque les projections de la tangente cherchée devraient toucher les projections respectives de la courbe : mais, au fond, ce mode de réduction ne constituerait encore qu'un cas particulier de la notion précédente. D'après l'ensemble de cette appréciation, on voit que notre méthode fondamentale des tangentes s'étend spontanément à la géométrie à trois dimensions, soit pour les surfaces, soit pour les lignes, et en y conservant le même degré précis de généralité ; en sorte qu'elle s'y trouve pareillement établie, en principe, envers tous les cas possibles , mais également restreinte ici , dans son application effective, aux seules équations algébriques, préalablement rendues rationnelles et entières, par suite d'une semblable influence de la faible instruction analytique exigée en ce traité.

En étendant aux surfaces la définition des diamètres, ces lieux, qui alors deviennent aussi des surfaces, pourront s'obtenir analytiquement de la même manière qu'en géométrie plane, en appliquant chacune des deux méthodes générales que nous y avons établies , avec des modifications trop évidentes pour nécessiter maintenant aucune explication. On pourrait aussi opérer une semblable extension envers la méthode supplémentaire destinée à déterminer spécialement les diamètres rectilignes, ici transformés en diamètres plans : seulement la complication supérieure des nouvelles formules de transposition entraverait beaucoup l'exécution habituelle des calculs qu'elle prescrit.

Il est encore plus facile d'étendre aux surfaces le principe analytique propre à notre théorie des centres, soit à l'égard d'une équation quelconque, soit sous la forme spéciale qui convient aux équations algébriques proprement dites. Envers celle-ci, on pourra même remarquer que, quoique la coexistence de trois variables y multiplie nécessairement les combinaisons d'exposants, les conclusions usuelles restent pourtant identiques ; car, après avoir ainsi apprécié tous les cas, on reconnaîtra finalement que les différents termes continuent à changer ou non de signe, par le changement de signe simultané des trois coordonnées, selon que leur degré est impair ou pair. Le déplacement d'origine indéterminé, destiné à la détermination du centre, sera donc toujours dirigé vers la suppression des termes de degré impair dans les équations de degré pair, ou réciproquement.

Si l'on considère, enfin, notre théorie analytique de la similitude, surtout sous sa dernière forme, on reconnaîtra directement que son extension spontanée aux surfaces n'exige aucune modification, et ne suscite d'autre difficulté nouvelle que l'inévitable complication des calculs de transposition qu'elle exige envers les cas les plus généraux, son principe restant d'ailleurs évidemment identique. Rien n'empêchera non plus l'application convenable, sous les mêmes conditions fondamentales qu'en géométrie plane, de la méthode subsidiaire destinée à dispenser souvent d'une telle élaboration, et qui acquerra ainsi un plus grand prix en suppléant à des opérations algébriques devenues plus pénibles.

148. D'après l'ensemble de cette rapide appréciation, toutes nos conceptions de géométrie générale relatives à l'analyse ordinaire concernent donc essentiellement l'étude des courbes planes, et ne présentent ensuite, à l'égard des surfaces, qu'une simple extension spontanée, dont l'accomplissement n'exige, au fond, aucun nouveau principe important qui soit vraiment propre à une telle destination : je peux assurer d'avance qu'il en est à peu près de même pour les diverses notions géométriques qui exigent l'analyse transcendante. Ainsi, en suivant ici le même plan que dans la géométrie plane, sa seconde partie semble d'abord s'effacer naturellement, ou ne devoir consister qu'en une sorte d'imitation facile. En outre, les explications fondamentales que nous avons établies sur la discussion géométrique des équations à trois variables paraissent également tendre à faire spontanément disparaître la troisième partie de ce système didactique, puisqu'elles ramènent, en général, la discussion des surfaces à l'examen de leurs diverses sections planes, sauf les embarras supérieurs que suscite alors

la concentration finale des résultats obtenus. Quel peut donc être ici l'objet propre de notre étude générale des surfaces, d'où semblent écartés d'avance les deux ordres essentiels de difficultés analytiques envers la double relation élémentaire entre l'abstrait et le concret ?

Pour apprécier convenablement le caractère, éminemment nouveau, de l'élaboration fondamentale qui nous reste à accomplir, il faut concevoir, dans le système total des spéculations géométriques, deux points de vue également universels, qui sont profondément distincts, quoique intimement liés, l'un abstrait, l'autre comparatif. Sous le premier aspect, essentiellement propre à la géométrie plane, il s'agit d'instituer les moyens analytiques d'étudier les propriétés générales des formes quelconques : c'est ce que nous avons fait, d'abord envers les lignes, et par suite quant aux surfaces, pour les conceptions suffisamment accessibles à l'analyse ordinaire, et auxquelles il resterait seulement à joindre les théories plus profondes qui exigent l'analyse transcendante. Au contraire, le second point de vue, où l'on apprécie l'application collective de ces diverses méthodes abstraites aux différentes figures géométriques afin de les classer conformément à l'ensemble de leurs affinités réelles, est jusqu'ici resté presqu'entièrement étranger à la géométrie plane, comme je l'ai plusieurs fois indiqué, surtout au début de sa troisième partie. C'est à la géométrie à trois dimensions qu'il appartenait nécessairement de constituer le nouvel aspect fondamental de la science géométrique, ultérieurement susceptible, sans doute, d'être convenablement étendu à la géométrie plane, où il laisse aujourd'hui, à beaucoup d'égards, une immense lacune. L'étude des courbes, plus simple et plus directe, devait essentiellement fonder, sous la grande impulsion cartésienne, la géométrie générale proprement dite, par les travaux graduels des successeurs de Descartes pendant les deux derniers siècles. Mais, la géométrie comparée, non moins indispensable, et d'ailleurs plus féconde, quoiqu'elle ne pût surgir qu'après, n'a commencé à se caractériser que dans l'étude, plus vaste et plus variée, des surfaces, d'après l'éminente conception fondamentale de Monge sur leur classification rationnelle, dont l'analogue n'existe encore aucunement en géométrie plane. Notre travail actuel est donc destiné surtout à établir convenablement, autant que le comporte la seule analyse ordinaire, cette nouvelle idée mère, qui constitue, à mes yeux, le plus grand pas qu'ait pu faire le système des conceptions géométriques depuis Descartes et Leibnitz, et dont le seul Lagrange, parmi les contemporains de Monge, avait dignement soupçonné la haute portée philosophique, essentiellement méconnue de presque tous les géomètres ultérieurs, devenus de plus en plus insensibles au perfectionnement direct de l'ensemble des pensées mathématiques, par suite de l'empirisme croissant que détermine naturellement le morcellement exagéré de la culture scientifique.

Cette indispensable étude, principal aliment, à la fois scientifique et logique, que la géométrie analytique à trois dimensions puisse spécialement offrir aujourd'hui aux bons esprits, ramènera à de véritables règles, soit la formation, soit la discussion, des équations de surfaces, du moins pour toutes les familles dont l'équation collective a pu être complétement obtenue jusqu'ici. Les applications naturelles que j'aurai lieu d'y expliquer permettront d'ailleurs à cette élaboration finale de remplir accessoirement un office correspondant à celui de notre quatrième partie de la géométrie plane, en faisant suffisamment connaître les principales propriétés caractéristiques des diverses surfaces du second degré, dont toute appréciation plus particulière serait ici superflue et ne tendrait réellement qu'à détourner l'attention de notre objet essentiel.

CHAPITRE PREMIER.

Notions fondamentales sur la classification rationnelle des surfaces.

149. L'étude générale des surfaces étant naturellement plus difficile que celle des lignes, on peut s'étonner d'abord que leur classification rationnelle soit pourtant beaucoup plus avancée, à tel point que la géométrie comparée n'est même dogmatiquement ébauchée jusqu'ici qu'à leur égard, comme nous l'avons souvent reconnu en géométrie plane. Mais une appréciation plus approfondie doit entièrement dissiper ce qu'un tel contraste logique semble offrir de paradoxal, en faisant sentir que, par suite de la multiplicité plus étendue et de la variété plus prononcée inhérente à leur complication supérieure, la comparaison universelle des surfaces donne lieu nécessairement à des caractères plus tranchés et à des rapprochements mieux appréciables que ne saurait le permettre celle des lignes. Une pareille opposition fondamentale se manifeste, en vertu de semblables motifs élémentaires, dans la plus éminente partie de la philosophie naturelle proprement dite, d'où dérivent spontanément les vrais principes de la théorie générale des classifications quelconques, c'est-à-dire dans l'étude des corps vivants, entre le règne animal et le règne végétal : car, le classement des organismes animaux a toujours été beaucoup plus satisfaisant que celui des végétaux, précisément parce que les premiers, étant plus compliqués, et, dès lors, plus multipliés et plus variés, ils comportent des comparaisons plus décisives. Quelque singulier que puisse d'abord sembler ici un tel rapprochement philosophique à certains esprits mal préparés, ce n'est pas sans dessein que j'indique en passant la relation naturelle de ces deux cas scientifiques, dont l'inévitable affinité logique a certainement influé sur le peu de progrès qu'a faits jusqu'à présent la géométrie comparée, depuis sa fondation, plutôt instinctive que systématique, par la grande conception de Monge, encore si imparfaitement appréciée : on conçoit ainsi, en effet, que cette sorte de stagnation doit tenir surtout à la vicieuse éducation des géomètres actuels, qui, d'après un empirique morcellement, restent ordinairement trop étrangers aux études les plus propres à développer, à cet égard, des dispositions vraiment rationnelles.

En opposant directement la notion générale des surfaces à celle des lignes, il est aisé de saisir le motif fondamental de la facilité spéciale que présente nécessairement la première sorte de lieux géométriques à l'établissement d'une classification satisfaisante. Car, les surfaces sont engendrées par le mouvement des lignes, tandis que celles-ci résultent du mouvement d'un simple point. Or, un point n'ayant aucune forme appréciable, les divers lieux qu'il produit ne peuvent différer que suivant la loi de ce mouvement, sans laisser d'accès à aucun attribut caractéristique, qui puisse permettre d'instituer à la fois des distinctions tranchées et des rapprochements généraux, double condition indispensable à tout classement régulier. Les surfaces, au contraire, se rapprochent et se distinguent spontanément d'après la nature de leurs génératrices ; puisque la même ligne, mue diversement, peut engendrer une infinité de surfaces différentes, dont les propriétés respectives seront néanmoins essentiellement analogues, en vertu d'une telle communauté d'origine, de manière à constituer aussitôt des groupes vraiment naturels, d'ailleurs plus ou moins étendus. Aussi, en aucun temps, la classification empirique des lieux algébriques suivant les degrés de leurs équations n'a-t-elle pu acquérir envers les surfaces autant de consistance provisoire qu'à l'égard des courbes : tout en l'employant, les géomètres, même avant Monge, devaient être conduits, par un instinct confus, à sentir son incompatibilité radicale avec le principe évident qui prescrivait de classer les surfaces selon leur mode de génération, de façon à réunir en un même groupe toutes les surfaces cylindriques, en un autre toutes les surfaces coniques, etc , sans considérer les diversités de degrés, ou en ne leur accordant qu'une attention très-secondaire.

150. Pour établir convenablement, d'après ce principe, la conception fondamentale de Monge sur la classification rationnelle des surfaces, il faut en apprécier d'abord la nature géométrique, ensuite l'expression analytique, et enfin constituer l'harmonie nécessaire de ces deux ordres généraux de notions élémentaires.

Sous le premier aspect, nous devons ici nous borner à caractériser rigoureusement l'idée de *famille*, seule pensée hiérarchique qui soit encore suffisamment élaborée en géométrie comparée. Deux surfaces ne sauraient appartenir à une même famille géométrique qu'autant qu'elles sont engendrées par une même ligne : mais cette indispensable condition est bien loin de suffire ; elle donnerait une notion beaucoup trop étendue de ce premier groupe naturel. Une même génératrice, en effet, peut convenir à une infinité de familles de surfaces différentes, comme on le voit, par exemple, même envers la ligne droite, d'où résultent indifféremment la famille des cylindres, celles des cônes, celle des conoïdes, etc., et une multitude d'autres qu'on ne saurait confondre entre elles, malgré les relations spontanées qui doivent y résulter de cette source commune : une ligne plus compliquée, telle que le cercle, admettant encore plus de variété, doit, à plus forte raison , comporter la même remarque. Pour que la famille géométrique soit suffisamment définie , il faut n'y comprendre que des surfaces résultées d'une même génératrice mue suivant la même loi , en laissant seulement indéterminée la directrice qui doit achever de spécifier le lieu produit , en sorte que la diversité de celle-ci constitue réellement l'unique différence essentielle de ces surfaces , dont les équations pourront cependant , à ce titre , offrir successivement tous les degrés algébriques , ou même contenir toutes les fonctions transcendantes. Telle est la juste extension des seuls groupes naturels envers lesquels les conditions fondamentales de la géométrie comparée puissent aujourd'hui être regardées comme suffisamment remplies.

Si cette notion devait rester purement géométrique , elle serait essentiellement dépourvue d'efficacité , puisque les études quelconques de géométrie générale ne sont vraiment susceptibles d'un progrès décisif et soutenu qu'autant qu'elles peuvent se subordonner à des conceptions analytiques , ainsi que nous l'avons pleinement reconnu , en géométrie plane , à l'égard même de recherches beaucoup plus simples. Aussi est-ce surtout dans la découverte du nouveau genre d'équations propre à représenter, non plus des surfaces particulières , mais des familles ainsi définies , qu'a dû consister l'éminent mérite de l'élaboration fondamentale de Monge , avant laquelle les géomètres avaient dû s'élever quelquefois à une pensée tellement naturelle , sans pouvoir lui donner aucune suite importante, faute d'en avoir conçu la représentation analytique.

Cette indispensable représentation repose sur la considération habituelle d'une nouvelle sorte d'équations à trois variables , contenant une fonction arbitraire , mais dont le sens est néanmoins nettement appréciable , quoique plus étendu que celui des équations ordinaires, où l'indétermination se réduit communément aux seuls coefficients, en affectant tout au plus les exposants. Il importe d'abord de concevoir abstraitement une telle interprétation des équations de la forme $f_1(x, y, z) = \varphi(f_2(x, y, z))$ ou, ce qui est équivalent, $\psi(f_1(x, y, z), f_2(x, y, z)) = 0$, les caractéristiques grecques φ et ψ désignant des fonctions entièrement arbitraires, tandis que les caractéristiques romaines f_1 et f_2 indiquent des fonctions déterminées, suivant une notation que je maintiendrai habituellement en toute cette théorie, afin d'y mieux éclaircir le discours analytique. Or, ce qui caractérise directement toute pareille équation à trois variables, c'est la possibilité d'être réduite à deux variables seulement, d'après une transformation toujours assignable. Car, en posant $f_1(x, y, z) = t$ et $f_2(x, y, z) = u$, ces deux équations déterminées permettront, en chaque cas, de rapporter deux des anciennes variables aux deux nouvelles t et u, et à la troisième d'entre elles, suivant des formules exactement définies,

$$x = F_1(t, u, z), \quad y = F_2(t, u, z).$$

Dès lors, la substitution de ces formules dans une équation particulière donnée $f(x, y, z) = 0$ devra la rendre spontanément indépendante de z, si elle est vraiment susceptible de conformité avec le type proposé, qui constitue une relation, $t = \varphi(u)$ ou $\psi(t, u) = 0$, entre t et u seulement. Une telle disparition de z, qui ne saurait certainement avoir lieu envers une équation prise au hasard, sera donc propre à caractériser, par un irrécusable symptôme analytique, les diverses équations spéciales que ce type peut embrasser, à l'exclusion nécessaire de toutes les autres. Ainsi, les équations qui établissent une relation arbitraire entre deux fonctions déterminées de trois variables ont, en elles-mêmes, une acception nettement appréciable, quoique plus étendue que celle des équations ordinaires.

Dans cette explication élémentaire, il importe de sentir que toute sa réalité analytique repose sur la coexistence de trois variables au moins, et qu'elle s'effacerait nécessairement à l'égard des équations à deux variables, qui ne sauraient comporter une telle diminution de pluralité, tendant alors à détruire toute idée de variation, en fixant la valeur de l'unique variable ainsi conservée. La notation analogue envers deux variables seulement, $f_1(x, y) = \varphi(f_2(fx, y))$ ou $\psi(f_1(x, y), f_2(x, y)) = 0$, désigne, en effet, une équation tout aussi pleinement arbitraire que si l'on écrivait simplement $y = \varphi(x)$ ou $\psi(x, y) = 0$. En y appliquant le symptôme précédent, on reconnaît aussitôt qu'il cesse alors d'être caractéristique, puisque cette réduction aux nouvelles variables t et u pourrait alors s'opérer indifféremment, d'après chaque mode de transformation, en une équation quelconque entre x et y. Ce contraste nécessaire des deux cas analytiques mérite une soigneuse appréciation, comme indiquant spontanément, d'après ce qui va suivre, l'impossibilité radicale d'étendre aux courbes le principe de classification que nous allons appliquer aux surfaces ; en sorte que, si jamais le classement des lignes devient vraiment rationnel, ce sera inévitablement d'après une tout autre idée mère, dont rien jusqu'ici ne saurait indiquer le germe propre.

Nous pouvons maintenant constituer directement la conception fondamentale relative à la classification rationnelle des surfaces, en établissant une exacte harmonie élémentaire entre les deux notions générales, l'une géométrique, l'autre analytique, qui viennent d'être expliquées, de manière à montrer que ces nouvelles équations,

$$f_1(x, y, z) = \varphi(f_2(x, y, z)) \text{ ou } \psi(f_1(x, y, z), f_2(x, y, z)) = 0,$$

sont naturellement destinées à représenter, non de simples surfaces, mais des familles proprement dites, suivant la définition précédente. Il faut, pour cela, discuter le lieu géométrique d'une telle équation, dans la vue d'y saisir ce qu'il offre de vraiment caractéristique, abstraction faite de toute hypothèse particulière sur la nature de la fonction arbitraire φ ou ψ. Or, à cet effet, il suffit de remarquer que, quelle que soit cette fonction, l'équation proposée est composée de façon à rendre inévitablement constante l'une des deux fonctions déterminées toutes les fois que l'autre sera supposée l'être. Si donc on conçoit le lieu quelconque de cette équation coupé par une suite de surfaces auxiliaires résultées de l'équation $f_1(x, y, z) = a$, où a désigne un paramètre arbitraire, la seconde équation des sections correspondantes sera nécessairement $f_2(x, y, z) = b$, b étant un autre paramètre analogue, dont la relation au premier reste seulement indéterminée, tant que la fonction φ ou ψ n'est pas définie. Ainsi, toutes les hypothèses relatives à cette dernière fonction auront cela de géométriquement commun que les surfaces correspondantes, malgré leurs inévitables différences, seront pourtant toujours composées des lignes représentées par les équations $f_1(x, y, z) = a$, $f_2(x, y, z) = b$. La nature de ces génératrices, où les constantes a et b restent seules arbitraires, est entièrement déterminée, ainsi que la loi de leur mouvement; la diversité réelle du lieu géométrique, d'après l'indétermination de la fonction φ, pourra toujours être réduite à n'affecter que les directrices successivement combinées avec cette commune génératrice, puisque chaque relation des paramètres équivaudrait sans cesse à une condition de rencontre entre cette courbe mobile et chaque courbe fixe. Nous sommes donc conduits à regarder un tel type analytique comme représentant une véritable famille de surfaces, suivant l'exacte définition préalable de ces groupes géométriques : on ne peut plus conserver aucune incertitude sur la correspondance fondamentale des deux modes d'indétermination, l'un concret, l'autre abstrait.

L'analyse transcendante complète heureusement cette co-relation nécessaire, en permettant de remplacer ces équations directes contenant une fonction arbitraire, par des équations indirectes entre les deux dérivées partielles de la variable dépendante, où cette fonction est entièrement éliminée, et qui deviennent dès lors mieux calculables, sans qu'une telle transformation altère d'ailleurs aucunement l'interprétation géométrique. Mais, quoiqu'un tel complément général soit certainement indispensable pour bien apprécier la puissance et la fécondité de la grande élaboration de Monge, nous pouvons déjà cependant, avec la seule analyse ordinaire, constituer ici essentiellement la classification rationnelle des surfaces, de manière à retirer immédiatement, de cette intéressante étude, une importante efficacité scientifique, aussi bien qu'une haute utilité logique.

151. D'après cette nouvelle idée mère, les familles de surfaces peuvent être multipliées, d'une manière presque machinale, avec autant de facilité que les espèces de courbes en géométrie plane, en attribuant, même au hasard, diverses formes analytiques aux deux fonctions, f_1 et f_2, qui caractériseront, en chaque cas, le mode de génération. Quoique ces hypothèses successives puissent quelquefois coïncider géométriquement, par suite de l'infinie diversité propre à la représentation analytique d'une ligne dans l'espace, on conçoit cependant qu'elles fourniront le plus souvent des familles vraiment distinctes, dont la plupart n'auraient jamais été considérées auparavant, et auraient encore moins reçu un nom propre, qui n'a été accordé jusqu'ici qu'à quelques familles usuelles. En chaque cas, la discussion générale du type analytique proposé, suivant la marche fondamentale que je viens d'établir, caractérisera toujours nettement, avec plus ou moins de facilité d'ailleurs, la famille correspondante.

Soit, par exemple, l'équation $x+y-z = \varphi(x-y+z)$. Les équations de la génératrice seront donc $x+y-z = a$, $x-y+z = b$; or, chacune d'elles représentant un plan de direction constante, dont la distance à l'origine reste seule arbitraire, il s'ensuit que la famille proposée est engendrée par une droite parallèle à la ligne fixe $x+y-z=0$, $x-y+z=0$. Ainsi, quelle que puisse être la fonction φ, l'équation donnée a pour lieu géométrique une surface cylindrique ; et ces deux dernières équations, ou leur équivalent plus simple $x=0$, $y=z$, indiquent que ce cylindre est toujours parallèle à la bissectrice de l'angle de deux des axes coordonnés.

Considérons encore l'équation un peu plus compliquée

$$x+y+z = \varphi \frac{(x-y)}{z},$$

où la génératrice sera représentée par $x+y+z = a$, $x-y = bz$. On y reconnaît aussitôt une ligne droite, mais dont la direction n'est plus invariable. En cherchant à saisir ce que la génératrice offre de fixe, afin d'apprécier la famille géométrique correspondante, il est aisé de découvrir que ces surfaces résultent toujours du mouvement d'une ligne droite parallèlement à un plan donné $x+y+z=0$ et le long de la bissectrice de l'angle des deux axes horizontaux.

Examinons, en dernier lieu, l'équation $z = \varphi(xy)$, relative à une famille qui n'a pas été signalée. Sa génératrice aura pour équations $z = a$, $xy = b$; ce qui annonce une hyperbole dont le centre parcourt l'axe vertical, tandis que ses asymptotes demeurent parallèles aux axes horizontaux, son sommet se mouvant d'ailleurs arbitrairement dans le plan bissecteur de deux des plans coordonnés.

Je ne saurais trop recommander au lecteur la multiplication spontanée de ces nouveaux exercices de géométrie analytique,

les plus propres de tous à faire profondément sentir la relation
nécessaire de l'abstrait au concret, qui s'y trouve naturellement plus vaste et en même temps plus condensée qu'en aucun
autre genre de discussion géométrique des équations. Sans
jamais dépasser, envers les deux fonctions caractéristiques, des
formes suffisamment simples, comme l'exige la difficulté supérieure de telles appréciations, dont le résultat final man-
querait autrement de la netteté convenable à leur destination
logique, il sera facile de varier assez les familles correspondantes pour acquérir bientôt un sentiment usuel de la conception fondamentale de Monge.

152. Ce grand principe prescrit directement la marche générale suivant laquelle on doit toujours procéder à la formation de l'équation collective propre à l'ensemble de chaque
famille, quand elle sera géométriquement définie. Il suffira
d'élaborer analytiquement cette définition, de manière à obtenir
les équations de la génératrice avec deux constantes arbitraires
seulement. Une telle réduction sera nécessairement toujours
possible, en ayant égard à toutes les circonstances caractéristiques, si ce groupe naturel est convenablement institué,
c'est-à-dire, s'il a le juste degré d'extension qui correspond à
une famille proprement dite. D'après cette condition préalable,
l'équation collective de la famille se formera toujours en résolvant ces deux équations de la génératrice relativement aux
deux paramètres, ainsi rapportés aux coordonnées variables,
afin d'indiquer entre ces deux fonctions une relation totalement arbitraire.

Quand l'ensemble des conditions proposées laissera plus de
deux paramètres arbitraires dans les équations générales de la
génératrice, ce symptôme analytique indiquera sans équivoque
que le groupe considéré est trop vague pour l'état présent de
la géométrie comparée, et comprend réellement une infinité de

familles de surfaces. Lorsque, au contraire, ces équations pourront être amenées à ne plus contenir qu'un seul paramètre variable, il est évident que le lieu géométrique, cessant de constituer une véritable famille, se réduira à une espèce déterminée, dont l'équation se formerait en éliminant, entre ces deux équations, cet unique paramètre, de manière à ne laisser rien d'indécis dans la composition analytique, sauf les valeurs des coefficients.

Pour déterminer, en sens inverse, si une surface particulière donnée appartient ou non à une famille donnée, les règles générales prescrites au n° 150 permettront toujours de le décider, en les appliquant de façon à reconnaître si l'équation spéciale proposée peut ou non rentrer abstraitement dans le type analytique correspondant. Telle est, à cet égard, la seule question judicieuse qui puisse être réellement posée. Car, demander à quelle famille appartient chaque surface particulière, constitue évidemment un problème trop indéterminé, puisque la même surface peut être rangée parmi une infinité de familles différentes, d'après les divers modes de génération dont elle est toujours susceptible; quoique son étude spéciale puisse ensuite exiger, entre ces divers points de vue géométriques, un choix unique, qui d'ailleurs variera suivant la nature des recherches poursuivies. On doit regarder toute surface comme pouvant être engendrée successivement par chacune des lignes qu'on y peut tracer. Mais cette inévitable indétermination n'altère nullement la réalité fondamentale de notre conception géométrique sur les familles de surfaces, toujours caractérisées par la nature de la génératrice et la loi de son mouvement; car, si chaque surface peut contenir une infinité de courbes distinctes, il en existe encore davantage qui n'y peuvent jamais être situées : le cercle est, par exemple, la seule courbe plane qu'on puisse décrire sur une sphère.

Après avoir établi, dans ce premier chapitre, toutes les notions essentielles relatives au classement rationnel, à la fois analytique et géométrique, des surfaces quelconques, il nous resteà mieux caractériser ces principes généraux par leur application spéciale à l'étude successive des principales familles qui ont été jusqu'ici régulièrement introduites en géométrie comparée.

CHAPITRE II.

Théorie des surfaces cylindriques.

153. Cette famille, la plus simple et la plus usuelle de toutes, comprend les surfaces engendrées par une droite de direction fixe, glissant sur une ligne quelconque. Les équations naturelles de cette génératrice, $x = az + \alpha$, $y = bz + 6$, sont donc immédiatement adaptées à la formation de l'équation collective, d'après les principes fondamentaux du chapitre précédent. Il suffit, pour cela, d'y concevoir fixes les deux coefficients angulaires a et b, en supposant variables les seuls paramètres linéaires α et 6. Puisque les constantes arbitraires s'y trouvent ainsi réduites spontanément à deux, on formera l'équation de la famille en dégageant, suivant la règle, α et 6 en x, y, z, afin d'indiquer, entre ces deux fonctions, une relation arbitraire, $x - az = \varphi(y - bz)$, ou $\psi(x - az, y - bz) = 0$. Telle est donc l'équation générale des surfaces cylindriques, ou tel est du moins le type analytique le plus simple auquel on puisse ramener toute surface de cette sorte : car, on conçoit d'ailleurs, en principe, que, d'après l'infinie diversité que

comporte le couple analytique propre à la représentation de chaque ligne dans l'espace, l'équation collective convenable à chaque famille pourra prendre une infinité de formes distinctes quoique équivalentes, selon le mode adopté pour formuler sa génératrice. Mais toutes ces formes diverses sont toujours susceptibles de coïncider finalement, par suite des transformations déjà expliquées au sujet des lignes. On choisit donc, envers chaque famille, le mode le plus simple, pourvu qu'il ait une suffisante généralité; il correspond au meilleur couple analytique de sa génératrice, et on l'emploie habituellement à caractériser les surfaces considérées. C'est en ce sens que nous consacrerons essentiellement le type analytique $x - az = \varphi(y - bz)$ à la représentation spéciale des surfaces cylindriques.

Quand on voudra reconnaître, d'après ce type, si une surface donnée $f(x, y, z) = 0$ appartient ou non à cette famille, il faudra donc, suivant la règle fondamentale du chapitre précédent, y changer $x - az$ et $y - bz$ en t et u, c'est-à-dire y substituer $t + az$ et $u + bz$ au lieu de x et y, afin de voir si le résultat $f(t + az, u + bz, z) = 0$ peut devenir indépendant de z. Mais il importe, à ce sujet, d'apprécier ici un supplément d'explication que je n'ai pu suffisamment signaler dans la doctrine générale, parce qu'il n'aurait pas été assez nettement saisissable : il consiste en ce que cette disparition de z ne saurait jamais être entièrement spontanée; elle supposera toujours quelques conditions relatives à la disponibilité des paramètres fixes, a et b, de la génératrice. Aucune surface, en effet, n'est cylindrique en un sens quelconque, même le plan qui, exceptionnellement, se trouve l'être en une infinité de sens : c'est toujours une partie essentielle de la question que de déterminer la direction, habituellement unique, des génératrices de chaque cylindre. Il faut donc concevoir la disparition de z, dans l'équation finale $f(t + az, u + bz, z) = 0$, comme ne pouvant jamais s'accomplir qu'en disposant convenablement des constantes a et b, qui permettront d'abord d'y annuler à volonté deux des termes distincts en z qui les contiennent : après avoir ainsi disposé de ces paramètres, il faudra que leurs valeurs réelles annulent aussi le coefficient total de tout autre de ces termes, sans quoi la surface ne sera pas cylindrique. Si toutes ces conditions, au contraire, y peuvent être simultanément remplies, sa nature cylindrique sera constatée, et l'on connaîtra la direction de ses génératrices : il ne restera plus, pour concevoir nettement sa génération, que de lui assigner une directrice suffisamment simple, qui sera le plus souvent l'une des traces de la surface sur les plans coordonnés.

Considérons, par exemple, l'équation

$$x^2 + y^2 + 2z^2 - 2xz - 2yz = 1.$$

La substitution prescrite y fournira l'équation finale

$$(a^2 + b^2 - 2a - 2b + 2)z^2 + (2a - 2)\,tz + (2b - 2)\,uz + t^2 + u^2 = 1.$$

Pour que ce résultat devienne indépendant de z, d'après certaines valeurs de a et b, il faut poser $2b = 2$, $2a = 2$, et $a^2 + b^2 = 2a + 2b - 2$, les deux termes en tz et en uz ayant dû être ici traités comme distincts, quoique contenant la même puissance de z, puisque les nouvelles variables t et u ne sauraient être confondues parmi les coefficients, afin que a et b restent vraiment constants. D'après l'accord spontané de ces trois conditions, la surface proposée est certainement cylindrique, et les projections de ses génératrices sont parallèles aux bissectrices des angles XZ et YZ. Quant à la base du cylindre, on pourra choisir, par exemple, sa trace horizontale, qu'indique l'équation primitive en y faisant $z = 0$, d'où résulte le cercle $x^2 + y^2 = 1$. Au reste, on peut remarquer, en général, que, dans la théorie des surfaces cylindriques, cette trace s'obtiendra toujours spontanément, en même temps que la direction des génératrices, en reconnaissant la nature de la surface : car, l'équation finale précédente, lorsque z y a disparu, représente géométriquement la trace horizontale de la surface proposée, entre les nouvelles variables t et u, alors considérées, suivant leur interprétation concrète, comme les coordonnées de la trace horizontale de la génératrice.

Tous les calculs ainsi prescrits pouvant également s'accomplir si les coefficients de l'équation donnée étaient indéterminés, pourvu que les exposants ne le fussent pas, cette méthode serait susceptible de dévoiler sous quelles conditions analytiques la surface correspondante deviendrait cylindrique. Quand le développement de l'équation finale

$$f(t + az, \; u + bz, \; z) = 0$$

aurait déterminé a et b d'après deux des termes en z, il faudrait que leurs valeurs, d'ailleurs réelles, annulassent chacun des autres, d'où résulteraient autant de relations nécessaires et suffisantes pour rendre cylindrique le lieu proposé. Dans l'équation générale du second degré, par exemple,

$$A x^2 + B y^2 + C z^2 + D xy + E xz + F yz + G x + H y + K z = 1,$$

on trouverait ainsi, après un calcul un peu long mais facile, deux relations entre les neuf coefficients, puisque les termes distincts en z s'y trouveraient au nombre de quatre, contenant l'un z^2, un autre tz, un troisième uz, et un dernier z seulement.

154. Il faut maintenant considérer, envers les surfaces cylindriques, la question générale qui consiste à déterminer la fonction arbitraire propre à l'équation collective de chaque famille d'après les équations de la directrice.

Comme cette fonction indique ici la relation, d'abord indéterminée, entre les paramètres variables a et b de la génératrice, $x = az + \alpha$ et $y = bz + \beta$, tout se réduit à découvrir leur liaison d'après la condition de rencontre perpétuelle de cette génératrice avec la directrice donnée,

$$f_1(x, y, z) = 0 \text{ et } f_2(x, y, z) = 0.$$

Or, cette condition se formulera, suivant la marche ordinaire, par l'élimination des trois coordonnées x, y, z, entre ces deux couples simultanés. Une fois obtenue, la relation des paramètres $\psi(\alpha, \beta) = 0$ fournira aisément l'équation de la surface, en les y remplaçant par $x - az$ et $y - bz$.

On peut donner à ce calcul une forme technique très-simple, qu'il convient d'indiquer ici, quand on a pris spécialement pour base du cylindre proposé sa trace horizontale, $f(x, y) = 0$, $z = 0$ Car, l'élimination préparatoire s'accomplit alors sans qu'il faille spécifier la fonction f, relative à l'équation plane de cette courbe, et la relation des paramètres linéaires devient $f(\alpha, \beta) = 0$, d'où résulte, à l'égard du cylindre cherché, l'équation $f(x - az, y - bz) = 0$. Ainsi, on passera analytiquement d'une telle base au cylindre correspondant, en se bornant à y changer x en $x - az$ et y en $y - bz$; ce qui permet de composer très-facilement des équations cylindriques, d'après les diverses courbes planes, algébriques ou transcendantes. En partant, par exemple, des équations

$$y^2 + x^2 = r^2, \quad y^2 = mx, \quad xy = p^2, \quad y = c^x, \quad y = \sin x, \text{ etc.}$$

on formerait aussitôt les équations

$$(y - bz)^2 + (x - az)^2 = r^2, \quad (y - bz)^2 = m(x - az),$$
$$(x - az)(y - bz) = p^2, \quad y - bz = c^{x - az}, \quad y - bz = \sin(x - az), \text{ etc.}$$

pour les cylindres circulaire, parabolique, hyperbolique, logarithmique, trochoïdique, etc.

Nous devons, enfin considérer aussi la détermination de la fonction arbitraire, de manière à spécifier l'équation du cylindre, quand cette surface, au lieu de passer par une courbe donnée, doit être circonscrite à une surface quelconque donnée $f(x, y, z) = 0$. La difficulté consiste encore à découvrir la relation des paramètres variables α et 6 qui rendra la génératrice, $x = az + \alpha$, $y = bz + 6$, tangente à une telle surface dans chacune de ses positions : on convertira ensuite cette liaison en équation du cylindre, en y changeant, comme ci-dessus, α et 6 en $x - az$ et $y - bz$. Or, pour formuler ce contact, d'après les seules règles de la géométrie plane, il suffit de le réduire à celui de la droite considérée avec la section de la surface par l'un quelconque des plans qui la contiennent. Si l'on choisit, à ce titre, l'un de ses plans projetants $y = bz + 6$, la génératrice sera suffisamment constituée tangente à la courbe correspondante, en établissant la même relation entre leurs projections respectives sur le second plan vertical. Tout se réduit donc à exprimer, dans ce dernier plan, suivant l'un ou l'autre des deux modes généraux prescrits à ce sujet en géométrie plane, que la droite $x = az + \alpha$ touche la courbe $f(x, bz + 6, z) = 0$, d'où résultera la relation des paramètres $\psi(\alpha, 6) = 0$, et, par suite, l'équation du cylindre cherché $\psi(x - az, y - bz) = 0$.

En employant le principe des racines égales pour formuler ce contact plan, ce qui d'ailleurs n'est pas toujours préférable, comme on sait, on serait donc amené à chercher la condition d'égalité entre deux racines de l'équation $f(az + \alpha, bz + 6, z) = 0$. Sous cette dernière forme, la méthode pourrait être directement conçue, indépendamment des considérations précédentes, puisqu'une telle équation, immédiatement appréciée, tend à déterminer l'intersection de la génératrice avec la surface donnée, en sorte que, à ce titre, deux de ses racines doivent coïncider en cas de contact.

Ce problème général comporte spontanément une application

très-étendue dans la théorie des ombres, quand les rayons lumineux sont regardés comme parallèles, ainsi qu'on doit le supposer habituellement envers la lumière solaire. Si l'on circonscrit alors au corps proposé un cylindre parallèle à ces rayons, la courbe de contact constituera évidemment, sur la surface considérée, la ligne de démarcation entre la partie éclairée et la partie obscure ; ensuite l'intersection de ce cylindre par un plan donné, ou par telle autre surface quelconque où l'on voudra recevoir l'ombre, déterminera le contour naturel de l'ombre ainsi portée. Tout dépend donc, à cet égard, de la détermination du cylindre circonscrit, dont l'équation successivement combinée avec celles de la surface éclairée et de la surface d'ombre fera aussitôt connaître les deux lignes qui constituent le sujet géométrique d'une telle recherche.

Envers la courbe de contact, il n'est pas inutile de remarquer qu'on pourrait l'obtenir directement avant de trouver le cylindre, et de manière même à faciliter ensuite sa recherche, en y voyant le lieu des points de la surface proposée où le plan tangent est parallèle aux rayons lumineux $x = az$, $y = bz$; car, d'après le type général de l'équation du plan tangent (n° 147),

$$(z - z_i)f'_{z_i} + (y - y_i)f'_{y_i} + (x - x_i)f'_{x_i} = 0,$$

ce parallélisme fournirait aisément la relation

$$f'_{z_i} + bf'_{y_i} + af'_{x_i} = 0,$$

en exprimant que la droite correspondante $x - x_i = a(z - z)$, $y - y_i = b(z - z_i)$ est entièrement contenue dans ce plan. Les équations de la courbe cherchée seraient donc

$$f(x, y, z) = 0, \quad af'_x + bf'_y + f'_z = 0.$$

On pourrait dès lors faire rentrer cette question dans la précédente, en considérant cette ligne comme une directrice donnée du cylindre cherché. D'après le mode analytique de formation de la seconde équation, son degré sera nécessairement inférieur d'une unité à celui de la première ; d'où l'on peut nécessairement conclure, envers toute surface du second degré, que sa courbe de contact avec un cylindre circonscrit sera toujours plane, et, par conséquent, une section conique.

Soit, par exemple, l'ellipsoïde $\dfrac{x^2}{4}+\dfrac{y^2}{9}+z^2=1$, éclairé par des rayons lumineux $x=z$, $y=z$, et qu'il faille trouver l'ombre portée sur le plan des xy. Cherchons d'abord le cylindre circonscrit suivant la première méthode, et en y employant le principe des racines égales, ici très-convenable ; après avoir substitué $z+\alpha$ et $z+\beta$ au lieu de x et y, la relation de contact sera alors $\alpha^2+\beta^2-\alpha\beta^2=13$; elle fournira, pour ce cylindre, l'équation

$$x^2+y^2+z^2-xy-xz-yz=13,$$

d'où résultera la courbe d'ombre cherchée $x^2+y^2-xy=13$; quant à la courbe de contact, le lecteur pourra s'exercer à constater, en combinant convenablement les équations du cylindre et de l'ellipsoïde, que, conformément à la remarque précédente, elle appartient au plan $\dfrac{x}{4}+\dfrac{y}{9}+z=0,$

CHAPITRE III.

Théorie des surfaces coniques.

155. Dans cette seconde famille, la génératrice est encore une ligne droite, mais assujettie à tourner autour d'un point fixe, en glissant d'ailleurs sur une courbe quelconque. Si donc

α, 6, γ désignent les coordonnées de ce sommet donné, les équations de cette génératrice,

$$x-\alpha = a(z-\gamma), \quad y-6 = b(z-\gamma),$$

ne contenant plus que deux paramètres variables, les deux coefficients angulaires a et b, se trouveront spontanément adaptés à la formation immédiate de l'équation collective, qui sera, par conséquent, en général, sous sa forme la plus simple,

$$\frac{x-\alpha}{z-\gamma} = \varphi\left(\frac{y-6}{z-\gamma}\right), \text{ ou bien } \psi\left(\frac{x-\alpha}{z-\gamma}, \frac{y-6}{z-\gamma}\right) = 0.$$

Pour employer ce type analytique à vérifier la nature conique de chaque surface particulière $f(x, y, z) = 0$, il faudrait, suivant nos règles fondamentales, remplacer x et y par $t+\alpha(z-\gamma)$, $u+6(z-\gamma)$, afin de rendre cette équation spéciale $f(t+\alpha(z-\gamma), u+6(z-\gamma), z) = 0$ entièrement indépendante de z, en disposant convenablement des constantes α, 6, γ, relatives au sommet du cône. Dans l'équation complète du second degré, par exemple, on aurait ainsi à annuler, comme au chapitre précédent, les termes en z^2, en tz, en uz et en z seul ; mais on disposerait maintenant de trois paramètres, en sorte que ces quatre conditions n'aboutiraient ici qu'à une relation unique entre les neuf coefficients indéterminés, tandis que le cas cylindrique en exigeait deux. Au reste, envers une équation quelconque, la figure cylindrique du lieu correspondant supposera toujours une condition de plus que la forme conique, puisque, en regardant le cylindre comme un cône dont le sommet s'éloigne à l'infini, il faudra joindre aux conditions coniques une relation nouvelle propre à rendre infinies les coordonnées du sommet ou l'une d'elles, en annulant le dénominateur commun ou partiel.

L'opération analytique propre à vérifier si une surface donnée appartient à la famille proposée est donc ici naturellement plus pénible qu'au chapitre précédent ; mais elle comporte une ·heureuse simplification générale, en ayant égard à un théorème important de géométrie comparée, suggéré par le type conique que nous venons d'établir, quand on y apprécie les modifications qu'il éprouve en supposant l'origine des coordonnées placée au sommet du cône. Cette équation collective devient alors $\dfrac{x}{z} = \varphi\left(\dfrac{y}{z}\right)$ ou $\psi\left(\dfrac{x}{z}, \dfrac{y}{z}\right) = 0$. Or, sous cette forme, la vérification proposée s'accomplirait aisément, puisqu'elle se réduirait à substituer tz et uz, au lieu de x et y, dans chaque équation particulière, afin d'examiner si z y disparaît spontanément. D'après ce principe, il suffit de concevoir cette substitution envers un terme quelconque $A x^m y^n z^q$, qui deviendrait ainsi $A t^m u^n. z^{m+n+q}$, pour reconnaître aussitôt qu'une telle élimination suppose à tous les termes un même degré, estimé, suivant le mode algébrique ordinaire, par la somme des exposants des trois variables. C'est ainsi que Monge a découvert naturellement cette belle proposition générale : toute équation homogène à trois variables représente nécessairement un cône dont le sommet est à l'origine des coordonnées ; et , réciproquement, toute surface conique est susceptible d'une équation homogène, quand on transporte l'origine des coordonnées au sommet du cône. Quoique la géométrie comparée ait été jusqu'ici bien peu cultivée, une telle relation est très-propre à faire sentir la puissance du nouveau mode analytique sur lequel Monge a fait reposer l'étude collective des diverses familles géométriques ; car cette liaison remarquable entre la forme conique de la surface et la composition homogène de l'équation, qui découle avec tant d'évidence et de simplicité de ce système d'appréciation, n'aurait pu s'apercevoir, au contraire, de l'ancien point de vue, où les différents cônes resteraient dispersés dans tous les degrés algébriques, que par suite d'une lente et pénible induction, que rien ne conduisait naturellement à former avant que toutes les surfaces assujetties à une même génération eussent été analytiquement envisagées sous un aspect commun.

D'après cette propriété caractéristique, on pourra reconnaître aisément la nature conique de chaque surface donnée $f(x, y, z) = 0$; car, si cette équation est homogène, la question se trouvera ainsi résolue immédiatement ; si elle ne l'est pas, il restera à déplacer l'origine de manière à la rendre telle, en y annulant tous les termes distincts dont le degré est inférieur au sien, par le changement accoutumé de x, y, z en $x + \alpha, y + 6, z + \gamma$, de manière à déterminer, dans ce dessein, les constantes disponibles $\alpha, 6, \gamma$, qui indiqueront le sommet du cône. Pour l'équation générale du second degré, par exemple, il faudrait faire alors disparaître les trois termes du premier degré et le terme constant, d'où résulterait, comme suivant le premier mode, mais bien plus simplement, une relation nécessaire entre les neuf coefficients indéterminés, après avoir éliminé les coordonnées du sommet.

156. Considérons maintenant, de même qu'envers les cylindres, la spécification de l'équation collective des cônes, quand on donne la directrice de la surface. Entre les équations de cette base, $f_1(x, y, z) = 0, f_2(x, y, z) = 0$, et celles de la génératrice, $x - \alpha = a(z - \gamma), y - 6 = b(z - \gamma)$, il suffira encore d'éliminer x, y, z, afin de former la condition de rencontre perpétuelle $\psi(a, b) = 0$, d'où l'on passera aussitôt à l'équation du cône, en y changeant les paramètres variables a et b en $\dfrac{x - \alpha}{z - \gamma}$ et $\dfrac{y - 6}{z - \gamma}$.

Je prendrai spécialement pour exemple à ce sujet le cône qui se rapporte à la théorie des mappemondes, quand on y cherche la perspective d'un cercle quelconque de la sphère terrestre, supposé vu à travers un certain méridien dont le pôle indiquerait la position de l'œil, suivant le mode de projection géographique le plus usuel. En plaçant l'origine des coordonnées au centre de la terre, dirigeant l'axe des z vers les pôles terrestres, l'axe des x suivant le méridien ainsi choisi, de manière à faire passer l'axe des y au point de vue, les équations d'un cercle quelconque du globe, maintenant érigé en base du cône cherché, seront $x^2 + y^2 + z^2 = r^2$ et $z = ax + by + c$. Celles de la génératrice étant ici $x = mz$ et $y = nz + r$, la condition de rencontre deviendra finalement

$$m^2(br+c)^2 + (nc+r-amr)^2 + (br+c)^2 = r^2(1-am-bn)^2.$$

Ainsi, l'équation du cône cherché sera

$$x^2(br+c)^2 + (c(y-r)+rz-arx)^2 + z^2(br+c)^2 = r^2(r-ax-b(y-rz))^2:$$

En y faisant $y = 0$, on en déduira l'équation de la perspective demandée

$$x^2 + z^2 + 2z\frac{ar^2}{br+c}x - 2\frac{r^2}{br+c}z + \frac{r^2(c-br)}{c+br} = 0.$$

Sa composition indique aussitôt la principale propriété d'une telle projection géographique, où tout cercle terrestre est toujours représenté aussi par un cercle, comme les anciens l'avaient découvert d'après la considération des sections anti-parallèles du cône circulaire oblique. On pourrait y constater également, mais à l'aide d'un calcul pénible dont rien ne suggérerait naturellement la pensée, la remarque accessoire, d'ailleurs peu utile, sur l'aptitude de cette perspective à maintenir sans altération l'angle de deux cercles quelconques. En achevant l'appréciation spéciale de l'équation précédente, on trouvera, pour les coordonnées du centre et le rayon du cercle ainsi obtenu, les formules

$$x_1 = -\frac{ar^2}{br+c}, \quad z_1 = \frac{r^2}{br+c}, \quad R = \frac{r}{br+c}\sqrt{(a^2+b^2+1)r^2-c^2},$$

dont la dernière est seule usitée en géographie, et uniquement même envers les parallèles à l'équateur ou les méridiens. Si on y fait les hypothèses $z = c$, $y = px$, correspondantes à ces deux cas pour l'équation du plan du cercle considéré, on en déduira aisément les règles ordinaires de construction des arcs de cercle qui s'y rapportent : leurs rayons seront ainsi respectivement mesurés par la cotangente de la latitude ou par la sécante de la longitude.

La formation spéciale de l'équation d'un cône dont la directrice est donnée se simplifie beaucoup, comme dans le chapitre précédent, quand on prend pour base la trace horizontale de la surface. Car, l'élimination des trois coordonnées variables peut alors s'accomplir aisément entre les équations de la génératrice, $x - \alpha = a\,(z - \gamma)$, $y - \beta = b\,(z - \gamma)$, et celles d'une telle directrice $f(x, y) = 0$, $z = 0$: il en résulte la relation générale des deux paramètres a et b, $f(\alpha - a\gamma, \beta - b\gamma) = 0$; d'où dérive l'équation du cône cherché $f\left(\dfrac{\alpha z - \gamma x}{z - \gamma}, \dfrac{\beta z - \gamma y}{z - y}\right) = 0$, ainsi déduite l'équation plane de sa base par le changement de x et y en $\dfrac{\alpha z - \gamma x}{z - \gamma}$ et $\dfrac{\beta z - \gamma y}{z - \gamma}$. En partant, par exemple, du cercle $y^2 + x^2 = r^2$, on aurait, pour le cône circulaire,

$$(\beta z - \gamma y)^2 + (\alpha z - \gamma x)^2 = r^2 (z - \gamma)^2,$$

et, s'il est droit,

$$y^2 + x^2 = \frac{r^2}{\gamma^2}(z - \gamma)^2,$$

β et α s'annulant alors.

Au sujet de cette application particulière, il faut ici noter la position normale de l'appréciation des courbes du second degré comme sections coniques, que nous n'avons pu traiter en géométrie plane que d'après un artifice exceptionnel. Pour établir cette notion dans son entière généralité, envers tout cône circulaire, droit ou oblique, il suffirait de traiter chacune des équations précédentes par la méthode générale que nous avons destinée à l'étude des sections planes d'une surface quelconque, et qui maintenant fournirait aussitôt une courbe du second degré. Mais on sera même entièrement dispensé de l'exécution d'un tel calcul, si l'on se borne, à cet égard, à la proposition principale, consistant, au fond, dans la simple connaissance du degré de la section, sans s'occuper d'ailleurs de sa nature parabolique, elliptique, ou hyperbolique, assez indiquée, en chaque cas, par la situation du plan. Car, du point de vue propre à la géométrie analytique à trois dimensions, il est clair, en général, indépendamment de la méthode des sections planes, que toute surface algébrique d'un degré quelconque ne peut être coupée par un plan que suivant une courbe du même degré, puisque cela est incontestable pour les plans parallèles aux plans coordonnés, et qui peuvent représenter, à vrai dire, des coupes quelconques, en considérant l'équation la plus complète de chaque type, dont la composition convient spontanément à toutes les situations possibles du lieu. Suivant ce principe évident, toutes les sections planes du cône circulaire sont des courbes du second degré, par cela seul que cette surface fait partie de celles de ce degré.

Dans la théorie des cônes, comme dans celle des cylindres, on peut, enfin, déterminer la fonction arbitraire en concevant que la surface doive être circonscrite à une surface quelconque donnée $f(x, y, z) = 0$, qui remplacerait la directrice correspondante. La solution s'accomplira de la même manière, en cherchant la relation des deux paramètres variables propres à la génératrice, $x - \alpha = a\,(z - \gamma)$, $y - \beta = b\,(z - \gamma)$, quand celle-ci doit toucher constamment la surface proposée, sans qu'il faille ici ajouter aucune explication nouvelle à celles du chapitre précédent sur le mode de formulation d'un tel contact, d'après les seules méthodes de la géométrie plane. Cette relation $\psi(a, b) = 0$ étant une fois obtenue par un procédé quelconque, on en déduira l'équation du cône cherché, comme si la directrice était donnée, suivant le changement accoutumé de a et b en $\dfrac{x-\alpha}{z-\gamma}$ et $\dfrac{y-6}{z-\gamma}$. La courbe de conctact de ce cône avec la surface sera dès lors représentée analytiquement, en concevant simultanément leurs équations respectives. Au reste, cette courbe pourrait aussi être déterminée, indépendamment du cône, et de manière même à en faciliter la recherche, à titre de directrice, en y voyant encore le lieu des points de la surface proposée où le plan tangent passe au sommet donné, d'où résulterait, à son égard, la seconde équation

$$(z-\gamma)f'_z + (y-6)f'_y + (x-\alpha)f'_x = 0.$$

Ce dernier problème général comporterait, envers les cônes, une application non moins naturelle que pour les cylindres, dans la détermination géométrique des ombres, quand on suppose tous les rayons lumineux émanés d'un même point; ce qui représente⬛t suffisamment, en beaucoup d'occasions, le cas de la lumière artificielle. On peut aussi l'appliquer à une autre destination pratique, qui n'en changerait nullement la nature, en considérant la question des contours apparents et des perspectives, où il ne s'agit jamais que de trouver la section du plan du tableau, ou même de la surface quelconque qui en tiendrait lieu, par le cône qui, ayant son sommet au point de vue, serait circonscrit au corps observé. En l'un ou l'autre cas, toute la difficulté mathématique d'une telle recherche se réduirait évidemment à la connaissance du cône circonscrit.

CHAPITRE IV.

Théorie des surfaces de révolution.

157. Le titre habituel des surfaces qui composent cette troisième famille, et le nom de corps ronds qui en offrirait l'équivalent plus rapide, se rapportent à leur principale propriété pratique, consistant en ce que chacune d'elles peut résulter de la rotation d'une certaine ligne autour d'un axe fixe auquel elle est invariablement liée. Mais, quelle que soit, dans les arts géométriques, la haute importance d'un tel caractère, qui permet souvent, envers ces surfaces, un mode de construction très-facile, il présente, sous l'aspect théorique, le grave inconvénient de ne pas appeler directement l'attention sur la véritable génératrice propre à cette famille : car, le méridien de chaque surface de révolution, variable d'un corps rond à l'autre, n'en constitue, au fond, que la directrice. Suivant nos principes fondamentaux de géométrie comparée, la génératrice devant toujours être commune à toutes les surfaces d'une même famille, cette propriété usuelle ne saurait fournir la définition rationnelle de ce nouveau groupe naturel, où le cercle est réellement la seule ligne uniformément reproduite, comme y résultant des coupes perpendiculaires à l'axe, quelle que puisse être la figure des méridiens.

D'après cette indispensable rectification préliminaire, les surfaces considérées ici sont donc engendrées par un cercle dont le centre parcourt une droite fixe, tandis que son plan reste constamment perpendiculaire à cette droite, son rayon

se ramène finalement à la forme très-simple, et non moins expressive,

$$x^2 + y^2 = \varphi(z),$$

où l'on voit directement que la génératrice $z = c$, $x^2 + y^2 = r^2$, est un cercle horizontal dont le centre décrit l'axe vertical. Au reste, cette dernière modification secondaire apportée à l'équation des corps ronds par la transposition de z^2 correspond géométriquement à la substitution d'un cylindre à la sphère jusqu'alors employée envers le cercle générateur.

Suivant un tel type, l'élimination fondamentale ci-dessus prescrite pour vérifier si une surface particulière $f(x, y, z) = 0$, appartient à cette famille, se réduira maintenant, en y supprimant toute circonlocution superflue, à y faire disparaître simultanément x et y en posant seulement $y^2 + x^2 = u$. Il est d'ailleurs évident que l'accomplissement de cette condition analytique n'autoriserait pas suffisamment, en général, à décider la négative de cette question, quand on n'aurait aucun motif de présumer que l'axe de la surface dût nécessairement coïncider avec l'axe des z. Un tel caractère ne deviendrait alors pleinement certain que d'après une transposition d'axes indéterminée, et en disposant convenablement des constantes arbitraires qu'elle introduirait. Mais, dans presque tous ces cas, heureusement peu utiles à considérer, l'ensemble de cette vérification analytique deviendrait au moins aussi pénible que si l'on eût d'abord employé le type universel primitivement établi.

158. En continuant à considérer la plus simple équation collective des corps ronds, il est facile d'y déterminer, comme dans les deux chapitres précédents, la forme spéciale de la fonction arbitraire conformément à une directrice donnée, $f_1(x, y, z) = 0$, $f_2(x, y, z) = 0$. Tout se réduit, en effet, à exprimer la rencontre de cette ligne avec une génératrice quelconque $z = c$, $x^2 + y^2 = r^2$, en éliminant x, y, z entre les deux

couples d'équations, d'où résultera la relation correspondante des deux paramètres variables $\psi(c,r)=0$, aussitôt convertie en équation de la surface cherchée, en y changeant c en z et r en $\sqrt{x^2+y^2}$.

Appliquons d'abord cette méthode au cas où la directrice serait une droite donnée, $x=az+\alpha$, $y=6$, que l'on peut supposer, en effet, parallèle au plan des xz, sans particulariser, davantage, au fond, la solution géométrique. La relation des deux paramètres c et r est ici $(ac+\alpha)^2+6^2=r^2$, et il en résulte, pour la surface cherchée, l'équation très-simple

$$y^2+x^2-a^2z^2-2a\alpha z=\alpha^2+6^2.$$

Il est aisé d'en déduire la nature des méridiens de ce corps rond, afin de le mieux connaître, en faisant $y=0$, ce qui donne $x^2-a^2z^2-2a\alpha z=\alpha^2+6^2$. Or, cette équation annonce évidemment une hyperbole, dont l'axe des z constitue l'axe non-transverse, l'autre étant parallèle à l'axe des x, et son centre étant situé à la hauteur verticale $-\dfrac{\alpha}{a}$, qui correspond spontanément au point de la directrice le plus rapproché de l'axe de la surface; conformément aux indications géométriques directes sur la correspondance nécessaire de la moindre section circulaire avec le sommet et le centre de l'hyperbole méridienne. Ainsi, la surface produite par la révolution d'une droite quelconque autour d'un axe fixe où elle adhère invariablement, peut aussi résulter de la rotation d'une hyperbole autour de son axe non-transverse. Le cône circulaire droit y rentre comme modification particulière, quand la droite rencontre l'axe, ou que l'hyperbole se réduit à ses asymptotes, c'est-à-dire en annulant 6.

Examinons encore le cas où la directrice serait une *hélice*, en établissant d'abord les équations de cette courbe remarquable, imaginée par Archimède, et qui constitue, à tous égards, la plus importante de toutes les lignes à double courbure, parmi lesquelles elle tient, d'après sa parfaite uniformité caractéristique, le même rang que le cercle entre les courbes planes. Cette courbe cylindrique résulte du mouvement uniforme d'un point sur une droite pendant que celle-ci tourne uniformément autour d'un axe parallèle adhérent. Sa grandeur dépend donc de deux éléments linéaires, la distance constante de la génératrice à l'axe, ou le rayon du cylindre dont elle fait partie, et le chemin spécial parcouru parallèlement à l'axe à l'issue de chaque révolution entière, ou l'intervalle fixe, ordinairement nommé *pas*, qui existe entre deux spires consécutives le long des arêtes. La théorie générale de la similitude des courbes indique aisément, surtout en ce cas, que deux hélices ne sont semblables qu'autant que leurs rayons sont entre eux comme leurs pas. D'après sa définition, les plus simples équations de cette courbe contiendront ces deux constantes arbitraires : ainsi, l'hélice exige quatre points pour sa détermination ; puisque la transposition d'axes indispensable à la généralisation de ce premier type analytique y introduira naturellement six nouveaux paramètres, linéaires ou angulaires. Une appréciation géométrique directe confirme, en effet, que les équations les plus générales de l'hélice doivent contenir huit constantes, savoir : les quatre relatives à l'axe, les deux dimensions de la courbe, et enfin deux coordonnées de la position initiale, déjà placée sur un cylindre connu.

Il est aisé de former les équations de cette courbe, puisque, d'après sa définition, elle se distingue de toutes celles qui appartiennent au même cylindre, en ce que la différence des distances de deux quelconques de ses points au plan de la base est toujours proportionnelle à la partie de ce cercle comprise entre leurs projections. Mais, avant de déduire d'un tel caractère le couple analytique accoutumé, il faut d'abord noter deux propriétés importantes qui en dérivent, l'une pour la tangente à l'hélice, l'autre quant à sa rectification. Quoique cette courbe soit transcendante, et, à ce titre, directement inaccessible aux règles élémentaires de ce traité à l'égard des tangentes, nous pouvons cependant y traiter spécialement cette recherche; car, d'après cette constante proportionnalité, la tangente à l'hélice doit faire avec l'axe du cylindre un angle invariable, dont la tangente trigonométrique équivaut à $\dfrac{2\pi r}{h}$, si r et h désignent le rayon et le pas; ce qui suffit pour déterminer cette droite, déjà nécessairement contenue dans le plan tangent au cylindre. En second lieu, une telle proportionnalité indique clairement que, quand le cylindre se déroulera sur un plan, chaque spire de l'hélice se développera suivant une ligne droite, dont l'angle précédent déterminera l'obliquité envers les génératrices du cylindre; en effet, les longueurs variables ainsi comparées conservant toujours leur grandeur après cette transformation, cette proportion reproduit spontanément le caractère fondamental de la ligne droite, lorsque les arcs de la base sont devenus rectilignes. L'hélice pourrait donc, en sens inverse, résulter de la flexion d'une droite sur la surface d'un cylindre dans une direction plus ou moins oblique. A ce titre, elle y indique nécessairement le plus court chemin entre deux points quelconques : ce chemin minimum équivaut ainsi à l'hypoténuse du triangle rectangle formé par les deux longueurs ci-dessus comparées; en sorte que la rectification de l'hélice se ramène aussitôt à celle du cercle. Cette sommaire appréciation des principales propriétés de cette courbe ne laisse réellement à l'analyse transcendante aucune autre détermination essentielle que celle de la loi précise suivant laquelle chacune des deux courbures, évidemment constantes, d'une telle ligne dépend de son rayon et de son pas; nos ressources actuelles ne peuvent indiquer, à cet égard, qu'un vague et insuffisant aperçu sur le décroissement nécessaire de l'une ou l'autre courbure à mesure que l'une ou l'autre de ces dimensions augmente.

Formons actuellement les plus simples équations de l'hélice, en prenant son axe pour celui des z et dirigeant vers elle l'axe horizontal des x. L'une des équations sera d'abord $x^2 + y^2 = r^2$, commune à l'ensemble du cylindre considéré; quant à l'autre, elle résultera aussitôt du caractère précédemment établi, $z = \dfrac{h}{2\pi r} \cdot r \, \text{arc} \left(\cos = \dfrac{x}{r} \right)$, puisque x serait évidemment le cosinus de l'arc correspondant de la base, si r était le rayon trigonométrique. Mais, au lieu de ce couple primordial, il faut habituellement préférer, suivant le mode ordinaire, la combinaison plus simple $x = r \cos \dfrac{2\pi}{h} z, y = r \sin \dfrac{2\pi}{h} z$, relative aux projections verticales.

D'après ces dernières équations, il devient aisé de former l'équation de la surface produite par la révolution d'une hélice autour d'une parallèle à son axe. Afin de ne pas troubler inutilement les habitudes analytiques propres à ce chapitre, où nous supposons l'axe du corps rond confondu avec l'axe des z, il faudra modifier un peu les équations précédentes, en y déplaçant l'origine, mais seulement sur l'axe des x, d'une distance égale à l'intervalle donné a entre l'axe du cylindre et l'axe de rotation. En partant ainsi des équations

$$ y = r \sin \frac{2\pi}{h} z \, , \; x = r \cos \frac{2\pi}{h} z + a, $$

on trouvera aisément la condition de rencontre perpétuelle avec le cercle $z = c$, $x^2 + y^2 = R^2$, qui engendre l'hélicoïde cherché, dont l'équation sera finalement

$$ y^2 + x^2 = 2ar \cos \frac{2\pi}{h} z + (r^2 + a^2); $$

il sera facile d'en déduire la nature des méridiens, en y faisant $y = 0$.

Le mode général pour le passage analytique de chaque directrice donnée au corps rond correspondant, se simplifie beaucoup quand cette directrice est le méridien de la surface, dont nous supposons toujours l'axe confondu avec celui des z; alors, les équations de la courbe étant $f(x, z) = 0$, $y = 0$, la relation des deux paramètres variables c et r propres à la génératrice devient aussitôt $f(r, c) = 0$, d'où résulte l'équation de la surface cherchée $f(\sqrt{x^2 + y^2}, z) = 0$, ainsi obtenue en changeant seulement x en $\sqrt{x^2 + y^2}$ dans l'équation plane du méridien proposé. Suivant cette règle fort simple, l'équation $a^2 y^2 + b^2 x^2 = a^2 b^2$ donnerait $a^2 z^2 + b^2 x^2 + b^2 y^2 = a^2 b^2$ pour l'ellipsoïde de révolution; de même, en partant de $a^2 z^2 - b^2 x^2 = \pm a^2 b^2$, on aurait $a^2 z^2 - b^2 x^2 - b^2 y^2 = \pm a^2 b^2$ envers l'hyperboloïde, en prenant le signe supérieur ou le signe inférieur, suivant que la révolution se ferait autour de l'axe transverse ou de l'axe non transverse; pareillement, les surfaces engendrées par la rotation de la parabole autour de son axe ou de la tangente au sommet seraient $y^2 + x^2 = mz$ ou $z^4 = m^2(x^2 + y^2)$, en considérant successivement les équations méridiennes $x^2 = mz$ ou $z^2 = mx$.

Il convient, à ce sujet, de signaler spécialement les cas du tore, dont l'équation se formera d'après celle du cercle méridien $z^2 + (x - a)^2 = r^2$, où nous supposons l'axe des x dirigé vers son centre. On trouve ainsi, pour le tore, l'équation du quatrième degré

$$z^2 + (\sqrt{x^2 + y^2} - a)^2 = r^2;$$

il est aisé d'y constater, en rendant y constant, que les coupes parallèles à l'axe coïncident exactement avec les courbes considérées au n° 22, puisque leur équation

$$z = \pm\sqrt{-(c^2 + a^2 - r^2 + x^2) + 2a\sqrt{c^2 + x^2}}$$

peut toujours s'identifier avec celle que nous avons alors formée, en annonçant d'avance l'appréciation géométrique de ces lignes comme sections toriques.

CHAPITRE V.

Théorie des surfaces conoïdes.

159. Cette dénomination, dont le sens a beaucoup varié depuis Archimède, semble maintenant consacrée à désigner une nouvelle famille géométrique, fort usitée dans les arts, et comprenant toutes les surfaces engendrées par une droite glissant sur un axe fixe, parallèlement à un même plan, quelle que soit d'ailleurs la seconde directrice qui doit, en chaque cas, compléter la détermination de son mouvement. Quelques auteurs qualifient aussi de *gauches* les surfaces ainsi produites, d'après leur contraste naturel envers le plan : mais ce terme paraît communément affecté au seul conoïde du second degré. Le nom qui a prévalu rappelle assez heureusement une comparaison géométrique avec les surfaces coniques, que confirmera ci-dessous l'appréciation analytique.

Nos principes généraux conduiraient aisément à former l'équation collective qui doit caractériser cette quatrième famille usuelle, d'après l'axe donné, $x = az + \alpha, y = bz + 6$, et le plan directeur, $z = px + qy$. Car, la rencontre perpétuelle de la génératrice $x = a'z + \alpha', y = b'z + 6'$, avec cet axe, assujettirait d'abord ses quatre paramètres, ici simultanément variables, à la relation ordinaire $\dfrac{\alpha' - \alpha}{6' - 6} = \dfrac{a' - a}{b' - b}$; ensuite son parallélisme constant envers le plan leur imposerait encore la condition $pa' + qb' = 1$, dont la combinaison avec la précédente permettrait de réduire ces coefficients à deux seulement, selon notre règle fondamentale. D'après un tel préambule, il suffirait de rapporter ces deux derniers paramètres aux coordonnées x, y, z, dans les équations de la génératrice, pour en déduire aussitôt le type analytique cherché, en indiquant, comme de coutume, une liaison arbitraire entre ces deux fonctions. Mais je crois devoir laisser au lecteur l'exécution de cette opération, dont je ne rapporterai pas même le résultat, que sa trop grande complication nous rendrait presque inutile. Je vais seulement former cette équation collective dans l'hypothèse la plus favorable à sa simplification, c'est-à-dire, en supposant que l'axe du conoïde soit pris pour axe des z, et le plan directeur pour plan des xy; sauf à n'appliquer ensuite cette équation collective à l'entière appréciation d'un cas quelconque qu'après une convenable transposition d'axes coordonnés, qui offrirait, sous une autre forme, des embarras algébriques à peu près équivalents à ceux qu'occasionne l'usage direct du type le plus général.

Suivant cette supposition habituelle, les équations $z = c$ et $y = ax$ exprimeront aussitôt l'ensemble des conditions relatives à la génératrice, ainsi assujettie, en effet, à rester horizontale en glissant sur l'axe vertical : aussi ce couple ne contient-il spontanément que deux paramètres variables, dont l'élimination conduira facilement, d'après nos règles, au type très-simple

$$z = \varphi \left(\frac{y}{x} \right).$$

On peut simplifier beaucoup son application à la vérification spéciale de chaque cas, en y voyant l'expression naturelle d'un théorème général de géométrie comparée analogue à celui de Monge sur les surfaces coniques. Car, un tel caractère indique évidemment, comme au n° 155, que l'équation du conoïde est toujours homogène relativement aux seules variables x et y, en ne faisant point participer la troisième coordonnée z à l'estimation du degré algébrique. Ainsi, l'idée analytique d'homogénéité qui, complétement envisagée, correspond à la notion géométrique d'un cône, se lie, au contraire, à celle d'un conoïde, quand on lui fait subir cette modification élémentaire. Cette remarque générale caractérise analytiquement l'analogie spontanée de ces deux familles, et tend à mieux motiver la dénomination qui rappelle un tel rapprochement. Quoi qu'il en soit, ce caractère comporte évidemment une application fort commode à l'appréciation géométrique de chaque équation particulière ; car, toute équation, comme, par exemple, $z = xy$, considérée au n° 131, qui se trouvera homogène envers deux des variables, représentera nécessairement un conoïde dont le plan directeur serait parallèle à ces coordonnées, et dont l'axe correspondrait à celle qui n'aurait point participé au degré. Un usage convenable des formules de transposition d'axes dans l'espace permettrait d'ailleurs de généraliser, mais très-péniblement, l'interprétation négative d'un tel symptôme analytique ; puisqu'il n'y a pas de conoïde qui, réciproquement, ne soit susceptible d'une pareille homogénéité partielle envers certains axes coordonnés.

160. Considérons, maintenant, pour une semblable équation collective, la détermination accoutumée de la fonction arbitraire conformément à une directrice donnée

$$f_1(x, y, z) = 0, \quad f_2(x, y, z) = 0.$$

L'élimination de x, y, z, entre ce couple spécial et le couple général $z = c$, $y = ax$ relatif à la génératrice fournira aisément la liaison correspondante $\psi(c, a) = 0$ des deux paramètres variables, d'où l'on déduira aussitôt l'équation du conoïde proposé, en y changeant c en z et a en $\dfrac{y}{x}$.

Appliquons cette méthode au cas où la directrice serait une hélice, $x = r\cos\frac{2\pi}{h}z, y = r\sin\frac{2\pi}{h}z$. On trouve alors, entre les deux paramètres, la relation $a = \operatorname{tang}\frac{2\pi}{h}c$, et, par suite, $y = x\operatorname{tang}\frac{2\pi}{h}z$ pour l'équation, très-simple, quoique transcendante, du conoïde cherché. Cette surface, fort usuelle dans les arts géométriques, est évidemment celle de la vis à filets rectangulaires ou de l'escalier à vis sans jour, engendrée par une droite horizontale glissant à la fois sur une hélice et sur l'axe du cylindre vertical correspondant. Quant à la vis à filets triangulaires, malgré sa grande analogie avec la précédente, elle ne constitue point exactement un vrai conoïde ; car, le parallélisme continuel de la génératrice au plan de la base du cylindre, s'y trouve remplacé par son inclinaison constante sur l'axe ; ce qui reproduira d'ailleurs l'autre cas, quand cet angle deviendra droit. Pour trouver cette nouvelle équation, on pourra conserver la seconde équation de la génératrice précédente $y = ax$; mais il faudra remplacer l'autre, $z = c$, par $x = \dfrac{\operatorname{tang}\gamma}{\sqrt{a^2 + 1}}z + \alpha$, qu'il est aisé de former d'après la condition que cette droite fasse maintenant un angle donné γ avec l'axe vertical. Relativement à l'hélice directrice, il conviendra de préférer les équations $y^2 + x^2 = r^2$ et $\dfrac{y}{x} = \operatorname{tang}\dfrac{2\pi}{h}z$, qui résultent aussitôt des deux anciennes. Cela posé, on trouvera sans difficulté la relation de rencontre $a = \operatorname{tang}\dfrac{2\pi}{h}\left(\dfrac{r - z\sqrt{a^2 + 1}}{\operatorname{tang}\gamma}\right)$: en y remplaçant les paramètres a et α par leurs expressions déduites des équations de la génératrice, l'équation de la surface de la vis triangulaire sera finalement

$$y = x \, \tang \frac{2\pi\left(r + z\tang\gamma - \sqrt{y^2 + x^2}\right)}{h \, \tang \gamma}.$$

Quoique beaucoup plus compliquée, en général, que celle de la vis rectangulaire, elle y rentre spontanément quand l'angle γ devient droit.

Il convient maintenant d'apprécier la simplification générale qu'éprouve la formation de l'équation propre à chaque conoïde, lorsqu'on y prend spécialement pour directrice la trace de la surface sur un plan parallèle à l'un des deux plans verticaux. Les équations de cette nouvelle base étant alors $f(x,z)=0$, $y=d$, la relation des paramètres variables devient toujours $f\left(\dfrac{d}{a}, c\right)=0$, et conduit, pour le conoïde correspondant, à l'équation

$$f\left(\frac{dx}{y}, z\right) = 0,$$

qui ne diffère de celle de la courbe donnée que par le simple changement de x en $\dfrac{dx}{y}$. C'est ainsi, entre autres, que, d'après les équations $x^2 = mz$ ou $z^2 = mx$, le conoïde parabolique serait représenté par les équations $y^2 z = \dfrac{d^2}{m} x^2$ ou $z^2 y = dmx$, selon que l'axe de sa base serait parallèle ou perpendiculaire au sien. Le cas le plus remarquable est, en ce genre, celui du conoïde rectiligne, correspondant à la directrice $y = d$, $x = az + \alpha$: on trouvera aussitôt, pour cette surface, l'équation fort simple $ayz + \alpha y = dx$, dont le degré annonce que toutes les sections planes correspondantes sont des coniques. Si on y applique notre méthode générale pour l'étude de telles coupes, on reconnaîtra facilement qu'elles ne sauraient jamais être elliptiques, et qu'elles sont habituellement hyperboliques, sauf certaines situations déterminées où le plan sécant donne des paraboles.

Ce conoïde sera plus spécialement examiné, au chapitre suivant, sous le nom consacré de paraboloïde hyperbolique.

Considérons enfin, comme envers les cylindres et les cônes, la formation de l'équation propre à chaque conoïde, quand il doit être circonscrit à une surface quelconque donnée $f(x, y, z) = 0$. Le mode fondamental employé dans les deux autres cas est également applicable à celui-ci pour formuler le contact perpétuel de la génératrice, $z = c$, $y = ax$, avec cette surface ; ce qui se réduira maintenant à exprimer, d'après les règles de la géométrie plane, que la droite $y = ax$ touche la courbe $f(x, y, c) = 0$, en y employant, si on le juge convenable, le principe des racines égales. De la relation ainsi établie entre les paramètres variables a et c, on passera d'ailleurs à l'équation du conoïde, comme quand la directrice était donnée. Au reste, on pourrait aussi, dans ce nouveau cas, étendre la méthode, déjà indiquée à l'égard du cylindre et du cône, afin de caractériser directement la courbe de contact du conoïde avec la surface donnée, en assujettissant le plan tangent de celle-ci, $(x - x_{\scriptscriptstyle I}) f'_{x_{\scriptscriptstyle I}} + (y - y_{\scriptscriptstyle I}) f'_{y_{\scriptscriptstyle I}} + (z - z_{\scriptscriptstyle I}) f'_{z_{\scriptscriptstyle I}} = 0$, à contenir toujours une horizontale rencontrant l'axe vertical, c'est-à-dire, à donner, en y supposant $z = z_{\scriptscriptstyle I}$, une droite dont la projection horizontale, $(x - x_{\scriptscriptstyle I}) f'_{x_{\scriptscriptstyle I}} + (y - y_{\scriptscriptstyle I}) f'_{y_{\scriptscriptstyle I}} = 0$, passe constamment à l'origine. On trouve ainsi

$$xf'_x + yf'_y = 0$$

pour la seconde équation de cette courbe, qui dès lors pourrait devenir la directrice du conoïde circonscrit, de manière à faire rentrer cette question dans la précédente, si on le jugeait utile, comme envers les deux familles antérieures.

Appliquons, par exemple, cette méthode au cas où la surface donnée serait le cylindre vertical $x^2 + y^2 = r^2$, en supposant toujours que le plan directeur soit horizontal, mais en donnant alors à l'axe du conoïde une situation oblique, qu'on peut d'ailleurs concevoir parallèle à l'un des deux autres plans coordonnés. Si les équations de cet axe sont $x = az + \alpha$, $y = d$, sa rencontre avec une génératrice quelconque, $z = c$, $y = px + q$, fournira d'abord la condition $d = pac + p\alpha + q$. La relation de contact sera ensuite $q^2 = r^2(p^2 + 1)$. En éliminant les paramètres variables p, q, et c, entre ces deux équations de condition et celles de la génératrice, on trouvera, pour la surface cherchée, l'équation du quatrième degré

$$(ayz + \alpha y - dx)^2 = r^2((d - y)^2 + (az + \alpha - x)^2).$$

Cette surface est ordinairement celle de l'escalier à jour, quand la rampe est rectiligne. Mais, si l'arête horizontale des marches, en touchant toujours le cylindre vertical $y^2 + x^2 = r^2$, devait d'ailleurs glisser sur une hélice, appartenant à un plus grand cylindre autour du même axe, le lieu ne serait plus un conoïde. Toutefois, son équation spéciale ne serait pas plus difficile à former, d'après les mêmes équations $z = c$ et $y = px + q$ pour la génératrice, en substituant à l'axe du conoïde l'hélice directrice $x = R\cos\dfrac{2\pi}{h}z$, $y = R\sin\dfrac{2\pi}{h}z$. A l'ancienne relation de contact $q^2 = r^2(p^2 + 1)$, il faudrait ici joindre la nouvelle condition de rencontre $R\sin\dfrac{2\pi}{h}c = pR\cos\dfrac{2\pi}{h}c + q$. L'élimination des trois paramètres variables p, q, c, entre ces équations et celles de la génératrice, fournirait, pour la surface cherchée, l'équation transcendante

$$R^2\left(x\sin\frac{2\pi}{h}z - y\cos\frac{2\pi}{h}z\right)^2 = r^2\left(\left(y - R\sin\frac{2\pi}{h}z\right)^2 + \left(x - R\cos\frac{2\pi}{h}z\right)^2\right),$$

où R désigne le rayon de la cage cylindrique de l'escalier et r celui de la colonne vide.

CHAPITRE VI.

Théorie générale complémentaire, relative à tous les groupes géométriques dont l'équation collective n'est pas connue, et surtout aux surfaces rectilignes ou circulaires.

161. L'étude successive des familles les plus usuelles a tellement caractérisé, dans les quatre chapitres précédents, l'application normale des principes fondamentaux établis d'abord sur la classification rationnelle des surfaces, que le lecteur attentif ne saurait éprouver aucune grave difficulté à étendre spontanément le même esprit à de nouvelles familles quelconques dont la considération pourrait devenir convenable, pourvu que leurs définitions restassent conformes à la condition universelle que nous avons préalablement posée. Mais, afin de procurer à ces notions générales toute l'efficacité possible, il faut maintenant compléter leur appréciation essentielle, en la dégageant des équations collectives qui ne doivent servir qu'à en perfectionner l'usage régulier, de manière à pouvoir résoudre, en chaque cas particulier, les deux questions principales relatives à la formation et à la discussion des équations d'après le mode de génération des surfaces correspondantes, même envers les groupes géométriques qui n'ont pu encore être convenablement ramenés à de tels types analytiques. Pour bien sentir l'importance de cette théorie complémentaire, nous devons préalablement caractériser les difficultés fondamentales qui empêchent jusqu'ici, et qui peut-être interdiront toujours, à beaucoup d'égards, l'établissement de ces précieuses formules communes.

Ces difficultés sont de deux sortes très-distinctes, les unes relatives à la nature des familles de surfaces considérées, les autres à la trop grande extension des groupes naturels. Sous le premier aspect, il faut reconnaître que, sans excéder les limites normales de la famille proprement dite, notre appréciation analytique ne se trouve pas toujours en suffisante harmonie jusqu'à présent avec notre conception géométrique. Persistons, en effet, suivant les explications initiales, à ne composer chaque famille que des surfaces dont toute la différence réside en une seule ligne fixe, et dont, par suite, l'équation collective ne doit contenir qu'une seule fonction arbitraire. Or, ainsi conçue, la définition géométrique de chaque famille échappera encore trop souvent à nos types analytiques. Car, les moyens actuellement connus ne permettent de former ces équations communes qu'autant que le mode de génération considéré peut être défini et formulé indépendamment de cette courbe spécifique par laquelle diffèrent les divers genres d'une même famille. Quand cette ligne sera une directrice proprement dite, sur laquelle la génératrice devra simplement glisser, cette condition préalable se trouvera toujours remplie, et l'on pourra constamment réduire les équations de la génératrice à ne contenir que deux paramètres variables, de manière à composer finalement l'équation collective, comme nous l'avons éprouvé dans les cas principaux. Mais il n'en sera plus ainsi lorsque la courbe spécifique, que l'on peut continuer, par extension, à qualifier encore de directrice, sera plus profondément liée à la définition de chaque surface, de façon à constituer un élément indispensable du mode même de génération : on ne pourra plus alors former les équations générales de la génératrice indépendamment d'une telle directrice, et en n'y laissant que deux constantes arbitraires. Dans tous les cas semblables, on ignore jusqu'ici quelle serait l'équation collective, quoique le groupe géométrique ne soit pas réellement plus étendu qu'auparavant :

seulement l'analyse transcendante y permet encore la formation des caractères indirects relatifs à la liaison des deux dérivées partielles de la variable dépendante, et qui correspondent géométriquement à une propriété générale du plan tangent. Telles seraient, par exemple, les surfaces, spécialement considérées ci-dessous, qu'engendrerait un cercle invariable dont le centre décrit une ligne fixe à laquelle son plan reste toujours normal : en changeant arbitrairement cette directrice du centre, cette définition constitue certainement une véritable famille, plus embarrassante mais aussi circonscrite que celles des cônes, des corps ronds, etc. ; or, son équation collective n'est pas connue jusqu'ici sous forme finie.

Quelle que soit l'importance réelle de ce premier ordre de difficultés analytiques, il est aisé de concevoir que l'extension supérieure des groupes géométriques doit constituer le principal obstacle à la commune appréciation abstraite de chacun d'eux, quoique la nature identique de la génératrice continue encore à établir, entre ces cas plus variés, une véritable affinité fondamentale. En partant de la simple famille, dont l'indétermination consiste analytiquement en ce que les équations de la génératrice y peuvent être supposées réduites à ne contenir que deux constantes arbitraires, on peut facilement imaginer des groupes de plus en plus indéterminés, et néanmoins toujours naturels ; leur extension se mesurera spontanément par le nombre des paramètres variables propres au couple analytique de la génératrice, quand toutes les conditions de chaque définition collective y auront été suffisamment formulées. Or, aucun de ces assemblages plus étendus ne comporte jusqu'à présent de véritable type analytique, sauf les caractères indirects que l'analyse transcendante y a pu manifester, et seulement même envers très-peu de cas.

162. Pour mieux apprécier cette difficulté fondamentale, il

suffit de l'envisager spécialement dans son moindre degré, relativement à la plus simple de ces catégories naturelles, c'est-à-dire à l'égard des surfaces engendrées par la ligne droite, et ordinairement qualifiées, à ce titre, de *réglées* ou plutôt *rectilignes*. D'après le nombre des paramètres variables propres à une telle génératrice, nous avons déjà remarqué que trois directrices devenaient, en général, indispensables à l'entière détermination de son mouvement. Comme une seule directrice laissée arbitraire dans un mode quelconque de génération constitue, en géométrie comparée, une famille proprement dite, il est évident que le groupe géométrique des surfaces rectilignes comprend nécessairement une double infinité de familles distinctes, dont les cylindres, les cônes, et les conoïdes ne nous ont offert que les plus simples et les plus usuelles. Il n'existe pas jusqu'ici de type analytique assez général pour leur convenir simultanément, et néanmoins assez circonscrit pour les caractériser exclusivement. Si jamais on parvient à l'instituer, on peut assurer d'avance qu'il devra contenir distinctement trois fonctions arbitraires indépendantes entre elles, afin de correspondre au nombre naturel des directrices qu'exige alors l'entière détermination de chaque espèce, et de pouvoir se modifier convenablement, d'abord envers les classes, ensuite à l'égard des familles.

On rendra plus sensible encore une telle nécessité en considérant la principale division géométrique des surfaces réglées, selon qu'elles sont développables ou non développables, c'est-à-dire suivant qu'elles peuvent ou non être envisagées comme formées d'éléments plans juxtaposés, ayant toute la longueur de la surface dans le sens de chaque génératrice, et infiniment petits seulement dans le sens perpendiculaire; condition évidemment indispensable et suffisante pour permettre, en effet, de déployer toutes les parties de la surface sur un même plan à la suite les unes des autres, sans lacune ni confusion. Parmi les trois familles de surfaces rectilignes que nous avons étudiées, les deux premières sont développables, parce que deux positions consécutives de la génératrice y appartiennent toujours à un même plan ; la troisième ne l'est pas, faute d'un tel caractère fondamental. En ayant égard à cette distinction générale, il faut reconnaître que la classe des surfaces développables, quoique ne constituant déjà qu'un cas particulier de ce vaste groupe géométrique, est elle-même trop étendue pour comporter, au moins sous forme finie, une véritable équation collective, dans l'état naissant où se trouve encore la géométrie comparée, qui n'a pu jusqu'ici fournir, à cet égard, que le caractère analytique indirect trouvé par Euler d'après la théorie générale de la courbure des surfaces, évidemment réservée à l'analyse transcendante. Cette commune équation des surfaces développables, devant être moins étendue que celle du groupe total des surfaces rectilignes, et devant pourtant convenir à une infinité de familles proprement dites, contiendrait nécessairement deux fonctions arbitraires. Il est aisé de le confirmer directement, d'après chacune des deux origines géométriques que l'on peut assigner en général, à de telles surfaces. Toute surface développable peut d'abord résulter du mouvement d'un plan assujetti à toucher à la fois deux surfaces fixes quelconques, en considérant le lieu des droites qui joignent ses deux points de contact, et dont l'ensemble remplit naturellement la condition fondamentale imposée ci-dessus au développement d'une surface rectiligne. Sous ce premier aspect, il n'est pas douteux que le type analytique de cette classe géométrique devrait nécessairement contenir deux fonctions arbitraires, afin de correspondre à la double source de variation inhérente à une telle définition : si les deux surfaces directrices étaient égales et parallèles, il en résulterait la famille des cylindres ; celle des cônes correspondrait à leur simple similitude , jointe au même parallélisme ; une infinité d'autres familles inconnues dériveraient de nouvelles dispositions mutuelles. En second lieu, on peut aussi concevoir une surface développable comme l'ensemble des tangentes à une même courbe à double courbure, d'ailleurs quelconque. Cette seconde définition n'est pas, au fond , moins générale que la précédente , puisque, les généra trices consécutives de chaque surface développable devant nécessairement se rencontrer, la suite de leurs intersections forme graduellement une certaine courbe qu'elles touchent toutes , et qui est évidemment propre à caractériser la surface correspondante, où on la qualifie ordinairement d'*arête de rebroussement*. Or, sous ce nouveau point de vue , il est pareillement évident que l'équation collective de cette classe de surfaces devrait naturellement contenir deux fonctions arbitraires distinctes , en vertu du dualisme analytique de cette courbe caractéristique , qui , successivement supposée cylindrique, ou conique, ou sphérique, etc., produirait une infinité de groupes secondaires , au moins aussi étendus que nos familles proprement dites.

L'ensemble des réflexions précédentes est très-propre à caractériser nettement la difficulté fondamentale qui empêche aujourd'hui, et qui peut-être interdira toujours dans la plupart des cas, la pleine formation des types analytiques destinés à représenter les groupes géométriques plus indéterminés que ceux dont nous avons considéré l'appréciation spéciale. Si, en effet, de tels obstacles essentiels existent déjà envers la plus simple catégorie , où la génératrice ne comporte que quatre paramètres variables , ils doivent naturellement acquérir beaucoup plus d'intensité à l'égard d'assemblages encore plus vastes, relatifs à des génératrices plus compliquées, dont la conception analytique exigerait trois couples de constantes arbitraires , comme pour les surfaces circulaires , ou, à plus forte raison, quatre couples, quant aux surfaces paraboliques, et ainsi successivement, suivant le nombre de points déterminant propre à chaque génératrice.

163. Tous les systèmes de génération envers lesquels les divers motifs précédents doivent nous faire renoncer, soit maintenant, soit même à jamais, à la formation des équations collectives introduites par Monge, ne sauraient dès lors permettre une étude générale aussi satisfaisante, à beaucoup près, que celle des groupes géométriques dont les types analytiques sont convenablement établis. Néanmoins, on peut encore résoudre, envers chaque surface particulière d'une telle nature, les deux questions fondamentales qui consistent, soit à former son équation quand sa génération est complétement déterminée, soit, réciproquement, à reconnaître le mode de génération d'après l'équation donnée.

Pour le premier problème, il faudra toujours partir du couple analytique le plus général, et pourtant le plus simple, relatif à la génératrice proposée, $f_1(x, y, z, a, b, c, d....) = 0$ et $f_2(x, y, z, a, b, c, d....) = 0$. Cela posé, on y réduira les paramètres indéterminés $a, b, c, d...$ à un seul, en ayant égard à l'ensemble des conditions qui définissent le mouvement de la génératrice, soit que cette ligne doive glisser sur des courbes données, comme dans le cas le plus ordinaire, soit qu'elle doive toucher constamment des surfaces données, ou suivant toute autre prescription géométrique. Si cette réduction nécessaire restait impossible après avoir tout pris en considération, la définition serait, par cela seul, reconnue insuffisante, et propre uniquement à constituer une famille, ou une classe, ou quelque groupe géométrique encore plus étendu, au lieu d'une espèce déterminée. Après une telle préparation, l'équation de la surface cherchée résultera toujours de l'élimination de l'unique paramètre ainsi conservé entre les équations de la génératrice. Vu qu'il importe peu d'ailleurs que cette préalable subordination des constantes arbitraires soit explicite ou seulement implicite, on évitera souvent de s'imposer d'inutiles entraves algébriques en concevant plus largement l'ensemble de ce calcul, consistant à éliminer tous les n paramètres primitifs de la génératrice entre ses deux équations et les $n-1$ relations qui doivent spécifier son mouvement, sauf à choisir judicieusement, en chaque cas, la meilleur mode d'élimination.

Considérons maintenant le problème inverse, où il s'agit de reconnaître si une surface donnée $f(x, y, z)=0$ peut être engendrée par une certaine ligne, et de découvrir le mode de génération. En procédant également d'après le couple analytique le plus général et le plus simple qui convienne à cette génératrice, $\varphi(x, y, z, a, b, c, d...)=0$, $\psi(x, y, z, a, b, c, d...)=0$, il faudra que la ligne puisse être contenue sur la surface, sans que tous ses paramètres a, b, c, $d...$ soient entièrement déterminés, et en laissant l'un deux totalement arbitraire, tous les autres lui devenant subordonnés selon des formules géométriquement admissibles. Si, en effet, cette condition est remplie, elle garantira nécessairement que l'équation de la surface donnée pourrait dériver de celles de la courbe proposée, en éliminant entre elles cet unique coefficient variable. Toute l'opération analytique consistera donc, sous l'aspect lé plus étendu, à éliminer deux des coordonnées x, y, z, entre les équations de la ligne et celle de la surface, afin que l'équation finale relative à la troisième coordonnée puisse devenir identique d'après des valeurs réelles des divers paramètres de la génératrice en fonction de l'un d'eux, pour exprimer que cette ligne s'applique totalement sur la surface dans chacune de ses positions. Quand la surface proposée sera ainsi reconnue susceptible d'être engendrée par la ligne considérée, l'ensemble de ces conditions déterminera en même temps le mode de génération.

164. Appliquons d'abord cette double méthode universelle à la théorie générale des surfaces réglées ou rectilignes. Considérons-y, en premier lieu, la formation de l'équation d'après les trois directrices qu'exige alors l'entière détermination du mouvement de la génératrice, $x = az + \alpha$, $y = bz + 6$. Dans le cas le plus simple, ces directrices seraient trois droites, sans intersection mutuelle, et dont l'une, si les axes sont totalement disponibles, pourrait être prise pour axe des z, en dirigeant les axes horizontaux parallèlement aux deux autres, l'une de celles-ci pouvant même être supposée dans le plan des xy. Les équations de ces trois directrices seraient donc $x = 0$, $y = 0$, puis $z = 0$, $y = c$, et enfin $x = p$, $z = q$. En vertu de sa rencontre perpétuelle avec les deux premières, la génératrice aurait pour équations $y = ax$, $y = bz + c$, où la troisième intersection exigerait la relation $ap = bq + c$. Si l'on y élimine les paramètres variables a et b, on obtient aussitôt l'équation de la surface du second degré cherchée,

$$qxy + cxz - pyz = qcx.$$

Malgré sa grande simplicité, cet exemple intéressant suffit ici à manifester la marche générale d'une opération déjà convenablement expliquée en principe.

Pour caractériser nettement les cas où le mouvement de la génératrice est défini autrement que par des directrices, il convient d'apprécier ici le mode de formation de l'équation de chaque surface développable, que l'on croit mal à propos essentiellement inaccessible à l'analyse ordinaire, et qui pourtant n'exige, au fond, que la simple théorie du plan tangent, déjà complétement applicable, dans ce traité élémentaire, à toutes les équations algébriques proprement dites. Cette ques-

tion générale serait d'abord facile à traiter, si la surface développable que l'on considère était définie par son arête de rebroussement, dont les équations, $\varphi(x, y, z)=0$, $\psi(x, y, z)=0$,
fourniraient aussitôt celle d'une tangente quelconque, d'après
l'ensemble des deux plans tangents,

$$(x-x_,)\,\varphi'x_, + (y-y')\,\varphi'y_, + (z-z_,)\,\varphi'z_, = 0,$$
$$(x-x_,)\,\psi'x_, + (y-y_,)\,\psi'y_, + (z-z_,)\,\psi'z_, = 0:$$

l'équation cherchée résulterait alors de l'élimination des coordonnées auxiliaires $x_,, y_,, z_,$, entre ces deux équations et les
deux relations, $\varphi(x_,, y_,, z_,)=0$, $\psi(x_,, y_,, z_,)=0$, qui caractérisent ce point de contact. Quoique le calcul soit plus pénible dans l'autre système géométrique propre à la définition
des surfaces développables, l'analyse transcendante n'y est pas
réellement plus indispensable. Supposons, en effet, un plan
mobile assujetti à toucher constamment deux surfaces données $\varphi(x, y, z)=0$ et $\psi(x, y, z)=0$. Il suffira, pour instituer convenablement la solution, d'y introduire, à titre de variables auxiliaires, les coordonnées respectives $x_,, y_,, z_,$,
et x_2, y_2, z_2, des deux points de contact, dont la droite de
jonction constitue ici la génératrice de notre surface développable. Les deux plans tangents correspondants auraient pour
équations

$$x-x_,)\,\varphi'x_, + (y-y_,)\,\varphi'y_, + (z-z_,)\varphi'z_, = 0$$

et

$$(x-x_2)\,\psi'x_2 + (y-y_2)\,\psi'y_2 + (z-z_2)\,\psi'z_2 = 0.$$

Or, l'identification continue de ces deux équations, afin d'exprimer que le plan mobile touche à la fois les deux surfaces
fixes, fournira d'abord les trois relations

$$\frac{\varphi'x_,}{\varphi'z_,} = \frac{\psi'x_2}{\psi'z_2}, \quad \frac{\varphi'y_,}{\varphi'z_,} = \frac{\psi'y_2}{\psi'z_2}, \quad \frac{x_,\varphi'x_, + y_,\varphi'y_, + z_,\varphi'z_,}{\varphi'z_,} = \frac{x_2\psi'x_2 + y_2\psi'y_2 + z_2\psi'z_2}{\psi'z_2},$$

entre les six variables auxiliaires, d'ailleurs assujetties déjà par leur nature aux deux conditions $\varphi(x_i, y_i, z_i) = 0$ et $\psi(x_i, y_i, z_i) = 0$. Si, à ces cinq relations nécessaires, on joint les deux équations de la génératrice

$$x - x_i = \frac{x_2 - x_i}{z_2 - z_i}(z - z_i), \quad y - y_i = \frac{y_2 - y_i}{z_2 - z_i}(z - z_i),$$

on pourra totalement éliminer les six coordonnées introduites, de manière à obtenir, entre les variables naturelles x, y, z, l'équation de la surface demandée, quoiqu'une telle opération analytique dût le plus souvent devenir d'ailleurs presque impraticable, même envers des données fort simples. Pour en mieux saisir l'esprit, le lecteur devra pourtant s'exercer à l'accomplir dans quelques cas faciles, et au moins à l'égard de deux sphères, où les indications géométriques fourniraient directement une complète vérification spéciale.

Ainsi envisagée, la théorie analytique des surfaces développables trouverait naturellement une large application dans le problème général des ombres, maintenant conçu de la manière la plus étendue, c'est-à-dire en supposant, au corps éclairant aussi bien qu'au corps éclairé, une figure et une grandeur quelconques. Car, en déterminant la surface développable circonscrite à ces deux surfaces, sa combinaison avec chacune d'elles y caractériserait la ligne de démarcation, soit entre la partie efficace et la partie superflue de la première, soit entre la partie éclairée et la partie obscure de la seconde; ensuite, sa trace sur toute autre surface opaque donnée y marquerait le contour naturel de l'ombre portée. Il importe de noter, au sujet d'une telle application, qui indique spontanément la distinction nécessaire de l'ombre à la *pénombre*, que le lieu développable ainsi obtenu se trouvera toujours composé de deux surfaces différentes, puisque le plan tangent peut être considéré dans deux sortes de situations très-distinctes, selon qu'il laisse les deux surfaces fixes d'un même côté ou qu'il passe entre elles. Pour deux sphères, ces deux éléments du lieu cherché seraient deux cônes circulaires droits, engendrés autour de la ligne des centres par les deux couples de tangentes communes aux deux grands cercles correspondants. En un cas quelconque, on doit donc trouver finalement une équation exceptionnellement décomposable en deux facteurs, dont l'un servirait ici à déterminer l'ombre proprement dite, et l'autre la simple pénombre, conformément aux exigences spéciales de cette application.

165. Quant à reconnaître, en second lieu, d'après l'équation d'une surface donnée, si elle appartient à tel système désigné de génération, la marche générale expliquée au n° 163 pour cette recherche inverse se simplifie beaucoup à l'égard des surfaces réglées, vu l'extrême simplicité de leur génératrice. Tout se réduit ainsi, en effet, à substituer, dans l'équation proposée, $f(x, y, z) = 0$, $az + \alpha$ et $bz + \beta$ au lieu de x et y, afin d'assujettir l'équation finale en z, $f(az + \alpha, bz + \beta, z) = 0$, à devenir complétement identique, en disposant convenablement de trois des paramètres a, b, α, β par rapport au quatrième, qui doit rester arbitraire. Cette méthode n'étant, en outre, nullement entravée par l'indétermination des coefficients de la surface, on pourra l'appliquer aussi à découvrir sous quelles conditions un genre géométrique donné peut devenir rectiligne, suivant les relations que cette prescription nécessaire imposera encore après avoir facultativement annulé trois des termes distincts en z, en vertu de la disponibilité des trois paramètres. Pour caractériser nettement cette élaboration analytique par un exemple décisif, et néanmoins fort simple, appliquons-la aux surfaces du second degré, parmi lesquelles il importe de discerner celles qui sont réglées, en déterminant d'ailleurs leur mode spécial de génération rectiligne.

Ces calculs seraient trop compliqués et leurs résultats trop confus, si on les opérait directement sur l'équation la plus générale de ces surfaces

$$ax^2+by^2+cz^2+dxy+exz+fyz+gx+hy+kz=1.$$

Il faut donc commencer par la simplifier autant que peut le permettre le libre choix des axes rectangulaires, même quand on devrait y distinguer ainsi plusieurs types séparés, dès lors successivement appréciables. Une telle préparation suit nécessairement la même marche que dans la question analogue de géométrie plane, quant à la simplification préalable de l'équation générale des courbes du second degré, en changeant d'abord la direction des axes, afin d'opérer la séparation des variables, et déplaçant ensuite l'origine seule pour modifier les termes inférieurs. La première transformation, qui est, de part et d'autre, la plus importante et la plus délicate, introduirait ici, suivant nos formules de transposition, trois angles disponibles, qui permettraient d'annuler, en général, les trois termes où les variables sont mêlées; ensuite, la distinction relative à l'existence ou à l'absence d'un centre conduirait aisément à diriger les simplifications complémentaires. Mais l'embarras du calcul consisterait, surtout sous le premier aspect, à constater suffisamment que la réduction est toujours possible dans tous les cas que l'on doit avoir en vue ; ce qui exigerait, à l'égard des constantes angulaires, la considération d'une pénible équation finale du troisième degré. Quoique rien ne pût dispenser régulièrement d'une telle opération algébrique si on voulait réellement accomplir cette préparation en un cas particulier, on peut néanmoins éviter complétement cette lourde discussion, quand il ne s'agit, comme ici, que de constituer, en général, les plus simples types analytiques propres aux diverses surfaces du second degré, et destinés à diriger, sous un rapport quelconque, leur étude spéciale.

Pour cette nouvelle appréciation, il faut utiliser plus largement qu'on n'a coutume de le faire la notion générale des diamètres propres à ces surfaces, en s'aidant, d'ailleurs, des connaissances acquises sur les courbes correspondantes. L'application directe de notre seconde méthode des diamètres ferait reconnaître, envers'les surfaces quelconques du second degré, aussi nettement qu'à l'égard des courbes de ce genre, la nature commune de tous leurs diamètres. Mais la même considération qui nous a déjà dispensés de ce calcul en géométrie plane peut également nous l'épargner ici, en réfléchissant que le diamètre immédiatement résulté de l'équation complète ci-dessus rapportée, en y dégageant l'une des variables, est évidemment un plan ; or, ce lieu se rapportant à des cordes qui, au fond, sont arbitraires envers la surface, vu l'entière généralité de l'équation proposée quant aux situations, il s'ensuit pareillement, de cela seul, que tous les diamètres sont nécessairement plans dans toutes les surfaces du second degré. Il faut d'ailleurs noter que toutes les sections planes de ces surfaces sont des courbes du même degré, que nous avons déjà reconnues être constamment symétriques soit en un seul sens, soit en deux rectangulaires. Cela posé, on doit d'abord distinguer deux cas, suivant que ces sections n'admettraient jamais qu'un axe unique, ou qu'elles pourraient aussi en comporter deux, c'est-à-dire selon qu'elles seraient ou non susceptibles de centre. Si la surface proposée ne pouvait fournir que des coupes paraboliques, en y considérant une certaine série parallèle de ces sections, le lieu de leurs axes, nécessairement parallèles entre eux, formerait un plan diamétral autour duquel la surface se trouverait symétrique, puisqu'il serait partout perpendiculaire aux cordes correspondantes, si la direction des coupes était convenablement choisie : dans ce premier cas, essentiellement exceptionnel, la surface n'est symétrique qu'en un seul sens, comme les courbes qui la composent exclusivement. Quand les sections peuvent aussi devenir elliptiques ou hyperboliques, ce qui doit évidemment constituer le type normal, qu'il faut ici avoir seul en vue, une pareille série parallèle pourra fournir deux suites rectangulaires d'axes partiels, d'où pourront résulter deux plans diamétraux perpendiculaires à leurs cordes et d'ailleurs entre eux. Toutes ces surfaces sont donc symétriques autour de deux plans rectangulaires. Ainsi, en y plaçant les plans des xz et des yz, l'équation deviendra nécessairement

$$ax^2 + by^2 + cz^2 + kz = 1,$$

afin de ne contenir aucune puissance impaire de x ni de y. La possibilité de séparer les variables, en faisant même disparaître deux des termes du premier degré, se trouve dès lors aisément démontrée. Quant aux simplifications ultérieures, il y faut distinguer deux cas, selon que la surface est ou non susceptible de centre. Car, pour l'un, l'origine pourra être transportée en ce centre, sur l'axe actuel des z, de manière à écarter aussi l'unique terme du premier degré qui eût été conservé, en ramenant la surface au type

$$ax^2 + by^2 + cz^2 = 1,$$

que nous emploierons alors habituellement : il prouve aussitôt que de telles surfaces sont pareillement symétriques autour du troisième plan coordonné. Si la surface n'a pas de centre, le terme kz ne pourra pas disparaître ; mais on pourra enlever le terme constant, en plaçant l'origine à la rencontre de la surface avec l'axe des z, qui seul était déjà pleinement fixé. Il importe d'ailleurs de sentir que l'absence même de centre assure alors l'annulation spontanée du terme en z^2, d'après le choix primitif de deux des plans coordonnés ; car, sans cela, la surface aurait évidemment un centre, dont l'ordonnée verticale serait $-\dfrac{k}{2c}$. Cette circonstance analytique est parfaitement analogue à celle que nous avons expliquée envers les sections coniques, où l'on ne peut séparer les variables sans que l'un des carrés soit simultanément éliminé, quand le lieu géométrique est caractérisé par le défaut de centre. Ainsi, cette dernière classe de surfaces du second degré est finalement réductible au type

$$ax^2 + by^2 = z.$$

Pour compléter cette discussion préparatoire, il faudrait maintenant revenir au cas exceptionnel, où la surface n'était symétrique qu'autour d'un seul plan, comme ne comportant que des coupes paraboliques. En supposant l'axe des z perpendiculaire à ce plan, l'équation deviendrait, d'après cette symétrie,

$$z^2 = ax^2 + by^2 + cxy + dy + ex + f.$$

Mais la nature géométrique de ce cas exige d'abord que a et b s'y annulent spontanément, afin que les deux traces verticales ne puissent être que des paraboles; la même circonstance deviendra ensuite indispensable quant à c, d'après un pareil motif envers la trace horizontale. Dès lors, en plaçant l'origine au hasard sur cette dernière trace, qui sera ainsi devenue rectiligne, on aura finalement l'équation

$$z^2 = dy + ex.$$

A l'inspection, on y reconnaît aisément, d'après nos principes généraux, une surface cylindrique, à base parabolique.

L'ensemble de la discussion précédente conduirait donc à distinguer trois types analytiques, $z^2 = dy + ex$, $ax^2 + by^2 = z$, $ax^2 + by^2 + cz^2 = 1$, pour les surfaces du second degré, suivant qu'elles sont symétriques en un sens unique, ou en deux sens rectangulaires, ou enfin en trois pareillement rectangulaires. Mais le premier cas, ne convenant qu'au seul cylindre parabolique, doit être essentiellement écarté, soit parce qu'une telle surface est déjà suffisamment connue, soit parce que son équation peut, à la rigueur, rentrer dans le second type, en y annulant l'un des carrés. Il ne faut distinguer finalement, parmi les surfaces du second degré, que deux classes différentes, selon qu'il existe ou non un centre. C'est uniquement à ces deux types, $ax^2 + by^2 + cz^2 = 1$, $ax^2 + by^2 = z$, que nous devrons maintenant appliquer la méthode fondamentale destinée à caractériser les surfaces rectilignes.

Toutefois, avant d'accomplir cet examen, il convient de discuter sommairement chacune de ces deux équations définitives, afin de reconnaître d'avance, d'après la forme générale de ces surfaces, en quels cas il convient de poursuivre une telle appréciation, sans la compliquer inutilement par la considération des surfaces dont la nature exclut directement toute semblable génération.

Envisageons d'abord les surfaces du second degré qui ont un centre, pour discerner, d'après le type $ax^2 + by^2 + cz^2 = 1$, les divers cas géométriques qui peuvent y résulter des différents signes attribuables aux trois coefficients a, b, c, dont l'un au moins doit être toujours positif. Si, en premier lieu, les deux autres le sont aussi, il est évident que la surface sera fermée et continue, chaque coordonnée y ayant une limite supérieure, sans aucune limite inférieure : le nom d'*ellipsoïde* rappelle alors très-nettement que toutes les sections planes sont elliptiques. Il est aisé de constater, d'après l'hypothèse de z constant, que cette surface peut résulter du mouvement d'une ellipse horizontale, dont le centre parcourt l'axe vertical, tandis que ses demi-axes constituent, en chaque position, les abscisses horizontales qui correspondent à une même ordonnée dans les deux traces verticales de l'ellipsoïde. Ces deux directrices, $ax^2 + cz^2 = 1$, $by^2 + cz^2 = 1$, ont toujours le même axe vertical : mais leurs axes horizontaux ne seront égaux qu'autant que la surface serait de révolution, si on supposait $a = b$.

Quand l'un des coefficients a, b, c, deviendra négatif, la surface $ax^2 + by^2 - cz^2 = 1$ se trouvera nécessairement indéfinie, sans cesser d'être continue, puisque les valeurs de z ne seront assujetties à aucune restriction quelconque. Les deux directrices verticales seront alors des hyperboles, ayant le même axe non transverse, et l'ellipse génératrice poura s'agrandir à l'infini, en partant de la situation centrale, où elle a les moindres axes. On désigne cette seconde surface sous le nom d'*hyperboloïde à une nappe*. Elle peut encore être de révolution, lorsqu'on suppose égaux les deux coefficients positifs.

Faisons enfin l'hypothèse inverse, où deux coefficients deviennent négatifs. Dans ce troisième cas, $ax^2 + by^2 - cz^2 = -1$, les valeurs de z sont assujetties à une limite inférieure $\sqrt{\dfrac{1}{c}}$, sans comporter d'ailleurs aucune limite supérieure ; en sorte que la surface est illimitée, mais discontinue. L'axe vertical commun des deux hyperboles directrices est alors leur axe transverse, et le mouvement de l'ellipse génératrice est interrompu entre leurs sommets. C'est pourquoi le lieu, qui serait encore de révolution si on égalait les deux coefficients de même signe, est qualifié d'*hyperboloïde à deux nappes.*

Les deux hyperboloïdes sont les seules surfaces du second degré sur chacune desquelles on puisse indifféremment tracer des paraboles, des ellipses, ou des hyperboles, suivant la direction du plan coupant : leur forme générale dispense, à cet égard, de toute appréciation analytique. On peut rapporter à chacun d'eux le cas du cône, elliptique ou hyperbolique, où l'équation devient homogène par l'annulation du terme constant, en sorte que le centre se place exceptionnellement sur la surface, dont il constitue alors le sommet proprement dit.

Considérons maintenant les surfaces dépourvues de centre, d'après le type $ax^2 + by^2 = z$, qui indique naturellement deux hypothèses géométriques, selon que les deux coefficients a et b auront le même signe ou des signes opposés. Dans le premier cas, les sections horizontales seront encore des ellipses parallèles, semblables, et ayant leurs centres sur l'axe vertical : mais le mouvement de l'ellipse génératrice sera maintenant dirigé par deux traces paraboliques ayant le même axe et pareillement tournées. La surface s'étendra donc indéfiniment d'un côté du plan des xy, sans pouvoir pénétrer de l'autre côté : elle a reçu le nom de *paraboloïde elliptique*, destiné surtout à rappeler que ses sections planes, toujours elliptiques ou paraboliques, ne sauraient jamais devenir hyperboliques.

Quand les deux termes du second degré ont des signes opposés, les deux traces paraboliques sont alors tournées en sens contraire, et l'ellipse génératrice se transforme en une hyperbole, dont le demi-axe transverse, toujours indiqué par la rencontre de l'une de ces paraboles directrices, est parallèle à l'un ou à l'autre des deux axes horizontaux, selon que le plan de cette hyperbole horizontale est au-dessus ou au-dessous du plan des xy, qui coupe la surface selon deux droites remarquables, parallèles aux asymptotes de ces deux séries de sections hyperboliques semblables. Pour mieux caractériser cette dernière surface, la plus difficile à bien voir parmi toutes celles du second degré, il convient d'y considérer la nature générale des sections planes, d'après la méthode du n° 145. Or, on trouve aisément que la constante composée qui distingue analytiquement les trois courbes du second degré est ici $-4ab \cos^2\theta$; en sorte que, a et b étant de signe contraire, la section ne peut jamais être elliptique, et se trouve ordinairement hyperbolique, sauf le cas parabolique correspondant à tout plan vertical. Tel est le principal motif de la dénomination de *paraboloïde hyperbolique* affectée à cette surface, qui évidemment ne sera jamais de révolution, tandis que l'autre paraboloïde en est susceptible.

166. Après cette discussion préliminaire, nous pouvons aisément discerner, parmi les cinq surfaces du second degré, celles qui comportent une génération rectiligne. Comme toute surface réglée doit être à la fois illimitée en tout sens et continue, il est clair que l'hyperboloïde à une nappe et le paraboloïde hyperbolique doivent seuls être soumis ici à un tel examen analytique, qui d'ailleurs confirmerait envers les trois autres cas une évidente exclusion géométrique.

Pour la première de ces deux surfaces, la substitution prescrite, $x = mz + \alpha$, $y = nz + \epsilon$, dans l'équation

$$ax^2 + by^2 - cz^2 = 1,$$

conduira aux conditions d'identité

$$am^2 + bn^2 = c, \quad am\alpha + bn\epsilon = 0, \quad a\alpha^2 + b\epsilon^2 = 1,$$

tendant à déterminer les trois paramètres a, b, α, relativement à ϵ, qui y restera arbitraire, suivant la règle fondamentale. Tout se réduit donc à examiner si ces trois formules, qui ne sauraient évidemment devenir réelles envers l'ellipsoïde ou l'hyperboloïde discontinu, le seront toujours à l'égard de l'hyperboloïde continu. Or, l'appréciation géométrique des trois conditions précédentes ne laisse, à ce sujet, aucune incertitude, et dévoile en même temps le mode de génération. Car, la troisième relation sera d'abord satisfaite, aussitôt qu'on fera glisser la génératrice sur l'ellipse qui constitue la trace horizontale de la surface. En comparant le coefficient angulaire de la tangente à cette ellipse avec celui de la projection horizontale de la droite, il est aisé de constater que la seconde condition oblige la projection horizontale de la génératrice à toucher constamment cette courbe. Quant à la première relation, qui n'est qu'entre les deux coefficients angulaires, son interprétation géométrique sera plus claire en l'établissant entre l'un d'eux et le coefficient linéaire correspondant, à l'aide des deux autres conditions. On parviendra ainsi à reconnaître aisément que chaque projection verticale de la génératrice doit être tangente à la trace respective de la surface. L'ensemble de ces conditions étant réalisable, l'hyperboloïde à une nappe est donc une surface réglée, engendrée par une droite qui glisse sur l'ellipse horizontale, tandis que ses diverses projections touchent sans cesse les traces correspondantes de l'hyperboloïde. Comme ces tangentes sont menées d'un point extérieur à l'égard des traces verticales, chaque projection horizontale de la génératrice peut se combiner avec deux projections verticales distinctes. ce qui indique, en chaque point de l'ellipse directrice, deux génératrices symétriquement placées, et par suite un double système de génération rectiligne. Une génératrice quelconque de l'un des deux modes devant rencontrer toutes celles de l'autre, on pourrait donc diriger aussi le mouvement de la génératrice en l'assujettissant à glisser toujours sur trois droites fixes, conformément à une définition précédemment examinée.

Considérons, en second lieu, le paraboloïde hyperbolique, $ax^2 - by^2 = z$. La même substitution y conduira aux trois conditions

$$am^2 = bn^2, \quad 2am\alpha - 2bn\beta = 1, \quad a\alpha^2 = b\beta^2,$$

dont la dernière indique encore que la génératrice doit glisser sur la trace horizontale de la surface, maintenant composée de deux droites, symétriquement disposées autour des axes coordonnés. On aperçoit, sans plus d'embarras, le sens géométrique de la première, qui, assignant une direction constante à la projection horizontale de la génératrice, assujettit celle-ci à rester parallèle au plan vertical passant par l'une ou l'autre de ces deux directrices horizontales ; ce qui annonce directement une double génération, où la génératrice rencontre alternativement l'une de ces traces en demeurant parallèle au plan de l'autre. Tout se réduit donc à constater si la seconde condition peut être pareillement satisfaite, ce qui se verra nettement après qu'on l'aura établie entre m et α, comme dans le cas précédent, à l'aide des deux relations extrêmes. Car, ainsi devenue $4am\alpha=1$, elle oblige aussi la projection verticale de la génératrice à toucher constamment la trace correspondante de la surface, dès lors rangée parmi les conoïdes. La double génération permettrait également de substituer à cette dernière condition une directrice rectiligne, arbitrairement choisie, pour chaque mode, entre les génératrices de l'autre.

En résultat d'une telle appréciation, chacune des deux classes de surfaces du second degré renferme donc un cas à génération rectiligne, où le lieu résulte toujours du mouvement d'une droite sur deux autres droites fixes, en achevant de le définir, tantôt par une troisième directrice analogue, tantôt par le parallélisme à un plan donné.

167. Pour caractériser suffisamment nos principes généraux sur la formation et l'appréciation des équations propres aux surfaces quelconques appartenant à des groupes naturels dont le type analytique n'est pas encore connu, il convient de les appliquer aussi, mais plus sommairement, au cas le plus simple après celui de la génération rectiligne, c'est-à-dire aux surfaces circulaires. Nous n'en avons considéré spécialement qu'une seule famille, la plus usuelle de toutes, celle des corps ronds proprement dits. On pourrait d'abord, en généralisant la définition de ces surfaces, composer aisément une infinité d'autres familles circulaires, dont l'équation collective serait assignable ; car, d'après une première extension, on pourrait concevoir le cercle générateur, toujours assujetti au parallélisme, mais sans que son plan fût perpendiculaire à la droite décrite par son centre ; en second lieu, on pourrait surtout remplacer successivement cet axe rectiligne par un axe parabolique, hyperbolique, hélicoïdique, etc., ou de toute autre forme quelconque :

chacune de ces nouvelles hypothèses produirait une famille distincte, non moins étendue que celle d'où nous sommes partis. Mais, il serait superflu de s'arrêter ici à l'appréciation spéciale d'aucun de ces cas, puisque le type analytique en serait toujours facile à former, suivant une judicieuse application des règles fondamentales du chapitre premier. Je dois donc me borner, à ce sujet, à considérer des groupes naturels dont l'équation collective soit encore inconnue. Le plus simple et le plus intéressant résulte d'un système de génération déjà signalé précédemment, où un cercle invariable se meut perpendiculairement à la courbe quelconque décrite par son centre. Ces diverses surfaces circulaires, déjà introduites, en géométrie comparée, sous les noms équivalents de *canaux*, de *tuyaux*, ou de *tubes*, comprennent évidemment une infinité de familles proprement dites, selon que le lieu du centre est une courbe plane ou cylindrique, ou conique, ou sphérique, etc. : or, c'est seulement dans le premier cas que l'analyse transcendante leur a assigné un certain type analytique, consistant en une relation entre les deux dérivées partielles de la variable dépendante, d'après une propriété caractéristique du plan tangent ; mais leur équation collective n'est jusqu'ici nullement établie, même alors, sous forme finie, à l'aide d'une fonction arbitraire. Une telle lacune n'empêche aucunement de former l'équation spéciale propre à chaque cas, quand l'axe du tuyau sera donné, en procédant d'après nos principes généraux, déjà appliqués aux surfaces rectilignes. Il suffira, pour le faire convenablement sentir, d'ébaucher cette application envers l'un des exemples qui semblent d'abord les plus embarrassants, parmi ceux qui offrent quelque intérêt géométrique, en considérant le tuyau hélicoïdal. Supposons donc que le cercle générateur

$$(x-\alpha)^2+(y-\beta)^2+(z-\gamma)^2 = r^2, \qquad z-\gamma = a(x-\alpha)+b(y-\beta),$$

dont le rayon demeure constant, ait son centre toujours placé sur l'hélice $x = m \cos \dfrac{2\pi}{h} z$, $y = m \sin \dfrac{2\pi}{h} z$, à laquelle son plan reste continuellement normal. Les considérations spéciales indiquées au n° 158 conduiront aisément à former les équations de la tangente à cette courbe, d'après sa projection horizontale connue et son invariable inclinaison sur l'axe du cylindre : il sera donc facile d'en déduire l'équation du plan normal. Dès lors, en ayant d'ailleurs égard au lieu donné du centre, les équations de la génératrice deviendront finalement

$$z - \gamma = \frac{2\pi}{h}\left(x \sin \frac{2\pi}{h}\gamma - y \cos \frac{2\pi}{h} \right),$$

$$\left(x - m \cos \frac{2\pi}{h}\gamma \right)^2 + \left(y - m \sin \frac{2\pi}{h}\gamma \right)^2 + (z - \gamma)^2 = r^2.$$

Il ne reste plus qu'à éliminer γ pour obtenir l'équation de la surface cherchée. Quoique cette élimination soit très-laborieuse, et que le résultat en doive être fort compliqué, elle n'est pas néanmoins aussi embarrassante que paraît l'indiquer la nature de ces équations, à la fois algébriques et transcendantes envers ce paramètre. Car, il suffit de substituer, dans la seconde, l'expression de $z - \gamma$ donnée par la première, et l'on parvient à une équation purement trigonométrique en γ, qui pourrait fournir $\sin \gamma$ ou $\cos \gamma$ en résolvant une équation bi-carrée, de manière à obtenir enfin l'équation demandée, que sa complication interdit d'ailleurs de citer ici.

168. Quant à reconnaître, en sens inverse, si une surface donnée $f(x, y, z) = 0$ comporte une génération circulaire, il importe d'apprécier d'abord une simplification générale de la méthode fondamentale du n° 163, pour tous les cas où la courbe génératrice doit être plane. On peut, en effet, remplacer alors cette marche universelle par une appréciation adaptée à une telle hypothèse, et fondée sur une application

convenable de la règle destinée à déterminer les sections planes d'une surface quelconque. Ainsi, on substituera, dans l'équation proposée, les formules générales du n° 145, afin de comparer le résultat $F(x', y', \varphi, \theta, c) = 0$ au type plan de la courbe considérée. Cette comparaison indiquera de quelle manière il faut disposer des constantes φ, θ, et c relatives au plan de la section, pour qu'elle s'identifie avec cette ligne. Si une telle coïncidence peut être établie par des formules réelles de ces paramètres, il ne sera pas encore certain que la surface donnée comporte la génération proposée. Il faudra, de plus, que toutes ces conditions puissent être remplies sans que ces trois constantes soient entièrement déterminées, l'une d'elles devant rester arbitraire afin que le plan ne soit pas immobile, et puisse passer successivement aux divers points de la surface : à défaut de cette indétermination, la courbe considérée ne se placerait sur cette surface qu'en une situation fixe, et dès lors ne pourrait l'engendrer. Le plus souvent, le paramètre linéaire c demeurera indéterminé, et les deux paramètres angulaires φ et θ auront des valeurs assignables, soit constantes, soit au moins relatives à lui, de manière à définir suffisamment le mouvement du plan. Quand la disponibilité de ces deux paramètres aura permis d'identifier complétement l'équation $F(x', y', \varphi, \theta, c) = 0$ avec celle de la courbe plane proposée, la génération qu'il s'agissait d'apprécier sera dès lors constatée; et en même temps le mode en sera découvert, en éliminant le paramètre arbitraire c entre les diverses relations de coïncidence, ainsi transformables en conditions finales du mouvement de cette génératrice.

Cette méthode générale est surtout commode à l'égard du cercle, vu l'extrême simplicité de son type plan. Appliquons-la à l'examen de la génération circulaire des surfaces du second degré, en considérant successivement, comme envers leur génération rectiligne, celles qui ont un centre et celles qui en manquent.

Pour les premières, la substitution ci-dessus prescrite, dans l'équation $ax^2 + by^2 + cz^2 = 1$, y donnera

$$0 = \left. \begin{aligned} & a\cos^2\varphi \\ & +b\sin^2\varphi \end{aligned} \right| x'^2 \left. \begin{aligned} & -2a\sin\varphi\cos\varphi\cos\theta \\ & +2b\sin\varphi\cos\varphi\cos\theta \end{aligned} \right| x'y' \left. + \begin{aligned} & a\sin^2\varphi\cos^2\theta \\ & +b\cos^2\varphi\cos^2\theta \\ & +c\sin^2\theta \end{aligned} \right| y'^2 +$$

$$+2c\gamma\sin\theta \cdot y' + c\gamma^2,$$
$$-1,$$

γ désignant ici la constante linéaire du plan. Afin que la section devienne circulaire, il suffit des deux conditions ordinaires

$$(b-a)\ \sin\varphi\ \cos\varphi\ \cos\theta = 0,$$
$$\text{et}\quad a\cos^2\varphi + b\sin^2\varphi = (a\sin^2\varphi + b\cos^2\varphi)\cos^2\theta + c\sin^2\theta,$$

qui tendent à déterminer les angles φ et θ, en laissant γ arbitraire ; ce qui déjà autorise à penser que ces surfaces peuvent en effet résulter du mouvement parallèle d'un cercle. Néanmoins, avant de prononcer définitivement, il faut examiner si ces deux conditions fournissent toujours des valeurs réelles. Or, dans la première, on doit d'abord écarter le facteur constant $b-a$, qui ordinairement n'est pas nul, à moins que la surface ne soit de révolution, auquel cas l'appréciation actuelle deviendrait évidemment superflue. Ainsi, cette condition ne peut être satisfaite que par l'une des trois hypothèses $\varphi = 0$, $\varphi = 90°$, $\theta = 90°$, auxquelles correspondent respectivement, d'après l'autre relation,

$$\text{tang}\,\theta = \pm\sqrt{\frac{b-a}{a-c}}, \quad \text{tang}\,\theta = \pm\sqrt{\frac{b-a}{c-b}}, \quad \text{tang}\,\varphi = \pm\sqrt{\frac{a-c}{c-b}}.$$

En considérant successivement toutes les suppositions possibles envers les coefficients a, b, c, il est aisé de constater que l'un de ces trois systèmes est toujours acceptable, tandis que les deux autres ne le sont jamais. Car, pour l'ellipsoïde, où ces coefficients sont tous positifs, si on suppose, par exemple, $a < b < c$, il est clair que le second système sera seul admissible, les deux extrêmes conduisant à des valeurs imaginaires. La double valeur de tang θ démontre que les sections circulaires, toujours parallèles à l'axe moyen de l'ellipsoïde, comportent deux situations symétriques envers le plan des xy. On découvrira la loi du mouvement du cercle générateur en cherchant le lieu de son centre, dont les coordonnées mobiles x' et y' sont, d'après l'équation précédente,

$$x' = 0, \; y' = -\frac{c\,\gamma}{b}\sin\theta = \pm \frac{c}{b}\gamma\sqrt{\frac{b-a}{c-a}} \; ;$$

ce qui donne, envers les axes fixes, suivant les formules de transposition, les coordonnées définitives

$$x = \pm \frac{c\sqrt{(b-a)(c-b)}}{b(c-a)}\gamma, \quad y = 0, \quad z = \frac{a(c-b)}{b(c-a)}\gamma.$$

Si l'on élimine γ entre ces équations, on voit que le centre décrit une double ligne droite contenue dans le plan xz, et passant naturellement à l'origine, $x = \pm \dfrac{c}{a}\sqrt{\dfrac{b-a}{c-b}}\,z$: les deux signes de son coefficient angulaire coexistent successivement avec ceux de tang θ. L'ensemble de cette discussion nous apprend donc que tout ellipsoïde peut être engendré, de deux manières différentes, par un cercle dont le centre parcourt une droite perpendiculaire à l'axe moyen de cette surface, mais oblique aux deux autres, tandis que son plan se déplace parallèlement à ce même axe, en conservant une direction invariable, d'ailleurs oblique au lieu du centre, à moins que l'ellipsoïde ne soit de révolution, auquel cas les deux systèmes de génération circulaire coïncident nécessairement. On trouvera aisément des résultats essentiellement analogues envers les deux hyperboloïdes.

Quant aux surfaces du second degré qui n'ont pas de centre, il serait évidemment superflu d'entreprendre une telle appréciation pour le paraboloïde hyperbolique, que nous savons incompatible avec toute section elliptique. Considérons donc seulement le paraboloïde elliptique $ax^2 + by^2 = z$. La substitution prescrite donne alors l'équation

$$(a \cos^2\varphi + b \sin^2\varphi)\, x'^2 + 2(b-a) \sin\varphi \cos\varphi \cos\theta . x'y'$$
$$+ (a \sin^2\varphi + b \cos^2\varphi) \cos^2\theta . y'^2 - y' \sin\theta - \gamma = 0,$$

où les conditions du type circulaire sont

$$(b-a)\, \sin\varphi\cos\varphi\cos\theta = 0,$$
$$a \cos^2\varphi + b\sin^2\varphi = (a\sin^2\varphi + b\cos^2\varphi) \cos^2\theta.$$

En écartant encore le facteur constant $a-b$, on obtient successivement les trois hypothèses $\varphi = 0$, et $\cos\theta = \pm \sqrt{\dfrac{a}{b}}$, puis $\varphi = 90^\circ$ et $\cos\theta = \pm \sqrt{\dfrac{b}{a}}$, enfin $\theta = 90^\circ$ et $\operatorname{tang}\varphi = \sqrt{-\dfrac{a}{b}}$.

Or, la dernière est évidemment toujours inadmissible, et les deux autres fournissent pour $\cos\theta$ des valeurs réelles, mais réciproques l'une de l'autre, en sorte qu'une seule sera nécessairement acceptable, vu la restriction $\cos\theta < 1$. Sa duplicité annonce que le paraboloïde elliptique comporte aussi deux séries de sections circulaires, toutes deux perpendiculaires au plan de la moindre des deux traces paraboliques de la surface, et symétriquement inclinées sur celui de l'autre trace. Les coordonnées du centre du cercle sont, envers les axes mobiles,

$$x' = 0,\quad y' = \frac{\sin\theta}{a} = \pm \frac{1}{a} \sqrt{\frac{b-a}{b}},$$

et, par suite, relativement aux axes fixes,

$$x = 0, \quad y = \pm \frac{1}{b} \sqrt{\frac{b-a}{a}}, \quad z = \frac{1}{a} - \frac{1}{b} + \gamma,$$

en supposant $a < b$. Comme les deux coordonnées horizontales sont spontanément indépendantes de γ, elles annoncent directement que le centre du cercle générateur décrit une double verticale, comprise dans le plan de la moindre trace du paraboloïde, et généralement oblique au plan de ce cercle, à moins que la surface ne fût de révolution : chacune des deux positions de ce lieu se combinera exclusivement avec la valeur correspondante de cos 0.

Toutes les surfaces du second degré, sauf le seul paraboloïde hyperbolique, peuvent donc, en résumé, se ranger, sous deux modes distincts, dans la famille de surfaces circulaires la plus rapprochée des corps ronds proprement dits, où le centre du cercle générateur parcourt une droite plus ou moins oblique à la direction invariable de son plan. Mais cette exception capitale confirme suffisamment que, même pour ce degré, la classification empirique des surfaces algébriques d'après les degrés de leurs équations est nécessairement incompatible avec l'ensemble des comparaisons géométriques.

Dans ce chapitre complémentaire, nous avons poussé l'appréciation générale de la grande conception de Monge sur l'étude rationnelle des divers groupes géométriques aussi loin que le permettent les ressources bornées de l'analyse ordinaire, dont la portée est néanmoins, à cet égard, beaucoup plus étendue qu'on ne le suppose communément. Je regrette que la nature de ce traité élémentaire doive m'interdire d'y expliquer comment l'analyse transcendante complète et perfectionne ces notions fondamentales, d'abord par l'introduction d'un nouveau genre de relations caractéristiques, entre les dérivées partielles de la coordonnée dépendante, et surtout ensuite par la considération prépondérante des surfaces enveloppes, d'après laquelle Monge a si heureusement condensé, autour d'un très-petit nombre d'éléments fort simples, tous les groupes géométriques imaginés jusqu'ici. Toutefois, j'espère que l'ébauche systématique que je viens d'achever fera sentir à tous les bons esprits l'éminente valeur d'une création trop peu comprise encore par la plupart des géomètres, et signalera l'importance des nouvelles voies philosophiques ainsi ouvertes au véritable esprit géométrique, qui, après avoir essentiellement épuisé la géométrie générale proprement dite, doit surtout poursuivre désormais la géométrie comparée, aujourd'hui si confusément conçue.

FIN.

TABLE RAISONNÉE

DES MATIÈRES

CONTENUES DANS CE

TRAITÉ ÉLÉMENTAIRE

DE

GÉOMÉTRIE ANALYTIQUE.

GÉOMÉTRIE PLANE.

PREMIÈRE PARTIE.

INTRODUCTION GÉNÉRALE.

CHAPITRE PREMIER.

Notions fondamentales.   (4 leçons.)

CHAPITRE II.

Principaux exemples préliminaires de la formation des équations de diverses lignes d'après leur génération, et première ébauche de la discussion géométrique de ces équations. (*4 leçons.*)

TROISIÈME PARTIE.

DISCUSSION GÉOMÉTRIQUE DES ÉQUATIONS *algébriques*
À DEUX VARIABLES.

CHAPITTRE PREMIER.

Considérations générales. (1 *leçon.*)

CHAPITRE IV.

Théorie de l'hyperbole.   (4 *leçons.*)

CHAPITRE V.

Appréciation des courbes du second degré comme sections coniques. (2 *leçons.*)

CHAPITRE VI.

Application générale de l'étude des courbes planes à la *construction* des équations déterminées. (1 *leçon*.)

CHAPITRE III.

Théorie analytique du plan.   (2 leçons.)

CHAPITRE IV.

Théorie de la transposition des axes dans l'espace. (2 leçons.)

SECONDE PARTIE.

THÉORIE GÉNÉRALE DES SURFACES COURBES,

D'APRÈS LEUR CLASSIFICATION ANALYTIQUE PAR FAMILLES VRAIMENT NATURELLES.

—

PRÉAMBULE.

CHAPITRE PREMIER.

Notions fondamentales sur la classification rationnelle des surfaces.   (1 *leçon.*)

CHAPITRE II.

Théorie des surfaces cylindriques.   (1 *leçon.*)

CHAPITRE III.

Théorie des surfaces coniques.   (1 *leçon.*)

CHAPITRE IV.

Théorie des surfaces de révolution.   (1 *leçon.*)

CHAPITRE V.

Théorie des surfaces conoïdes.   (1 *leçon.*)

Définition de cette nouvelle famille, et formation de son type analytique, surtout en choisissant le plus favorablement possible les axes coordonnés. Conser-

FIN DE LA TABLE.

PROGRAMMES

DES

COURS D'ALGÈBRE SUPÉRIEURE

ET DE

CALCUL DIFFÉRENTIEL.

PROGRAMME

DU

COURS D'ALGÈBRE SUPÉRIEURE,

QUI SUCCÈDE A

L'ÉTUDE ÉLÉMENTAIRE DE LA GÉOMÉTRIE ANALYTIQUE.

Préambule. (1 *leçon.*)

Appréciation exacte de la science mathématique, envisagée dans son ensemble , d'après le vrai but final de toute recherche mathématique.

Division fondamentale de la science mathématique en deux parties générales, l'une *concrète*, l'autre *abstraite*. Objet propre de chacune d'elles , et leur coordination naturelle.

Division nécessaire du *calcul* en deux branches essentielles , l'une *algébrique*, l'autre *arithmétique*. Objet caractéristique de l'*algèbre* proprement dite.

Distinction générale entre la résolution *analytique* des équations et leur résolution *numérique*. Caractère imparfait et équivoque de celle-ci, pourtant seule possible le plus souvent.

Objet propre de ce cours et son plan général.

Théorie fondamentale des équations *algébriques.* (7 *leçons.*)

1° *Composition des équations*. État général de la question. Réduction préalable de toute équation algébrique à la forme rationnelle et entière.

Double démonstration , à priori et à posteriori , du principe fondamental. Son vrai degré d'extension.

Décomposition, nécessairement unique, de toute fonction d'un degré quelconque en facteurs du premier.

Décomposition, toujours multiple , qui en résulte en facteurs du second degré , ou d'un degré supérieur.

Détermination directe , en général moins convenable , de ces derniers facteurs.

Caractère essentiel des fonctions à plusieurs variables de n'être pas ordinairement décomposables en facteurs analogues d'un degré moindre. Nécessité géométrique d'une telle incompatibilité. Son explication analytique d'après la mesure de l'ordre de généralité de la formule complète du degré *m* à deux variables par le nombre des constantes arbitraires qu'elle contient. Réaction d'une telle appréciation sur le cas primitif des fonctions à une seule variable.

Relations générales entre les coefficients d'une équation et ses racines, soit d'après sa décomposition en facteurs élémentaires, soit d'après la formation directe d'une équation susceptible de racines données.

Réflexions générales sur la manière dont ces lois concilient la réalité et la rationalité des coefficients avec l'imaginarité et l'irrationalité des racines.

Usage général de ces lois, ou de la décomposition élémentaire qui les a fournies, pour traduire entre les coefficients toute relation donnée entre les racines. Divers exemples caractéristiques à ce sujet.

Théorème fondamental de Descartes sur les relations naturelles entre le mode de succession des signes des coefficients et les signes des racines. Indications qu'il fournit souvent sur les racines imaginaires dans les équations incomplètes, et même dans les autres.

Principe relatif aux racines communes à deux équations données. Simplification correspondante qu'éprouve alors nécessairement leur résolution respective.

Usage général de ce principe pour simplifier la recherche des relations entre les coefficients d'après celles des racines, surtout quant aux relations binaires. Divers exemples de cette application, même envers des relations plus composées.

Examen spécial du cas de la réciprocité des racines. Théorie des équations réciproques. Abaissement nécessaire de leur degré.

9° *Transformation des équations*. Position exacte de la question générale. Distinction nécessaire des deux sortes de transformations, introduites, les unes par Viète, les autres par Lagrange.

1re *classe*, où chaque racine transformée ne dépend que d'une seule racine primitive. Mode général de formation de l'équation cherchée.

Application au cas où toutes les racines sont également augmentées à volonté. Suppression facultative d'un coefficient quelconque, et surtout du second.

Application au cas où les racines croissent proportionnellement. Appréciation des modifications facultatives qui en résultent.

Application au cas où les racines sont élevées à une même puissance, entière ou fractionnaire. Appréciation d'un tel changement.

Application au cas de l'inversion des racines et à celui du changement de signe.

2° *classe*, où chaque racine transformée dépend de plusieurs racines primitives. Examen général des combinaisons binaires. Mode de formation de l'équation cherchée; son degré naturel. Son épuration préalable en écartant les combinaisons affectées de répétition. Propriétés nécessaires relatives à la transposition mutuelle des racines primitives dans chaque combinaison. Abaissement final du degré de la transformée, après lequel elle doit encore comporter des conditions caractéristiques, soit quant au degré, soit envers les coefficients. Extension générale de ces diverses notions et opérations à des combinaisons plus que binaires.

Application successive de l'ensemble de ces considérations à la théorie générale de l'équation aux sommes, de l'équation aux différences, de l'équation aux produits, de l'équation aux quotients, et de celle où les sommes sont ajoutées à un multiple des produits. Appréciation des indications nouvelles que l'état de chaque transformée peut fournir sur les racines primitives, et surtout de celles que suggère le mode de succession des signes dans l'équation aux carrés des différences.

3º *Théorie des fonctions symétriques.* Position générale de la question. Sa restriction naturelle aux fonctions symétriques rationnelles. Leur division générale en simples et multiples.

Théorème préliminaire sur la composition de la fonction dérivée d'après les facteurs élémentaires de la fonction primitive.

Lois fondamentales qu'il fournit pour déduire des coefficients d'une équation les valeurs des sommes de puissances semblables, entières et positives, de toutes ses racines, jusqu'au degré de l'équation exclusivement. Indication de l'origine historique de ces lois remarquables.

Relation générale supplémentaire pour passer graduellement de ces puissances à toutes les suivantes.

Moyen d'étendre ainsi ces lois, ou, ce qui est préférable, par une transformation préalable, aux puissances négatives, mais entières.

Loi générale de réduction des fonctions symétriques doubles aux fonctions simples. Extension graduelle de cette loi aux autres degrés de multiplicité.

Remarque générale sur le nombre de coefficients qui affectent la valeur de chaque fonction symétrique, simple ou multiple.

Application nécessaire de la théorie des fonctions symétriques à la formation effective de toutes les transformées de seconde classe. Mode le plus convenable d'un tel calcul. Examen spécial des diverses transformations précédemment considérées.

Théorie de l'élimination. (2 leçons.)

Position exacte de la question actuelle. Sa restriction générale aux équations algébriques, rationnelles et entières.

1re *méthode*, fondée sur la recherche du commun diviseur. Son appréciation générale d'après le principe des racines communes.

Examen plus détaillé de l'enchaînement graduel résulté des divisions consécutives.

Influence des modifications indispensables apportées aux divers dividendes sur la composition de l'équation finale. Altération possible, mais incertaine, de cette équation. Appréciation générale d'une telle perturbation comme devant être, quoi qu'on fasse, plus ou moins inhérente à la nature de cette première méthode.

Examen des deux cas exceptionnels, relatifs à l'incompatibilité et à l'indétermination.

Faculté générale que procure spontanément cette première méthode pour composer à volonté des équations susceptibles de conduire à une équation finale donnée.

2me *Méthode*, fondée sur l'introduction de fonctions algébriques indéterminées comme multiplicateurs des deux équations primitives. Détermination des coefficients de ces deux facteurs auxiliaires pour l'entière élimination de l'inconnue considérée. Appréciation générale de cette seconde méthode.

3me *Méthode*, fondée sur la théorie des fonctions symétriques. Son appréciation comparative. Théorème important qu'elle fournit spontanément sur le degré maximum de l'équation finale. Interprétation géométrique de cette loi.

Théorie des racines égales. (1 *leçon.*)

Objet propre de cette théorie. Introduction naturelle des fonctions dérivées dans une telle recherche.

Principe fondamental sur l'existence et la composition du diviseur commun entre la fonction donnée et sa dérivée.

Système de décomposition graduelle qui résulte de l'équation proposée en diverses équations partielles, dont chacune est affectée à un seul degré de multiplicité. Mode limité à la suppression de toute répétition, sans distinction de multiplicité.

Application de cette théorie spéciale à la recherche des conditions d'égalité des racines. Examen particulier des deux cas extrêmes, de moindre ou plus grande multiplicité possible. Inconvénients propres à cette méthode envers la plupart des cas intermédiaires. Solution directe, en général préférable, de cet ordre de questions.

Relation générale et nécessaire entre les conditions d'égalité et celles de réalité. Introduction naturelle du principe des racines égales dans la théorie fondamentale des maxima ou minima.

Résolution numérique des équations algébriques. (7 *leçons.*)

1° *Limites générales des racines réelles.* Vraie nature et destination principale de cette recherche préliminaire. Sa décomposition naturelle en quatre cas, aisément réductibles à un seul.

Règle de Maclaurin, pour évaluer une limite supérieure des racines positives de toute équation algébrique.

Méthode de Newton pour obtenir souvent des limites non formulées, mais plus favorables que la précédente.

Évaluation d'une limite inférieure des racines positives, et ensuite des deux limites propres aux racines négatives.

Réflexions générales sur l'imperfection radicale de ces diverses évaluations normales.

2° *Évaluation des racines commensurables.* Principe fondamental sur la nature des racines fractionnaires que comporte toute équation à coefficients entiers. Réduction générale qui en résulte de la recherche des racines fractionnaires à celle des racines entières.

Restriction nécessaire des racines entières parmi les diviseurs du dernier terme. Système d'épreuves graduelles, imaginé par Clairaut, pour discerner facilement ceux de ces diviseurs qui conviennent à l'équation proposée. Essais préliminaires propres à écarter d'avance beaucoup de diviseurs inutiles.

Méthode pour déterminer exactement les racines incommensurables du second degré.

3° *Évaluation des racines incommensurables.* Exposition de la question : état préalable de l'équation.

Démonstration analytique et géométrique du principe fondamental des substitutions. Sa véritable étendue.

Complément indispensable de ce principe par l'examen de toutes les comparaisons relatives aux deux substitutions. Vérification spéciale d'un tel examen envers les équations algébriques.

Indications générales que fournit ce principe sur l'existence nécessaire de racines réelles, suivant que le degré de l'équation est impair ou pair.

Distinction fondamentale entre la séparation des racines et leur évaluation.

Méthode de Lagrange pour la séparation préalable des racines, d'après l'équation aux carrés des différences. Son appréciation générale.

Méthode de Fourier pour la séparation des racines, d'après leur énumération préalable. Observation fondamentale qui sert de base à cette méthode, et où rentre spontanément la remarque originale de Rolle.

Aperçu général de la grande théorie de Fourier pour déterminer d'avance le nombre des racines réelles comprises dans un intervalle donné. Réduction spontanée du théorème de Descartes à l'ensemble de cette théorie.

Modification spéciale apportée par M. Sturm à cette théorie générale pour le seul cas des équations algébriques. Appréciation finale d'un tel amendement.

Usage de ce corollaire envers les équations à coefficients indéterminés, pour y découvrir les conditions relatives à un nombre donné de racines réelles ou imaginaires.

Méthode d'approximation ébanchée par Newton et constituée par Fourier. Appréciation géométrique d'une telle méthode, et des conditions indispensables à son application régulière.

Méthode d'approximation de Lagrange. Sa comparaison à la précédente. Cas de la périodicité.

4° *Théorie des racines imaginaires.* Considération originale de Foncenex sur la démonstration générale de la décomposition nécessaire de toute fonction algébrique en facteurs réels du second degré, d'où résulte la forme constante des racines imaginaires. Modification apportée par Laplace à cette première démonstration, d'après des motifs qui pourraient être essentiellement écartés.

Méthode générale pour ramener l'évaluation des racines imaginaires à celle des racines réelles, soit d'après leur forme nécessaire, soit par suite de la détermination équivalente des facteurs réels du second degré. Appréciation et comparaison de ces deux modes.

Résolution algébrique des équations des 3e et 4e degrés.   (1 *leçon.*)

Méthodes pour ramener la résolution du quatrième degré à celle du troisième.

Résolution générale des équations du troisième degré. Extension et discussion de la formule obtenue.

Examen spécial du cas *irréductible.* Transformation correspondante de la formule.

Procédé spécial de Viète pour la résolution directe de ce cas d'après l'équation de la trisection de l'angle.

Résolution générale des équations binomes. (1 *leçon.*)

Application générale du théorème de Moivre à la résolution de toute équation binome. Expression générale des racines imaginaires de l'unité : leur nombre et leur conjugaison.

Subordination naturelle de ces diverses racines comme des puissances les unes des autres.

Comparaison générale des deux cas relatifs au signe du terme connu.

Décomposition générale des fonctions binomes en facteurs réels du second degré.

Appréciation des classes d'équations dont la résolution algébrique peut graduellement résulter de la combinaison de la théorie des équations binomes avec l'ensemble des notions antérieures.

Développement des fonctions en séries. (4 *leçons.*)

Extension de la formule du binome aux exposants fractionnaires ou négatifs. Vice de la démonstration d'Euler à ce sujet.

Esprit général de la méthode des coefficients indéterminés pour les transformations en séries.

Développement de a^x selon les puissances de x. Détermination, soit en série, soit sous forme finie, du coefficient que la méthode laisse à trouver.

Série pour développer $\log(1 + x)$ selon les puissances de x. Indication incidente de l'inversion des séries.

Séries relatives au développement du sinus et du cosinus suivant les puissances de l'arc.

Série inverse pour développer l'arc selon les puissances de sa tangente. Nouvelle forme que prend alors la méthode.

Considérations fondamentales sur la distinction nécessaire entre l'usage analytique et l'usage numérique des séries. Inconvénients radicaux qu'entraîne aujourd'hui la confusion trop fréquente de ces deux appréciations.

Usage analytique très-remarquable fait par Lagrange de la série exponentielle pour trouver la loi générale du développement des puissances d'un polynome quelconque. Détermination générale du nombre de termes du développement, d'après le problème des répartitions.

Usage analytique encore plus important de l'ensemble des quatre séries précédentes pour établir, sous les deux formes opposées, le rapprochement fondamental entre les deux couples élémentaires de fonctions transcendantes.

Application générale de cette relation capitale au calcul des imaginaires.

Considérations générales sur l'usage numérique des séries, et sur les conditions de leur convergence, ainsi que sur la mesure des approximations qu'elles fournissent.

Application successive de ces principes aux séries précédentes, soit pour la construction des tables logarithmiques et des tables trigono-

métriques, soit pour l'évaluation commode du rapport de la circonférence au diamètre.

Sommation des suites. (1 *leçon.*)

Appréciation générale de la nature et de l'importance d'un tel ordre
de recherches.

Application naturelle de la méthode des coefficients indéterminés à
la sommation des suites dont le terme général est donné. Conditions
indispensables au succès de cette méthode, ainsi restreinte au cas
des fonctions entières.

Emploi de cette méthode pour la sommation successive, d'une part
des carrés, cubes, etc., des nombres naturels, d'une autre part
des nombres *figurés,* soit triangulaires, soit pyramidaux, etc. Coïncidence spontanée de ces deux sortes de sommations, dont chacune peut
suppléer à l'autre.

Sommation spéciale des nombres figurés d'un ordre quelconque,
d'après le triangle ou carré arithmétique.

PROGRAMME

DU

COURS DE CALCUL DIFFÉRENTIEL,

QUI SUCCÈDE À

L'ÉTUDE, DE L'ALGÈBRE SUPÉRIEURE.

Considérations fondamentales.   (*4 leçons.*)

Destination générale de l'analyse transcendante. Nécessité, pour l'apprécier convenablement, d'approfondir la notion fondamentale d'*équation*, d'après la distinction directe des fonctions en *abstraites* et *concrètes*.

Revue méthodique des cinq couples d'éléments analytiques qui composent les fonctions abstraites actuelles. Appréciation spéciale du dernier couple. Définition exacte de l'idée d'*équation*. Appréciation spontanée des difficultés générales que présente l'établissement des équations.

Aptitude fondamentale de l'analyse transcendante à diminuer radicalement cette difficulté dans les recherches compliquées. Caractère de cette analyse, en la distinguant soigneusement de la méthode transcendante, qui remonte essentiellement à Archimède.

Nécessité de considérer simultanément, dans l'état provisoire où se trouve encore la philosophie mathématique, les trois conceptions principales propres à l'ensemble de l'analyse transcendante. Impossibilité de se borner aujourd'hui à une seule de ces conceptions équivalentes.

1º *Conception de Leibnitz*, d'où *méthode infinitésimale*. Caractère essentiel de cette conception. Définition des différentielles. Appréciation des divers ordres d'infiniment petits. Principe fondamental de la méthode infinitésimale.

Aptitude nécessaire d'un tel principe à faciliter beaucoup la formation des équations. Généralité supérieure des équations différentielles.

Exemples des relations différentielles propres à la théorie des tangentes, à celle des quadratures, et à celle des rectifications.

Imperfection logique de la méthode infinitésimale. Justification directe de son principe fondamental par la doctrine de Carnot sur la compensation nécessaire des erreurs. Étrangeté philosophique d'une telle justification.

2° *Conception de Newton*, *d'où méthode des limites ou des fluxions*. Exposition de l'esprit général de cette méthode sous ces deux formes équivalentes. Principe fondamental des ressources nécessaires qu'elle procure. Application à divers exemples.

Rigueur logique d'une telle méthode. Sa moindre aptitude aux recherches un peu difficiles.

3° *Conception de Lagrange*, *d'où méthode des dérivées*. Explication fondamentale de cette méthode et des notations correspondantes. Exemple des ressources qu'elle peut offrir. Son aptitude beaucoup moindre aux questions un peu difficiles.

4° *Comparaison des trois conceptions*. Identité fondamentale du coefficient différentiel, de la fluxion et de la dérivée. Avantages et inconvénients respectifs des trois méthodes et de leurs notations. Nécessité de les employer concurremment sans s'astreindre exclusivement à aucune. Graves dangers, soit logiques, soit scientifiques, inhérents aujourd'hui à la fusion vicieuse tentée entre elles par l'irrationnel mélange des notations.

5° *Division générale de l'analyse transcendante*. Distinction fondamentale entre les deux calculs opposés qui la composent. Classification générale des questions correspondantes, suivant que, par leur nature, elles n'exigent que le calcul différentiel, ou qu'elles dépendent seulement du calcul intégral, ou enfin qu'elles prescrivent l'emploi successif de tous deux. Exemple propre à caractériser chacun de ces trois cas généraux.

Exposition raisonnée du plan général propre à ce cours de calcul différentiel, résumé par le tableau suivant :

1° Calcul différentiel proprement dit, ou traité de la différentiation.	1. Des fonctions explicites. . .	1° A une seule variable.	
		2° A plusieurs variables indépendantes.	
	2. Des fonctions implicites. . .	1° Isolées. . . .	1. A une seule variable.
			2. A plusieurs.
		2° Simultanées. Même subdivision.	
	3. Changement de variable indépendante.		
2° Applications principales de ce calcul à.	1. L'analyse.	1. Transformations en séries.	
		2. Théorie des maxima et minima.	
		3. Évaluation des symboles indéterminés.	
	2. La géométrie.	1. Théorie des tangentes.	
		2. Théorie de la courbure des courbes planes.	
		3. Théorie des courbes à double courbure.	
		4. Théorie des plans tangents, et classement des surfaces.	
		5. Théorie de la courbure des surfaces.	

Différentiation des fonctions explicites à une seule variable. (2 *leçons*.)

Différentiations des sommes et différences. Élimination spontanée des constantes.

Différentiation des produits. Extension de la loi à un nombre quelconque de facteurs.

Différentiation des quotients, soit d'après celle des produits, soit directement.

Différentiation des puissances proprement dites, soit directement, soit d'après celle des produits. Extension de la loi à tous exposants.

Différentiation des exponentielles. Double démonstration. Cas spécial de l'exponentielle népérienne.

Différentiation des logarithmes, soit directement, soit d'après les exponentielles.

Différentiation des fonctions trigonométriques et des fonctions circulaires.

Principe subsidiaire sur la différentiation générale des fonctions de fonction.

Exemples de la différentiation des fonctions composées.

Différentiations successives. Notion fondamentale relative à la variable indépendante. Comparaison générale des différentielles de tous les ordres aux dérivées ou aux fluxions correspondantes.

Différentielles successives des diverses fonctions simples. Cas de reproduction des fonctions par la différentiation.

Différentiation des fonctions explicites à plusieurs variables. (2 *leçons.*)

Exposition précise de la question générale. Distinction fondamentale entre les différentielles partielles et la différentielle totale.

Supériorité naturelle de la conception de Leibnitz sur celles de Newton et de Lagrange, quant à la pluralité des variables. Artifice général pour adapter néanmoins à ce cas la méthode des fluxions et celle des dérivées.

Notations différentielles propres aux fonctions de plusieurs variables.

Principe fondamental sur la loi de formation de la différentielle totale d'après les différentielles partielles. Démonstration de ce principe, d'abord par la méthode infinitésimale, et ensuite par les deux autres.

Nécessité de ce principe pour différentier, en quelques cas, les fonctions même d'une seule variable.

Théorème général sur l'inversion des différentiations successives. Son extension totale aux différentielles d'un ordre quelconque relatives à un nombre quelconque de variables.

Développement de la différentielle totale du second ordre, et de tout autre, d'une fonction à deux variables. Extension de l'hypothèse fondamentale sur le mode d'accroissement de toute variable indépendante. Loi générale d'un tel développement, soit à posteriori, soit surtout à priori.

Extension de cette loi à un nombre quelconque de variables. Formule de la multiplicité des dérivées partielles correspondantes.

Différentiation des fonctions implicites. (1 *leçon.*)

Appréciation générale de la question. Sa division nécessaire en deux cas, où l'implicité présente divers degrés.

1er *cas*, relatif aux fonctions isolées, en n'y supposant d'abord qu'une seule variable. Principe fondamental qui ramène leur différentiation à celle des fonctions explicites à deux variables. Formule pour le premier ordre. Extension naturelle de ce principe à un ordre quelconque. Marche préférable envers les différentiations successives pour les déduire graduellement de la première.

Extension directe du principe général aux fonctions de plusieurs variables. Appréciation de cette pluralité comme ne constituant, au fond, aucune nouvelle difficulté propre aux différentiations implicites.

2ᵉ *cas*, relatif aux fonctions simultanées, à une seule variable ou à plusieurs. Dernière extension spontanée du même principe fondamental, mais avec une complication rapidement croissante des formules de différentiation suivant le nombre des fonctions mêlées.

Transformation des coefficients différentiels, d'après le changement de variable indépendante.   (1 *leçon.*)

Appréciation générale de l'objet propre et de la destination essentielle de cette théorie complémentaire, sans laquelle les lois de différentiation seraient souvent insuffisantes. Sa division naturelle en deux cas généraux.

1° *Une seule variable.* Formule fondamentale pour la transformation de la première dérivée. Appréciation générale du mode nécessaire de définition de chaque changement de variable.

Formules de transformation pour les ordres supérieurs, obtenues, soit par l'extension directe du même principe, soit, plus simplement, comme conséquences de la loi relative au premier ordre.

Application à divers exemples, et surtout à l'inversion des variables, à la substitution de l'arc d'une courbe plane au lieu de son abscisse, enfin au passage différentiel des coordonnées rectilignes aux coordonnées polaires.

2° *Plusieurs variables.* Différence essentielle de ce cas avec le précédent. Extension générale du principe fondamental à ce genre plus compliqué de transformations différentielles.

Formules pour le premier ordre à l'égard des fonctions à deux variables. Marche à suivre envers les ordres supérieurs, quel que soit le nombre des variables.

Application au passage différentiel des coordonnées rectilignes aux coordonnées polaires dans l'espace.

APPLICATIONS ANALYTIQUES DU CALCUL DIFFÉRENTIEL.

1° Développement des fonctions en séries.   (2 *leçons.*)

Aptitude spontanée des considérations différentielles à perfectionner les transformations analytiques.

Démonstration de la série fondamentale dite de Taylor.

Série générale de Maclaurin ou Stirling, obtenue, soit d'après la précédente, soit directement. Possibilité d'en déduire convenablement l'autre série. Appréciation de la destination essentielle de chacune d'elles.

Série générale de Jean Bernouilli. Indication de son origine propre, et de sa principale destination.

Usages de ces diverses séries générales, et surtout de celle de Maclaurin, pour obtenir uniformément les principaux développements antérieurs, de $(1+x)^m$, a^x, $l(1+x)$, $\sin x$, $\cos x$, et arc $(\tan = x)$. Remarque sur ce dernier cas.

Inconvénient fondamental d'un tel mode de développement : exemple caractéristique pour arc $(\sin = x)$.

Conception de Lagrange pour perfectionner l'emploi général des dérivées dans les transformations en séries. Application de cette méthode supérieure à toutes les fonctions déjà considérées, et surtout aux deux fonctions circulaires.

Extension capitale d'une telle méthode aux fonctions implicites. Série générale de Lagrange pour l'équation $z = x + yf(z)$.

Nécessité d'agrandir, en certains cas, le champ des transformations en séries, par l'introduction de nouveaux éléments. Exemples relatifs à x^x, et surtout à $\log(\tan x)$. Indication des théorèmes de discontinuité émanés de cette dernière transformation.

Extension générale des séries de Taylor et de Maclaurin aux fonctions de plusieurs variables. Reproduction naturelle du théorème de Nicolas Bernouilli sur l'inversion des différentiations successives.

2° Théorie générale des maxima et minima.　　(2 *leçons*.)

Position générale de la question : définition exacte du maximum et du minimum. Appréciation préalable de l'ensemble des ressources trop bornées que présente, à cet égard, l'analyse ordinaire.

Aptitude spontanée de l'analyse transcendante à de telles déterminations. Caractère fondamental de l'état maximum ou minimum.

Exposition complète de cette théorie pour les fonctions d'une seule variable : examen des cas exceptionnels. Appréciation finale de l'ensemble de la méthode. Divers exemples de son application.

Extension spontanée du caractère fondamental aux fonctions de plusieurs variables indépendantes.

Artifice analytique pour la réduction générale de ce cas au précédent. Exposition complète de la méthode qui en résulte. Examen des caractères accessoires du second ordre qui compliquent alors la condition principale. Applications diverses.

Appréciation générale du cas où les différentes variables deviennent subordonnées entre elles. Règle analytique très-remarquable pour ramener toujours ces maxima conditionnels à des maxima inconditionnels. Diverses applications.

3° Évaluation générale des symboles indéterminés.　　(1 *leçon*.)

Position générale de la question. Enumération essentielle, et équivalence nécessaire des divers symboles d'indétermination.

Appréciation préalable des ressources insuffisantes de l'analyse ordinaire pour de telles évaluations.

Aptitude naturelle de l'analyse transcendante à de pareilles déterminations. Double démonstration, analytique et géométrique, de la règle fondamentale envers le symbole principal $\frac{0}{0}$.

Extension de cette méthode à tous les autres symboles d'indétermi: nation.

Indication des cas où la méthode échoue nécessairement. Évaluation de quelques formules semblables.

APPLICATIONS GÉOMÉTRIQUES DU CALCUL DIFFÉRENTIEL.

1° Théorie des tangentes aux courbes planes.   (2 *leçons.*)

Formule fondamentale pour la théorie rectiligne des tangentes. Double liaison générale de cette théorie avec celle des maxima.

Application à la courbe algébrique dont la somme (ou toute autre fonction) des distances de chaque point à divers points fixes demeure constante : construction très-remarquable que Leibnitz en a tirée.

Applications spéciales à la logarithmique et à la cycloïde.

Formule générale pour la théorie polaire des tangentes, obtenue, soit directement, soit d'après la formule rectiligne.

Applications spéciales aux spirales d'Archimède et de Jacques Bernouilli.

Théorie des asymptotes, d'abord en coordonnées rectilignes, puis en coordonnées polaires. Diverses applications.

Théorie générale des points d'inflexion, d'après la considération des tangentes : principal caractère analytique de ces points.

Théorie des points *multiples*, et par suite, des points *conjugués*, des points *saillants*, et des points d'*arrêt*.

2° Théorie de la courbure des courbes planes.   (5 *leçons.*)

Appréciation générale de l'objet propre, de la haute importance, et de la difficulté supérieure d'une telle recherche.

Première notion fondamentale, propre à constituer la théorie mathématique de la courbure, d'après l'idée de *flexion.*

Seconde notion fondamentale, susceptible de la même destination, d'après la conception du *cercle osculateur.*

Identité nécessaire de ces deux méthodes géométriques. Introduction spontanée de l'analyse différentielle dans leur formulation.

Formules générales du rayon, et par suite du centre, de courbure, d'après la première méthode.

Formules générales du centre, et par suite du rayon, de courbure, d'après la seconde méthode.

Notion générale de la *développée*, envisagée comme complétant et perfectionnant la théorie mathématique de la courbure. Propriétés fondamentales de cette courbe auxiliaire. Formation de son équation d'après celle de la courbe primitive.

Application à la développée de la parabole ordinaire. Indication et appréciation, à cette occasion, du mode suivant lequel la théorie des développées deviendrait, en certains cas, accessible à l'analyse ordinaire.

Application de la théorie de la courbure à l'ellipse et à l'hyperbole. Indication de son usage pour la mesure de l'aplatissement de la terre.

Courbure de la cycloïde ordinaire. Nature remarquable de sa développée. Réaction d'une telle connaissance sur la rectification de la cycloïde. Aperçu spontané de sa principale propriété dynamique, d'après le principe spécial d'Huyghens.

Formule générale pour la théorie polaire de la courbure, obtenue, soit directement, soit d'après la formule rectiligne.

Applications spéciales aux spirales d'Archimède et de Bernouilli. Notion remarquable qui en résulte pour la développée de la spirale logarithmique, et d'où suit la rectification de cette courbe.

Considérations générales sur la recherche inverse des développantes par les développées. Exemple exceptionnel relatif au cercle, et caractérisant les cas où cette question, quoique naturellement du ressort du calcul intégral, devient quelquefois accessible au seul calcul différentiel.

Théorie des *caustiques*. Son analogie fondamentale avec celle des développées. Formules pour la recherche des caustiques par réflexion, dans le seul cas du parallélisme des rayons incidents. Indication des caustiques par réfraction.

Théorie générale de Leibnitz sur les courbes *enveloppes*. Application à divers exemples.

Méthode générale de Lagrange pour former un système de courbes susceptible d'une enveloppe donnée. Appréciation, analytique et géométrique, de la vraie subordination des enveloppées à l'enveloppe.

Théorie fondamentale de Lagrange sur les divers degrés de contact des courbes planes. Caractères, d'abord analytiques, puis géométriques, des différents contacts. Fixation du genre d'*osculation* propre à chaque espèce de courbes.

Application générale de la théorie précédente à l'étude mathématique de la courbure. Limitation naturelle d'une telle comparaison à la notion du cercle osculateur. Reproduction spontanée des formules antérieures, et vérification analytique des propriétés générales de la développée.

Indication d'une nouvelle classe de points singuliers où le cercle osculateur a un contact du troisième ordre avec la courbe proposée. Comparaison générale de ces points à ceux de moindre ou plus grande courbure.

Caractères analytiques, rectilignes ou polaires, des points de *rebroussement*. Reproduction analogue des caractères propres aux inflexions.

Application de l'ensemble de la géométrie différentielle à la discussion perfectionnée des courbes planes, surtout transcendantes. Exemples relatifs aux courbes $y = x \, l \, x$, $y = \epsilon^{-x^2}$, $y^2 = \cos x$, $y = \dfrac{\sin x}{x}$, $y = \dfrac{\tan g \, x}{x}$, $y = x \cos x$.

3° Théorie des courbes à double courbure.   (3 *leçons.*)

Théorie des tangentes à ces courbes, soit d'après les courbes planes, soit directement. Applications à l'hélice, et à l'épicycloïde sphérique.

Théorie fondamentale du plan *osculateur*. Diverses formes de son équation générale. Application à l'hélice.

Théorie générale de la courbure ordinaire, ou de *flexion*. Recherche analytique du cercle osculateur.

Etablissement direct des formules générales pour la grandeur et la direction du premier rayon de courbure. Diverses formes dont elles sont susceptibles. Application à l'hélice.

Théorie générale de la seconde courbure, ou de *torsion*. Sa source naturelle dans la notion du plan osculateur. Formule du *rayon* correspondant. Application à l'hélice.

Nouvelle conception sur la théorie de la seconde courbure d'après la notion de la sphère *osculatrice* : comparaison des deux méthodes ; identité nécessaire de leurs résultats. Condensation possible de toute la théorie des deux courbures autour des seules notions du plan osculateur et de la sphère osculatrice. Recherche analytique de celle-ci.

Extension générale de la théorie fondamentale des contacts curvilignes aux courbes à double courbure.

Comparaison d'une courbe quelconque à l'hélice osculatrice. Nouvel aspect correspondant pour l'ensemble de la théorie de la courbure des lignes non planes. Recherche analytique de cette hélice. Appréciation finale de cette conception.

4° Théorie des plans tangents, et classement rationnel des surfaces. (3 *leçons.*)

Équation générale du plan tangent, d'après sa définition infinitésimale. Deuxième mode de formation, d'après le lieu des tangentes menées à une surface en chacun de ses points. Troisième mode, d'après la propriété de minimum de la normale.

Plan tangent parallèle à un plan donné, ou contenant une droite donnée. Plan tangent commun à trois surfaces données.

Conception fondamentale de Monge sur l'application naturelle de la théorie des plans tangents au perfectionnement général de la géométrie comparée par l'établissement direct de types différentiels, indépendants de toute fonction arbitraire, pour caractériser chaque famille de surfaces. Correspondance analytique de ces nouvelles équations collectives aux types finis antérieurement introduits.

Application de ces principes aux familles géométriques déjà étudiées par l'analyse ordinaire.

Equation différentielle propre à caractériser toutes les surfaces développables.

Théorie fondamentale de Monge sur les surfaces *enveloppes*. Différences nécessaires, analytiques et géométriques, de cette notion avec celle relative aux courbes.

Considérations générales sur la formation des familles géométriques d'après cette nouvelle idée mère, qui condense à un degré supérieur toutes les comparaisons antérieures.

Développement analytique de cette théorie dans le seul cas de deux paramètres variables. Mode de formation de l'équation différentielle propre à chaque famille.

Application spéciale aux diverses familles antérieures et à la théorie des tuyaux dont l'axe est plan.

5° **Théorie de la courbure des surfaces.** (3 *leçons.*)

Théorie générale des divers contacts des surfaces. Sa différence essentielle avec celle des contacts curvilignes.

Application de cette théorie à l'étude de la courbure des surfaces , réduite à leur comparaison avec la sphère. Défaut radical d'équivalence entre l'office géométrique de la sphère osculatrice et celui du cercle osculateur. Nécessité correspondante d'étudier, en chaque point d'une surface quelconque , une infinité de rayons de courbure.

Formule générale du rayon de courbure de toute section normale. Détermination des deux rayons principaux.

Reproduction spontanée du caractère différentiel des surfaces développables.

Théorie d'Euler sur la marche générale des rayons de courbure normaux , résumée par une construction remarquable. Discussion des cas où la courbe correspondante est elliptique, hyperbolique, ou parabolique. Appréciation d'une prétendue *indicatrice*.

Théorème complémentaire de Meunier sur la courbure des sections obliques.

Application de ces diverses notions à quelques exemples , et surtout à la surface $z = xy$.

Définition générale des *lignes de courbure*. Exposition analytique de la théorie de Monge à ce sujet. Importance de cette détermination pour perfectionner l'ensemble de l'étude de la courbure de chaque surface.

Indication directe et spéciale des lignes de courbure propres aux familles les plus usuelles.

Recherche de la surface qui contient les centres de courbure de toutes les sections principales.

Théorie générale des lignes *de plus grande pente*. Leur relation nécessaire aux lignes de niveau. Détermination spéciale des lignes de *faîte*. Application de cette théorie à la surface $z = xy$.

FIN.

PARIS.—IMPRIMERIE DE FAIN ET THUNOT ,
IMPRIMEURS DE L'UNIVERSITÉ ROYALE DE FRANCE ,
Rue Racine, 28, près de l'Odéon.

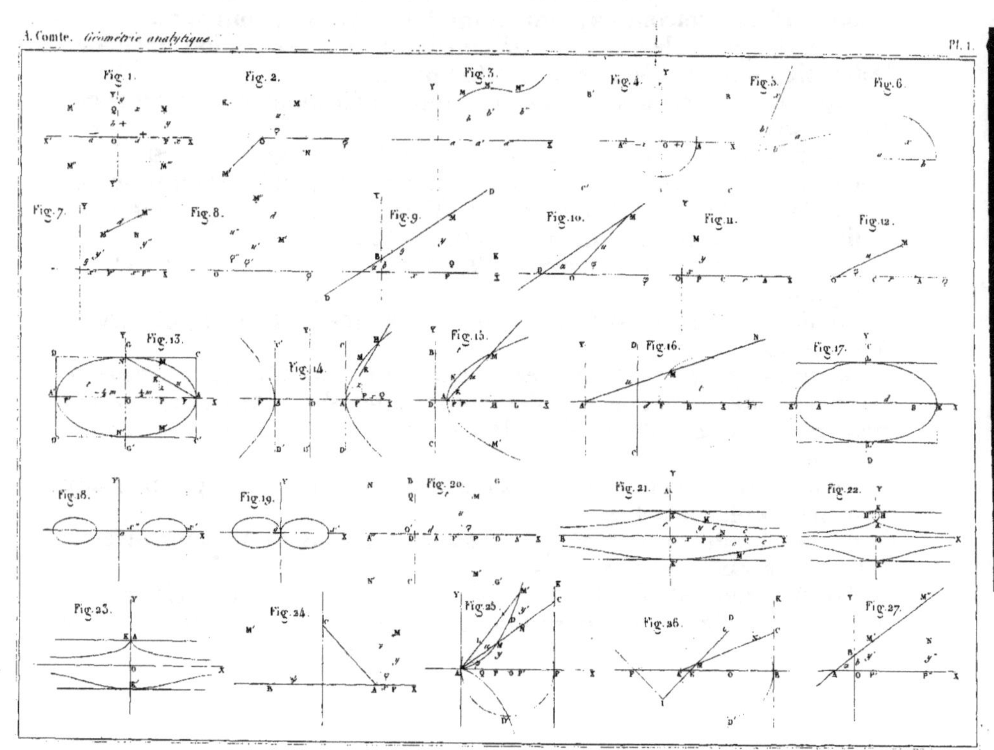

Fig. 1.
Fig. 2.
Fig. 3.
Fig. 4.
Fig. 5.
Fig. 6.
Fig. 7.
Fig. 8.
Fig. 9.
Fig. 10.
Fig. 11.
Fig. 12.
Fig. 13.
Fig. 14.
Fig. 15.
Fig. 16.
Fig. 17.
Fig. 18.
Fig. 19.
Fig. 20.
Fig. 21.
Fig. 22.
Fig. 23.
Fig. 24.
Fig. 25.
Fig. 26.
Fig. 27.

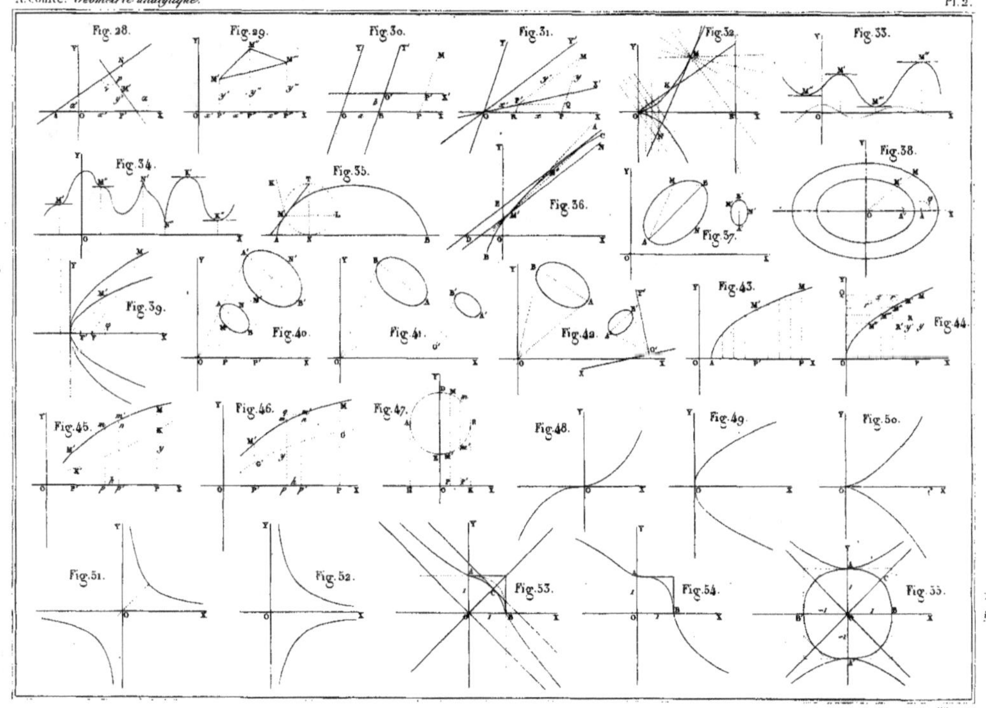

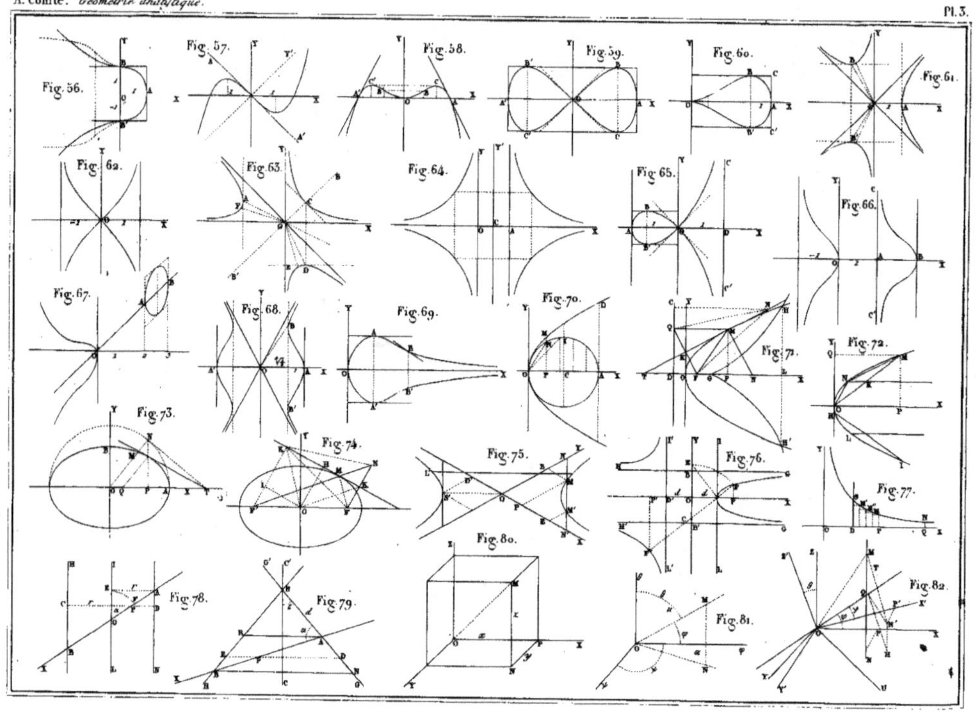

Fig. 56.
Fig. 57.
Fig. 58.
Fig. 59.
Fig. 60.
Fig. 61.
Fig. 62.
Fig. 63.
Fig. 64.
Fig. 65.
Fig. 66.
Fig. 67.
Fig. 68.
Fig. 69.
Fig. 70.
Fig. 71.
Fig. 72.
Fig. 73.
Fig. 74.
Fig. 75.
Fig. 76.
Fig. 77.
Fig. 78.
Fig. 79.
Fig. 80.
Fig. 81.
Fig. 82.